2021

Yearbook of China's Forestry and Grassland Intellectual Property

中国林业和草原知识产权年度报告

国家林业和草原局科技发展中心
国家林业和草原局知识产权研究中心 ◎编著

中国林業出版社
CFPH China Forestry Publishing House

图书在版编目(CIP)数据

2021中国林业和草原知识产权年度报告 / 国家林业和草原局科技发展中心，国家林业和草原局知识产权研究中心编著. -- 北京 : 中国林业出版社, 2022.4
ISBN 978-7-5219-1629-4

Ⅰ. ①2… Ⅱ. ①国… ②国… Ⅲ. ①林业－知识产权－研究报告－中国－2021 ②草原－知识产权－研究报告－中国－2021 Ⅳ. ①D923.404

中国版本图书馆CIP数据核字(2022)第052228号

中国林业出版社・自然保护分社（国家公园分社）
策划编辑：刘家玲
责任编辑：甄美子

出　版　中国林业出版社（100009 北京西城区德内大街刘海胡同 7 号）
网　址　http://www.forestry.gov.cn/lycb.html
电　话　(010) 83143616
印　刷　河北京平诚乾印刷有限公司
版　次　2022 年 4 月第 1 版
印　次　2022 年 4 月第 1 次
开　本　889mm × 1194mm　1/16
印　张　19.25
字　数　570 千字
定　价　59.00 元

2021中国林业和草原知识产权年度报告

编辑委员会

前言

2021年，国家林业和草原局深入学习贯彻党的十九大、十九届历次全会精神和习近平新时代中国特色社会主义思想，按照“五位一体”总体布局和“四个全面”战略布局，全面推进林业和草原知识产权工作，为提升林草自主创新能力、加快林草业发展方式转变、提高林草核心竞争力、促进林业和草原高质量发展提供了有力支撑和引领，林业和草原知识产权工作取得了新成绩，获得了新突破，迈上了新台阶。

2021年，国家林业和草原局认真履行国务院知识产权战略实施工作部际联席会议成员工作职责，贯彻落实《知识产权强国建设纲要(2021—2035年)》《“十四五”国家知识产权保护和运用规划》，深入实施知识产权强国战略，强化知识产权保护和运用。积极参与《中华人民共和国种子法》修改工作，发布了《中华人民共和国植物新品种保护名录（林草部分）（第八批）》。组织开展全国林业和草原知识产权宣传周系列活动，聚力提升林业和草原植物新品种权的审查质量和审查效率。加强林业和草原植物新品种权行政执法工作，实施林业专利技术和授权植物新品种转化应用项目，推进林业和草原植物新品种惠农工作，加强林业和草原知识产权基础数据库和信息共享平台建设。2021年，国家林业和草原局科技发展中心（国家林业和草原局植物新品种保护办公室）共受理国内外植物新品种权申请1442件，授予植物新品种权761件。国家知识产权局公开的林业相关专利共计97686件，其中林业科研院所的专利2208件，林业高等院校的专利9827件。北京、湖南、江苏等30个省（自治区、直辖市）、中国林业科学研究院、国际竹藤中心、北京林业大学和东北林业大学等单位的林业和草原知识产权工作取得了较好成绩，提升了林业和草原知识产权的综合能力和水平，促进了林业和草原产业高质量发展。

在认真回顾和总结2021年度林业和草原知识产权工作的基础上，国家林业和草原局科技发展中心组织编撰了《2021中国林业和草原知识产权年度报告》，旨在通过对一年来林业和草原知识产权工作主要进展和成果的展示，让更多的人了解、关心和支持林业和草原知识产权工作，共同促进林业和草原知识产权的创造、运用、保护，提升林业和草原知识产权管理和服务水平，为加快推进现代林业和草原高质量发展提供有力支撑。

本报告资料系统、内容翔实，具有较强的科学性、可读性和实用性，可供林业草原行政管理部门和企事业单位的干部、科研和教学人员参考。

国家林业和草原局科技发展中心

2022年3月

目 录

概　述

2021 年，国家林业和草原局以实施国家知识产权战略为重点，贯彻落实《知识产权强国建设纲要（2021—2035 年）》《“十四五”国家知识产权保护和运用规划》，深入实施知识产权强国战略，强化知识产权保护和运用，全力推进林业和草原知识产权工作，有效提高了林业和草原知识产权创造、保护、运用、管理和服务水平，取得了显著成效，加快了林业和草原发展方式转变，增强了林业和草原核心竞争力，发挥了知识产权对推进林草现代化建设的支撑和保障作用。

1. 完善林业和草原植物新品种保护制度与政策

积极参与《中华人民共和国种子法》修改工作，发布了《中华人民共和国植物新品种保护名录（林草部分）（第八批）》，包括漆树属、黄檀属和猕猴桃属等 9 个属（种）在内，林草植物新品种保护名录累计涉及 293 个属（种），促进了林草深度融合，有效满足了广大育种者申请新品种保护的迫切需求。国务院台湾事务办公室、农业农村部、国家林业和草原局等 11 个部门联合出台了《关于支持台湾同胞台资企业在大陆农业林业领域发展的若干措施》，鼓励台资企业申请植物新品种权。

2. 加强林业和草原植物新品种权受理和审查工作

2021 年国家林业和草原局科技发展中心（植物新品种保护办公室）推出“林草植物新品种保护管理系统”，实现植物新品种权在线申报、在线审查、在线通知等功能，初步审查时间由规定的6个月压缩至50天以内。2021年林业和草原植物新品种受理、审查、授权数量再创历史新高，在线受理国内外植物新品种权申请1442件，同比增加37.73%，授予植物新品种权761件，同比增加72.56%。发布植物新品种公告15批。组织专家完成现场审查任务1600人次，完成植物新品种现场审查588件。截至2021年年底，国家林业和草原局植物新品种保护办公室共受理国内外植物新品种申请7008件，授予植物新品种权3404件。

3. 推进林业和草原知识产权扶贫与生物遗传资源多样性评价工作

国家林业和草原局科技发展中心以广西罗城、龙胜和贵州独山、荔波4个生态帮扶定点县为突破口，实施林草专利技术转化应用项目，组织专家到一线做给农民看、领着农民干、带着农民赚，2021年累计组织专家现场考察调研10次，培训125人次，带动帮扶贫困户16户。组织开展了重要林草遗传资源多样性评价工作，新增林草遗传资源遗传多样性调查与评价项目10个，同时继续支持2020年委托的11个项目，涉及短萼黄连、枫香等珍贵濒危树种，花椒、楸树等具有经济、药用及生态价值的树种，以及对高寒牧区的生态修复具有重要意义的老芒麦等草类资源，以加强林草生物遗传资源评价，提高林草遗传资源的保护和利用效率。

4. 实施林业和草原知识产权转化运用项目

2021年，国家林业和草原局科技发展中心组织实施了"'一种木耳挂袋栽培的方法'在贵州荔波县的转化运用""生物质多羟基土壤修复材料的关键制备技术转化运用"2项林业专利技术转化运用项目，"'华桉3号'新品种转化运用""龙丰1、2号杨新品种转化运用""青海高寒荒漠地区小叶杨优良抗逆新品种转化运用"和"美人椒花椒新品种标准化栽培转化运用"4项林业授权植物新品种转化运用项目。组织专家分别对"红花玉兰新品种'娇红1号''娇红2号'产业化示范与推广""铁皮石斛原生态栽培专利技术产业化"和"'湘韵'紫薇新品种及高效繁育技术产业化开发"等5项林业知识产权转化运用项目进行了现场查定和验收。2011—2021 年期间组织实施了 97 项林业知识产权转化运用项目，有 52 项林业知识产权转化运用项目通过了验收。

5. 开展林业和草原植物新品种权行政执法工作

2021 年，国家林业和草原局办公室下发了《关于组织开展 2021 年打击制售假劣林草种苗和侵犯植物新品种权工作的通知》(办场字〔2021〕51 号)，组织力量集中开展打击侵犯、假冒林草植物新品种权专项行动，强化了植物新品种行政执法工作的组织领导，提高了执法工作的权威性，加大了打击制售假劣林草种苗和侵犯植物新品种权行为工作力度，规范市场秩序，保护品种权人的合法权益。召开林草植物新品种保护行政管理部门执法工作座谈会，指导品种权人积极维权，营造良好的市场氛围。各级林草主管部门建立健全植物新品种权行政执法体系，加强行政执法队伍建设，提高执法人员素质，加大植物新品种权行政执法能力建设，强化宣传引导，形成了打击侵犯植物新品种权的强大态势。

6. 完善林业和草原植物新品种测试体系

2021 年，组织林草植物新品种测试站对 526 个绣球属、蔷薇属、大戟属、杜鹃花属申请品种开展田间测试工作，完成了 213 个品种的田间种植测试，提交正式测试报告。组织专家对国家林草植物新品种菏泽测试站进行了测试能力评估，正式启用菏泽测试站。2021 年，金露梅、珍珠梅属、青檀属、含笑属、拟单性木兰属和槭属 6 项植物新品种测试指南以林业行业标准发布。截至 2021 年年底，累计开展了 165 项植物新品种测试指南的编制工作，已完成了金露梅、珍珠梅属、青檀属、槐属、蔷薇属、桉属、枸杞属、榆属和崖柏属等 71 项测试指南标准的制定，分别以国家标准或行业标准发布，其中，国家标准 13 项、林业行业标准 58 项，有效提高了植物新品种的授权质量和审查测试能力。

7. 开展国际林业和草原知识产权动态跟踪与专利分析研究

跟踪世界各国林业知识产权动态，开展了欧盟实施《国际植物新品种保护公约》概况、遗传资源惠益分享与植物新品种保护的相互关系、亚太地区植物新品种保护法实施情况、韩国遗传资源获取和惠益分享制度、植物育种者权利的权力平衡、日本2020年植物新品种保护法修正案概况、与森林繁殖材料生产和使用有关的遗传问题等研究，提供林业知识产权信息服务，为国际履约和谈判提供了技术支撑。组织开展了主要优势经济林树种、竹结构材、打枝机、栗属植物、正交胶合木、树木移栽、沉香等专利分析研究，形成研究报告。出版《美国植物新品种法律法规解读》。

8. 建设林业和草原知识产权基础数据库和共享平台

国家林业和草原局知识产权研究中心系统收集和整理了国内外与林草知识产权相关的主要科学数据和文献资料，完善和建设了林草专利、植物新品种权、林产品地理标志、知识产权动态等15个林草知识产权基础数据库，2021年新增数据量10万条，累计数据量160万条。维护和管理“中国林业知识产权网”和“林草植物新品种保护网”，2021年用户访问量超过10万人次，网站提供全年不间断、安全稳定的在线检索服务。开通了“2021年全国林草知识产权宣传周”网站，图文并茂地展示林草知识产权成果和最新进展，扩大了林草知识产权的影响力。

9. 开展国际履约和合作交流

参加国际植物新品种保护联盟（UPOV）2021年度系列会议，成功推动中文加入UPOV工作语言。签订《中欧植物新品种保护战略合作协议(2021—2025)》。参加国际植物新品种线上研讨会、UPOV公约法律研讨会、UPOV国际电子申请平台第十七次会议、UPOV第53届TWO技术工作组网络会议、中欧提升植物品种权保护意识国际研讨会。参加第十四届东亚植物新品种保护论坛（EAPVPF）、国际无性繁殖园艺植物育种者协会(CIOPORA）知识产权保护论坛，参与国际新品种保护合作的能力与水平大幅度提升。国家林业和草原局植物新品种保护办公室成功举办林草植物新品种保护国际研讨会并取得较好的国际声誉。组织380人参加中欧植物品种权技术培训班和UPOV远程培训，为未来的林业和草原植物新品种保护国际合作奠定了人才基础。参加联合国粮农组织（FAO）森林遗传资源政府间技术工作组第六届会议，中国政府代表团成员被工作组选举为主席。参加联合国粮农组织（FAO）粮食和农业遗传资源委员会第18届例会，及时跟进FAO在森林遗传资源方面的后续行动。参加《生物多样性公约》科学、技术和工艺咨询附属机构第二十四次会议（SBSTTA-24）和执行问题附属机构第三次会议（SBI-3），跟踪会议相关议题，提出备答口径。

10. 加强林业和草原知识产权宣传培训

组织开展了2021年全国林业和草原知识产权宣传周系列活动。在中国政府网、国家林业和草原局政府网、国家知识产权网、中国林业知识产权网、中国林业信息网、林业专业知识服务系统、林草植物新品种保护网等主要网站登载或转载有关林草知识产权方面的报道100多篇，向国家林业和草原局办公室报送周情快报37条，在《国务院知识产权战略实施工作部际联席会议工作动态》上发表战略信息1篇，在《中国绿色时报》和《中国知识产权报》上发表有关林草知识产权的重点报道42篇。2021年4月26日，在《中国绿色时报》发表专栏文章《知识产权保护　托起林草美好未来》，全面介绍了2020年林业和草原知识产权的工作进展和成就，扩大了林业和草原知识产权的影响力。出版《2020中国林业和草原知识产权年度报告》，编印2021年《林业知识产权动态》6期。

11. 林业和草原知识产权数量稳步增长，质量明显提升

随着林业和草原自主创新能力的不断增强，林业和草原植物新品种权、专利、商标、林产品地理标志、版权数量稳步增长，质量明显提高，知识产权对现代林业和草原发展的支撑作用日益明显。

截至2021年年底：

- 林业和草原植物新品种申请量7008件，授权量3404件。
- 林业相关专利公开量708499件，其中，发明专利340334件。
- 草原相关专利公开量101742件，其中，发明专利58827件。
- 林业科研院所专利公开量13747件，其中，发明专利9052件。

- 林业高等院校专利公开量 58127 件，其中，发明专利 28525 件。
- 林产品地理标志 1482 件。
- 林业和草原软件著作权 15185 项。

中华人民共和国植物新品种保护名录（林草部分）（第八批）

国家林业和草原局公告
2021年第21号

根据《中华人民共和国植物新品种保护条例》《中华人民共和国植物新品种保护条例实施细则（林业部分）》的规定，现将《中华人民共和国植物新品种保护名录（林草部分）（第八批）》（见附件）予以公布，自2021年12月1日起施行。

特此公告。

附件：中华人民共和国植物新品种保护名录（林草部分）（第八批）

国家林业和草原局
2021年11月5日

附件：中华人民共和国植物新品种保护名录（林草部分）（第八批）

序号	种或者属名	学名
1	漆树属	*Toxicodendron* Mill.
2	黄檀属	*Dalbergia* L. f.
3	猕猴桃属	*Actinidia* Lindl.
4	芦竹属	*Arundo* L.
5	黄耆属	*Astragalus* L.

（续）

序号	种或者属名	学名
6	苍术	*Atractylodes lancea*（Thunb.）DC.
7	木蓝属	*Indigofera* L.
8	独蒜兰属	*Pleione* D. Don
9	虎耳草属	*Saxifraga* L.

专项工作

完善林业和草原植物新品种保护制度与政策

1. 履行部际联席会议成员单位职责

国家林业和草原局作为国务院知识产权战略实施工作部际联席会议成员单位，认真履行部际联席会议成员单位职责，落实《知识产权强国建设纲要（2021—2035 年）》《“十四五”国家知识产权保护和运用规划实施年度推进计划》，顺利通过国家知识产权局联合中宣部、市场监管总局对国家林业和草原局 2021 年知识产权保护工作的检查考核。（杨玉林）

2. 起草国家林业和草原局贯彻落实《知识产权强国建设纲要（2021—2035 年）》《“十四五”国家知识产权保护和运用规划》的意见

为认真学习贯彻习近平总书记生态文明思想和在中央政治局第二十五次集体学习时的重要讲话精神，深入贯彻落实《知识产权强国建设纲要（2021—2035 年）》《“十四五”国家知识产权保护和运用规划》重要决策部署，全面提升林草领域知识产权创造、运用、保护、管理和服务水平，激发创新活力，推动林草业高质量发展，国家林业和草原局科技发展中心组织起草了《国家林业和草原局贯彻落实〈知识产权强国建设纲要（2021—2035 年）〉〈“十四五”国家知识产权保护和运用规划〉的意见》。该意见主要内容分为七大部分：①提高认识，准确把握林草知识产权高质量发展的总体要求；②开拓创新，健全面向美丽中国现代化的林草知识产权制度；③做强做优，全面激发林草领域科技创新活力；④围绕“三新”，稳步提高林草知识产权转移转化成效；⑤便利高效，着力提升优质知识产权服务产品供给能力；⑥夯实基础，培育尊重知识、崇尚创新的人文社会环境；⑦切实加强实施保障。（陈光）

3. 积极参与《中华人民共和国种子法》修改工作

国家林业和草原局进一步加强植物新品种保护顶层设计，积极参与《中华人民共和国种子法》修改工作，推动扩大植物新品种保护范围、延长植物新品种保护链条、建立实质性派生品种保护制度，以及加大植物新品种侵权惩罚力度，以更大力度保护育种人合法权益，用制度导向激发原始创新活力。

2021 年 3 月开始，全国人大农业与农村委员会牵头启动了修改《中华人民共和国种子法》工作，全国人大常委会法工委、农业农村部、国家林业和草原局、司法部、国家知识产权局等部门参与。起草组深入调查研究，广泛征求国务院有关部门、种子企业及专家意见，召开评估论证会，反复研究，形成了《中华人民共和国种子法（修正草案)》。2021 年 12 月 24 日，第十三届全国人民代表大会常务委员会第三十二次会议全票通过了《全国人民代表大会常务委员会关于修改〈中华人民共和国种子法〉的决定》，自 2022 年 3 月 1 日起施行。

《中华人民共和国种子法》修改的主要内容如下。

一是扩大植物新品种权的保护范围及保护环节。为了加强植物新品种知识产权保护，维护品种权人的合法权益，借鉴国际通行做法，扩大了植物新品种权的保护范围及保护环节，将保护范围由授权品种的繁殖材料延伸到收获材料，将保护环节由生产、繁殖、销售扩展到生产、繁殖、加工（为繁殖进行的种子处理)、许诺销售、销售、进口、出口、储存等。体现权利一次用尽原则，植物新品种权所有人对繁殖材料已有合理机会行使其权利，不再对收获材料行使权利。

二是建立实质性派生品种制度。为激励育种原始创新，从源头上解决种子同质化严重问题，建立实质性派生品种制度，明确实质性派生品种可以申请植物新品种权，并可以获得授权，但对其以商业为目的利用时，应当征得原始品种的植物新品种权所有人的同意。在国际植物新品种保护联盟 78 个成员中，有 69 个已经实行这一制度。鉴于实施这一制度是循序渐进的过程，特作出授权性规定，实质性派生品种实施名录及判定指南等，由国务院农业农村、林业草原主管部门依照本法及有关法律确定。自实质性派生品种实施名录发布之日起申请的植物新品种，按照实质性派生品种相关制度管理，不溯及既往。

三是完善侵权赔偿制度。为提高对侵害植物新品种权行为的威慑力，加大了惩罚性赔偿数额，对权利人的损失或侵权人获得的利益或品种权许可使用费可以确定数额的，将赔偿数额的上限由 3 倍提高到 5 倍，难以确定数额的，将赔偿限额由 300 万元提高到 500 万元。为保护种子市场正常交易，增加侵权人合法来源抗辩条款。明确规定，不知道是未经植物新品种权所有人许可的授权品种的繁殖材料或者收获材料，但能证明该繁殖材料或者收获材料具有合法来源的，不承担赔偿责任。

四是完善法律责任。为强化对种子生产特别是果树种苗生产检验、检疫的管理，防止携带疫病果树种苗流入市场，明确规定，不具有繁殖种子的隔离和培育条件，不具有无检疫性有害生物的种子生产地点或者县级以上人民政府林业草原主管部门确定的采种林从事种子生产，未执行种子检验、检疫规程生产种子的，追究法律责任。(陈光)

4. 发布第八批林草植物新品种保护名录

为扩大林草植物新品种的保护范围，有效促进新品种创新和保护育种者的合法权益，满足育种者申请品种权保护需求，推动林草行业生态建设和产业高质量发展，国家林业和草原局植物新品种保护办公室根据林草发展实际和育种者的需求，开展了第八批林草植物新品种名录征集工作，通过公开征集，对各省（自治区、直辖市）林草主管部门、高等院校、科研院所和育种者推荐的植物新品种保护名录进行了整理和研究。国家林业和草原局科技发展中心组织召开了第八批林草植物新品种保护名录专家评审会，专家组按照国家林业和草原局职责范围，以及我国种质资源丰富、育种创新有优势、新品种创制活跃、有利于培育区域特色产业等原则，对候选名录进行了认真研究和讨论，筛选出 9 个属（种），建议列入第八批林草植物新品种保护名录发布。国家林业和草原局植物新品种保护办公室结合专家组的评审意见和建议，研究提出拟发布名录，并按照国家林业和草原局的相关要求履行发布程序。

2021 年 11 月 5 日，国家林业和草原局公告（2021 年第 21 号）发布《中华人民共和国植物新品种保护名录（林草部分）（第八批）》，包括漆树属、黄檀属和猕猴桃属等 9 个属（种），自 2021 年 12 月 1 日起施行。至此，林草植物新品种保护名录累计涉及 293 个属（种），林草植物保护名录内容的大幅度增加有效满足了广大育种者申请新品种保护的迫切需求。（陈光、段经华）

5.“农林 22 条措施”鼓励台资企业申请植物新品种权

为全面贯彻党的十九届五中全会和习近平总书记在《告台湾同胞书》发表 40 周年纪念会上的重要讲话精神，深入落实《关于促进两岸经济文化交流合作的若干措施》和《关于进一步促进两岸经济文化交流合作的若干措施》，率先同台湾同胞分享大陆农业林业领域发展机遇，支持台湾同胞台资企业参与乡村振兴战略和农业林业高质量发展，2021 年 3 月，国务院台湾事务办公室、农业农村部、国家林业和草原局等 11 个部门联合出台了《关于支持台湾同胞台资企业在大陆农业林业领域发展的若干措施》（以下简称“农林 22 条措施”）。秉持“两岸一家亲”理念，“农林 22 条措施”为台胞台企在大陆发展农业林业提出了具体支持措施，进一步为台胞台企提供同等待遇，支持台胞台企参与大陆农业林业高质量发展，助力乡村振兴。

“农林 22 条措施”中第 13 条明确“鼓励台资企业申请植物新品种权”。植物新品种权作为知识产权的一个重要领域，是激励育种创新、促进林草高质量发展的重要支撑。欢迎台胞台企积极参与植物新品种权的创造、保护与利用，可登录林草植物新品种保护网站了解品种权申请流程及相关信息，依法依规进行申请。（陈光、柳玉霞）

加强林业和草原植物新品种权受理和审查工作

国家林业和草原局植物新品种保护办公室坚持依法行政，按照国务院“放管服”改革要求，全力做好林草植物新品种审批工作。推出“林草植物新品种保护管理系统”，实现植物新品种权在线申报、在线审查、在线通知等功能，进一步优化完善了部分受理审查工作流程，细化修订了申请材料注意事项，努力做好主动服务、及时服务和规范服务，全面提升了林草植物新品种受理审查的工作效率和服务水平。深入开展“我为群众办实事”实践活动，提高了植物新品种审批效率，2021 年，植物新品种初步审查时间由规定的 6 个月压缩至 50 天以内，授权批次由以往一年 2 批增加到一年 3 批。克服新冠疫情影响，安全高效组织专家完成植物新品种现场审查任务 1600 人次，完成植物新品种现场审查588件，大幅度提高了植物新品种的审查和授权效率，落实“快保护”要求，得到新品种申请人的广泛好评。

2021年，林业和草原植物新品种受理、审查、授权数量再创历史新高，共受理国内外植物新品种权申请1442件，同比增加37.73%。国家林业和草原局发布授权植物新品种公告3批共761件，同比增加72.56%，完成了761件品种权证书的制作、盖章和登记发放工作。

2021年，共完成1442件申请品种的初步审查并公告，联系日本植物新品种权管理机构购买测试报告3份。对品种权申请、初审、授权及其他事项及时在“林草植物新品种保护网站”上公告，共发布了申请公告6批，申请撤回公告、品种名称变更公告、实质审查驳回公告、申请人变更公告、品种权人变更公告、品种权转让公告等事务公告6批，植物新品种授权公告（国家林业和草原局公告）3批，确保了林草植物新品种审批和授权的公开、公正，审批规范、高效，接受社会的监督。作为国家履行UPOV公约和植物新品种权审批机关的一项重要的基础性工作，2021年林草植物新品种权审批工作朝着更加标准化、规范化和制度化方向发展。

截至2021年年底，国家林业和草原局植物新品种保护办公室共受理国内外植物新品种申请7008件，授予植物新品种权3404件。

中国林业科学研究院林业研究所、中国林业科学研究院亚热带林业实验中心和黑龙江省林业科学研究所作为植物新品种实质审查组织单位，进一步完善了专家抽取和现场审查制度，提高了审查结果的严谨性、科学性和准确性。2021年克服新冠疫情影响，安全高效组织专家完成现场审查任务1600人次，完成植物新品种现场审查588件，更好地适应了林业植物新品种申请量大幅增加的需求，为品种权申请人提供优质服务。

为深入贯彻落实“放管服”改革要求，进一步优化林草植物新品种权申请受理和审查程序，提升林草植物新品种管理信息化水平，为申请人提供更加便捷、高效的服务。2021年1月1日起正式上线试运行新版“林草植物新品种保护信息管理系统”（以下简称“管理系统”），实现了在线申报、审查和通知公告等管理功能。申请人、代理机构可以通过管理系统在线提交申请材料，实现从品种权申请到授权证书发放的全过程留痕和信息化高效管理。特别是随着林草植物新品种保护名录范围的逐步扩大，品种权的申请数量将逐年增加，管理系统作为新品种受理和授权工作的核心中枢平台，将在推进林草植物新品种信息化、规范化和便携化管理，进一步提升服务能力和水平中发挥重要作用。国家林业和草原局植物新品种保护办公室结合管理系统的功能特点，对受理流程进行了优化，对相关材料进行了精减，将植物新品种从受理到初审公告周期压缩至50天以内完成。

为做好林草植物新品种权申请咨询答复事宜，国家林业和草原局植物新品种保护办公室于2020年底开通品种权申请智能电话机器人咨询系统，该系统以《林草植物新品种权申请指南》和《申请材料填写导则》为内容基础，通过中国移动400号码为主号，云呼叫中心部署方式实现自主语音导航、彩铃、智能路由、挂机短信、录音、话务分析等14项功能，为咨询者提供24小时不间断服务，特别是标准化分类答复、在线留言、重复接听等功能受到申请人好评，达到了减少人工答复任务、提高答复质量和工作效率的目标。

国家林业和草原局植物新品种保护办公室完成了向UPOV报送我国2020年度林业植物新品种申请、授权、品种权统计等4类数据的工作，向UPOV新品种数据库填报了441件授权品种的详细信息，包括数据的整理、翻译和数据报送，以实现林业授权植物新品种数据的全球共享。（陈光、段经华）

推进林业和草原知识产权扶贫工作

为促进林草知识产权转化运用项目结出硕果，持续推进林草知识产权扶贫工作，阻力乡村振兴，国家林业和草原局科技发展中心以广西罗城、龙胜和贵州独山、荔波4个生态帮扶定点县为突破口，组织专家到一线做给农民看、领着农民干、带着农民赚。2021年，累计组织专家现场考察调研10次，培训125人次，带动帮扶贫困户16户。在贵州省荔波县实施了"'一种木耳挂袋栽培的方法'专利技术的转化运用"项目，在广西壮族自治区罗城县实施了"生物质多羟基土壤修复材料的关键制备技术及应用"项目。

贵州省荔波县是国家林业和草原局定点帮扶县，国家林业和草原局科技发展中心充分利用专家团队资源优势，组织东北林业大学黑木耳培育专家团队，通过林草专利转化运用等方式，在荔波县开展木耳栽培技术服务指导和技术培训，解决了多个突出技术难题，有效助力当地乡村振兴、助推群众增收致富。

专家团队先后4次前往荔波县实地考察调研，发现当地食用菌龙头企业在培育黑木耳过程中出现的菌种问题，积极提出解决方案，并为其无偿提供黑木耳优良品种'黑厚圆'母种累计180支，基本满足了该企业近一年的生产用种。根据该企业的测产报告，'黑厚圆'品种的产量较当地品种提升了近20%。在甲良镇黑木耳基地，专家团队帮助解决了60余万菌棒出耳慢、憋耳芽等问题，保证了每棒干耳产量稳定在1.1两（1两=50克，以下同）。在佳荣镇黑木耳基地，帮助解决了近10万菌棒黑木耳烂耳问题。

根据荔波县种植户的实际情况，专家团队对种植黑木耳积极性高、有一定基础的种植户进行重点培养，规范种植管理的各环节，教授多项实用技术。专家团队培养出的种植能手带领村合作社种植黑木耳近20万棒，新鲜黑木耳卖到了贵阳、都匀等市，销售额达到了90万元。除了指导小七孔镇种植户种植黑木耳，专家团队还科技帮扶当地种植户种植玉米5亩（1亩=1/15公顷，以下同）多，将采收完的黑木耳废弃菌棒破包后堆肥还田，既避免了废弃菌棒随意丢弃造成环境污染，又增加了土壤肥力。（杨玉林、王地利、赵健）

推进林业和草原生物遗传资源多样性调查与评价工作

为加强林业和草原生物遗传资源评价工作，提高林草遗传资源的保护和利用效率，2021年国家林业和草原局科技发展中心继续开展重要林草遗传资源多样性评价工作，新增林草遗传资源遗传多样性调查与评价项目10个，同时继续支持2020年委托的11

个项目，涉及短萼黄连、枫香等珍贵濒危树种，花椒、楸树等具有经济、药用及生态价值的树种，对高寒牧区的生态修复具有重要意义的老芒麦等草类资源。经过1年的工作，部分项目已经取得了阶段性成果。

1. 花椒遗传资源多样性调查与评价

花椒为芸香科花椒属植物，是我国"八大调味品"之一。我国是花椒的原产地，同时也是世界上最早利用和栽培花椒的国家，已有2000多年栽培历史。近几年，花椒在国际市场上也越来越受到重视。目前，花椒栽培总面积已达2500万亩左右，年产干花椒约40万吨，形成了一个年产值约300亿元的巨大特色农产品产业。但是与其他经济林相比，花椒遗传资源基础研究相对滞后，严重限制了我国花椒产业"做大、做强"。因此，委托西北农林科技大学开展了花椒种质资源遗传多样性调查与评价工作，通过收集花椒主产区的不同品种（系）和野生花椒群体样本，经过简化基因组测序技术（GBS）开发SNPs分子标记，然后利用SNPs分子标记分析花椒种质资源的遗传多样性，揭示各栽培品种之间及栽培品种与野生资源的遗传关系，对野生花椒遗传资源进行遗传分析评价。目前，共收集花椒材料577份，其中，野生资源有150余份，栽培品种（品系）有40余个；收集花椒种质资源种子30份，部分种子已播种于西北农林科技大学花椒示范试验站；保存优良种质资源50余份，包括凤县大红袍、韩城大红袍、汉源花椒、武都大红袍、无刺花椒、茂县花椒、山西花椒。这些研究成果为花椒遗传资源的合理利用、关键功能基因的挖掘和利用提供了科学依据，为花椒的新品种选育和种质创新提供了重要候选材料，对利用花椒优良野生资源改良现有栽培品种具有重要的意义。

2. 华北地区楸树抗寒资源遗传多样性调查与评价

楸树是我国传统珍贵树种，拥有广泛使用价值，在国家建设和人民生活中承担着重要作用。其自花不亲和、结种率低，加之长期以来人们只是盲目地采伐利用，致使天然优良种质资源在一些区域已经灭绝或濒临灭绝。目前，楸树推广面积在逐渐扩大，但在生产中面临资源日趋减少、新品种缺乏的困境，尤其是优良抗寒性资源的匮乏，极大地限制了楸树在我国北方的推广。因此，委托河北农业大学开展了华北地区楸树抗寒资源遗传多样性调查与评价工作。目前，共搜集楸树不同种质（品种、品系）24个，其中，滇楸6个、楸树优树6个、楸树杂交种6个、品种5个以及金丝楸品系1个；经过抗寒性测定筛选出优良抗寒品种（系）7个，充分发掘及利用了楸树遗传资源，为提升楸树良种选育水平及推广扩大楸树栽培范围提供科学的理论依据。

3. 浙江楠遗传资源多样性调查与评价

浙江楠是20世纪70年代于浙江杭州云栖发现的楠木属中国特有种。浙江楠不仅材质优良，可作为珍贵高档家具和建筑材料，还因其树形优美端庄，可广泛用于南方的园林绿化中，亦可作为丘陵山区的宜林树种。然而，浙江楠的生态适应性范围较窄，且现存生境破碎、种群面积不大、种群不连续，形成岛屿状分隔，造成种群间基因交流较少，导致这一珍贵资源近于枯竭，处于濒危状态。并且种群近亲交配率提高，有可能造成种群进一步衰退，浙江楠现已被列入国家二级重点保护植物。委托南京森林警察学院，对浙江楠的主要资源分布与利用、种群生态学、群落物种多样性、种子生理、造林育种以及致危原因等方面进行调查与评价工作，采用实生苗引种和种子繁殖两种方式，对分布在浙江、安徽、福建和江西4个地区的浙江楠进行引种实验，引种数量在2000株以上，在浙江楠资源的保护与利用方面发挥了积极的作用。（李启岭、杜冉）

开展中国专利奖组织推荐工作

根据国家知识产权局关于组织推荐中国专利奖的通知要求，国家林业和草原局科技发展中心积极组织中国专利奖林业项目的推选工作，强化知识产权保护和运用工作导向，通过积极动员、广泛征集、公平筛选，挑选出林业行业对技术创新及经济社会发展具有突出作用的林业专利，参加中国专利奖评选。2012—2021 年，共有 29 项林业专利荣获中国专利优秀奖，有效激励了林业科研创新主体和发明人，有利于促进林业科技自主创新，增强林业核心竞争力。

1. 中国专利奖的组织和推选工作

国家林业和草原局科技发展中心根据中国专利奖评选的基本条件，每年都从全国各地的林业企事业单位征集优秀林业专利项目。采用集中评审与实地调查相结合的方式，做好优秀林业专利的筛选工作，推荐工作以林草事业高质量发展为导向，优先推荐对于林业发展具有重大影响的核心技术专利，以及已经转化应用且经济、社会、生态效益显著的林业专利和在实际侵权案件中保护效果良好的林业专利，专家组既包括林业技术专家也包括知识产权研究人员，确保筛选工作的公平、公正。

通过媒体报道、网站宣传和出版书籍等多种形式，对林业专利获奖情况进行宣传，每年及时将林业专利获奖情况在国家林业和草原局政府网、中国林业知识产权网和《中国绿色时报》上公布，并将重点内容收录到《中国林业和草原知识产权年度报告》中，增强了林业企事业单位对中国专利奖评选的关注，提高了自主创新的积极性，提升了林业行业的知识产权保护意识。同时，将中国专利奖的推选工作与林业知识产权试点示范、林业专利产业化推进、林业知识产权宣传周等各项工作相结合，扩大中国专利奖组织推选工作的影响力。

2021 年 8 月，根据《国家知识产权局关于评选第二十三届中国专利奖的通知》（国知发运函字〔2021〕124 号）和《中国专利奖评奖办法》（知办发管字〔2018〕20 号），国家林业和草原局科技发展中心下发《关于推荐第二十三届中国专利奖的通知》（林技综便字〔2021〕66 号），组织中国林业科学研究院、国际竹藤中心及 6 所涉林高校进行林业专利项目申报，在积极动员、广泛征集的基础上，严格按照申报程序、参评条件等要求对申报的专利项目进行专家评审、推荐和公示，国家林业和草原局推荐了中国林业科学研究院林产化学工业研究所的“一种改性生漆防腐涂料的制备方法”(ZL201610161400.X)、中国林业科学研究院木材工业研究所的“分层阻燃人造板及其制造方法、表层阻燃剂在阻燃材料中的应用”（ZL201810932183.9）和南京林业大学的“一种生物质气化供气联产电、炭、热、肥的工艺方法”（ZL201510851255.3）3 项林业发明专利项目上报国家知识产权局，参加第二十三届中国专利奖评选。

2. 3 项林业专利荣获第二十二届中国专利优秀奖

2021 年 6 月，根据国家知识产权局关于第二十二届中国专利奖授奖的决定（国知发运字〔2021〕18 号），共有 3 项林业专利荣获第二十二届中国专利优秀奖，分别是山东太阳纸业股份有限公司、山东太阳宏河纸业有限公司的发明专利“一种桉木溶解浆的制备工艺”，鄂尔多斯市华林沙柳科技有限公司的发明专利“一种以灌木为原料制造木基型材的自动生产设备及方法”，佛山维尚家具制造有限公司的发明专利“一种用于定制家具的板材自动加工设备”。这 3 项获奖专利的质量和创新水平高、实用性强，为专利权人赢得了显著的经济效益和市场竞争力，表现出很强的创新发展优势（表 1）。

表 1　2021 年中国专利优秀奖——林业项目

序号	专利号	专利名称	专利权人	发明人
1	ZL201210088433.8	一种桉木溶解浆的制备工艺	山东太阳纸业股份有限公司、山东太阳宏河纸业有限公司	应广东、陈克复、刘泽华、刘延波、乔军、翟丙彦、张伟、梁洪金、钟洪霞
2	ZL201610519287.8	一种以灌木为原料制造木基型材的自动生产设备及方法	鄂尔多斯市华林沙柳科技有限公司	李茂林
3	ZL201410822397.2	一种用于定制家具的板材自动加工设备	佛山维尚家具制造有限公司	彭劲雄、彭湃

“一种桉木溶解浆的制备工艺”（ZL201210088433.8）发明专利涉及一种桉木溶解浆的制备工艺，包括以下步骤：①预气蒸；②桉木片在独立连续水解塔进行预水解；③硫酸盐法对水解后的桉木片进行蒸煮。本发明的有益效果是：①连续预水解硫酸盐蒸煮工艺，投资少，生产效率高，同时工艺简单、操作方便；②无酸水解工艺，减少了无机酸对纤维素的降解和设备的腐蚀；③桉木溶解浆浆料质量、性能更稳定，α - 纤维素含量最高达到 96.2%，聚戊糖含量 2.35%。

“一种以灌木为原料制造木基型材的自动生产设备及方法”（ZL201610519287.8）发明专利涉及木质工程结构材料的生产技术领域，公开了一种以灌木为原料制造木基型材的自动生产设备及方法，其中，自动生产设备包括铺装装置、回转装置、压制装置、热处理装置以及控制装置，铺装装置上放置有经疏解、浸胶、干燥处理后的灌木条，回转装置位于铺装装置一侧下方，灌木条经铺装装置铺装至回转装置的铺装小车上；压制装置位于回转装置的一端，热处理装置位于压制装置的一侧，对经压制装置压制后的型材坯料进行热处理。本发明通过铺装装置、回转装置、压制装置、热处理装置等设备，依次对经疏解、浸胶、干燥前期处理后的灌木条进行铺装、压制，以及热处理后形成了木基型材，提高了生产效率，有利于实现木基型材的工业化生产及应用。

“一种用于定制家具的板材自动加工设备”（ZL201410822397.2）发明专利提供一种用于定制家具的板材自动加工设备，其包括：用于对板材进行分离、调整和测量尺寸后传送到进料口的进料输送机构；扫描机构；主加工机构；侧加工机构；出料输送机构；用于从进料输送机构抓取板材，将板材放置在主加工机构并推动和翻转板材以进行正面、反面加工，以及抓取板材移动到侧加工机构进行侧面加工，然后将板材放置到出料输送机构的机械手；机械手控制器，机械手控制器与机械手信号连接；控制机构；上位机模块。本发明的加工设备实用性强，有效提高加工精度的同时，达到高效、稳定的加工，以实现根据生产需求标准化、全自动化对各种规格的板材进行加工，适用于大规模家具智能制造。

中国专利奖是中国唯一的专门对授予专利权的发明创造给予奖励的政府部门奖，已被联合国世界知识产权组织（WIPO）认可，在国际上具有一定的影响。中国专利奖由国家知识产权局于 1989 年设立，已评选了 23 届，从 2009 年第 11 届起，中国专利奖评选周期由每 2 年 1 届改为每年 1 届。为了更好地发挥专利奖的导向作用，国家知识产权局完善了中国专利奖评选办法和评奖指标。新的评奖办法更加强调评选的科学性，扩大了社会的参与面，在评价内容上进一步突出了专利的质量导向，更加注重专利的技术先进性，强调专利运用的实际效益及其对经济社会发展的贡献和对行业发展的引领作用。中国专利奖的公信力、权威性、代表性和影响力日益增强，目前已成为推进中国知识产权事业发展的重要平台，对引领创新驱动发展、推动知识产权强国建设发挥了积极作用。（杨玉林、王忠明）

推进林业和草原科研院所和高等院校知识产权工作

为贯彻落实《知识产权强国建设纲要（2021—2035年）》和《“十四五”国家知识产权保护和运用规划》，深入实施知识产权强国战略，强化知识产权保护和运用，加快建设知识产权强国，充分发挥知识产权对推进林草现代化建设的支撑和保障作用。按照国务院知识产权战略实施工作部际联席会议办公室关于印发《知识产权强国建设纲要和“十四五”规划实施年度推进计划》的通知（国知战联办〔2021〕16号）部署要求，国家林业和草原局科技发展中心会同有关单位制订了《2021—2022年加快建设知识产权强国林草推进计划》，明确了2021—2022年度林草知识产权的重点任务和工作措施，确保林业和草原知识产权工作顺利推进，以激励林草科技创新，增强行业核心竞争力，切实提升林草知识产权创造、保护、运用、管理和服务水平。

推进林业和草原科研院所和高等院校知识产权工作，完善知识产权管理政策和激励机制，创新知识产权转让和许可模式，促进了知识产权成果创造和转化运用。2021年，国家林业和草原局信息中心、中国林业科学研究院、国际竹藤中心、北京林业大学、东北林业大学、南京林业大学、中南林业科技大学、西南林业大学和西北农林科技大学的林业和草原知识产权工作取得了较好成绩，提升了林业和草原知识产权的综合能力和水平，促进了林业和草原产业高质量发展。

1. 国家林业和草原局信息中心

国家林业和草原局信息中心高度重视知识产权工作，不断加强林草知识产权宣传和软件正版化培训、指导、管理和检查，增大知识产权保护和运用力度，进一步增强尊重和保护知识产权意识。加强软件正版化工作的组织领导，将推进软件正版化工作列入局网信领导小组职能，制定使用正版软件的规范制度，全体干部职工均签署了《使用正版软件承诺书》。加强软件正版化培训，2021年10月11~13日，组织举办了全国林草信息化新技术暨网络安全与网站信息员培训班，邀请专家解读软件正版化政策和相关要求，对国家林业和草原局软件正版化工作进行指导，提高林草行业保护知识产权的意识和使用正版软件的自觉性。加强正版化软件使用和管理，认真落实《国务院办公厅关于印发政府机关使用正版化软件管理办法的通知》要求，完善软件正版化采购制度、管理制度，明确责任人和责任单位，规范软件配置管理和软件资产台账。完成软件正版化检查工作，2021年10月中央宣传部版权管理局来国家林业和草原局检查软件正版化工作，经现场扫描检查，正版化检查工具安装情况良好，覆盖全体机关工作人员，增强了其保护知识产权意识和使用正版软件的自觉性。

2. 中国林业科学研究院

中国林业科学研究院结合国家有关知识产权及科研诚信等最新规定，各所、各中心进一步完善知识产权管理制度、奖惩制度、保密制度、技术资料档案管理制度、工作考核办法等多项知识产权规章制度，对专利申请、保护、奖励、实施转化等相关问题都作了详细的规定。完善全院知识产权档案动态管理，完成了国家知识产权局费减备案工作，申请专利可减免费用 30% 以上，完成中国版权保护中心（著作权登记系统）注册登记，为院软件著作权登记提供平台。组织申报第 23 届中国专利奖，3 项专利分别从中国知识产权研究会和国家林业和草原局等渠道申报。

坚持走产学研相结合的道路，将孵化成熟的自主知识产权技术成果向企业转移转化。2021 年，专利转让、授权等专利交易合同额为 2270.2 万元，年度实现到账收入 1173.87 万元，专利转让件数 31 件，许可交易件数 22 件。从整体来看，专利交易继续保持良好势头，执行期延续性更强，合作更趋向于长期稳定。依托行业协会组织，协调推进专利宣传和转化。依托“生物基材料产业技术创新战略联盟”“国家林产化学工程技术研究中心”“中国林学会林产化学化工分会”“全国活性炭专业委员会及行业协会”等行业组织，召开年会、研讨会等活动；与有关行业龙头企业进行广泛的交流与合作，精准进行专利成果推介。

“玉米秸秆高得率清洁制浆综合利用技术”在东北地区建立了玉米秸秆清洁高效、生产秸秆高得率浆和生物质颗粒燃料工厂，变废为宝，大幅提高了资源的利用综合效益，实现玉米秸秆废弃物全秆的资源化清洁高效利用，填补了当地玉米秸秆废弃物资源清洁高效综合利用产业的空白，有效利用当地丰富的玉米秸秆资源发展秸秆制浆造纸产业，缓解我国造纸工业原料短缺的状况，延伸玉米产业链，促进农工业良性循环，并为当地农民脱贫致富开拓新的途径，为全面解决周边地区乃至全国的秸秆问题，减少因焚烧玉米秸秆造成的空气污染问题起到良好的示范带头作用。

3. 国际竹藤中心

国际竹藤中心进一步完善了知识产权工作考评机制，加强知识产权工作规范化，健全了知识产权保护、转让和奖励等制度，建立科学的考核评价体系，形成有效的激励机制，促进自主创新工作的开展。根据绩效考核相关办法，综合考量每年产出的专利、论文、著作和计算机软件著作权等，对在知识产权申请、实施、管理等工作中做出重要贡献的人员，予以表彰和奖励。2021 年 5 月，根据国家林业和草原局统一部署，国际竹藤中心和中国林学会竹藤资源利用分会共同筹备并参加 2021 年全国林业和草原科技活动周。活动以“回望百年奋进路·共筑美丽中国梦”为主题，通过组织开展竹藤知识科普宣传活动，普及了竹藤科学知识，加强了公众对竹藤科学和文化的认知，起到了良好的科普、宣传效果。

国际竹藤中心以科技成果和专利技术为依托，达成多项合作项目，广泛开展合作交流和技术服务，支持地方竹产业发展。2021 年，新增科技成果转移转化横向项目 9 项，总经费达 1369 万余元，全年动态管理在研科技成果转移转化项目 31 项，其中，7 个项目顺利完成，促进了竹藤产业内科技与经济的结合，提升了我国竹藤产业的核心竞争力，产生了积极的经济和社会效益。

国际竹藤中心在继续做好与永安、黄山、宜兴、咸宁等基地科技合作的基础上，先后接待北京市园林绿化局，建瓯市、南平市、宜宾市等人民政府及湖北省林业局，南平市科学技术协会等单位和一些企业的来访，与福建省永安市人民政府、安徽池州高新技术产业开发区管理委员会签署了产学研合作协议，与福建省建瓯市人民政府达成了续签竹产业战略合作协议的意向，通过深入交流和经验分享，利用科技人才和技术优势为企业服务，努力推动竹藤科技成果转化，为下一步开展竹产业的战略合作浇筑了坚实基础。

4. 北京林业大学

北京林业大学健全科研评价和激励机制，将林草知识产权创新及成效分层次、多维度纳入岗位聘用和职称评定制度体系中，促进知识产权创造和转化运用。制定《共有科技成果知识产权管理规定》，切实发挥政策激励作用。多措并举促进林草知识产权转化应用，2021 年，北京林业大学签订技术转让（许可）合同 17 项，技术交易金额 500 余万元。《商用车驱动电机控制系统 V1.0》《震颤信息监测软件和震颤抑制机械臂控制系统软件》等软件著作权实现了面向传统机械工业领域的技术转让，“一种可实现尺寸自适应的自动抽漆生产线”“高纯杜仲胶提取技术”“包覆金属粉末用水性酚醛树脂胶”等专利技术持续服务林草行业高质量发展和行业技术转型升级，报春苣苔属植物新品种、“东篱系列”菊花品种等在观赏花卉产业实现转化，助力花卉经济蓬勃发展。2021 年，开展了林草知识产权及成果的路演和推广活动 10 余场。其中，40 余项新品种和良种亮相北京园林绿化新优植物品种推介会，涉及杨树、杜仲、红花玉兰、榆叶梅、梅花、牡丹等用材林、经济林、观赏植物等主要类别的品种，举办“建设美丽中国，菊花再添风采”植物新品种转让签约仪式、北京林木花卉优新品种推介交流会，充分发挥植物新品种权等高质量成果的储备优势。编制《北林的花》《北林的树》《北林实用技术汇编》等林草知识产权汇编材料，促进科研人员对科研成果的凝练，加强对科技成果宣传，促进转化应用。

5. 东北林业大学

东北林业大学健全知识产权的统筹协调机制，将知识产权管理纳入学校科技成果转化工作领导小组职责范围，审议知识产权重大事务决策，审核知识产权重大项目处置，形成科技创新与知识产权管理、科技成果转化、技术咨询服务相融合的统筹协调机制，完善知识产权管理和奖励制度，加强政策引导，取消了对专利申请量和授权量的奖励，加强对专利转化后补助奖励，并将专利转化成效作为职称晋升、绩效考核、岗位聘任、项目结题、人才评价和奖学金评定等重要指标。依托已有的高校国家知识产权信息服务中心、世界知识产权组织技术与创新支撑中心和省级技术转移示范机构，充分发挥学校科学顾问和技术顾问制度，促进技术转移与知识产权管理运营体系建设，不断提升学校科技成果转移转化能力。2021 年，科技成果转化合同金额创新高，首次突破 1000 万元，涉及权属变更的技术转让合同 30 件，包括：专利权转让 21 件，合同金额 157 万元；非权属转让合同包括技术秘密和实施许可共 9 件，合同金额 904.5 万元。“一种兴安杜鹃不定芽诱导及植株再生的方法”“一种从黑加仑果渣中提取分离纯化四种主要花色苷的方法”“一种从蓝靛果中快速高效提取纯化花色苷的方法”“基于双环形谐振腔的全光强度调制器”等专利技术转让给相关企业，促进了科技成果转化运用。

6. 南京林业大学

南京林业大学以专利转化为导向，对优化科技成果转化机制提出一系列具体措施，梳理及完善相关管理制度、规定，对成果转化的经费及分配作出明确规定，统筹协调收益分配制度，积极探索知识产权转移转化活动中高校、发明人之间的收益分配原则，创新分配制度，调动科研人员的积极性，从而创造出更大的社会价值与经济价值。切实提升专利质量，促进转化运用，新成立技术转移转化科，在人员、职能与建制方面不断完善，聘任熟悉业务的老师作为兼职成果转化推广员，促进技术转移与知识产权管理运营体系建设，不断提升科技成果转移转化能力。科技创新助力经济林，核桃产业造就乡村致富路。薄壳山核桃富根容器苗标准化生产技术、品种配置技术、树型调控技术、水肥管理技术、病虫害防治技术等配套栽培技术体系。协助江苏水木农景股份有限公司建成薄壳山核桃产业园 1000 亩，实现年产优质苗木 30 万株，经济效益达 1000 余万元。一棵银杏一个产业，助力一方百姓富裕。创制了银杏定向育种和苗木规模化繁殖技术体系，推动银杏第一产业快速发展。围绕银杏叶、花、果等资源高效利用关键技术，开发出银杏生物饲料添加剂等产品，促进了银杏第二产业技术升级。挖掘银杏等经济林树种文化，出版《银杏》（画册）等著作和影像制品，开发文旅资源，培育银杏第三产业健康发展。累计推广银杏经济林 200 余万亩，产业产值从 2015 年的 600 多亿元提高到 2020 年的近 1000 亿元，造就百亿级林业新产业。成果在全国范围大规模推广应用，带动云南保山、江苏邳州等地乡村振兴和 20 多万人脱贫致富。

7. 中南林业科技大学

中南林业科技大学成立知识产权管理办公室，完善知识产权管理和激励机制。经湖南省知识产权局批准，学校设立了湖南省知识产权远程教育平台中南林业科技大学分站，在知识产权宣传与培训方面发挥了重要作用。坚持分类指导，围绕重大项目、高水平平台和优势学科，强化专利导航布局，积极引导林业工程、林学、生态学、环境工程、食品科学、林业机械装备、智慧林业、农业工程、物流工程等优势领域培育高质量发明专利和高价值专利组合，促进发明专利申请量的增长和质量的提升。“一种木材干燥与热改性联合处理方法及装置”“一种涂膜镀锌的包覆和导电树脂”2 项发明专利获 2020 年度湖南专利奖三等奖。“粮油储藏与加工关键技术及装备高价值专利组合培育项目”获长沙市知识产权局高价值专利组合培育资助。2021 年，中南林业科技大学完成专利技术转让 25 项、专利许可实施 23 项，金额 6645.7 万元。“油茶果采收技术成果”与湖南农友农业装备股份有限公司签订成果转化合同，正式进入产业化阶段。根据合同约定，湖南农友农业装备股份有限公司可使用油茶果采收及其相关技术成果进行产品的生产、推广、销售，中南林业科技大学将分期获得包括销售提成在内的技术成果许可费，合同总金额为 6484 万元，将为推动我国油茶产业的发展和乡村振兴战略提供有力的科技支撑。

8. 西南林业大学

西南林业大学重视知识产权管理、保护和运用工作，先后制定了《西南林业大学科技成果转化管理暂行办法》《西南林业大学科技成果转化尽职调查管理办法（试行）》等文件，强化宣传、解读和贯彻执行。修订和完善了知识产权成果的加权办法，将知识产权纳入相应评价指标体系中。2021 年 4 月 20~26 日在全校范围内开展了为期一周的知识产权宣传活动。活动以“激励创新、打造品牌、扩大对外开发”为主题，积极组织开展知识产权宣传相关活动，取得了良好成效。赴云南省市场监督管理局知识产权科交流学习，对学校知识产权的申报和转化起到了积极的推动作用。

9. 西北农林科技大学

西北农林科技大学重视知识产权的创造、管理、运用和保护等各项工作，大力实施知识产权战略，突出自主创新，着力提高科技创新能力。把知识产权工作贯穿于科学研究的全过程，开展重点领域知识产权态势分析，注重专利文献的利用，建立科技计划项目的专利查新制度，把创造知识产权和技术标准作为科技项目实施的重要目标。邀请知远融信知识产权信息咨询公司，为全校师生做《解读最新专利政策，撰写高水平专利申请》的专题培训，100 多名师生参加培训。2021 年 3 月，组织相关专家参加示范区组织的专利推介会；2021 年 10 月，借助杨凌农业高新技术产业博览会，积极宣传展示西北农林科技大学科技创新相关成果，受到社会公众的关注。2021 年 11 月，根据《国家知识产权局公共服务司关于组织开展"知识产权信息公共服务机构在行动"专项活动的通知》，结合实际、认真落实，开展了面向校内科研机构的知识产权信息检索与信息分析服务活动、面向中小微企业的推广应用活动，以及面向国家知识产权公共服务网及新一代地方专利检索及分析系统的培训活动。（杨玉林、柳玉霞、王地利、赵健）

开展林业和草原重点领域专利分析研究

专利文献的信息内容分析服务可以为科技创新寻找技术解决方案，使技术创新获得灵感，并能提高技术创新和科研的起点，同时避免重复研究，节约经费。因此，整合全球林业专利信息资源，利用科学的专利分析方法挖掘全球林业技术情报，不仅能为林业技术创新指明方向，而且还能为国家政策制定、林产品国际贸易和国际谈判提供技术支撑。

国家林业和草原局知识产权研究中心引进了 Derwent Data Analyzer（DDA）、智慧芽（Patsnap）专利分析系统等专利分析工具，建成了集专利检索、管理和分析功能于一体的林业专利信息预警分析系统，采用智能化的数据挖掘技术和先进的可视化技术，可自动进行几十种重要的专利分析、自动生成近百种统计图表，并可实时监测和分析国内外林业行业相关领域的专利动态变化，为林业专利预警分析研究提供基础数据分析平台。

国家林业和草原局知识产权研究中心针对林业和草原行业容易遭到国外专利壁垒的重点林产品领域进行了动态跟踪和调查，对专利数据做统计和分析，聘请技术专家全程参与，采用定量和定性相结合的分析方法，建立了一套科学、严谨的重点出口林产品领域的知识产权预警指标体系和应急机制。运用数据挖掘技术和可视化技术，从海量、异构、分散的专利数据中挖掘和分析隐含的规律和发展趋势，掌握目标技术的专利分布情况和发展趋势、主要竞争对手和近年来的研究热点，剖析技术发展重点及空白点，判定知识产权风险及被侵权嫌疑，查明该领域现有的专利法律状态，重点防范已授权专利，严密关注已公开专利，积极利用失效专利，提出应对措施和方案，增强知识产权预警能力，为政策制定和破解林产品出口的技术贸易壁垒提供支撑。

2021 年，组织开展了竹结构材、打枝机、栗属植物、正交胶合木、树木移栽、沉香的专利分析研究。①在竹结构材领域，中国专利量遥遥领先，其次是日本；专利量最多的申请人是南京林业大学，其次是中国林业科学研究院木材工业研究所和国际竹藤中心；竹结构材相关专利研发主要涉及复合结构、复合材料、连接件、加工设备、组合梁、竹木复合、孔结构和纤维素等。②在打枝机领域，芬兰是专利量最多的国家，其专利的全球占有量为29.81%，其次是瑞典、美国、加拿大、德国和新西兰；专利量排名前3的是芬兰PONSSE OJJ公司、芬兰WARATAH OM公司、美国CATERPILAR INC公司；打枝机相关专利研发主要涉及加工设备、驱动构件、击打头、控制装置、进给装置、机器人、液压致动器、起重机、处理装置和测量装置等。③在栗属植物领域，专利技术的研发主要集中在亚洲的中、日、韩3国，其次是欧洲和美国；全球栗属植物相关发明授权的分布非常分散，发明授权量排名前10位的专利权人的专利量均不多，排名前3的是河北科技师范学院、中南林业科技大学、日本客乐谐食品株式会社；栗属植物相关专利研发主要涉及提取物、组合物、活性成分、加工方法、食品加工、化妆品组合物、调色剂、板栗壳、衍生物、栗子粉、传送带、新品种、脱壳机等。④在正交胶合木领域，中国的专利拥有量最多，其次是日本和美国；专利量排名前3的是南京林业大学、美国的M FIRE HLDG LLC公司、南京工业大学；正交胶合木相关专利研发主要涉及交叉层压、层压材料、木结构、建筑物、横截面、剪力墙、黏合剂、压力机和连接装置等。⑤在树木移栽领域，专利技术的研发主要集中在中国，其次是日本和美国；专利量排名前3的是美国伊利诺斯工具制品有限公司、日本蜻蛉工业株式会社、日本东邦利奥株式会社；树木移栽相关专利研发主要涉及成活率、保护装置、种植装置、园林绿化、支撑杆、支撑板、固定板、种植方法、移栽机、运输方法、营养液、挖树机、机器人等。⑥在沉香领域，拥有专利量最多的国家是中国，处于遥遥领先的位置，其次是美国、韩国、马来西亚、泰国、印度、印度尼西亚；专利量排名前5的是美国明尼苏达大学董事会（REGENTS OF THE UNIVERSITY OF MINNESOTA）、中国医学科学院药用植物研究所海南分所、广东省科学院微生物研究所、马来西亚彭亨大学和中国热带农业科学院热带生物技术研究所；沉香相关专利研发主要涉及沉香木、白木香、提取物、沉香树、沉香叶、沉香精油、活性成分、木质部、沉香茶、提取液、沉香提取物、诱导剂等。

2021年，深入开展我国主要优势经济林树种文献与专利分析，选择《全国优势特色经济林发展布局规划（2013—2020年）》确定的5个优势经济林，包括油茶、核桃、板栗、枣、仁用杏作为研究对象；采用定量与定性相结合的方法，包括发展趋势分析、申请人分析、地域分析、技术分类分析、引证分析、同族分析、法律状态分析、诉讼专利分析等，旨在全面掌握这些优势经济林树种的科学和技术发展现状，发掘核心技术和关键技术点，为相关政府部门、科研单位和企业的政府决策和技术创新提供参考。（马文君、王姣姣）

开展国际林业和草原知识产权动态跟踪与履约研究

国家林业和草原局知识产权研究中心跟踪世界各国林业和草原知识产权动态，重点开展国内外植物新品种保护、林业生物遗传资源获取与惠益分享的现状和发展趋势研究，组织专家进行信息采集、分析、翻译、编辑整理和综述，形成研究报告，提供林业知识产权信息服务，为国际履约和谈判提供了技术支撑。2021 年，开展了欧盟实施《国际植物新品种保护公约》概况、遗传资源惠益分享与植物新品种保护的相互关系、亚太地区植物新品种保护法实施情况、韩国遗传资源获取和惠益分享制度、植物育种者权利的权力平衡、日本 2020 年植物新品种保护法修正案概况、与森林繁殖材料生产和使用有关的遗传问题等研究。此外继续开展美国植物新品种保护法律法规研究，正式出版《美国植物新品种法律法规解读》。

1. 遗传资源惠益分享与植物新品种保护的相互关系

关于植物和植物遗传资源的不同国际协议在生物多样性保护、农民权利、粮食安全和粮食主权方面有不同的规定，这些规定有时甚至是相互冲突的。随着现代作物越来越同质化，育种者逐渐发现回归早期品种和作物的野生亲缘种对于获得改良品种的开发所必需的遗传变异非常重要。部分遗传资源可以通过共同商定条件获得，但也有部分遗传资源只能在农民的土地上获得，一些对全球粮食供应具有重要意义的植物没有包括在《粮食和农业植物遗传资源国际条约》（简称《植物条约》）附件 1 中，如甘蔗、大豆和坚果。中国和墨西哥等一些重要遗传资源提供国并不是《植物条约》的缔约国，而是《名古屋议定书》和《国际植物新品种保护公约》（简称《UPOV 公约》）的缔约国。这意味着从这些国家获得粮食和农业植物遗传资源必须要符合《名古屋议定书》关于获取和惠益分享的要求。

从国际的角度看，这 3 项条约没有内在的冲突，它们制定的法律制度适用于不同的对象。这 3 项条约的缔约方受国际法一般规则的约束，例如“必须遵守约定”的准则和“每一项生效的条约都对缔约方有约束力，必须忠实履行”的准则。概括性的解释是：“应按照条约条款在其所涉范围内的一般含义，并根据其目标和宗旨，以有诚意的态度对条约做出解读。”关于有关同一主题的后续条约的适用性问题，在解读时应该考虑的原则是“当一项条约明确规定它受一项以前或以后的条约管辖或不应被视为与之不相容时，以该另一条约的规定为准”。为进一步解释《植物条约》或在《植物条约》的意思含糊不清时，各国可以采用“补充解释手段，包括条约的筹备工作和缔结条约的情况”。例如，可以是通过 1991 年《UPOV 公约》的外交会议，或通过《生物多样性公约》的《内罗毕最终法案》（Nairobi Final Act）进行补充解释。

由于这些条约在国际层面上不存在冲突，国家（或地区）层面的执行情况将决定兼容性和相互支持的程度。在国家层面严格执行《UPOV 公约》可能有损于《名古屋议定书》和《植物条约》的目标。同样，严格执行《名古屋议定书》也可能伤及《UPOV 公约》的目标。有评论人士指出，“具有最强有力的执行措施和最明确的义务的国际法规则可能很容易为国内法所采纳，所以需要在执行过程中对不同条约之间的交叉部分做出适当的分析和处理。这样做，各国可以有效地确保更一致的执行。”由于《UPOV 公约》所规定的措施和义务比《名古屋议定书》或《植物条约》所规定的更有力和更明确，所以各国和各地区的组织必须认真考虑，确保在各个条约的执行上取得适当的平衡。

在思考相容性和相互支持的问题时，应当按照可持续发展法的一体化和相互关系原则。关于这一原则，在 1995 年召开的确定可持续发展国际法原则专家组会议的报告中说：“相互关系和一体化的原则是可持续发展的支柱。”国际法律以及国家法律对可持续发展的作用大小取决于各项法规以综合的方式实施的程度。在国内和国际的法律制定和解释需要所有相关方之间的协调。这并不是说将任何特定的法律制度纳入另一个，而是每一个法律领域对相邻法律体系的范围和内容的尊重。

协同地执行这3个国际公约以实现和促进获取和惠益分享目标主要依赖于国家层面，因为各国可以在本国自由制定关于农民权利的平衡而详细的规定。此外，各国应支持制定适应植物育种者、传统知识拥有者、农民乃至专利持有者以尽可能公平和平衡的方式行使获取和惠益分享权的规则，其最终目标是推进生物多样性的保护、保护和保存粮食及农业植物遗传资源，并且像支持农民权利等其他权利一样支持植物品种权。

《UPOV公约》《名古屋议定书》和《生物多样性公约》在推进获取和惠益分享方面联系最密切的是农民特权和育种者豁免。在《UPOV公约》框架之外采用独特的植物品种权系统，可以为更好地平衡《名古屋议定书》《植物条约》和植物品种权的权利与义务提供一种方法。但是，这样做可能的不利后果是，由于在《UPOV公约》之外出现大量的本国自建体系而破坏了国际间的协调，降低了能力建设的可能性，育种者因必须处理各种不同系统的关系而增加了负担，等等。因此，也许有必要考虑修订《UPOV公约》，以便在这3项条约之间取得更好的平衡，从而吸引更多的国家加入。《UPOV公约》1991年文本的生成早于《生物多样性公约》《名古屋议定书》或《植物条约》，后3项国际条约的缔约方较多。在必须在国家层面以协同或相互加强的方式协调、执行这些制度的情况下，各国在落实《UPOV公约》的承诺时，需注意到所承担的关于保存包括粮食和农业植物在内的植物遗传资源的义务。

2. 欧盟实施《国际植物新品种保护公约》概况

欧盟根据《欧盟植物品种权保护条例》（2100/94号）设立了植物品种权办公室，以欧盟的名义授予植物品种权。《欧盟植物品种权保护条例》与各成员国的植物品种保护制度不尽相同，而是另建了一套植物品种保护制度，作为对各成员国的植物品种保护制度的补充，并允许授予在整个欧盟有效的权利。欧盟在成为《UPOV公约》缔约方之前采用的是《欧共体植物品种权保护条例》。2005年7月29日，欧盟交存其加入《UPOV公约》的文书。

《欧盟植物品种权保护条例》根据与《UPOV公约》类似的新颖性、特异性、一致性和稳定性标准及测试指南授予植物品种保护权。就农业品种而言，申请保护的品种还必须具有较好的栽培和使用价值（不适用于蔬菜品种）。虽然基于《UPOV公约》建立的国家制度不受影响，但对于同一品种，不能在要求本国品种权保护的同时再要求欧盟的品种权保护。除可向国家提起诉讼的民事侵权和损害赔偿请求外，《欧盟植物品种保护条例》的实体规则和程序规则均由欧盟确定。

《欧盟植物品种权保护条例》指出，农民特权仅限于若干种农业植物，其中包括8种饲料植物、10种谷类作物、3种油料和纤维作物以及马铃薯。与《UPOV公约》不同的是，《欧盟植物品种权保护条例》将农民权利限制在了自用的范围之内，如果农民将种子出售给另一个以繁殖为目的使用的农民，则构成违法。

《欧盟植物品种权保护条例》对植物品种保护提出了更多限制，其中包括私人目的或非商业目的的行为、实验目的的行为、以繁殖为目的的行为、以发现和开发其他品种为目的的行为、有关受保护品种的成分或收获材料的行为以及从繁殖材料获得产品的行为。植物品种保护的最后一条限制是行使植物品种权不能违反有关公共道德，公共政策和公共安全，保护人类、动物和植物的健康和生命，保护环境，保护工业或商业财产，或者维护农业生产的竞争或贸易的任何现行规定，不得侵害农民特权或者违反《欧盟植物品种权保护条例》中的强制许可规定。

在欧盟国家的司法实践中，农民只有在满足《欧盟植物品种权保护条例》规定的所有标准（如向植物品种权人支付合理补偿）的情况下，才能够以农民特权作为抗辩理由。如果农民没有首先满足这些标准，则不能享受农民特权，其行为将被视为侵权。如果合同中没有商定付款条件，使用了受保护的植物品种繁殖材料（农场自存种子）的农民，必须在该种植行为发生之销售年度结束时向植物品种权人支付合理的补偿。

3. 韩国遗传资源获取和惠益分享制度概况

自 2010 年《名古屋议定书》在《生物多样性公约》第 10 次缔约方会议上获得通过后，韩国为了实施该议定书，在国内采取了一系列措施。2011 年 9 月 20 日韩国签署《名古屋议定书》后，同年 11 月 8 日韩国 12 个有关政府部门启动了《2011 年合作行动计划》。该计划为执行《名古屋议定书》开展了多项工作，包括：韩国遗传资源的调查与发现；韩国传统知识的调查与发现；韩国生物资源出口现状调查；国家生物资源综合管理体系构建；国家立法体系的修订。最终，韩国于 2017 年 5 月 19 日批准通过《名古屋议定书》，并于 2017 年 8 月 17 日正式生效。

（1）韩国遗传资源惠益分享法律体系

为了履行《名古屋议定书》，2017 年韩国政府正式颁布首部《遗传资源获取利用和惠益分享法》（《The Act on Access to and Utilization of Genetic Resources and Benefit-Sharing》，《ABS Act》，以下简称 ABS 法案）。该法案旨在：建立遗传资源获取和利用的国家政策；促进生物资源的保护和可持续利用；提高公民生活质量；加强遗传资源交易的国际合作。该法案对立法目的、相关术语定义、法案适用范围、国家职责、与其他法案的关系、支持措施、国家协调中心、国家主管部门、国家检查站、报告制度、程序合规性、遗传资源信息中心等内容进行了规定。韩国作为遗传资源的使用国，对《名古屋议定书》的批准采取了谨慎的态度，因为一旦该议定书全面生效，将对相关产业带来潜在的经济影响。除了 ABS 法案外，韩国相关政府部门还在其职权下制定了与遗传资源相关的若干法案，包括《生物研究资源的获取、管理和利用法》《农业生物资源的保护、管理和利用法》《病原资源的收集、管理和利用促进法》《生物多样性保护和利用法》《野生动物保护和管理法》《海洋和渔业生物资源的保护、管理和利用等法》和《病原资源的收集、管理和利用促进法》，其中大多数法案都是根据《名古屋议定书》进行的修订。

（2）主要管理部门及职责

《名古屋议定书》要求指定国家协调中心（National Focal Point）、国家主管部门（Competent National Authorities）和国家检查站（National Checkpoints），因此韩国 ABS 法案对于国家遗传资源的主管部门及相关职责进行了规定。韩国指定的国家协调中心及其职责如下。①外交部：与生物多样性公约秘书处联络；②环境部：宣传遗传资源获取和惠益分享相关的信息。韩国指定了 5 个国家主管部门和 6 个国家检查站，其中，国家主管部门是科学技术信息通信部、农业食品和农村事务部、卫生和福利部、环境部、海洋和渔业部；以上 5 个国家主管部门也是国家检查站，此外指定为国家检查站的还有贸易工业和能源部。国家检查站负责人应在其管辖范围履行以下职责：①根据第 15 条受理程序合规性报告；②根据第 16 条执行监督和建议程序；③支持国内利用国外遗传资源的人员；④总统令规定的与外国遗传资源获取和利用有关的其他事项。

（3）遗传资源获取和惠益分享规定

当使用者寻求获得外国遗传资源以便在韩国境内使用时，应遵守提供国制定的措施和程序。使用者应努力与提供者公平、公正地分享利用遗传资源所产生的利益。外国遗传资源的使用者应向国家检查站报告其已遵守提供国的措施。合规报告的义务仅限于遗传资源在韩国利用的情况，且提供国是《名古屋议定书》缔约方并制定了遗传资源获取和利用规程。外国人、海外韩国人、外国机构、国际组织和环境部法规指定的其他人员，在寻求获取国内遗传资源时，应向国家主管部门负责人报告。向国家主管机关提交的报告应当包括以下内容：使用者信息（姓名、所属单位、地址、联系方式等）；遗传资源的名称、数量或含量（concentration）；获取方式和使用期限；提供者信息（名称、所属单位、地址、联系方式等）、获取目的和利用方法（包括生物技术的应用）；利用遗传资源的国家；共同商定条件（如有）。在国家主管部门收到报告后，需在30天内通知用户该报告是否获得批准。经核准者，由国家主管部门出具报告证明。

4. 日本 2020 年《植物新品种保护和种子法修正案》

日本 1982 年加入《UPOV 公约》1978 年文本，1998 年加入《UPOV 公约》1991 年文本。《植物新品种保护和种子法》是日本植物新品种保护制度的法律基础。日本于 1978 年颁布实施该法案，并分别于 1982、1998、2003、2005、2007、2020 年进行了修订。（需要说明的是：日本官方发布的该法案日英双语版中，日语法案名称为《種苗法》，英语法案名称为《The Plant Variety Protection and Seed Act》，因此对该法案的现有中文翻译中既有《种苗法》《种子法》，也有《植物新品种保护和种子法》，本文由于根据英文文章进行翻译，所以对该法规的名称采用《植物新品种保护和种子法》）。

由于国内种子和幼苗市场规模相当大，日本育种者往往不会为他们的新品种在日本以外获得植物新品种保护。其次，在 2020 年日本植物新品种保护制度修订之前，一旦受保护的种子或幼苗被权利人（或在其授权下）出售或销售，植物新品种权利就会耗尽。为了解决上述缺陷，日本于 2020 年 12 月 2 日批准了《植物新品种保护和种子法修正案》，并进行了以下重要修订。

（1）为制止未经授权的繁殖，并保护和确保日本正品在国外市场的销售，将对繁殖材料的出口实施标签制度。所有受保护品种都将被贴上“受保护材料”的标签，或携带有关其地域销售限制的信息。该标签将帮助日本海关识别非法出口。

（2）为了提高可追溯性，植物新品种权的范围扩大到包括“在农民自有土地上，以繁殖为目的，利用在自有土地上种植收获的产品”（即所谓的“农民自留种子”豁免），这在修正案之前不属于日本植物新品种法保护范畴。该修正案发布之初备受争议，并被广泛误解。然而，日本植物新品种保护办公室通过发布详细的常见问题解答、促进与利益相关者（包括农民及其组织）之间的有效对话等方式不遗余力地去解释和澄清。明确这一举措仅适用于受保护品种，农民可以选择市场上占绝大多数的免费品种，因此品种的选择权仍掌握在农民手中。

（3）最后，为了方便日本育种者在国外进行植物新品种注册，对国内 DUS 测试制度和 DUS 测试报告也进行了改进，从而使得 DUS 测试报告能够与其他 UPOV 成员进行交换。这样，日本将能够开展更多的植物属种的测试，加强 DUS 测试的国际合作。日本植物新品种的收费制度也进行了审查和调整，以涵盖可持续实施所需的成本。（马文君、王姣姣、李博、黎祐琛）

转化运用

实施林业和草原知识产权转化运用项目

为深入贯彻实施国家知识产权战略，促进林业和草原专利技术转化应用，推动林业产业转型升级，国家林业和草原局科技发展中心在地方林业和草原主管部门和有关单位推荐的基础上，经过专家评审，2011—2021 年期间组织实施了 97 项林业知识产权转化运用项目，有 52 项林业知识产权转化运用项目通过了验收。国家林业和草原局科技发展中心围绕林业重点产业发展对新技术的需求，优选林业专利技术成果，通过工艺完善及技术组装配套，进一步熟化专利技术，形成完整的技术体系和产品线，扶持符合林业发展需要和市场推广前景广阔的专利技术转化及推广运用项目，建立林业专利产业化示范基地，既扶持开发科技含量高、特色鲜明、市场竞争优势明显的专利新产品、新技术，又重视培育科技型林业中小企业的发展，开展林业专利转化服务，以点带面，推动林业专利成果转化。以林业龙头企业的专利转化运用为突破口，带动中小企业积极参与，形成专利产业化集群和示范基地。

1. 实施 6 项林草知识产权转化运用项目

2021 年，国家林业和草原局科技发展中心组织实施了"'一种木耳挂袋栽培的方法'在贵州荔波县的转化运用""生物质多羟基土壤修复材料的关键制备技术转化运用"2 项林业专利技术转化运用项目，"'华桉 3 号'新品种转化运用""龙丰 1、2 号杨新品种转化运用""青海高寒荒漠地区小叶杨优良抗逆新品种转化运用"和"'美人椒'花椒新品种标准化栽培转化运用"4 项林业授权植物新品种转化运用项目（表 2）。

表 2　2021 年林草知识产权转化运用项目

序号	项目名称	承担单位	负责人
1	“一种木耳挂袋栽培的方法”在贵州荔波县的转化运用	东北林业大学	邹莉
2	生物质多羟基土壤修复材料的关键制备技术转化运用	东北林业大学	黄占华
3	‘华桉 3 号’新品种转化运用	华南农业大学	莫晓勇
4	龙丰 1、2 号杨新品种转化运用	黑龙江省林业科学院	王福森
5	青海高寒荒漠地区小叶杨优良抗逆新品种转化运用	北京林业大学	张德强
6	‘美人椒’花椒新品种标准化栽培转化运用	四川省林业科学研究院	吴宗兴

（1）“一种木耳挂袋栽培的方法”在贵州荔波县的转化运用

应用“一种新型生物技术液体菌种发酵罐”（ZL202020501580.3）、“一种木耳挂袋栽培的方法”（ZL201410389114.X）2 项专利技术，熟化菌种繁育技术，完善棚室空间结构和挂袋方法，优化喷淋设施功能，实现木耳生长过程中所需温度、湿度的科学调控，达到木耳的优质高产，制定木耳挂袋栽培技术规程。在贵州荔波县建立黑木耳液体菌种生产车间 1 个，占地面积 300 平方米以上；建立黑木耳棚室挂袋示范区 1 个，占地面积 500 平方米以上。采用液体菌种繁育技术和棚室挂袋栽培模式，示范推广木耳 3 万袋。

（2）生物质多羟基土壤修复材料的关键制备技术转化运用

应用“一种耐盐碱高吸肥性羧甲基纤维素基缓释微球的制备方法”（ZL201610605114.8）发明专利技术，选择广西罗城地区的红壤土样地，完成土样的采集、理化分析、化学结构表征等，对红壤土的酸性及肥力改良提出相应方案，筛选不同的生物质基土壤改良材料，开展种植实验对其改良效果进行分析，确定最佳改良方案。通过生物质改良技术，降低红壤土的酸性，使其 pH 在 5~7 范围内。实现生物质土壤改良技术在红壤土改良方面的技术推广，建立应用示范样地 1 块。将种植实验中效果最好的改良方案实施于样地中，种植不同的经济作物，跟踪经济作物的生长情况，同时对样地土壤进行理化性质分析，推测土壤中 N、P、Al^{3+}、Fe^{3+} 的迁移转化机理，为适宜经济作物的种植提供理论依据。改良后将适宜种植的经济作物种类增至 2~4 种。

（3）‘华桉 3 号’新品种转化运用

开展授权植物新品种‘华桉 3 号’（品种权号：20160181）桉树新品种的栽培技术研究，应用桉树纸浆用材林高效栽培技术模式，在雷州半岛建立‘华桉 3 号’高质量示范林 50 亩。‘华桉 3 号’是尾巨桉的一个优良无性系，经过多次台风、暴雨、病虫害的侵袭，根据子代测定挑选出的优良单株在表型性状、生长量、抗逆性、木材密度等各项指标都高于其他无性系，而且无性系组培取得成功，可为大面积营建该无性系示范林提供大量优质种苗。

（4）龙丰 1、2 号杨新品种转化运用

开展授权植物新品种‘龙丰 1 号杨’（品种权号：20190282）、‘龙丰 2 号杨’（品种权号：20190283）新品种丰产栽培技术研究，完善龙丰 1、2 号杨优质壮苗培育技术和龙丰 1、2 号杨丰产栽培技术体系，制定龙丰 1、2 号杨栽培技术规程。在黑龙江省绥化市北林区国有林场、肇源县新站林场培育龙丰 1、2 号杨苗木各 10 亩，培育Ⅰ、Ⅱ级商品苗木 12 万株；营造龙丰 1、2 号杨用材示范林各 40 亩，成活率 85% 以上；对示范林进行补植和抚育管理，对繁育苗木进行定干、抹芽、中耕除草、病虫害防治等，为大面积推广应用新品种提供良种壮苗。

（5）青海高寒荒漠地区小叶杨优良抗逆新品种转化运用

开展‘傲霜斗暑 1-6 号’（品种权号：20200134-20200139）小叶杨优良抗逆新品种高寒荒漠地区适应性评价，优化小叶杨优良抗逆新品种繁育技术体系，构建小叶杨优良抗逆新品种节水丰产造林技术体系，阐明小叶杨优良抗逆新品种‘傲霜斗暑 1-6 号’苗木规格、栽植密度、节水灌溉以及定干标准对于造林成活率以及人工林生产力的影响，改良幼林抚育管理技术体系，以实现小叶杨生态抗逆新品种造林成活率的显著提升。在青海省营建‘傲霜斗暑 1-6 号’小叶杨新品种繁育圃 10 亩，建立‘傲霜斗暑 1-6 号’小叶杨新品种节水丰产栽培试验林 30 亩，繁育高质量苗木 6 万株，造林成活率达 95% 以上，举办‘傲霜斗暑 1-6 号’小叶杨新品种高效繁育技术培训班。

（6）‘美人椒’花椒新品种标准化栽培转化运用

开展授权植物新品种‘美人椒’（品种权号：20200355）花椒新品种标准化栽培配套技术研究，通过现有栽培资源调查与多地点试验林对比等，进一步研究和完善无刺花椒‘美人椒’品种适生区划，创新开展‘美人椒’花椒测土配方施肥、平衡施肥、专用肥研究。开展水肥一体化研究，促进花椒定向培育中的精准施肥、药肥减施；开展‘美人椒’花椒园艺化栽培方式以降低采摘成本和采摘强度；深化栽培品种树形调控、整形修剪、间种套种、病虫害绿色防控等花椒丰产栽培技术。在四川省乐至县、都江堰市、崇州市、茂县、汉源县、会理县等地建立‘美人椒’花椒标准化丰产栽培示范基地 60 亩；开展苗木嫁接，培育砧木，水肥管理和病虫草害防治工作，编制无刺花椒美人椒品种标准化丰产栽培管理技术手册，举办技术培训班 8 次，培训技术人员 200 人次。

2.5 项林业知识产权转化运用项目通过验收

2021 年，国家林业和草原局科技发展中心组织专家分别对“红花玉兰新品种‘娇红 1 号’‘娇红 2 号’产业化示范与推广”“铁皮石斛原生态栽培专利技术产业化”和“‘湘韵’紫薇新品种及高效繁育技术产业化开发”等 5 项林业知识产权转化运用项目进行了现场查定和验收。项目均完成了合同规定的任务和考核指标，取得了良好的社会经济效益，促进了林业专利技术和授权植物新品种的产业化应用（表 3）。

表 3　2021 年通过验收的林业知识产权转化运用项目

序号	实施年份	项目名称	承担单位	负责人
1	2017	红花玉兰新品种‘娇红 1 号’‘娇红 2 号’产业化示范与推广	北京林业大学	马履一
2	2018	铁皮石斛原生态栽培专利技术产业化	浙江森宇有限公司	俞巧仙
3	2018	‘湘韵’紫薇新品种及高效繁育技术产业化开发	湖南省林业科学院	蔡能
4	2019	杂交相思新品种‘赤云相思’推广与示范	广西壮族自治区林业科学研究院	曹艳云
5	2019	紫薇免移栽的嫩枝扦插育苗药剂及方法示范推广	湖南省林业科学院	曾慧杰

（1）红花玉兰新品种‘娇红 1 号’‘娇红 2 号’产业化示范与推广

北京林业大学开展了红花玉兰新品种‘娇红 1 号’‘娇红 2 号’嫁接育苗、大苗培育、病虫害防治等技术示范，形成了红花玉兰产业化示范推广技术体系。在北京鹫峰、湖北渔阳关镇建立‘娇红 1 号’‘娇红 2 号’嫁接繁育示范基地 85 亩，繁育‘娇红 1

号’苗木31.8万株、‘娇红2号’苗木11.5万株。在湖北渔阳关镇、当阳镇建立大苗培育示范基地100亩，繁育苗木1万株。带动当地农民发展嫁接苗木繁育基地300亩，大苗培育基地1800亩，繁育苗木43万株。举办产业化配套技术培训班2期，培训700人次，建立苗木产业化科技示范户15户。编制技术标准2项，申请发明专利1项，出版专著1部。

（2）铁皮石斛原生态栽培专利技术产业化

浙江森宇有限公司应用“一种铁皮石斛原生态栽培方法”（ZL201210113342.5）发明专利技术，以自然生长的森林环境为载体，在浙江省义乌市赤岸镇乔亭村戚家军纪念馆旅游景区建成铁皮石斛原生态种植示范基地10亩，种植铁皮石斛1.5~2年生苗2万丛，成活率95%以上。集成《铁皮石斛原生态种植技术手册》1套。培训林农122人次。项目实施期间，生产铁皮石斛鲜条75千克，在丽水云和和温州文成辐射推广原生态铁皮石斛种植基地450亩。

（3）‘湘韵’紫薇新品种及高效繁育技术产业化开发

湖南省林业科学院开展了授权植物新品种‘湘韵’（20160169）紫薇“一次性成苗”扦插育苗、整形修剪和施肥等技术研究，建立了‘湘韵’紫薇扦插育苗技术和园艺化栽培技术体系。在湖南省林业科学院试验林场建立‘湘韵’紫薇新品种繁殖基地2亩，扦插繁殖苗木5.8万株，平均成活率93.5%，平均苗高37.9厘米；在湖南省郴州市永兴县高亭司镇板梁村新建新品种示范基地12亩，每亩600株，成活率90%以上，项目验收时平均苗高1.77米、地径2.15厘米；编写‘湘韵’紫薇新品种培育技术手册1套。

（4）杂交相思新品种‘赤云相思’推广与示范

广西壮族自治区林业科学研究院开展了授权新品种‘赤云相思’无性扩繁技术研究，熟化了杂交相思无性系扦插育苗技术，形成了‘赤云相思’扦插育苗技术体系。在玉林市陆川县林场、田东县百笔林场、广西国有高峰林场建成‘赤云相思’试验示范林205.8亩，种植成活率达96.2%，植株保存率达93%，1.5年生‘赤云相思’平均树高和胸径分别为5.78m和5.72cm。制定杂交相思丰产栽培技术手册1套；授权发明专利1件；申请新品种2件；注册“广林杂交相思”商标1个。培训人员130人次。

（5）紫薇免移栽的嫩枝扦插育苗药剂及方法示范推广

湖南省林业科学院应用“一种紫薇免移栽的嫩枝扦插育苗药剂及方法”（ZL201510290672.5）发明专利技术，进行了技术熟化，在药剂浓度及其浸泡处理等环节进行了技术优化，形成了紫薇嫩枝扦插高效育苗技术体系。在湖南省林业科学院试验林场扦插繁育紫薇优良新品种苗木20.6万株，扦插成活率96.5％；在湖南郴州市永兴县高亭司镇营建了紫薇优良新品种苗木示范推广基地11亩，造林保存率94.8％；编写《紫薇免移栽的嫩枝扦插育苗技术手册》1套。（杨玉林、王忠明、柳玉霞、王地利）

推进林业和草原植物新品种惠农工作

植物新品种权对于保护育种者权益、激励育种创新、壮大种苗产业、推动现代农林业发展、实施精准扶贫等具有举足轻重的作用。授权植物新品种转化应用是展示新品种生产潜力、发挥新品种效益的重要途径。促进植物品种权的转化运用，防止植物新品种“闲置”，是促进林业发展和保障育种人权益的基础。

1. 加强植物新品种惠农工作

加大林草植物新品种转化运用力度，启动优良林草植物新品种转化运用试点单位建设工作，拟定工作方案，为推进新品种惠农和促进转化运用做好制度设计，推进植物新品种惠农，助力乡村振兴。优良林草植物新品种转化运用试点单位是加强林业植物新品种创制、促进授权植物新品种转化运用、提高植物新品种保护和管理能力的重要平台，对提高林业核心竞争力、促进林业转型升级和建设现代林业具有重要意义。试点单位应以植物新品种为纽带促进产学研协同创新，提高创新效率、提升创新质量，促进高质量植物新品种产出，加强植物新品种转化运用，提升知识产权风险管控能力。

2. 推进林草知识产权助力乡村振兴

根据区域产业特点和实际需求，综合发挥植物新品种在助推育种创新，专利在助推技术攻关，地理标志在助推品质升级，商标在助推市场拓展等方面的独特优势，全方位支撑林草产业高质量发展。深入实施林草植物新品种惠农工程。加强高产稳产高抗油茶良种、优质林草中药材、花卉良种等优质植物新品种创制和产业化，促进林草育种创新和转化运用。开展涉林涉草产品商标品牌培育，加强森林康养基地等涉林涉草品牌宣传。积极参与地理标志助力乡村振兴行动，推进品种培优、品质提升、品牌打造。推动建设地理标志特色优势林草产业园区。组织实施一批专利导航工程，助力木本油料、竹、花卉苗木、林草中药材等林草特色优势产业种源、种植、机械化及加工等培育与产品化过程中的技术难题攻关，支持生物质能源、生物基材料等新兴产业蓬勃发展，支撑木竹材精深加工、竹藤等传统优势产业绿色化和数字化改造。

3. 植物新品种权转让

国家林业和草原局植物新品种保护办公室发布的林草植物新品种保护公告（第202104号）涉及4个植物新品种权协议转让，河北科技师范学院的柽柳属新品种‘滨海翠’（20140135）转让给北京中柽科技有限责任公司，江苏省林业科学研究所的槭属新品种‘柔曼垂枫’（20160101）、榉属新品种‘飞龙’（20160104）转让给江苏周圈园林有限公司，中宁县杞鑫枸杞苗木专业合作社的枸杞属新品种‘杞鑫4号’（20200216）转让给宁夏杞鑫种业有限公司。林草植物新品种保护公告（第202106号）涉及10个植物新品种权协议转让，李兆玉的银杏新品种‘优雅’（20120157）、‘甜心’（20120158）、‘魁梧’（20120159）转让给周功克，河南省绿士达园艺有限公司、虞城县科苑花木科技有限公司的杨属新品种‘彩红杨’（20150163）转让给河南省绿士达园艺有限公司，北京中医药大学的李属新品种‘京欧1号’（20180226）、‘京欧2号’（20180227）转让给北中百草岐黄（北京）科技有限公司，北京中医药大学、保定市金欧药材种植农民专业合作社的李属新品种‘京欧3号’（20200248）、‘京欧4号’（20200301）转让给北中百草岐黄（北京）科技有限公司，东北农业大学的忍冬属新品种‘蓝精灵’（20200389）、‘乌蓝’（20200390）转让给哈尔滨市德源农业科技发展有限公司。林草植物新品种保护公告（第202109号）涉及4个植物新品种权协议转让，徐培钊的卫矛属新品种‘出色’（20190155）转让给淄博凯创园林有限公司，大连大学、大连森茂现代农业有限公司的越橘属新品种‘岭南智选’（20200092）转让给成都逸田生态农业科技有限公司，哈尔滨市德源农业科技发展有限公司的忍冬属新品种‘蓝精灵’(20200389)、‘乌蓝’(20200390) 转让给高云丽。林草植物新品种保护公告（第 202113 号）涉及 5 个植物新品种权协议转让，福建新发现农业发展有限公司的桂花新品种‘永福粉彩’(20190124) 转让给江西三农花木集团有限公司，徐培钊的卫矛属新品种‘富丽’(20190156)、‘出彩’(20190158) 转让给淄博凯创园林有限公司，大连民族大学的山茶属新品种‘民玉 2 号’(20190347)、‘民玉 3 号’(20190348) 转让给贵州山茶产业综合开发有限公司。2021 年，共有 23 个植物新品种权进行协议转让，这表明，林业授权新品种的市场潜力越来越大。(陈光、周建仁)

加强林业和草原植物新品种权行政执法工作

1. 开展打击侵犯、假冒植物新品种权专项行动

为了有效开展打击侵犯、假冒植物新品种权专项行动，2021 年国家林业和草原局科技发展中心结合林草知识产权宣传周活动，认真研究制定打击侵犯植物新品种权行为实施方案，组织全国林草系统开展行动。各级林草主管部门建立健全植物新品种权行政执法体系，加强行政执法队伍建设，加强培训，提高执法人员素质，加大植物新品种权行政执法能力建设，强化宣传引导，形成了打击侵犯植物新品种权的强大态势。国家林业和草原局办公室下发《关于组织开展 2021 年打击制售假劣林草种苗和侵犯植物新品种权工作的通知》（办场字〔2021〕51 号），组织力量集中开展了 2021 年打击侵犯、假冒林草植物新品种权专项行动，各省（自治区、直辖市）在本地区开展了打击未经品种权人许可，生产、繁育或销售林业授权品种的繁殖材料、为商业目的将授权品种的繁育材料重复使用于生产另一品种的繁殖材料、假冒林业授权品种的行为，以及销售林业授权品种时未使用其注册登记名称的行为。重点对各种林木、花卉博览会、交易会等大型专业市场进行检查，尤其是对重点品种、重点区域、重点企业进行抽查，强调要按照有关法律、法规，严格加强监管，及时查处有关违法行为，净化交易市场。各省级林业和草原主管部门高度重视植物新品种权执法保护工作，加强组织领导，健全了植物新品种保护的执法机构，开展植物新品种保护宣传培训，提高了执法人员的水平和办案能力。加大了打击制售假劣林草种苗和侵犯植物新品种权行为工作力度，规范市场秩序，保护品种权人的合法权益。

2. 召开林草植物新品种保护行政管理部门执法工作座谈会

2021 年 5 月 27 日在浙江杭州、10 月 11 日在湖北武汉与浙江、江苏、江西、福建、湖南、湖北、河南、山东等省林草行政主管部门植物新品种保护工作负责人，就林草植物新品种行政执法工作开展情况进行座谈，特别对面临的困难、存在的问题进行认真研究，听取了大家建议。此外就《林草植物新品种保护行政执法办法》起草工作进行了讨论。同时，为加强植物新品种侵权证据鉴定能力，5 月 26 日，对国家林草植物新品种杭州测试站开展了调研。

3. 指导品种权人积极维权，营造良好的市场氛围

仔细解答品种权人的各种维权咨询，认真解释《中华人民共和国植物新品种保护条例》《中华人民共和国植物新品种保护条例实施细则（林业部分）》及《林业植物新品种保护行政执法办法》的有关规定，指导利害关系人积极维权。同时，对各省林草部门在实施《林业植物新品种保护行政执法办法》过程中的疑问及时解答，认真指导，努力促进各地营造良好的新品种市场氛围。（周建仁、马梅）

开展 2021 年全国林业和草原知识产权宣传周活动

2021 年 4 月 20~26 日是全国知识产权宣传周，主题为“全面加强知识产权保护　推动构建新发展格局”。2021 年 4 月 26 日是第 21 个世界知识产权日。根据国家知识产权局《关于开展 2021 年全国知识产权宣传周活动的通知》（国知发办字〔2021〕6 号）精神，国家林业和草原局科技发展中心于 2021 年 4 月 20~26 日组织开展了 2021 年全国林草知识产权宣传周活动。在宣传周期间，国家林业和草原局科技发展中心与有关司局和单位配合，通过媒体集中报道、出版科技图书、举办培训和座谈会等活动，向公众普及和宣传林业与草原知识产权知识，展示林业实施知识产权战略取得的新进展、新成就，旨在通过系列活动，全面展示我国林草知识产权保护工作取得的显著成效，面向社会广泛宣传普及林草知识产权知识，提高大众知识产权保护意识，使林草知识产权保护工作更好地融入林草事业发展大局，力争在提升林草治理体系和治理能力现代化中展现更大作为。

国家林业和草原局科技发展中心制定了林草知识产权宣传周活动方案，以中国林业网（国家林业和草原局政府网）、中国林业知识产权网、林业专业知识服务系统、《中国绿色时报》等媒体为载体，采取多种形式宣传了林业和草原知识产权工作，其中突出宣传了《国务院关于新形势下加快知识产权强国建设的若干意见》《关于强化知识产权保护的意见》以及中国在提升知识产权质量方面的政策和举措，重点宣传了林业发明专利、植物新品种权等高质量的知识产权在推进生态文明和美丽中国建设中的显著成效。开通了 2021 年全国林草知识产权宣传周网站，图文并茂地展示林草知识产权成果和最新进展，营造了有利于林草知识产权创造、保护和运用的良好氛围。2021 年 4 月 26 日，在《中国绿色时报》发表专栏文章《知识产权保护　托起林草美好未来》，全面介绍了 2020 年林业和草原知识产权的工作进展和成就，扩大了林业和草原知识产权的影响力。同时编辑出版了《2020 中国林业和草原知识产权年度报告》，编印了《林业知识产权动态》。进一步完善了林业知识产权数据库，开展了林业知识产权信息咨询和预警服务，提高了林业知识产权信息资源的利用效率和服务水平，提倡全行业树立“尊重知识、崇尚创新、诚信守法”的知识产权文化理念，引导全行业从注重林业知识产权的数量向注重知识产权的质量、价值和效益转变。

按照国家林业和草原局部署，中国林业科学研究院、国际竹藤中心等直属单位也结合自身特点和需求，开展了知识产权宣传周活动。（杨玉林、王地利）

出版《2020 中国林业和草原知识产权年度报告》

2021 年 4 月，国家林业和草原局科技发展中心、国家林业和草原局知识产权研究中心编著的《2020 中国林业和草原知识产权年度报告》由中国林业出版社出版发行。

该报告指出，2020 年，国家林业和草原局深入学习贯彻党的十九大、十九届三中、四中、五中全会精神和习近平新时代中国特色社会主义思想，按照“五位一体”总体布局和“四个全面”战略布局，积极克服新冠肺炎疫情影响，全面推进林业和草原知识产权工作，为提升林草自主创新能力、加快林草业发展方式转变、提高林草核心竞争力、促进林业和草原高质量发展提供了有力支撑和引领，林业和草原知识产权工作取得了新成绩，获得了新突破，迈上了新台阶。

2020 年，国家林业和草原局认真履行国务院知识产权战略实施工作部际联席会议工作职责，落实中共中央办公厅、国务院办公厅《关于强化知识产权保护的意见》，持续强化知识产权保护，加强林业和草原知识产权顶层设计，编制《林业和草原知识产权“十四五”规划》，发布了《中华人民共和国植物新品种保护名录（林草部分）（第七批）》。组织开展全国林业和草原知识产权宣传周系列活动，总结评估《“十三五”国家知识产权保护和运用规划》林草相关工作，实施《2020 年加快建设知识产权强国林草推进计划》，聚力提升林业和草原植物新品种权的审查质量和审查效率。加强林业和草原植物新品种权行政执法工作，实施林业专利技术和授权植物新品种转化应用项目，推进林业和草原植物新品种惠农工作。出版《中国油茶遗传资源》，加强林业知识产权基础数据库和信息共享平台建设。

2020 年，国家林业和草原局科技发展中心（植物新品种保护办公室）共受理国内外植物新品种权申请 1047 件，授予植物新品种权 441 件。国家知识产权局中国专利数据库公开的林业相关专利共计 91923 件，其中，林业科研院所的专利公开量为 1613 件，林业高等院校的专利公开量为 9179 件。

北京、河北、浙江等 31 个省（自治区、直辖市）、中国林业科学研究院、国际竹藤中心、东北林业大学和西北农林科技大学的林业和草原知识产权工作取得了较好成绩，提升了林业和草原知识产权的综合能力和水平，促进了林业和草原产业高质量发展。

随着林业和草原自主创新能力的不断增强，林业和草原植物新品种权、专利、商标、林产品地理标志、版权数量稳步增长，质量明显提高，知识产权对现代林业和草原发展的支撑作用日益明显。截至 2020 年年底，林业和草原植物新品种申请量 5566 件，授权量 2643 件；林业相关专利公开量 610813 件，其中，发明专利 311569 件；草原相关专利公开量88757件，其中，发明专利53853件；林业科研院所专利公开量11539件，其中，发明专利7900件；林业高等院校专利公开量48300件，其中，发明专利25436件；林产品地理标志1325件；林业和草原软件著作权13640项。

该报告全面总结了2020年林业和草原知识产权工作的主要进展和成果，旨在通过对一年来林业和草原知识产权工作主要进展和成果的展示，让更多的人了解、关心和支持林业和草原知识产权工作，共同促进林业和草原知识产权的创造、运用、保护和管理，提升林业和草原知识产权公共服务水平，为加快推进现代林业和草原高质量发展提供有力支撑。（刘婕、李博）

出版《中国林业植物授权新品种（2019）》

2021年3月，国家林业和草原局科技发展中心（国家林业和草原局植物新品种保护办公室）编著的《中国林业植物授权新品种（2019）》由中国林业出版社出版发行。

截至2019年年底，国家林业和草原局共受理国内外林业植物新品种申请4519件，其中，国内申请3701件，占总申请量的81.9%；国外申请818件，占18.1%。共授予植物新品种权2202件，其中，国内申请授权数量1880件，占85.4%；国外申请授权数量322件，占14.6%。授权的植物种类中，观赏植物1422件，占64.6%；林木383件，占17.4%；果树320件，占14.5%；木质藤本11件，占0.5%；竹子10件，占0.5%；其他植物56件，占2.5%。2019年，共受理国内外林业植物新品种申请802件，授权439件。2019年，林业植物新品种的年度授权量再次突破400件。这充分表明，林业植物新品种保护事业已经进入快速发展时期。

植物新品种保护制度的实施大幅提升了社会对品种权的保护意识，同时带来了林业植物新品种的大量涌现，这些新品种已在我国林业生产建设中发挥重要作用。为了方便生产单位和广大林农获取信息，更好地为生态林业、民生林业和美丽中国建设服务，国家林业和草原局植物新品种保护办公室将2019年授权的439个林业植物新品种进行整理，编辑出版了《中国林业植物授权新品种（2019）》一书。该书的出版，能在生产单位、林农和品种权人之间架起沟通的桥梁，使生产者能够获得所需的新品种，在推广和应用中取得更大的经济效益，同时，品种权人的合法权益能够得到有效的保护，获得相应的经济回报，使林业植物新品种在发展现代林业、建设生态文明、推动科学发展中发挥更大作用。（张慕博）

出版《美国植物新品种法律法规解读》

2021年4月，国家林业和草原局知识产权研究中心译著的《美国植物新品种法律法规解读》由中国林业出版社出版发行。

植物新品种保护是知识产权保护的重要组成部分，更是林业知识产权体系的核心内容之一。对植物新品种实施保护是适应经济全球化和农林科技进步需要的产物，也是促进农林科技创新的重要法律保障。从国际层面来看，植物新品种保护制度已经成为国际知识产权制度中日益重要的组成部分。品种权逐渐成为一种重要的贸易壁垒，将在未来市场竞争中起决定作用。发达国家为维护自身育种技术优势，大力推动植物新品种保护的国际化进程，在当前国际植物新品种保护格局形成中扮演主导角色。跨国种业公司更是将生物技术专利和植物品种权作为开拓国际市场的利器，利用育种技术优势抢占国际种子种苗市场。

当前，无论是为了完善我国植物新品种保护制度，还是为了积极参与植物育种领域的国际竞争，对国外发达国家的法律法规研究都非常必要。然而，目前植物新品种保护领域国外法律法规的介绍和解读书籍却寥寥无几，美国植物新品种法律法规解读也至今没有。鉴于此，国家林业和草原局知识产权研究中心组织专家对美国植物新品种法律法规进行解读，旨在让更多的人了解、关心和支持植物新品种保护制度，共同促进我国植物新品种保护事业发展。

2018 年，美国对《植物新品种保护法》进行了修订，将无性繁殖品种纳入保护范围。至此，美国新的《植物新品种保护法》对有性繁殖、块茎繁殖和无性繁殖的植物新品种进行保护并颁发保护证书。2020 年，美国对《植物新品种保护条例》进行了修订，以符合《植物新品种保护法》的最新修正案，此外，条例还对美国植物新品种申请的相关行政程序和费用进行了修订。对于最新修订的内容，书中均有标注，便于广大读者查阅。需要指出的是，本书对美国植物新品种法律法规的解读不具有法律效力，仅为学术研究提供参考。（马文君）

编印《林业知识产权动态》

为加强林业知识产权信息服务工作，跟踪国内外林业知识产权动态，实时监测和分析林业行业相关领域的专利动态变化，为国际履约和谈判提供信息支撑，2021 年编印了《林业知识产权动态》6 期，全年共发表动态信息 36 篇，政策探讨论文 6 篇，研究综述报告 6 篇，统计分析报告 6 篇。

《林业知识产权动态》是国家林业和草原局科技发展中心主办，国家林业和草原局知识产权研究中心承办的内部刊物，旨在跟踪国内外林业知识产权动态、政策、学术前沿和研究进展，通过组织专家进行信息采集、分析、翻译和编辑整理，对世界各国的林业知识产权现状及相关政策进行深入解读，提供林业知识产权信息服务。该刊为双月刊，每期 20 页，设有动态信息、政策探讨、研究综述、统计分析 4 个栏目，内容包括：各国林业知识产权动态、相关法律法规、国际履约相关问题研究、各国专利、植物新品种和生物遗传资源研究进展、林业重点领域专利分析研究、知识产权信息统计分析等。读者对象为知识产权相关的管理、科研、教学和企业人员。（马文君）

加强林业和草原知识产权宣传与媒体报道

1. 中国林草新品种首次在 UPOV 社交媒体平台发布

2021 年 4 月 23 日，是中国加入国际植物新品种保护联盟（UPOV）22 周年纪念日，也恰逢“全国知识产权宣传周”。为在国际上宣传我国林草植物新品种保护成就，经国家林业和草原局植物新品种保护办公室推荐，国际植物新品种保护联盟（UPOV）在其领英、推特等社交媒体上发布了 4 个中国林草植物新品种及其转化应用情况，包括‘盛春 8 号’杜鹃、‘美人榆’（俗称金叶榆）、‘京仲系列’杜仲、‘四季春 1 号’紫荆，以此体现中国林草植物新品种在促进区域产业进步和经济发展方面的潜力。这是 UPOV 社交媒体平台首次发布中国林草植物新品种，也是庆祝中国加入 UPOV 22 周年的活动之一。

在 2021 年“全国林草知识产权宣传周”之际，中国优良林草植物新品种登上国际舞台，彰显了我国林草植物新品种的育种成效，展现了我国植物新品种保护工作取得的巨大进步，提高了我国植物新品种保护的国际影响力。

2. 林草知识产权宣传与媒体报道

2021 年，充分利用报刊、电视和网络等媒体以及科普平台，结合世界知识产权日、知识产权保护宣传周等，多渠道、多层次扩大林业知识产权动态、政策法规、创新成果和典型案例的宣传面和普及率，积极培育尊重知识、崇尚创新、诚信守法的知识产权文化，营造有利于林业知识产权创造、保护和运用的良好氛围，提高了林业行业的知识产权保护意识，形成了全社会关注和支持林草知识产权工作的文化环境。2021 年，在中国政府网、国家林业和草原局政府网、国家知识产权网、中国林业知识产权网、中国林业信息网、林业专业知识服务系统、林草植物新品种保护网等主要网站登载或转载有关林草知识产权方面的报道 100 多篇，向国家林业和草原局办公室报送周情快报 37 条，在《国务院知识产权战略实施工作部际联席会议工作动态》上发表战略信息 1 篇。在《中国绿色时报》和《中国知识产权报》上发表有关林草知识产权的重点报道 42 篇（表 4）。2021 年重点报道包括：《中国知识产权报》3 月 30 日刊发的《加强知识产权保护　别让国产新品种败给“仿种子”》，9 月 3 日刊发的《新形势下如何加强植物新品种保护》；《中国绿色时报》1 月 28 日刊发的《中国毛白杨新品种的摇篮》，4 月 26 日刊发的《知识产权保护　托起林草美好未来》，12 月 30 日刊发的《我国植物新品种权保护事业迈上新台阶》等。（王地利、柳玉霞、付贺龙）

表 4　主要媒体宣传报道林草知识产权

序号	标题	载体	报道日期
1	2020 年知识产权战略信息工作先进个人及优秀战略信息评选揭晓	中国绿色时报	20210105
2	33 个鲜切花品种专利费比例下调	中国绿色时报	20210107
3	中国毛白杨新品种的摇篮	中国绿色时报	20210128
4	11 个柳树新品种获植物新品种权	中国绿色时报	20210223
5	北京举办林木花卉优新品种推介交流会	中国绿色时报	20210223
6	江苏睡莲新品种国际登录实现零的突破	中国绿色时报	20210316
7	加强知识产权保护　别让国产新品种败给“仿种子”	中国知识产权报	20210330

（续）

序号	标题	载体	报道日期
8	广东翁源青云山保护区发现兰花新物种	中国绿色时报	20210412
9	浙江林木新品种高效繁育与示范推广见成效	中国绿色时报	20210413
10	北京知识产权研究会开展植物新品种权保护专题调研活动	中国知识产权报	20210426
11	知识产权保护　托起林草美好未来	中国绿色时报	20210426
12	临夏打造河州紫斑牡丹特色品牌	中国绿色时报	20210513
13	青海枸杞行业共享“柴达木”品牌	中国绿色时报	20210513
14	植物新品种保护（花卉）国际论坛举办	中国绿色时报	20210601
15	福建发放首笔植物新品种权证质押贷款	中国绿色时报	20210609
16	7 个连翘新品种通过新品种审定	中国绿色时报	20210610
17	宁夏枸杞区域公用品牌发布	中国绿色时报	20210622
18	南召 3 个玉兰新品种获植物新品种权	中国绿色时报	20210715
19	乡村富裕长久、特色产业“造血”！我国开展地理标志助力乡村振兴行动	中国知识产权报	20210729
20	无锡首笔地理标志证明商标质押贷款落地	中国知识产权报	20210803
21	紫薇产业高峰论坛聚焦新品种选育	中国绿色时报	20210820
22	我国首个西番莲品种获国际登录	中国绿色时报	20210824
23	龙岩首获山茶属新品种授权	中国绿色时报	20210826
24	新形势下如何加强植物新品种保护	中国知识产权报	20210903
25	山东冠县引进推广林果新品种	中国绿色时报	20210916
26	地理标志绘就乡村振兴新图景	中国知识产权报	20210923
27	西部 12 省份携手推进地理标志产业发展	中国知识产权报	20211013
28	首届中外地理标志产品博览会将举办	中国知识产权报	20211015
29	专利为转基因新品种培育注入新动能	中国知识产权报	20211025
30	王莲新品种在国际权威机构注册	中国绿色时报	20211026
31	“古浮紫茶”地理标志证明商标质押获贷 3000 万元	中国知识产权报	20211101
32	国家林草局①发布今年第二批植物新品种权名单	中国绿色时报	20211101
33	筑牢地理标志发展基石	中国知识产权报	20211130
34	2021 年遗传资源和传统知识保护研讨会举办	中国知识产权报	20211203
35	成都植物园五个芙蓉花新品种获授权	中国绿色时报	20211209
36	贵州报春苣苔属新种命名“思兰”	中国绿色时报	20211221
37	种子法修改拟进一步加强对植物新品种权所有人合法权益的保护	新华社	20211221
38	地理标志质押融资 6 亿元！“新会陈皮”为何如此值钱？	中国知识产权报	20211222
39	加强草种业科技创新与产业发展	中国绿色时报	20211230
40	我国荷花睡莲新品种获国际大奖	中国绿色时报	20211230
41	我国植物新品种权保护事业迈上新台阶	中国绿色时报	20211230
42	新修改种子法 2022 年 3 月 1 日起施行	中国绿色时报	20211230

注：①全称为“国家林业和草原局”。

完善林业和草原植物新品种测试体系

开展植物新品种 DUS 测试是植物新品种授权机关对申请品种进行实质审查的重要内容。通过建立、健全林草植物新品种保护的技术支撑体系，加快测试指南编制，完善已知品种数据库，加强测试机构的合理布局和条件能力建设，有效提高了林草植物新品种的审查测试能力。

1. 坚持问题导向，主动作为，有序推进植物新品种田间测试工作

按照林草植物品种权审查进度，及时下达品种测试任务，组织并指导测试机构开展田间测试工作。2021 年，委托林草植物新品种昆明测试站、上海测试站、杭州测试站对 526 个绣球属、蔷薇属、大戟属、杜鹃花属等申请品种开展测试工作。截至 2021 年年底，已完成 2 个山茶品种、40 个杜鹃花品种、167 个月季品种和 4 个一品红品种的田间种植测试工作，各测试机构按照有关林业行业标准和《林业植物新品种测试管理规定》进行田间测试，提交正式测试报告，为这些申请品种的依法授权提供了科学的审查依据。

截至 2021 年年底，国家林业和草原局植物新品种保护办公室共委托各测试机构开展了 1477 个申请品种的田间测试工作，已完成 887 个品种的田间测试，提交正式测试报告。

2. 开展国家林草植物新品种测试站评估工作

为增强国家林草植物新品种测试站的测试能力，4 月 9 日，组织专家对国家林草植物新品种菏泽测试站进行了测试能力评估。根据菏泽测试站自评价报告，该站已编制完成《牡丹新品种 DUS 测试校对手册》《牡丹新品种 DUS 测试性状照片拍摄规范》《牡丹新品种测试工作流程》等一系列技术和管理文件；收集、栽种牡丹已知品种 570 多个，占牡丹已知品种的 80% 以上；筹建了牡丹测试专家团队，建立了相应的田间测试用地及实验室。经专家组现场考察，并按“林草植物新品种测试能力评估指标”逐项打分，一致认为该测试站基本满足了开展芍药属植物新品种测试基本条件，同意开展相关测试工作，同时提出了应进一步提高测试人员技术水平、尽快构建已知品种数据库、完善技术文件等建议。已按程序发布公告，自 8 月 1 日起，正式启用菏泽测试站。同时，对分子测定实验室、杭州测试站、菏泽测试站等进行工作调研和技术指导。

3. 加强植物新品种测试指南编制和审定工作

植物新品种测试指南是对申请品种权的新品种进行技术审查和描述的技术标准，也是开展植物新品种 DUS 测试的基础。按照国际植物新品种保护联盟（UPOV）对品种审查的要求，品种测试需依据相应的测试指南进行。为适应林草植物新品种申请、审查的需求，不断加大植物新品种测试指南制定工作。2021 年，国家林业和草原局植物新品种保护办公室组织专家，分别对山东省林业科学研究院、北京林业大学等单位专家编制的木麻黄属、皂荚属、杜仲属等 14 个属（种）的 DUS 测试指南完成初审，形成送审稿。

根据国家林业和草原局公告（2021 年第 12 号）（发布 51 项林业行业标准），2021 年金露梅、珍珠梅属、青檀属、含笑属、拟单性木兰属和槭属 6 项林业植物新品种测试指南以林业行业标准发布（表 5）。

表 5　2021 年发布的林业植物新品种 DUS 测试指南标准

序号	标准号	标准名称	发布日期
1	LY/T 3285-2021	植物新品种特异性、一致性、稳定性测试指南 金露梅	20210630
2	LY/T 3286-2021	植物新品种特异性、一致性、稳定性测试指南 珍珠梅属	20210630
3	LY/T 3287-2021	植物新品种特异性、一致性、稳定性测试指南 青檀属	20210630
4	LY/T 3288-2021	植物新品种特异性、一致性、稳定性测试指南 含笑属	20210630
5	LY/T 3289-2021	植物新品种特异性、一致性、稳定性测试指南 拟单性木兰属	20210630
6	LY/T 3290-2021	植物新品种特异性、一致性、稳定性测试指南 槭属	20210630

截至 2021 年年底，累计开展了 165 项林业植物新品种测试指南的编制工作，已完成金露梅、珍珠梅属、青檀属、槐属、蔷薇属、桉属、枸杞属、榆属和崖柏属等 71 项测试指南标准的制定，分别以国家标准或行业标准发布，其中，国家标准 13 项、林业行业标准 58 项，有效提高了植物新品种的授权质量和审查测试能力。

截至 2021 年年底，我国专家共承担了山茶属、牡丹、丁香属、核桃属、木兰属、枸杞属 6 项 UPOV 国际测试指南标准的制定，已完成山茶属、牡丹、丁香属、核桃属 4 项 UPOV 国际测试指南制定，并由 UPOV 发布实施。（周建仁、马梅）

建设林业和草原知识产权基础数据库和共享平台

科技创新的基础是知识的积累、传播、运用和创新，专利文献和科学数据是提供知识和技术的源泉，是科技创新的基础。充分利用和整合国内外林业知识产权信息资源，建立林业知识产权数据库和公共信息服务平台将为林业科学研究和科技创新提供信息支撑。

1. 林草知识产权基础数据库建设

国家林业和草原局知识产权研究中心系统收集和整理了国内外与林草知识产权相关的主要科学数据和文献资料，构建了知识产权信息资源的组织、收集和整合建设机制，加大了林草知识产权信息资源的整合、专家知识的搜集和数据库建设力度，完善和建设了林草专利、植物新品种权、林产品地理标志、商标、著作权、知识产权动态、案例、文献、法律法规和资源导航等 15 个林草知识产权基础数据库，2021 年新增数据量 10 万条，累计数据量 160 万条。

2. 林草知识产权网站运维管理

维护和管理了“中国林业知识产权网”（http://www.cfip.cn）和“林草植物新品种保护网”（http://www.cnpvp.net）。网上信息每日更新，免费使用，扩大了林草知识产权信息资源的共享途径和使用范围。2021 年，网站的用户访问量超过了 10 万人次，网站提供全年不间断、安全、稳定的在线检索服务，提高了林草知识产权信息资源的利用效率和服务水平。开通了“2021 年全国林草知识产权宣传周”网站，采取多种形式宣传林草知识产权知识和林草植物新品种保护成效，图文并茂地展示林草知识产权成果和最新进展，进一步扩大了林草知识产权的影响力。（王忠明、张慕博）

国际合作

开展林业和草原植物新品种履约与国际合作

参加国际植物新品种保护联盟（UPOV）2021 年度系列会议，成功推动中文加入 UPOV 工作语言。签订《中欧植物新品种保护战略合作协议（2021—2025）》。在线参加第十四届东亚植物新品种保护论坛（EAPVPF）、欧盟植物品种保护办公室（CPVO）、IPKey 组织的各类会议 115 小时，参与国际新品种保护合作的能力与水平大幅度提升。国家林业和草原局植物新品种保护办公室成功举办林草植物新品种保护国际研讨会并取得较好的国际声誉。组织 380 人参加中欧植物品种权技术培训班和 UPOV 远程培训，为未来的林业和草原植物新品种保护国际合作奠定了人才基础。

1. 参加 2021 年度 UPOV 系列国际会议

2021 年 10 月 25~29 日，国际植物新品种保护联盟（UPOV）年度系列会议在线上召开。该系列会议包括技术委员会第 57 届会议（TC/57）、行政法律委员会第 78 届会议（CAJ/78）、顾问委员会第 98 届会议（CC/98）、理事会第 55 届会议（C/55）。国家林业和草原局及国家知识产权局、农业农村部组成的中国政府代表团参加了本次会议。

技术委员会第 57 届会议审议了农作物技术工作组（TWA）、自动化和计算机程序技术工作组（TWC）、果树技术工作组（TWF）、观赏植物和林木技术工作组（TWO）、蔬菜技术工作组（TWV）以及生物化学与分子技术工作组（BMT）的进展报告和 2022 年工作计划，并决定工作组会议将以线上、线下交替的形式召开，TWC 和 BMT 将合并为测试方法与技术工作组（TWM），拟于 2022 年 3 月召开第一次技术工作组会议。行政法律委员会第 78 届会议审议了对《UPOV 公约》1991 文本关于实质性派生品种的解释性说明”的修订，并同意设立一个关于收获材料和未经授权使用繁殖材料的工作组。顾问委员会第 98 届会议和理事会第 55 届会议审议了“在 UPOV 使用中文的项目”，批准了在 UPOV 使用中文的方案草案。UPOV 秘书长邓鸿森（Daren Tang）先生在致辞中表示翻译技术的快速进步为 UPOV 创造了新的机遇，有利于全世界快速认识了解 UPOV 体系，这也是推进“在 UPOV 使用中文项目”的初衷。中国作为植物新品种保护大国，申请量连续多年位列世界第一，中文加入 UPOV 工作语言将方便我国育种人了解国际植物新品种保护形势和进展，提高我国在 UPOV 履约事务中的参与度和影响力，有利于进一步推动我国植物新品种保护事业高质量发展。

2. 成功举办林草植物新品种保护国际研讨会

2020 年 7 月 21 日，“2021 年度林草植物新品种保护国际研讨会”在线上召开。此次会议是国家林业和草原局植物新品种保护办公室首次于线上召开的国际会议，得到了国际植物新品种保护联盟（UPOV）、欧盟植物品种保护办公室（CPVO）等组织的大力支持。来自国际植物新品种保护联盟（UPOV）、欧盟植物品种保护办公室（CPVO）、荷兰园艺检测总署（Naktuinbouw）、北京林业大学、西南林业大学、中国林业科学研究院、河南名品彩叶苗木股份有限公司、杭州市园林绿化股份有限公司等 40 多家与新品种保护有关的国际组织机构和我国企事业单位、科研院所的 90 多名代表参加了会议。

各位专家针对所关注的问题做了专题报告，内容涵盖了《UPOV 公约》1991 年文本重要条款的解读，实质性派生品种（EDV）的概念、指导和实践经验，《UPOV 公约》1991 年文本中“新颖性”“已知品种”等概念介绍，植物新品种繁殖材料、收获材料的保护，与中国花卉产业、经济林木有关的农民特权制度的案例分析，植物新品种保护中分子技术的开发与应用场景等。在讨论环节，报告专家对参会代表所提出的问题进行了详细的回答，就中国的植物新品种保护现状及发展前景展开了深入交流和讨论。

我国已成为植物新品种保护大国，植物新品种权申请量连续 3 年位居世界第一。但是，我国林草植物新品种保护工作也面临着一些亟待解决的问题，存在事业发展与人民需求不一致的矛盾。此次研讨会所探讨的实质性派生品种（EDV）、新颖性、已知品种、收获材料与繁殖材料、农民特权和分子生物技术（BMT）等专题是国际上植物新品种保护讨论的热点，也是我国《植物新品种条例》修订中讨论比较多的问题。通过召开国际范围的研讨会，可以为我国育种人创造学习《UPOV 公约》相关条款的条件和机会，为我国植物新品种保护行业专家创造国际交流的平台。通过国内外专家思维的碰撞，深入参与 UPOV 交流和讨论，将促进中国与国际植物新品种保护体系融合，为推进国际植物新品种保护发展贡献中国力量。

3. 中欧签订植物新品种保护战略合作协议

2021 年 5 月 26 日，国家林业和草原局科技发展中心会同有关部门和欧盟植物新品种保护办公室（CPVO）签订了《中欧植物新品种保护战略合作协议（2021—2025）》，并举行了线上签订仪式。此次签订的协议是在 2017 年国家林业局植物新品种保护办公室与欧盟植物新品种保护办公室签订的《双边合作协议（2018—2020）》基础上开展的第二期合作协议，也是深化战略合作的协议。

在签订仪式上，国家林业和草原局科技发展中心副主任龙三群、欧盟植物新品种保护办公室主任马丁·埃科伟德分别致辞。双方一致认为《双边合作协议（2018—2020）》执行有力、成果丰富，在植物新品种管理、人员培训、品种权执法等方面开展了广泛地交流，促进了中欧植物新品种保护的发展。龙三群副主任表示，国家林业和草原局科技发展中心将认真贯彻中国政府关于加强知识产权保护的一系列决策部署，以这次签约为契机，在第二期协议实施期间，与我国农业部门一道加强与欧盟植物新品种保护办公室的合作，促进育种原始创新，提高林草植物新品种质量，加大行政执法力度，促进优良林草新品种转化运用，为中国植物新品种保护事业的发展作出新的贡献。

根据协议，中欧双方将在提升完善中国植物新品种保护能力、优化中国植物新品种权申请审查流程、开展植物新品种保护培训、探索和共享品种权实施与执法实践等方面进行深入合作。

4. 参加国际植物新品种线上研讨会

2021 年 1 月 19 日，国际园艺生产者协会（AIPH）线上举办了植物新品种研讨会，会议由 AIPH 副主席提姆·爱德华主持。AIPH 植物新品种保护顾问米亚·布玛女士介绍了植物新品种权和知识产权保护最新进展、实质性派生品种（EDV）以及 UPOV 对收获材料的最新讨论。科技发展中心新品处参加了此次会议。

实质性派生品种（EDV）又可称为依赖性派生品种，根据《UPOV 公约》1991 文本中的规定，EDV 是指直接选自原始品种或者选自该原始品种的直系派生品种，同时又保留表达由原始品种基因型或基因组合产生的基本特性，且除派生引起的性状与原始品种有所差异外，在表达原始基因型或基因组合产生的基本特性方面与原始品种相同。UPOV 计划 2021 年举办专题研讨会讨论 EDV、收获材料和未经授权使用繁殖材料等问题。实质性派生品种技术工作组（WG-ED）也将于 4 月召开第二次工作组会议。中国加入的是《UPOV 公约》1978 年文本，但也面临着很多相似的问题，通过加强国际交流探讨将促进我国植物新品种保护制度的发展与进步。

5. 组织学员参加 UPOV 春季远程学习课程

2021 年 2 月，国家林业和草原局科技发展中心组织了国际植物新品种保护联盟（UPOV）春季远程学习课程报名工作，22 名来自各省的林草植物新品种保护人员报名参加了学习课程。UPOV 每年定期组织召开 2 次远程学习（春季和秋季），以便向世界各国学员提供高质量的植物新品种保护培训课程。学员通过世界知识产权网络学习中心（WIPO eLearning Center）在网上学习，课程全程用英语教学。课程包括《UPOV 公约》框架下植物新品种保护体系介绍（DL205）、管理育种者权利（DL-305A）、DUS 测试（DL-305A）等内容。在学习课程结束后，还将举办线上期末考试，成绩合格的学员将获得 UPOV 颁发的结业证书。通过 UPOV 远程学习课程，我国从事植物新品种保护工作的管理和技术人员将有机会深入了解 UPOV 植物新品种保护体系，进一步强化我国植物新品种保护人才队伍建设，为今后更多参与国际交流与合作奠定人才基础。

6. 参加《UPOV 公约》法律研讨会

2021 年 3 月 15~19 日，国际植物新品种保护联盟（UPOV）和美国专利商标局（USPTO）共同组织的《UPOV 公约》法律研讨会在线上召开。来自 20 个国家的 50 多位代表在会上进行了交流研讨，国家林业和草原局和农业农村部分别派员参加了会议。本次会议主要就《UPOV 公约》1991 文本框架下植物新品种权申请审查、DUS 测试合作、品种权的适用范围及例外、品种权的无效和取消、品种权的执行、植物新品种保护的商业化等内容进行了讲解。研讨会设置了小组讨论环节，各个国家代表针对 DUS 测试合作和品种权的可选择例外 2 个专题进行了充分的讨论。研讨会期间召开了中国专场会议，以便更有针对性地了解中国在植物新品种保护法律上所面临的难题，UPOV 的 Peter Button 先生和 Yolanda Huerta 女士就中国代表提出的问题作了细致而全面的解答。通过此次研讨会，进一步加深了我国对《UPOV 公约》1991 文本的认识和了解，加强了与 UPOV 及世界各国的交流沟通，将推动我国植物新品种保护制度的发展与进步。

7. 参加 UPOV 国际电子申请平台第 17 次会议

2021 年 3 月 25 日，国际植物新品种保护联盟（UPOV）举办的国际电子申请平台第 17 次会议（EAF/17）以视频会议方式举行，国家林业和草原局相关代表应邀参会。会议主要介绍了植物新品种权国际电子申请平台（PRISMA）的发展情况与未来发展规划。

植物新品种权国际电子申请平台，简称 PRISMA，是 UPOV 于 2017 年 1 月建成的网上植物新品种权申请系统，该系统具有多语言服务功能，旨在为育种人在不同国家和地区申请植物新品种权提供便利。截至 2021 年 3 月，参加该平台的成员为 35 个（包含 74 个国家）。育种人使用该系统可用中文、英文、法文、德文、西班牙文等多种语言。

8. 参加 UPOV 技术工作组预备研讨会

2021 年 4 月 19~22 日，国际植物新品种保护联盟（UPOV）在线上召开了技术工作组（TWP）预备研讨会。国家林业和草原局科技发展中心派员参加了会议。研讨会包含组织 DUS 测试和国际合作、DUS 测试的国际协调、制定和使用 UPOV 测试指南、DUS 测试中分子标记技术（BMT）的使用和作用 4 个议题。会上，技术事务和区域发展负责人 Leontino Taveira 先生、种子部门合作和区域发展负责人 Ben Rivoire 先生、技术 / 区域官员 Manabu Suzuki 先生分别作了报告，主要就如何与其他 UPOV 成员进行 DUS 合作、如何利用 GENIE 数据库探索 DUS 测试中的最佳实践和做法、技术工作组和技术委员会（TC）的作用、如何参与测试指南的制定、分子标记技术的作用以及如何在 DUS 测试中使用分子标记等内容进行了讲解。在会议讨论环节，来自加拿大、瑞士、肯尼亚、日本的相关人员分别就各自国家 DUS 测试和国际合作经验进行了交流，UPOV 技术工作组的 5 位组长针对 DUS 测试指南制定分别进行了交流讨论，来自荷兰、韩国、阿根廷的工作人员对分子标记技术及其在各自国家的应用作了介绍和交流。

UPOV 办公室下设自动化与计算机程序技术工作组（TWC）、农作物技术工作组（TWA）、果树技术工作组（TWF）、观赏植物与林木技术工作组（TWO）、蔬菜技术工作组（TWV）、生物化学与分子技术工作组（BMT）6 个技术工作组，每年都会召开各自的技术工作组会议。UPOV 成员国负责 DUS 测试的相关专家和工作人员参会，并针对研制或修订的测试指南和 DUS 测试工作的最新问题展开讨论。

9. 参加 UPOV“与收获材料有关的植物新品种权研讨会”

2021 年 5 月 27 日，国际植物新品种保护联盟（UPOV）在线上召开了“与收获材料有关的植物新品种权研讨会”。国家林业和草原局科技发展中心派员参加了会议。会议由 UPOV 副秘书长 Peter Button 先生主持会议，来自 UPOV、荷兰、西班牙、德国等国家和组织的 8 位专家就与收获材料有关的案件、植物新品种权等内容进行了讲解。中国社会科学院法学研究所副研究员李菊丹介绍了中国“三红蜜柚”案件。

10. 参加 CIOPORA 知识产权保护论坛

2021 年 7 月 8 日，国际无性繁殖园艺植物育种者协会（CIOPORA）召开了以“中国植物新品种保护和执法案件最新进展”为主题的知识产权保护论坛。国家林业和草原局派员在会上对相关主题作了报告，并参与了讨论。

会上，各方专家针对中国 DUS 测试国际合作、植物新品种保护条例修订、新品种侵权与执法、繁殖材料与收获材料、新颖性等重点关注问题进行了交流和讨论。

CIOPORA 秘书长 Edgar Krieger 博士表示近年来中国在植物新品种保护方面取得了巨大进展，就在会议召开前一天最高人民法院发布的新的植物新品种权司法解释开始实施，这对于中国植物新品种保护又是一大进步。

CIOPORA 作为在国际无性繁殖园艺植物育种行业有较大影响力的国际组织，其会员遍布全球。无性繁殖园艺植物是我国林业植物新品种主要类型，加强与 CIOPORA 等国际组织的合作交流有利于我国充分了解国际无性繁殖园艺发展趋势和行业关心重点。通过促进我国原始育种创新和优良新品种创制，可以促进我国无性繁殖园艺育种产业更快融入世界经济体系，推动我国无性繁殖园艺事业的发展。

11. 参加 UPOV 第 53 届 TWO 技术工作组网络会议

2021 年 6 月 7~11 日，国际植物新品种保护联盟（UPOV）第 53 届观赏植物和树木工作组（TWO）会议以线上的形式举行。来自中国、荷兰、英国、德国、法国、日本、韩国、澳大利亚和新西兰等 28 个国家和国际组织的 102 人参加了会议。会议就 UPOV 相关 TGP 技术文件和 INF 信息文件的讨论，包括品种描述的信息数据库、软件交换与使用、品种的命名、UPOV 代码系统、分子技术与 DUS 测试、测试的国际合作、DUS 测试中的技术问题交流及测试指南的起草与讨论等 18 项议题进行了专题报告。

会议讨论了 11 个测试指南，其中，法国专家修订 2 个，分别是锦带花属（*Weigela*）（修订）和小檗属（*Berberis*）（修订）；日本专家修订 2 个，分别是草原龙胆属（*Eustoma*）和安祖花（*Anthurium*）（修订）；荷兰专家修订 2 个，分别朱顶兰属（*Hippeastrum*）（修订）和匙叶草属（*Statice*）（修订）；中国专家牵头编制 1 个，为木兰属（*Magonolia*）；英国专家修订 1 个，紫锥菊属（*Echinacea*）（修订）；欧盟专家修订 1 个，为薰衣草属（*Lavender*）（修订）；德国专家修订 1 个，为欧石楠（*Calluna vulgaris*）（修订）；墨西哥专家修订 1 个，为百日草属（*Zannia*）（修订）。其中，小檗属（*Berberis*）（修订）、紫锥菊属（*Echinacea*）（修订）、草原龙胆属（*Eustoma*）（修订）和百日草属（*Zannia*）（修订）等 4 个指南通过了本技术工作组讨论确定提交技术委员会。2022 年将增加讨论的测试指南有 2 个，分别是天蓝尖瓣木（*Oxypetalum coeruleum*）和一品红（*Euphorbia pulcherrima*）（修订）。

2022 年，将讨论拟编制国际测试指南的物种有 6 个，分别是桉属（*Eucalyptus*）（部分修订）、龙胆属（*Gentiana* L.）（修订）、银杏（*Gingko biloba* L.）（新）、铁筷子属（*Helleborus* L.）（新）、滨菊属（*Leucanthemum* Mill.）（新）和映山红（*Rhododendron simsii* Planch.）（修订）。

陕西省西安植物园王亚玲研究员作为起草《UPOV 木兰属新品种测试指南》的首席专家，对木兰属测试指南第二稿进行了讨论，对来自法国、英国等 11 个成员的兴趣专家提出的 55 条（其中，21 条技术内容、34 条格式内容）修改建议进行了答复。2022 年第 54 届 TWO 技术工作组会议将在德国汉诺威举办。

12. 第十四届东亚植物新品种保护论坛召开

2021 年 9 月，第十四届东亚植物新品种保护论坛在线上召开。中国、日本、韩国、东盟十国及国际植物新品种保护联盟（UPOV）、欧盟植物新品种保护办公室（CPVO）、法国全国种子和植物行业联合会（GNIS）、美国专利商标局、亚太种子协会、日本 JATAFF 咨询公司（东亚植物新品种保护论坛秘书处挂靠机构）等国家和机构的 80 余名代表参加了会议。

根据会议议程，与会代表介绍了各自国家最新的植物新品种保护实施战略和合作活动提案，交流了各自国家植物新品种保护领域的最新进展情况，讨论了第十三届论坛会议以来取得的进展和本次会议之后拟开展的合作活动。会议重点介绍了试点项目的进展，以及日本坂田种苗研发的新品种‘桑蓓斯’发展案例，并就 CPVO 与中国植物新品种保护合作做了专题报告。国家林业和草原局科技发展中心和农业农村部科技发展中心在会上介绍了我国今后的实施战略，表示愿在条件合适的情况下通过开展技术培训和派出技术专家等活动帮助论坛各成员国。本次论坛促进了东亚植物新品种保护论坛成员国间的交流、合作和共同发展，会议成果显著。

13. 中欧植物品种权技术培训班在线上召开

中欧植物新品种保护部门联合举办的“植物品种权技术培训班”于 11 月 3~5 日在线上召开。本次培训经中欧知识产权合作项目（IPKey 项目）和国际植物新品种保护联盟（UPOV）支持，由欧盟植物新品种保护办公室（CPVO）、国家林业和草原局科技发展中心、农业农村部科技发展中心联合主办。

本次培训邀请了来自 CPVO 和法国国家品种与种子检测中心、荷兰园艺植物检测总署、德国植物品种办公室的专家针对特异性、一致性、稳定性（DUS）测试等植物新品种保护相关技术要求进行授课。主要内容包括欧盟 DUS 测试系统的运行机制介绍、DUS 测试任务分配安排、财务和审计系统管理；消除 DUS 测试中环境和人为因素的影响的介绍；抗病性状在 DUS 测试中的应用；分子技术在玉米、番茄等作物 DUS 测试中的应用；杜鹃花、菊花等观赏作物植物新品种 DUS 测试技术等。

来自植物新品种保护管理部门、测试机构以及实审专家共 110 人参加了培训。通过加强培训，学习借鉴国际先进技术和管理经验，增强了我国植物新品种保护从业人员的专业知识和技术能力。国家林业和草原局植物新品种保护办公室将按照目标导向、问题导向的要求，强化责任担当，创新工作思路，加大工作力度，不定期举办技术培训班和国际研讨会，努力提升林草植物新品种保护工作水平。

14. 中欧提升植物品种权保护意识国际研讨会召开

根据中欧植物新品种保护合作计划，在中欧知识产权合作项目（IPKey 项目）和国际植物新品种保护联盟（UPOV）支持下，由欧盟植物新品种保护办公室（CPVO）、国家林业和草原局科技发展中心、农业农村部科技发展中心联合主办的“2021 年提升植物品种权保护意识国际研讨会”于 11 月 8 日在线上召开。林草植物新品种实审专家、DUS 测试体系技术人员等 50 多人参加了会议。本次研讨会以提高中国植物新品种保护意识为主要目标，邀请 UPOV 法律顾问兼培训和援助主任 Yolanda Huerta 女士介绍了《国际植物新品种保护公约》（UPOV）1991 年文本中的重要内容及相关解释性文件的修订进展，并通报中文已成为 UPOV 工作语言之一；UPOV 亚洲区技术官员 Suzuki Manabu 介绍了植物新品种申请的数字化发展进展，包括 PRISMA 和 e-PVP 两个新品种权申请电子系统。研讨会还邀请了国外育种者、育种单位和相关从业人员讲解了植物品种权行政执法、新品种保护对农民的重要性等内容。

国家林业和草原局高度重视植物新品种保护工作，把依法保护育种者权利、激励自主创新作为推动林草事业高质量发展的重要动力。召开此次研讨会有利于多方联手，形成合力，在法律制度、审批体系、社会意识等层面推动我国植物新品种保护工作，进一步促进林草新品种保护事业的高质量发展。（陈光、周建仁、段经华、柳玉霞）

开展林业和草原生物遗传资源管理国际履约

1. 参加联合国粮农组织（FAO）森林遗传资源政府间技术工作组第六届会议

2021 年 5 月，线上参加了联合国粮农组织（FAO）森林遗传资源政府间技术工作组第六届会议，中国政府代表团成员被工作组选举为主席，就森林遗传资源获取与利益分享、数字化序列信息和闭会期间的工作安排进行了讨论；参加联合国粮农组织（FAO）粮食和农业遗传资源委员会第 18 届例会，及时跟进 FAO 在森林遗传资源方面的后续行动；全程参加了《生物多样性公约》第十五次缔约方大会中方代表团系列会议，跟踪会议相关议题，提出备答口径和参考意见。

2. 参加《生物多样性公约》第 24 次非正式在线会议

《生物多样性公约》科学、技术和工艺咨询附属机构第 24 次会议（SBSTTA-24）非正式在线会议于 2021 年 2 月 17~19 日举行。来自 100 多个国家和观察员组织的 1000 多名代表参加了此次会议。国家林业和草原局科技发展中心派员参加了会议。会议主要讨论了“2020 年后全球生物多样性框架”（以下简称“2020 年后框架”）监测指标框架草案、合成生物学、改性活生物体风险评估与风险管理等议题。

针对“2020 年后框架”监测指标框架草案议题，欧洲国家普遍支持《生物多样性公约》缔约方第十五次会议（COP15）通过监测指标框架，支持通过少量重点指标用于监测“2020 年后框架”执行进展。欧盟、意大利、瑞士等明确支持 COP15 后建立指标专家组，继续完善监测指标。发展中国家则强调要兼顾各国能力，务实设计监测指标。非洲集团和巴西均表示“2020 年后框架”的执行需要充足的资金支持。此外，缔约方也提及了监测指标存在的具体问题，如资源调动目标表述和指标不能对应；遗传多样性、获取和惠益分享、保护地管理有效性等指标缺失；生态系统恢复、生态系统服务、生物多样性信息共享等目标的指标有待完善等。

针对合成生物学议题，代表表示应加强对合成生物学技术发展的监测，评估其对《生物多样性公约》三大目标以及《卡塔赫纳生物安全议定书》与《名古屋议定书》的影响。强调了建立跨学科特设专家组以及加强能力建设的重要性。发展中国家意识到合成生物学技术发展的重要性并强调惠益分享，中国代表团鼓励开展多学科、多领域的研讨和交流，愿意积极参与线上及线下讨论，继续关注包括合成生物学在内的新兴生物技术发展及其风险管控，并加强与其他国际组织以及国际公约的合作。

针对改性活生物体风险评估与风险管理议题，各方一致支持优先制定含有基因驱动的改性活生物体风险评估的指导意见，特别是针对有望环境释放的改性活生物体如含有人工基因驱动的蚊子。多个缔约方支持现阶段不编写关于改性活鱼风险评估的指导材料，也有缔约方认为，应注意改性活鱼在封闭环境条件下的意外释放或逃逸的发生。大多数代表赞成继续通过特设技术专家组开展工作，但应明确新的特设技术专家组的目的和职权范围。葡萄牙、德国和巴西等多个国家认为应加强能力建设和国际交流合作，充分利用生物安全信息交换所和开放式线上论坛，促进风险评估有关知识和案例信息分享。

3. 参加《生物多样性公约》科学、技术与工艺咨询附属机构第 24 次会议

《生物多样性公约》科学、技术和工艺咨询附属机构第 24 次会议（SBSTTA-24）第一部分于 2021 年 5 月 3 日至 6 月 9 日在线举行。来自 100 多个国家和观察员组织的 1500 多名代表参加了此次会议。国家林业和草原局科技发展中心派员参加了会议。会议主要讨论了2020年后全球生物多样性框架、合成生物学、改性活生物体风险评估与风险管理等议题。

针对2020年后全球生物多样性框架议题，科学、技术和工艺咨询附属机构建议缔约方大会第15届会议主要通过了以下内容：一是将2011—2020年10年期作为报告和监测2020年后全球生物多样性框架执行进展情况的参照期，并且考虑对监测框架进行审查，以期在第16届会议上完成其制定工作，此后根据情况不断对监测框架进行审查；二是在全球评估中使用标题指标（headline indicators），并辅以组成指标和补充指标，监测2020年后全球生物多样性框架长期目标和行动目标方面的进展情况，并鼓励在发展中国家建立能力建设机制，为填补监测和报告方面的缺口提供支持，以及鼓励所有缔约方根据本国优先事项和国情，把标题指标应用于国家规划进程，包括国家生物多样性战略和行动计划或生物多样性保护和可持续利用方案以及其他国家规划进程，加强国家监测系统和报告；三是会议还将设立特设技术专家组，其任务时限到缔约方大会第16届会议为止，负责按照本决定附件所载职权范围，为将2020年后全球生物多样性框架监测框架进一步投入运作提供咨询。

针对合成生物学议题，科学、技术和工艺咨询附属机构建议制定对合成生物学领域的最新技术发展进行定期监测和评估进程，建立合成生物学问题多学科特设技术专家组，为定期监测和评估进程提供支持。并且呼吁各缔约方和其他利益攸关方，通过生物安全信息交换所等途径，促进被视为改性活生物体的合成生物学产品方面的广泛国际合作、技术转让、知识共享和合成生物学能力建设，同时考虑到缔约方以及土著人民和地方社区的需求，继续寻求与其他区域和国际组织、公约和倡议，包括学术和研究机构就合成生物学相关问题开展合作。

针对改性活生物体风险评估与风险管理议题，科学、技术和工艺咨询附属机构提出以下建议：一是在现阶段不着手制定关于改性活鱼风险评估的更多自愿指导材料，鼓励缔约方、邀请其他国家政府和相关组织促进改性活鱼风险评估方面的国际合作、信息共享和能力建设以及利用现有的指导材料，以期在其第11次会议上审议关于改性活鱼的进一步指导意见；二是认可特设技术专家组的建议，即应制定更多的自愿指导材料，支持对含有人工基因驱动的改性活生物体风险进行个案风险评估；三是呼吁请缔约方、其他国家政府和相关组织继续传播有助于改性活生物体风险评估，包括对改性活鱼和含有人工基因驱动的生物体进行风险评估的信息，尤其是通过生物安全信息交换所分享经验。

4. 参加土著人民和地方社区关于2020年后全球生物多样性框架第三次全球专题对话会

土著人民和地方社区关于2020年后全球生物多样性框架第三次全球专题对话会于2021年8月2~3日、5~6日在线举行。专题对话在“大自然运动（the Campaign for Nature）”资金支持下，由《生物多样性公约》秘书处和国际生物多样性土著论坛共同组织举办。此次专题对话会为土著人民和地方社区（IPLCs）和缔约方就2020年后全球生物多样性框架1.0稿进行交流。IPLCs在此次专题对话中提出的主要信息和文本建议旨在促进“框架”的制定进程，实现与自然和谐相处的2050年愿景。

IPLCs代表和缔约方代表参加了此次会议。国家林业和草原局科技发展中心派员参加了会议。会议主要讨论了2020年后全球生物多样性框架的更新、1.0稿中的传统知识和习惯可持续利用，以及IPLCs的土地、领土和水域对2020年后全球生物多样性框架1.0稿中基于区域的保护目标的贡献。（李启岭、杜冉）

北京市林业知识产权

1. 加强知识产权管理和保护

北京市成立园林绿化综合执法大队，统一行使包括植物新品种相关处罚在内的市级处罚权，执法能力进一步加强，形成全市一盘棋，有针对性地开展植物新品种保护专项知识培训和宣传教育，为工作开展奠定良好基础。

结合北京市行政审批制度改革的实际情况，对林草种子生产经营许可核发实施告知承诺制，并在申请表中增加新品种研发和使用的相关内容。在告知内容中依据《中华人民共和国种子法》，将“取得植物新品种权所有人的书面同意”作为许可条件，要求申请人承诺“取得植物新品种权人同意前，不生产经营新品种”，并将此项违诺行为确定为轻微违诺制定相应惩戒措施。

北京市建设了林木电子标签为主体的林木种苗溯源体系，既满足企业依法使用标签的各种需求，同时利用电子标签可以实现入圃管理、在圃管理、出圃管理和养护档案等日常管理记录信息化，品种权信息可以外化在标签内容中，便于品种权人和管理部门掌握品种的流通过程，已在杨柳雄株新品种繁育中试点应用。

以《北京市种子条例》立法为契机，积极组织调研，研提针对林草种苗相关政策建议 12 条，并均得到市人大有关部门采纳。

2. 开展植物新品种行政执法监督

为全面做好植物新品种权保护工作，印发《北京市园林绿化局打击制售假劣种苗和侵犯植物新品种权工作方案》《北京市园林绿化局关于组织开展 2021 年打击制售假劣林草种苗和侵犯植物新品种权工作的通知》，成立专班，市区两级联防联动，按照“双随机一公开”要求组织开展植物新品种保护专项检查，形成高压震慑作用，有效遏制了侵犯植物新品种权行为。在各种相关交易会及电商平台领域，2021 年受疫情影响北京市无相关专项交易会，11 月举行的中国国际服务贸易交易会中，未发现侵权现象；3~4 月，开展了全市林草种子集贸市场专项执法检查，围绕林木种苗经营和苗木检疫调运，抽查了丰台、朝阳、房山、通州所辖的 6 个种子集贸市场 20 个经营主体，未发现侵权现象；4~5 月，对新一轮百万亩造林地块进行了全面检查，并重点抽查了苗木质量以及植物新品种使用情况，集中检查均未发现案件线索。

在国家营商环境评价组对北京营商环境评价工作中，北京市林业植物新品种保护作为北京市知识产权保护重要组成部分全程参与评价工作，保护工作开展情况得到了国家评价组充分肯定。

3. 加强知识产权培训和宣传

2021 年 4 月 8 日，北京市园林绿化局普法小组针对城市绿心森林公园建设企业开展植物新品种权保护法律法规知识宣传。4 月 8~20 日，开展以“促进园林绿化种质资源保护利用，服务首都园林绿化高质量发展”为主题的新优植物品种推介会，聚集了在京科研院校、园林绿化企业、苗圃等近 40 家单位参加，集中展示了蜜源、乡土地被、夏季开花、冬奥观赏、增彩延绿等新优植物品种 426 个，推介会期间对植物新品种展出与保护做出了明确要求，并通过专家对话详细探讨了首都植物新品种保护与应用问题及对策。6 月 24 日，园林绿化普法云课堂第一期开讲，针对林草进出口企业和各区执法人员进行了植物新品种权保护知识讲解培训。9 月 15 日和 9 月 27 日，分别在通州区、顺义区举办植物新品种权保护现场宣传活动，发放宣传材料 20000 余份。10 月 19~22 日，组织举办全市园林绿化行政执法培训班，主要课程包含种苗生产经营和植物新品种权侵权违法行为分析，来自全市 16 个区园林绿化局一线执法人员 136 人参加培训。

通过“蓝心普法”微信公众号和线上讲座等新媒体形式，围绕新行政处罚法、新森林法、种子法、植物检疫条例、植物新品种保护条例等行业有关法律法规，每月定期编辑发布普法文章，充分发挥新媒体快速、高效、辐射广的优势，提高公众林业生态保护意识，规范林草种子市场从业人员经营行为，切实维护首都生态安全。截至 8 月，已完成普法宣传 9 期，累计辐射近万人。（北京市园林绿化局）

天津市林业知识产权

1. 规范行政许可证管理使用

依据《中华人民共和国种子法》和《林木种苗许可证管理办法》，严把林木种苗生产经营许可证核发、审批关，确保全市林木种苗生产经营许可证发放工作规范有序。按照属地管理原则，监督指导辖区林业主管部门依法对持证企业和个人生产经营情况进行检查管理。

2. 认真落实“双打”专项行动

根据国家林业和草原局打击制售假劣林木种苗和保护植物新品种权专项行动的统一部署，重点开展许可证管理、种苗生产经营、制售假劣种苗、乱引滥繁、未申先推等方面执法检查。专项行动对维护种苗市场秩序，保护植物新品种权和林农利益，起到了积极的作用，对提高广大林农依法治种、依法兴种的意识，规范天津市林木种苗生产经营秩序起到了积极作用。

3. 举办知识产权执法培训

2021 年 12 月，邀请天津市知识产权专家对天津市规划和自然资源局干部职工进行知识产权执法有关内容的讲解和案例分析。专家围绕知识产权保护领域的热点问题，结合案例以案释法，全面阐释了知识产权执法，并提出了针对性和实用性较强的指导意见。

4. 开展执法宣传报道

一年来，连续开展“打击制售假冒伪劣林木种苗和侵犯植物新品种权行动”的宣传报道 6 次。在行政执法检查期间，结合具体案例及时进行宣传报道。（天津市规划和自然资源局）

河北省林业和草原知识产权

1. 强化组织领导，确保责任落实

河北省重视知识产权保护工作，多次召开专题会议研究部署林业和草原知识产权保护工作。为落实知识产权“严保护、大保护、快保护、同保护”要求，结合河北省林业和草原知识产权保护实际，制定出台了《河北省林业和草原局关于强化林业和草原知识产权保护的若干措施》，进一步明确了保护目标、职能分工、推进计划、具体措施，形成了处室单位共同参与、共同推进的林业和草原知识产权保护新格局。

2. 加强队伍建设，提升保护能力

为加强林草知识产权保护，河北省林业和草原局新增设综合执法监督处，主要职责是：拟定林业和草原系统行政执法的政策法规，协调、监督、指导全省林业和草原行政综合执法工作。组织查处林业和草原领域重大行政案件、跨区域案件以及依法应由省级行政处罚的案件。负责所属国有林场和自然保护区的行政综合执法工作，协调与属地行政综合执法关系。组织指导林业和草原生态环境损害赔偿工作，进一步加强了全省林业和草原知识产权行政保护专业化建设。

3. 开展多元培训，提升执法水平

为全面推进河北省林业和草原知识产权创造、运用、保护和管理能力，河北省林业和草原局于 6 月上旬在石家庄市举办了全省林业和草原知识产权保护培训班，对全省林业和草原知识产权保护工作人员、行政执法人员进行多元培训，会上印发了林业和草原知识产权资料汇编，将习近平总书记关于加强知识产权保护工作的有关讲话、林业和草原知识产权保护法律法规、河北省授权的植物新品种名录等内容全部纳入，大大提升了林草知识产权保护和行政执法队伍的素质和能力。10 月，又举办了全省种苗质量监管、植物新品种权保护和种质资源库管理培训班，聘请专家讲解植物新品种的申请与保护，提高了植物新品种保护执法水平。各级林业和草原主管部门分别组织相关执法工作人员进行植物新品种保护执法培训，全省共举办培训班 31 期，参训人员达 3870 人，通过培训，执法人员业务素质显著提升。

4. 加大保护力度，打击侵权行为

为克服新冠疫情影响，河北省积极拓宽线上举报渠道，在河北省林业和草原局官网公布了打击侵犯植物新品种权行为举报电话和电子邮箱。要求各市每季度完整、准确、如实地向省林业和草原局汇报案件处罚信息，河北省林业和草原局及时汇总信息数据并在网上公布。

4月上旬印发了《河北省林业和草原局关于开展2021年林木种苗行政执法检查和种苗质量抽查工作的通知》（冀林草字〔2021〕80号），要求各地林草主管部门严格执行信息共享、案情通报、案件移送制度，及时公开案件信息，加强种苗质量监管。同时，在石家庄、保定、衡水、邢台和定州5市开展了林木种苗质量抽检工作。

对持有河北省林业和草原局核发的林木种子生产经营许可证的企业进行“双随机”抽查，抽查是否有侵犯植物新品种权和制售假冒伪劣种苗的行为，各地也按照“双随机”抽查办法的有关要求，对本区域内持有许可证的企业进行“双随机”抽查，抽查结果及时在网上进行了公示。

为贯彻落实2021年全国打击侵权假冒工作电视电话会议精神和2021年河北省打击侵犯知识产权和制售假冒伪劣商品工作要点，加大侵犯植物新品种权、假冒授权品种及制售假冒伪劣种苗案件查处力度，河北省于7~9月，开展了打击侵犯林草植物新品种权专项行动，严厉打击未经品种权人许可以及生产、销售林草授权新品种的繁育材料、假冒林草授权新品种的行为或销售林草授权新品种时未使用其注册登记名称的行为，取得良好效果。

5. 积极开展宣传，提升保护意识

河北省围绕“全面加强知识产权保护，推动构建新发展格局”这一主题，紧密结合林业草原工作实际，组织开展了形式多样的宣传活动。通过张贴标语、入村入户发明白纸，利用电视、网络、广播、微信等媒体进行普法宣传，受教育群众达60万人次。通过宣传，生产经营者普遍提高了对保护知识产权的认识。利用河北省林业和草原局官方微博和微信公众号，线上同步推介习近平总书记关于知识产权工作的重要论述、河北省林业和草原知识产权保护成效，宣讲《中华人民共和国植物新品种保护条例》《林业植物新品种保护行政执法办法》等法律法规。播发以‘金叶榆’为代表的48个林业植物新品种，既有文字简介，又有品种图片，既有推广应用，又有助推生态文明建设和经济建设成效展示。在河北省林业和草原科学研究院举办了林业和草原新品种保护讲座，并进行了线上答题竞赛，进一步提高了林业和草原科研人员知识保护意识。（河北省林业和草原局）

山西省林业和草原知识产权

1. 立足新发展阶段，加强知识产权管理

山西省林业和草原局立足新发展阶段，树立新发展理念，深刻把握林草知识产权工作的特点，推进实施全省林草知识产权战略。局领导多次召开专题会议，研究部署全局知识产权工作，健全知识产权管理机构和人员配置。切实加强对知识产权工作的管理，明确责任分工和目标责任，局领导负责组织、协调全局知识产权各项工作，并对知识产权重大事项作出决定；局科技处统筹协调全省林草知识产权工作，省林业科学研究院及相关部门具体负责知识产权的总体规划、运营、管理和保护，为保障林草高质量发展提供了智力支撑。全面落实《山西省全面推进知识产权强省建设行动方案》，积极谋划林草知识产权发展战略，推进知识产权试点示范项目的开展，提升林草知识产权的数量和质量。

2. 强化自主知识产权创造，推进成果转化运用

山西省林业和草原局以提高知识产权创造质量为导向，组织技术专家深入基层调研，了解生产一线存在的问题和真正需要科技解决的关键技术，紧密结合生产需求，开展林草科技攻关和科技创新项目绩效评价，林草科技成果、林草专利、林草植物新品种、林草软件著作权等知识产权创造的数量稳步上升，质量明显提升，极大地激发了全省林草科技创新驱动。以国家林业和草原局的林业知识产权试点示范项目建设为引领，强化知识产权的运用，推进林草知识产权推广转化运用。加强林草地理标志挖掘、培育、申报、运用等工作，依托连翘国家创新产业联盟、沙棘国家创新产业联盟等国家级平台，联合皂荚国家创新产业联盟成员单位，助推乡村经济林产业发展。

3. 周密部署，加强知识产权保护

山西省林业和草原局加强知识产权保护长效机制建设。积极传达《2021 年全省打击侵犯知识产权和制售假冒伪劣商品工作要点》文件精神，明确落实任务责任。制定印发了《2021 年打击侵犯植物新品种权和假冒伪劣种苗宣传工作方案》，部署植物新品种保护专项行动，下发了《关于组织开展 2021 年山西省林草植物新品种保护专项行动的通知》（晋林便字〔2021〕87 号），积极推进知识产权保护。制定动员部署、征集线索、摸底检查、工作总结的时间表和路线图，细化打击范围，从 7~11 月，通过跨市（县、区）联合执法协作机制，联合各市（县、区）林草部门的科技、种苗、森林公安等有关单位，共同开展联合执法检查。持续开展植物新品种保护系列行动，2021 年山西省未发生侵犯植物新品种权的案件。

4. 开展知识产权宣传

2021 年“4·26 世界知识产权日”，山西省林业和草原局及各地市规划和自然资源局认真组织开展以“保护知识产权始于心，支持创新发展践于行”“全面加强知识产权保护，推动构建新发展格局”等为主题的宣传活动。通过电子屏、网站、海报、条幅、宣传板等积极开展相关法律法规知识的介绍。并在《山西科技报》、山西省林业科学研究院网站、山西省林业和草原局网站、《长治日报》《大同日报》等报道了此次活动的相关信息。拍摄植物新品种保护的动漫视频通过省林业和草原局微信公众号推送，并在各单位的电子屏上播放，让更多的林业工作者加入植物新品种保护的队伍，选派知识产权工作人员参与第 12 届中部博览会“知识产权维护援助办公室”的设立，向参展的各省份代表发放了知识产权承诺书，并积极开展宣传工作。举办了全省林草植物新品种保护培训班，组织全省各地市规划和自然资源局（林业局）、各省直林局以及相关驻并单位负责同志和科研人员共计 80 余人参加培训。同时，10 个地市也组织了各种形式的植物新品种保护培训班，通过举办培训班和参加培训，更新了知识产权工作人员的知识储备，提升了林草知识产权工作人员的业务素质和能力水平，夯实了全省林草知识产权事业发展的基础。

5. 积极筹措资金，加大对知识产权工作的经费支持

山西省林业和草原局下发《关于下达 2021 年第三批已分配项目资金计划的通知》，其中，拨付省林业科学研究院 11 万元专项经费，用于植物新品种保护专项工作。同时下发了《关于印发 2021 年度培训班计划的通知》，其中，拨付山西省林业和草原科学研究院 10 万元专项经费。知识产权专项经费的下拨，有力地保障了全局知识产权工作的顺利开展。（山西省林业和草原局）

内蒙古自治区林业和草原知识产权

1. 完善知识产权保护政策体系

内蒙古自治区林业和草原局在严格执行《中华人民共和国种子法》《中华人民共和国植物新品种保护条例》《内蒙古自治区林木种子条例》（2020 年 7 月修正）等法律法规，开展植物新品种知识产权保护的基础上，按照自治区人大常委会《关于印发〈内蒙古自治区人大常委会 2021 年立法计划〉的通知》的要求，将《内蒙古自治区林木种子条例》列入 2021 年修改计划，配合自治区人大农牧业工作委员会组织开展《中华人民共和国种子法（修正草案）》征求意见工作，11 月 16 日，自治区第 13 届人民代表大会常务委员会第 31 次会议，通过修订《内蒙古自治区林木种子条例》，进一步完善了知识产权保护的法律政策体系。

2. 加强林草知识产权保护工作

为强化知识产权保护工作，内蒙古自治区林业和草原局组织开展了打击侵犯植物新品种权工作，加强对植物新品种权的保护，同时积极与市场监管、司法机关等部门联合执法，衔接配合，健全信息共享制度，加强知识产权协同保护。2021 年内蒙古自治区未发生侵犯植物新品种权案件。

3. 加强知识产权业务培训

针对林草领域急需加强知识产权保护人才培养，提升工作成效的要求，围绕打击侵权假冒、植物新品种权保护、行政许可、行政处罚等内容，建立培训制度，开展视频培训，覆盖全区 12 个盟市、满洲里市、二连浩特市以及各旗县（区）从事植物新品种保护的工作人员 280 余人，提高知识产权保护工作人员的能力水平。

4. 加强知识产权保护宣传工作

2021 年 4 月 22 日，开展了知识产权保护集中宣传活动。开展知识产权工作经验交流，进行了“十三五”知识产权成果展板展示（20 块）、知识产权相关问题解答和知识产权宣传材料发放。在林草国家创新联盟微信公众号、内蒙古自治区林业和草原局网站、内蒙古林业科学研究院微信公众号等网络媒体上发布了知识产权宣传信息。（内蒙古自治区林业和草原局）

辽宁省林业和草原知识产权

1. 加大宣传力度，增强植物新品种行政执法保护能力

为建立健全知识产权保护的立法体系，辽宁省知识产权局启动《辽宁省知识产权保护条例》后，辽宁省林业和草原局作为编制成员单位，举办了座谈会，经过认真调研，反复磋商，就执法主体、执法取证、植物新品种引导等部分向辽宁省知识产权局提出了相关建议和意见。《辽宁省知识产权保护条例》颁布施行后，辽宁省林业和草原局认真组织开展《中华人民共和国植物新品种保护条例》《辽宁省知识产权保护条例》系列普法活动。先后到省内高校组织《辽宁省知识产权保护条例》的宣传活动，切实增强了社会的知晓度，扩大了《辽宁省知识产权保护条例》的影响力。

开展打击侵犯植物新品种权专项行动。依法严厉打击整治侵犯植物新品种权行为，2021 年，省财政给予专项保护经费 10.5 万元，用于开展林木种苗质量抽查与执法、植物新品种培训、植物新品种摸底调查等工作。严格执行林草种苗生产经营许可、检验检疫、标签、档案等管理制度，加强林草种苗监管，加大侵犯植物新品种权、假冒植物新品种案件查处力度，严厉打击林草植物新品种侵权行为。发布国家、省内最新的植物新品种保护、销售相关政策和信息。

加强学习提升植物新品种行政执法保护能力。健全便捷高效、严格公正、公开透明的行政保护体系。2021 年 10 月，举办了全省植物新品种保护及质量抽查检验保护班，建立统一协调的执法标准、证据规则和案例指导制度。11 月，组织局 19 名植物新品种保护相关人员参加行政执法资格统一考试，提升了林草植物新品种行政执法队伍专业化、职业化水平。

2. 坚持科技引领示范，推动知识产权和科技成果转化应用

2021 年 7 月，重点对国家林业和草原局科技发展中心在辽宁省开展的‘辽瑞丰’核桃和‘圆大硕种’文冠果植物新品种转化项目进行实地调研和指导，对 2 个项目的方案制定、母树扩繁，嫁接改造、采穗圃建立、业务培训等环节进行了调研、指导，制定项目验收计划，确保新品种转化项目高质量完成。

引导辽宁省林草行业植物新品种权单位搭建沟通平台，建立沟通机制，推动科研院所与企业开展专利协同运用对接，促进专利共享和新品权转化。大连大学、大连民主大学、辽宁省经济林研究所 3 项蓝莓、文冠果、核桃的植物新品种权成功转让，转让费分别为 200 万元、30 万元和 30 万元。实现了林业植物新品种成果转化新突破，初步尝试以市场牵引为动能，多环节良性联动的新品种推广产业链，塑造育种专家、品种运营商、种植者多方利益共赢的果树产业健康新业态，为实施乡村振兴战略提供新发展模式。

3. 多角度多维度助力植物新品种生态产业提质增效

从标准角度抓植物新品种标准化建设。给予大连大学省级蓝莓新品种标准化生产试点任务，加快制定蓝莓标准体系，开展标准推广项目，提升蓝莓新品种苗木质量。针对抗逆木本油料文冠果存在的低产低效现状，积极组织制订了 3 项技术规程，为规模化繁育优质新品种‘辽冠 1 号’‘辽冠 8 号’提供技术保障和生产指导，实现文冠果低产实生林的高接换优丰产改造。

从食品安全角度抓植物新品种高质量发展。辽宁省林业和草原局结合食用林产品质量安全工作，对丹东和大连地区越橘属蓝莓新品种“森茂系列”品种进行的 10 批次农药残留检测检测结果全部合格，对企业颁发了合格 CMA 认证报告，确保了可食用的植物新品种质量安全。举办了食用林产品质量安全业务培训会，会议强调了对植物新品种的质量安全问题，重点发展文冠果、沙棘、蓝莓等植物新品种优势产业，积极推动绿水青山转化为金山银山，提升了植物新品种质量安全重视程度，确保守住植物新品种食品安全底线。

从科研平台角度抓植物新品种成果转化。由大连民族大学牵头举办了文冠果产业国家创新联盟发展论坛，会议围绕着文冠果良种和新品种培育、产业示范基地建设、打造乡村绿色产业链，培养技术林农及科技成果转化服务等方面进行开展，发挥了文冠果产业国家创新联盟在科技创新及产业发展方面的引领作用。

从乡村振兴角度抓植物新品种社会效益。省内相关高校持续加大植物新品种科研投入。大连民族大学先后投入了2600万元建设木本油料研究平台，在40余项国家省市科研项目资助下，培育了授权植物新品种8个，获授权发明专利8项，在贵州铜仁进行新品种苗木繁育推广，培育苗木120万株，项目推广1200亩。大连大学先后在20余项国家省市科研项目资助300万元，培育了授权植物新品种35个，获授权发明专利20余项，扶持省内蓝莓种植企业30多家，种植户3000多户。（辽宁省林业和草原局）

黑龙江省林业和草原知识产权

1. 建立健全保障机制，确保林草知识产权保护工作有序开展

为了统筹林草植物新品种知识产权保护工作，上下形成保护植物新品种知识产权合力，黑龙江省林业和草原局下发《关于组织开展2021年打击侵犯林草植物新品种知识产权工作的通知》（办〔2021〕-187），对全省林草植物新品种知识产权保护工作进行了统一的部署。黑龙江省林业和草原局将林草知识产权保护工作列入局、全系统的一项重点工作。同时，要求各级林草部门主要领导亲自抓，分管领导具体抓，职能部门协力抓，一级抓一级，形成层层抓落实的工作格局，各级林草部门都明确了行政执法机构并落实专人负责，公布举报电话、电子信箱，确保了全省林草知识产权保护管理工作全面有序开展。2021年年初，制定了黑龙江省林业和草原局植物新品种保护工作的年度计划，做到林草植物新品种知识产权保护工作科学有序开展。明确管理机构落实专人负责，做到职责分明。黑龙江省林业和草原局明确科学技术和对外合作处负责林业和草原植物新品种知识产权保护管理工作。黑龙江省将林草植物新品种知识产权保护管理经费列入林草执法与监督经费系列当中，省财政拨付专项经费确保林草知识产权工作的顺利开展，保障有足够的林草知识产权执法经费，做到林草知识产权保护管理经费有保障。

2. 积极开展林草植物新品种知识产权案件查处，努力打造良好营商环境

为了保护林草植物新品种权益人的合法权利，营造良好的营商环境，黑龙江省林业和草原局下发《关于开展2021年全省林草种苗质量双随机监督检查暨行政执法检查工作的通知》（办〔2021〕-74），省林业和草原局科学技术和对外合作处、场圃处和东北林业大学相关人员组成“双随机”执法检查小组，对尚志、宁安、宝清、鸡东和汤原县等10个重点市（县）林草植物新品种侵权、林草种苗假冒案件进行了双随机执法检查。通过网站向社会公布侵犯林草植物新品种知识产权举报电话，还通过文件下发给各市地县，公布举报电话、邮箱和具体联系人，广泛征集侵犯林草植物新品种知识产权违法线索。2021 年，黑龙江省林业和草原局查处了 5 起销售假冒伪劣林木种苗案件，共没收违法所得 4956 元，并处 5000 元罚款，涉案卷宗第一时间在“两法”衔接平台上登录公开。

3. 积极开展林草植物新品种知识产权从业人员培训，努力提升从业人员的保护管理能力

根据 2021 年疫情防控严峻形势，黑龙江省林业和草原局充分利用线上优势，采取视频培训方式加大对植物新品种知识产权的培训力度。2021 年 4 月 29 日，在哈尔滨市举办了全省植物新品种知识产权保护网络培训班，将各林场、林业站等基层单位从事植物新品种知识产权保护工作有关人员都纳入培训范围，培训人次达 870 人次。联合哈尔滨市林业和草原局，对哈尔滨市林草系统从事林草植物新品种权的人员进行了业务培训。深入佳木斯市和鹤岗市对具体工作人员进行现场业务指导。通过培训和现场指导，提高了工作人员打击侵犯知识产权违法行为的能力，为今后林草知识产权保护工作奠定了坚实的基础。

4. 积极开展林草植物新品种知识产权摸底调查，为科学保护林草知识产权夯实基础

为了全面掌握全省植物新品种知识产权保护管理情况，黑龙江省林业和草原局下发《关于做好林草植物新品种摸底调查工作的通知》(办〔2021〕-277)，要求做好林草植物新品种知识产权保护工作，请各单位抓紧对本辖区内林草植物新品种保护管理情况进行一次系统的摸底调查，并将调查摸底总结上报。10 月 23~29 日，黑龙江省林业和草原局派出抽查小组对桦南县、佳木斯市和鹤岗市植物新品种摸底调查工作进行了抽查。通过开展全方位、全系统的林草知识产权摸底调查工作，基本掌握了林草知识产权保护管理现状，为今后科学制定林草知识产权保护方案打下了坚实的基础。(黑龙江省林业和草原局)

上海市林业知识产权

1. 加强知识产权创新和保护

鼓励科研单位积极申报植物新品种。在 2021 年合肥苗木花卉交易大会上，大力推广具有上海自主知识产权的特色苗木花卉品种，1 个植物新品种获 2 项特等奖，2 个品种获金奖，2 个品种获银奖。

调研植物新品种权侵权行为。上海具有林木植物新品种研发能力的主要有上海植物园、辰山植物园、园林科学规划研究院和上海市林业总站等 4 家单位。经了解，上述单位未发现新品种被侵权现象。“12345 上海市民热线”和“12319 上海城建热线”也没有转来相关举报。

2. 开展打击侵权和假冒专项行动

根据“2021 年全国打击侵权假冒工作电视电话会议”精神，以及“办场字〔2021〕51 号”文件要求，上海市林业局领导立即召开专题会议，及时将有关要求转发至各区林业管理部门、相关直属单位，要求各单位迅速组织学习，领会文件精神，狠抓工作落实。以分管副局长为组长，林业处、执法稽查处、科技信息处和上海市林业总站为成员的领导小组已成为常态化打击林木种苗侵权假冒的重要保障；全市 9 个郊区共 51 人（其中，上海市林业局机关 8 人）配备执法记录仪、执法车辆，从事林政包括打击制售假劣林木种苗的执法工作，并实行执法经费统筹。2021 年，上海市林业局机关共落实 54.97 万执法经费。在“绿色上海”网站上设置“我要投诉”功能，接受市民举报；同时，将林木种苗侵权假冒违法行为一并纳入“12345 上海市民热线”和“12319 上海城建热线”受理范围，多渠道接受市民举报。

2021 年，进一步加大案件查办力度，增强打击工作实效。据统计，共查处其他种苗违法案件 3 起，罚没金额总计 4000 元。案件情况及时报全国林业案件分析系统登记，在“绿化上海”网站进行“双公示”，并在“信用中国（上海）”网站上接受查询。加强联合执法。会同上海市市场监管局等 15 部门，联合制定《上海市 2021 年网络市场监管专项行动（网剑行动）方案》，联合开展网络市场监管专项行动，严厉打击网络市场突出问题；会同市高级人民法院、市公安局共同讨论打击制售假劣林草种苗行刑衔接工作机制；会同市检察院商讨打击制售假劣林草种苗公益诉讼工作流程。

3. 加强知识产权保护宣传培训

充分利用网站、微信公众号、宣传资料等形式，广泛宣传《中华人民共和国种子法》和《中华人民共和国植物新品种保护条例》。通过科技下乡等活动，开展《中华人民共和国植物新品种保护条例实施细则（林业部分）》《林业新品种保护执法办法》等法律法规的学习。

通过调研座谈、宣传教育、学习培训等措施，重点提醒植物新品种拥有单位增强法制观念，切实做好维权工作。利用第 18 届中国（上海）国际园林景观产业贸易博览会 、上海知识产权宣传周等契机，发放宣传资料，加强对植物新品种有关法律法规的宣传，普及植物新品种保护知识；局机关在“季度论坛”邀请同济大学教授开设知识产权保护专题讲座。上海市林业总站、园林科学规划研究院等单位也举办了植物新品种保护等各类知识产权培训和讲座。9 月 15 日，“上海市林业行政执法能力提升培训班”在嘉定区举办，郊区绿化市容局和林业站相关负责人，以及工作人员近 50 人参加。植物新品种和林木种苗“双打”工作作为培训内容之一，学习传达了“办场字〔2021〕51 号”、《2021 年上海市打击侵犯知识产权和制售假冒伪劣商品工作要点》（沪打假发〔2021〕1 号）等文件内容，部署了下一步植物新品种和林木种苗“双打”工作。（上海市林业局）

江苏省林业知识产权

1. 严打知识产权侵权行为，营造健康有序竞争的市场环境

根据国家林业和草原局、江苏省知识产权和商标战略实施领导小组办公室有关要求，及时部署打击制售假冒伪劣林草种苗和侵犯植物新品种权工作，明确监管重点，加大查处力度，严厉打击林业植物新品种侵权行为。各市县林业主管部门按照江苏省林业局部署对苗木交易市场、网店等区域开展执法检查，整治、查处制售假冒伪劣林草种苗和侵权行为，依法查处一批无证经营、涉嫌销售假种子等案件，将失信人员信息推送给社会诚信系统，实施联合惩戒，形成了强大震慑效应。据统计，2021 年全省立案种子案件 66 件，罚没金额 229 万元；5 件 11 人移送司法机关。全省无植物新品种侵权的投诉、举报，植物新品种权案件立案数为零。

2. 完善江苏省知识产权法律法规，为植物新品种保驾护航

2021 年，积极参与《江苏省知识产权促进和保护条例》的立法，经多轮书面征求修改意见和会议座谈，目前已进入省人大常委会审议阶段。参与制订《江苏省知识产权强省建设纲要（2021—2035 年）》《江苏省“十四五”知识产权发展规划》，这些法规、规划的出台将有力促进江苏省植物新品种权的保护，并为执法提供依据和规范。

3. 积极推进省部共建项目建设，强化知识产权创造运用

2021 年积极与省财政厅会商，积极推进江苏省人民政府和国家林业和草原局共建的“林产化学与材料国际创新高地”建设。在省林业科技创新与推广项目专门增设了林产化学与材料研发创新类项目，在专项资金原有预算基础上每年增加 100 万元，5 年共增加 500 万元，支持“创新高地”建设。2021 年，“创新高地”在林源天然产物合成、生物质转化、生物质先进材料合成与构筑等基础研究方面取得突破，解决了可降解医用防护纤维材料可控制备、竹材高效无裂纹展平、高端专用精细化学品绿色制造等技术难题。其中，可降解医用防护纤维材料可控制备技术已申请美国发明专利，正在开展产业化前期工作；高端专用精细化学品绿色制造技术成果已实现转化应用，获 2021 年中国石油化工学会科技进步一等奖。2021 年，江苏省完成技术转让、技术服务、技术咨询、技术开发等科技成果转化 291 项，合同金额 9484 万元。

4. 积极开展执法培训和知识产权科普宣传

10 月 11~12 日，在南京举办了 2021 年度全省林草种苗行政执法及植物新品种保护培训班，邀请有关专家讲解植物新品种保护、种子法律法规解读、行政处罚程序、林木种子生产经营许可证核发及档案、标签管理等方面内容。市、县种苗行政执法人员共 80 人参加了培训，进一步提升了全省种苗执法人员业务能力。6 月 4 日，在句容市茅山镇开展送科技下乡活动，通过邀请专家授课和现场发放科普宣传资料等方式，向当地林农、生产大户传授林业实用技术，普及林业植物新品种保护知识，引导林木种苗生产经营者申请植物新品种权，增强广大从业人员的植物新品种保护意识。提高当地种苗管理水平，助力林农增收和乡村产业振兴。（江苏省林业局）

浙江省林业知识产权

1. 积极参与浙江省知识产权“一件事”建设

总结浙江省“十三五”林业知识产权成果，积极参与数字化改革。2021 年是知识产权信息化改革之年，省林业局积极参与浙江省知识产权在线平台建设，及时提供林业植物历年授权新品种数据和“十三五”知识产权保护工作取得的成效，不仅为知识产权的信息化改革提供数据支撑，而且也为制定《浙江省知识产权发展“十四五”规划》提供数据。

2. 加强宣传培训，提升植物新品种保护能力

开展形式多样的宣传展示活动。积极参与知识产权宣传周活动，印发《浙江省林业局办公室关于组织开展2021年林业知识产权宣传活动的通知》，要求各地林业部门围绕主题创新宣传形式，面向花卉苗木生产经营单位等主要对象，重点宣传《中华人民共和国种子法》《中华人民共和国植物新品种保护条例》等法律法规，发放《如何认识植物新品种》宣传册等科普宣传资料。会同浙江省知识产权保护中心专设植物新品种宣传展区，制作林业植物新品种视频和展板，4月26日在杭州植物园开展“世界知识产权日——植物新品种”宣传，提高公众对林业植物新品种知晓率和关注度；编印《浙江林业授权植物新品种（2001—2020年）》一书，为执法监管、办案提供依据；在《浙江林业》杂志上宣传推介植物新品种（观花紫薇、桂花、蜡梅和观叶乌桕），便于各地选择推广和转化应用。

汇聚行业合力展现成果。紫薇产业国家创新联盟第一次大会暨紫薇产业发展高峰论坛在浙江海宁召开，专家云集共商紫薇育种新目标和产业化进程。浙江省林业种苗管理总站、浙江省花卉协会等精心筹备上海第十届花博会浙江园馆，杜鹃属、紫薇、涌金、金玉桂花等30多个新品种参展，20多个新品种获奖，通过杂志、网络、会议和参展等方式，展现植物新品种的应用潜力和影响力。

强化业务培训和责任传导。4月举办全省林业知识产权培训班，来自全省11个地市从事新品种保护工作人员和近3年品种权人共80多人参加培训，邀请专家讲解林业植物新品种申请、保护与执法，回顾浙江省植物新品种工作历程和部署下一阶段重点任务，增强植物新品种保护工作人员责任感使命感。将林木种苗执法、林业知识产权工作列入《2021年度各市高质量森林浙江建设目标责任制考核评分细则》，压实工作责任。

3. 开展新品种权保护专项行动，创造良好营商环境

按照国家林业和草原局的要求，浙江省持续组织开展打击侵犯林业植物新品种权专项行动，印发了《浙江省林业局办公室关于组织开展2021年打击制售假劣林木种苗和侵犯植物新品种权工作的通知》，要求各地制定行动方案，组织专项执法检查，广泛宣传植物新品种保护知识，组织人员深入苗圃、繁殖场、种苗（花卉）交易市场、经营门店等重点场所开展检查，打击未经品种权人许可生产、繁殖、销售林业授权品种，假冒林业授权品种以及销售林业授权品种时未使用其注册登记名称的行为。2021年春季联合开展种苗质量抽查和检查植物新品种保护情况。通过抽查和专项行动引导企业诚信守法经营，规范种苗交易市场，依法保护消费者和市场主体合法权益。汇总各地检查情况，走访苗木经营户86家，未发现侵犯植物新品种权行为。（浙江省林业局）

安徽省林业知识产权

1. 加强组织领导

安徽省林业局成立了由局分管领导任组长、相关处室和机构负责人任成员的省林业局打击侵犯知识产权和制售假冒伪劣商品工作领导小组，定期召开会议研究部署

2021 年度全省林业知识产权保护工作。印发《2021 年安徽省林业系统打击侵犯知识产权和制售假冒伪劣商品工作实施方案》，安排部署全省打击侵犯林业植物新品种权专项行动工作。印发《安徽省林业局内设机构主要职责》，明确安徽省林业局科技处负责指导全省林业和草原知识产权、植物新品种工作，局科技处明确专人负责林业植物新品种保护工作。省级林草知识产权保护执法机构为安徽省林业局科技处和安徽省林木种苗总站，执法人员 14 人，其中，专职执法人员 8 人；全省各市、县均明确了林草知识产权保护执法机构，市级执法人员 132 人，县级执法人员 1712 人。

压实工作责任。将林业知识产权保护工作纳入各市林长制考核，切实将林业知识产权保护工作责任落到实处。将林业知识产权保护工作纳入《安徽省林业保护发展“十四五”规划》《安徽省林业科技发展“十四五”规划》等重大林业发展规划，支持引导林业新品种研发、新技术应用、新成果转化。

2. 夯实工作基础

安徽省政府于 10 月 26 日公布实施《安徽省知识产权保护办法》，对林业知识产权保护工作有关内容进行了明确，显著强化了知识产权保护机制，健全知识产权保护体系，提升了系统保护能力，为建设知识产权强省提供法治支撑。

启动《安徽省林木种子条例》修订工作，拟增加四条林草植物新品种保护工作有关的内容，具体明确了林草植物新品种权申请的主体、申请方式、享有权利等内容，将进一步健全完善安徽省林草知识产权保护机制。

强化新品种培育，组织对全省林业植物新品种授权品种情况以及侵犯林业植物新品种权情况开展摸底调查。

3. 构建知识产权保护格局

规范行政调解。印发《安徽省林业局关于推进林业行政调解工作的通知》，明确了侵犯林业植物新品种权相关的行政调解具体情形和责任主体，进一步规范林业知识产权行政调解工作，有效化解矛盾纠纷。健全完善制度。

加强信息报送。及时向国家林业和草原局、省市场监督管理局等报送工作进展，有序推进林业知识产权保护重点工作。将查办侵犯林业植物新品种权案件与林木种苗打假相结合，统筹推进。建立植物新品种保护举报、“双随机一公开”联合抽查等制度，坚决遏制侵权违法行为。

强化行政执法。开展全省林业系统打击侵犯知识产权和制售假冒伪劣商品工作，推进打击侵犯林业植物新品种权专项行动。印发《2021 年安徽省林业局打击侵犯林业植物新品种权专项行动方案》，重点打击侵犯林草种苗知识产权和制售假冒伪劣林草种苗产品，未经品种权所有人许可生产、繁殖或者销售林业授权品种的繁殖材料、假冒林业授权品种，销售林业授权品种时未使用其注册登记名称的行为，重点整治各类种苗花卉博览会、交易会、电子商务平台等侵权高发的专业市场，依法保护林业知识产权，促进营商环境优化。2021 年安徽省办理林木种苗行政执法事项 6 起，未发生侵犯林业植物新品种权的案件。

4. 加强林草知识产权培训

11 月 26 日举办全省林业科技推广（木检站）人员技术视频培训班，以“林木新品种的挖掘和申报、运用和保护”为专题开展培训，400 余人参加培训。12 月 10 日举办全省林草植物新品种保护暨科技创新视频培训班，500 余人参加培训，专题讲解了林草标准化工作和林草植物新品种培育与保护工作，并对《安徽省知识产权保护办法》进行解读，为林业植物新品种权保护工作高质量发展奠定基础。及时转发国家林业和草原局公告，公布第七批《中华人民共和国植物新品种保护名录》。开展全省林业科技活动周、林业科技下乡服务活动，持续加强林业知识产权保护公益宣传，推动知识产权保护进企业、进单位、进社区、进学校、进网络等活动。2021 年全省共发放各类法规书籍 3000 册，宣传单 20000 余份。（安徽省林业局）

福建省林业知识产权

1. 加强领导，协调推进

福建省林业局认真贯彻省委、省政府和国家林业和草原局工作部署，根据《国家林业和草原局办公室关于组织开展 2021 年打击制售假劣种苗和侵犯植物新品种权工作的通知》（办场字〔2021〕51 号）要求，组织全省开展打击制售假冒伪劣林木种苗和侵犯林业植物新品种权违法行为，有序推进种苗质量管理、植物新品种保护等工作。各级林业主管部门对各类种苗、花卉博览会和交易会等进行重点监督，科技、种苗、执法等机构相互配合协同开展，督促相关企业对上架产品中的林业植物知识产权和相关资质严格把关，建立健全对网络交易、广告推广等业务监控制度，服务全省林业高质量发展。为支持花卉新品种选育，鼓励育种者申请国家植物新品种权保护，2021 年继续执行奖励政策，促进研发热情，激发创新活力。

2. 加大宣传，提高能力

围绕国家林业和草原局加快知识产权保护文件精神和《福建省加快知识产权强省建设实施方案》要求，积极组织开展《福建省种子条例》宣传周和林业“双打”展示宣传栏活动，及时向国家林业和草原局和省双打办报送材料。各级林业部门结合实际开展科技活动周、“三下乡”、科普日等活动，提高林业知识产权创造、运用、保护和管理能力。

3. 加强保护，严格督查

开展打击制售假劣种苗和侵犯植物新品种权专项行动。根据国家林业和草原局部署，下发《福建省林业局办公室关于做好 2021 年打击制售假劣种苗和侵犯植物新品种权工作的通知》（闽林办〔2021〕5 号），部署各地组织好植物新品种摸底调查，开展打击侵犯植物新品种权专项行动，严厉打击侵权假冒违法行为，及时掌握情况，畅通举报渠道，在省林业局门户网站“局长信箱”内设“双打举报”专栏。截至 2021 年年底，福建省未接到有关林木种苗侵权假冒案件的举报。

4. 组织开展业务培训

下发《福建省林业局关于举办全省林业科技业务培训班的通知》（闽林科便函〔2021〕24 号），组织开展林业植物新品种保护等内容的授课培训，强调推进保护植物新品种权工作，邀请省内外专家就知识产权保护和林业植物新品种行政执法等作专题辅导。积极派员参加国家林业和草原局科技发展中心举办的植物新品种行政执法（浙江）交流会，进一步提高保护知识产权、打击侵权行为行政执法水平。下发了《〈福建省种子条例》学习宣贯工作方案》（闽林文〔2021〕19号），部署全省各地开展《福建省种子条例》宣贯工作，多层级多形式开展宣传，全面落实普法责任，在全省营造了学法、守法、用法的良好氛围，有力推进福建省依法治种进程，促进生产经营单位依法规范从业。（福建省林业局）

江西省林业知识产权

1. 狠抓林业植物新品种保护行政执法

为贯彻落实《国家林业和草原办公室关于组织开展2021年打击制售假劣林草种苗和侵犯植物新品种权工作的通知》（办场字〔2021〕51号）要求，印发了《江西省林业局办公室关于组织开展2021年打击制售假劣林草种苗和侵犯植物新品种权工作的通知》，继续开展林业植物新品种保护行政执法行动，就提高林木种苗知识产权保护认识、加强种苗市场监管、强化植物新品种权保护、加大案件处理力度等工作进行部署。针对江西省拥有的28个授权的林业植物新品种，重点对其授权、应用、许可使用和侵权等情况，进行调查摸底，厘清全省情况，齐云山食品有限公司的南酸枣4个品种、江西农业大学的厚竹和吉安市林业科学研究所的‘龙脑1号’，在大面积种植和商品化应用方面做得较好，调查摸底未发现侵权假冒行为。专项行动期间，全省未接到林业植物新品种侵权举报，未发现侵害新品种权现象。

2. 鼓励和支持林业植物新品种创制

在林业科技创新项目、推广项目等林业科技项目实施过程中，要求各主持单位注重植物新品种的选育，对于申报林业植物新品种的，在项目实施、后续资金等方面给予大力支持。

3. 加大新品种推广转化力度，以发展促保护

鼓励加快植物新品种推广应用，对于有较广阔市场应用潜力的授权植物新品种，通过林业科技推广项目、送科技下乡活动、科技培训等方式，加大推广及转化应用力度，切实提升全省森林资源质量。

4. 强化知识产权保护宣传培训

组织开展业务培训，强化执法能力。9月22~23日，在南昌举办全省林业植物新品种保护培训班，各设区市林业局科技处负责人，市林业科学研究所负责人，江西农业大学林学院、省林业科学研究院、省林业生态工程建设中心、省林业科技推广和宣传教育中心等单位及有关企业人员，共计70人参加培训。培训班上，介绍了林草植物新品种保护与行政执法、林草植物新品种申请实务、林业植物新品种创制、保护与运用情况，对测试站具体业务情况、植物新品种选育与推广实践等内容进行了详细讲解。在“江西林科网”设立“新品种保护”专栏，下设保护名录、品种权查询、政策法规、远程课堂等板块，通过相关QQ工作群、微信群等方式渠道，大力宣传林业植物新品种权保护相关知识和法律法规。普及林业植物新品种知识和相关法律法规，强化知识产权意识，营造保护知识产权氛围。（江西省林业局科技处）

山东省林业知识产权

1. 持续强化知识产权宣传培训，助推知识产权保护运用工作全面开展

组织开展林业知识产权宣传活动。在2021年世界知识产权日宣传周期间，山东省自然资源厅开展了林木种苗政策法规宣传活动。各市也通过悬挂宣传条幅、制作专题展板、利用公众号、微信群等方式，进行多层次、全方位宣传。

办好林木种苗质量监管和林业植物新品种保护培训班。组织各市有关人员参加国家林业和草原局举办的种苗管理网络培训，全省136个县（市、区）相关业务人员全覆盖，共培训660人次。各地采取集中培训、观看视频、发放相关资料学习等方式，进一步提高执法人员工作水平和执法能力。

2. 多措并举，为知识产权保护提供坚强后盾

2021年，山东省自然资源厅认真贯彻落实国务院、国家林业和草原局和省政府关于打击侵犯知识产权和制售假冒伪劣商品的一系列决策部署，认真履行部门监管职责，扎实推进全省打击制售假冒伪劣林木种苗和侵犯林业植物新品种权工作，进一步整顿规范全省林木种苗市场秩序，维护公平有序的林木种苗发展环境，推动林木种苗事业高质量发展。

认真贯彻落实《2021年全国打击侵犯知识产权和制售假冒伪劣商品工作要点》《国家林业和草原局办公室关于组织开展2021年打击制售假冒伪劣林草种苗和保护植物新品种权工作的通知》等文件要求，结合工作实际，制定印发了《山东省自然资源厅关于开展打击制售假劣林木种苗和林业植物新品种执法保护专项行动的通知》，在全省范围内组织开展打击制售假冒伪劣林木种苗和保护植物新品种权工作。要求各地充分认识打假工作的重要性，积极组织开展种苗普法和宣传培训，在辖区内各类场圃、种苗交易集散地和种苗交易市场等区域开展执法检查，严厉打击制售假冒伪劣种苗和侵犯植物新品种权等行为。尤其是加大案件查处力度，加强部门间联合执法，加强重点地区、重点领域监督检查和案件查处。

组织编制了《山东省林业发展“十四五”规划（2021—2025）》（林木种苗和花卉部分），积极引导各地走稳规模、调结构、提质量、增效益的路子，不断优化产业结构。

3. 狠抓法治建设，加大监管力度

完善《中华人民共和国种子法》配套规定。为进一步规范全省自然资源行政处罚行为，修改完善《山东省自然资源行政处罚裁量基准》，其中，林木种苗部分内容23项，为行政执法人员正确行使职权提供了依据。

坚持常态化执法和重点领域执法相结合。建立全省林业“双打”投诉举报制度，向社会公布举报电话和举报邮箱。坚持查办案件统计季报制度、林业行政处罚案件信息公开月报制度、林业“双打”动态信息报送和山东省互联网领域侵权假冒行为治理统计上报制度，加强“两法”平台衔接。2021年以来，全省处理林木种苗违法案件3起，为苗农挽回损失100多万元。（山东省自然资源厅）

河南省林业知识产权

1. 加强组织领导，开展执法专项行动

2021年年初，印发《关于明确2021年重点工作责任分工的通知》，明确打击侵犯植物新品种权工作由主管副局长负责，科技处牵头，省种苗站、省林业科学研究院等单位共同参与。指定专人负责日常协调、调度、督导等工作，定期汇总上报阶段性总结、统计数据等，并制定了“双打”工作计划，在全省范围内组织开展打击制售假劣林木种苗和保护植物新品种权工作。制定印发《河南省2021年植物新品种保护执法专项行动方案》，在全省范围内开展为期6个月的植物新品种保护执法专项行动，有效遏制侵权、假冒植物新品种违法行为。

2. 开展培训宣传，营造大众参与氛围

组织各地专业人员采取线上线下形式，开展林木种苗执法和植物新品种权宣传活动，积极营造大众共同参与的氛围。进一步加大植物新品种保护执法培训力度，强化打击侵犯植物新品种权工作。2021年12月9~10日，河南省林业局在郑州举办全省林业植物新品种保护执法培训班，主要讲授林业知识产权行政执法程序、方法及实用案例剖析、林草植物新品种保护法律法规。各地林业主管部门科技科科长，各省辖市林业科学研究院所负责人和技术骨干，以及省直有关林业科研单位负责人和技术骨干共89人参加，有效提升了全省林业系统植物新品种执法工作人员的执法意识和保护植物新品种执法能力，加强了植物新品种保护行政执法队伍建设，规范了植物新品种保护行政执法行为，确保相关法律法规和植物新品种保护制度的施行。各地也积极开展了植物新品种保护执法培训。2021年5月26日，商丘市举办全市林业生产管理新技术暨林木种苗质量管理和植物新品种保护培训班，60余人参加培训。2021年7月23日，开封市林业局举办林草植物新品种保护工作培训，50多人参加，进一步强化市级林草科技管理人员对新品种保护法规政策的了解和掌握，提升全市林木种苗执法人员依法行政水平。

3. 落实工作经费，加强队伍建设

经与财政部门沟通协调，结合省财政科技兴林项目，下达省级林业科技管理项目，用于科技项目管理、林业科普、知识产权保护培训和植物新品种权保护执法等工作，有效保障了打击侵犯植物新品种权工作的落实。目前，河南省植物新品种行政执法和管理工作由河南省林业局科技处负责实施，现有兼职执法人员2人，有执法证人员2人。全省18个省辖市中，共有植物新品种行政执法人员235人，其中，持有执法证人员47人，市县两级大部分无执法经费和专业技术鉴定设备配备，执法力量明显不足。今后，将进一步加强执法队伍建设，壮大植物新品种执法队伍力量。

4. 组织摸底调查，加大案件查处力度

按照重点工作计划，在全省范围内组织开展了植物新品种权保护情况摸底调查，初步摸清了植物新品种保护现状，为行政执法打下了坚实基础。2021年8~9月，结合河南省植物新品种保护执法专项行动，会同有关部门组成工作组，对授权品种的繁殖、生产、销售环节，包括苗圃、种苗（花卉）交易市场等场所，开展调查摸底和执法检查，重点检查侵权、假冒等违法情况，并把打击制售假劣林木种苗和保护植物新品种权工作纳入年度目标工作考核内容，建立投诉举报制度，向社会公布举报电话和邮箱。严格执行案件季报制度，要求各地明确专人负责，认真执行种子侵权假冒案件季报告和零报告制度。有查处案件的，由查处部门及时录入河南省打击侵权假冒领域行政执法与刑事司法衔接信息共享平台公开。通过专项执法检查，整顿和规范了林木种苗生产、经营秩序，保障了知识产权所有者和使用者的合法权益。据统计上报，全省没有发现侵犯林业植物新品种权案件。（河南省林业局）

湖北省林业知识产权

1. 开展执法专项行动

为严厉打击林业知识产权违法犯罪行为，营造公平、公正市场环境，2021 年 3 月湖北省林业局制订下发了《湖北省林业局 2021 年林木种苗行政执法专项行动方案》（鄂林场〔2021〕34 号），对湖北省 2021 年度打击侵犯林业知识产权和假冒伪劣林木种苗工作进行了安排和部署，市、县（区）林业主管部门根据专项行动要求，成立了专项行动工作小组，并制定了具体实施方案。据统计，在执法专项行动中全省共出动检查人员 1692 人次，其中，执法人员 988 人次，共计检查种苗生产经营企业 543 家，生产育苗大户 211 家，苗木交易市场及苗木集散地 70 处，获取举报线索 20 余条，查处无证生产经营等案件 9 例。

2021 年 5 月，湖北省林业局以鄂规范〔2021〕54 号文件印发了《湖北省林业行政处罚自由裁量权实施指导标准（2021 年修订）》，其中涉及 3 种类型植物新品种违法行为，裁量处罚执行标准 9 条。该标准的修订意义重大，为全省特别是基层植物新品种执法办案人员提供了重要参考依据。

2. 强化行政执法队伍建设

省级由湖北省林木种苗管理总站委托行使林业知识产权行政执法权，并持有执法证的人员共 13 人。市（州）级武汉、恩施、黄冈、咸宁等 13 市（州）由市（州）林业主管部门委托市（州）林木种苗管理站负责相关工作，荆州市由自然资源和规划局综合执法支队负责，孝感市由局森林公安负责。市（州）级共有执法人员 136 人，其中，持有执法证 111 人；县（市、区）级共有执法人员 883 人，其中，持有执法证 673 人。

3. 开展全省林业行政执法视频培训

6 月 9~10 日，湖北省林业局组织开展 2021 年全省林业行政执法与行政审批视频培训，授课老师来自局机关和局直单位行政执法业务岗位工作人员。各市、州、县林业主管部门负责人及相关工作人员 2000 余人（次）分别在本单位视频会议室参加了培训。培训班上讲解了行政法、行政主体、行政行为、行政许可、行政处罚等有关法律知识和规范。培训采取视频形式，覆盖面广，互动良好，全面提升了湖北省林业系统行政执法人员的理论和实践水平。

4. 开展普法宣传和法律咨询活动

在 2021 年知识产权周，湖北省林业局印制了《林业知识产权保护——从如何认识植物新品种开始》彩色宣传册，面向社会公众发放。4 月中旬及 5 月上旬，联合武汉、荆州、襄阳、荆门 4 市林业局分别在武汉花卉博览园、荆州大润发广场、襄阳南漳县华中绿谷苗木大市场、荆门十里花木城开展了林业知识产权宣传活动。活动现场发放了《中国人民共和国种子法》单行本、植物新品种保护宣传册、苗木栽培技术等资料3500多份，现场设置法律咨询处，就林业植物新品种申报条件及流程等进行了解答，用种子质量纠纷案例对生产经营户进行了教育，共有林木种苗重点经营户和重点苗木生产经营单位5000多人参加了活动。

5. 推动知识产权综合运用

为推动与促进知识产权综合运用，湖北省林业局积极筹措，主动谋划，建立‘红花玉兰’植物新品种示范推广基地3390亩，通过天然林保护荒山造林等林业工程项目人工造林‘红花玉兰’8565亩。建立200个植物新品种苗木繁育示范户，带动5200余贫困户，户均年增收3000元以上，在脱贫攻坚中作出了特殊贡献，“‘红花玉兰’脱贫致富惠农产业化模式”被CCTV新闻联播专题报道。2021年10月举办的“2021中国·合肥苗木花卉交易大会”上，‘红花玉兰’作为湖北特有的木兰科植物新品种，在湖北馆进行了展示，并由五峰博翎红花玉兰科技发展有限公司做了‘娇红1号’新品种专场宣传推介会，取得了良好效果。（湖北省林业局办公室）

湖南省林业知识产权

1. 加强组织领导，部署“双打”工作

为确保专项行动扎实有效开展，湖南省林业局将植物新品种保护行政执法工作列入打击侵犯知识产权和制售假冒伪劣商品工作的重要内容，局党组将“双打”工作作为年度重点工作之一进行专门部署，明确分工，成立了由分管局领导任组长、科学技术与国际合作处、省林木种苗管理站负责人任副组长，局相关处室负责人为成员的双打工作领导小组，由科学技术与国际合作处负责植物新品种行政执法工作。下发了《湖南省林业局办公室关于转发〈国家林业和草原局办公室关于组织开展2021年打击制售假劣林草种苗和侵犯植物新品种权工作的通知〉的通知》（湘林场函〔2021〕6号）和《湖南省林业局办公室关于做好2021年度全省圃地苗木质量和林木种苗行政执法检查暨打击侵犯林业植物新品种权专项行动的通知》（湘林办场〔2021〕4号）。通过整体部署、分头负责，开展植物新品种保护行政执法专项行动。在局经费总预算压缩的情况下，培训经费预算中明确了植物新品种保护培训费用，进一步加强植物新品种保护和执法人员的业务培训，确保执法取得效果。

2. 加强宣传发动，提高保护认识

为保护植物新品种权，打击侵权行为，湖南省林业局大力加强植物新品种权法律法规的宣传工作力度，提升全社会识产权保护意识。在知识产权宣传周期间，制定了2021年打击侵权宣传工作方案，组织开展了一系列宣传活动。各市州林业局、局直各单位围绕活动主题，因地制宜组织制定宣传活动方案，开展相关宣传活动。在湖南林业信息网站建立了“双打信息”专栏，宣传相关政策，不定期发布相关信息，报导工作情况。

3. 开展调查摸底，为林草植物新品种执法打好基础

根据专项调查摸底结果，森林公安转隶以后，省市层面行政执法基本由相关业务处室承担，14个市（州）林业局中有2个单位成立了林业行政综合执法支队，3个设立了林业行政执法科或综合行政执法科。湖南省有92个县市区成立了单独的行政执法机构，其中，59个由当地政府或机构编制委员会办公室下文成立林业行政执法大队，18个由县林业局自行成立林业行政执法大队，12个由自然资源执法机构执法，2个由县行政执法局执法，1个由农业行政综合执法机构执法。开展植物新品种保护行政执法工作，需要有健全的执法机构、专业的执法队伍和有力的技术支撑，但由于机构改革等原因，湖南省有1/4的县（市、区）未设置林业局，林业综合执法队伍除执法记录仪外，未配备其他专业技术鉴定设备，植物新品种保护行政执法目前仍存在较大困难。

4. 加强业务培训，提升植物新品种保护行政执法能力

为提升林业植物新品种保护管理和行政执法人员业务水平，打造高水平的专业队伍，切实维护品种权人的切身利益，湖南省林业局积极组织培训班，对全省植物新品种保护管理以及行政执法人员进行专项培训。2021年9月，举办了全省林草良种繁育暨打击侵权假冒工作培训班，11月举办了全省林业标准化暨知识产权保护培训班以及全省林业行政执法骨干培训班。同时，积极组织全省林业行政执法人员参加国家和省举办的有关植物新品种保护等内容的各类行政执法人员培训班。

5. 加强行业监管，扎实开展执法专项行动

为从源头上做好植物新品种权管理工作，各地不仅结合实际开展摸底调查，及时了解植物新品种品种权人以及转化应用情况；同时，扎实开展专项执法行动，重点检查已授权品种的繁殖、生产、销售等各个环节，尤其是苗圃、繁殖场、种苗（花卉）交易市场、经营门店等场所。湖南省林业局组织开展了2021年度林业行业打击侵犯植物新品种权和制售假冒伪劣林木种苗专项行动，对林业植物新品种侵权假冒行政处罚案件进行部署，重点检查了侵权高发的林业种苗交易市场等专业市场，严厉打击未经品种权人许可，生产或销售林业授权品种的繁殖材料、假冒林业授权品种的行为，以及销售林业授权品种时未使用其注册登记名称的行为；地方各级林业执法部门也高度关注植物新品种的发展动态和试种情况，积极协助有关企业和个人维护其植物新品种权，向其提供相关法律、法规和政策咨询，并开展了一系列打击侵犯植物新品种权行为活动。通过植物新品种保护行政执法专项行动，有效震慑了植物新品种侵权违法行为。截至2021年年底，湖南省林业系统未发现侵犯植物新品种权行为。

6. 加强制度建设，积极探索植物新品种保护长效机制

在高度重视法律法规贯彻执行的同时，湖南省林业局十分注重规章制度的建设和完善。从2020年起，"湘林杯"林业建设目标管理考核被列入省政府对各市（州）政府的考核内容，将植物新品种保护工作成效作为考核的内容之一，进一步推动了各市（州）加强植物新品种保护工作。（湖南省林业局）

广东省林业知识产权

1. 组织开展打击侵犯林业植物新品种权专项行动

根据国家林业和草原局要求，制定了打击侵犯林业植物新品种权专项行动方案，对全省开展专项行动工作进行具体部署，加大宣传力度，公布举报电话、电子邮箱及负责人、联系人，及时收集侵权假冒行为线索，植物新品种侵权现象得到有效遏制，2021年广东省无侵犯林业植物新品种权案件的报告。

2. 建立行政处罚案件信息公开和信息报送机制

2021年3月，在广东政务服务网申请增加“侵犯植物新品种权处理”行政裁决事项，提高相关案件处理便捷度。在全省林业系统推行行政处罚案件信息公开工作，在开展查办侵犯植物新品种权案件的工作过程中，发现有违法行为并符合立案条件的，及时立案查处。同时，做好行政执法与刑事司法的衔接，对构成犯罪的，依法移送司法机关。按季度向省双打办报送林业部门查办案件统计表。

3. 建立健全打击侵犯植物新品种权网络

根据省政府印发《广东省举报侵犯知识产权和制售假冒伪劣商品违法行为奖励办法的通知》（粤府〔2019〕40号），广东省市场监督局建立96315统一接受侵犯知识产权热线，广东省林业局建立健全覆盖全省21个地市的打击侵犯林业知识产权网络，主动与市场监管局协调林业知识产权侵权举报机制，同时完善全省林业知识产权打击侵权网络。

4. 加强林业知识产权保护宣传与普及

利用开展知识产权宣传周及送科技下乡等活动之机，积极宣传知识产权保护知识，提高公众知识产权保护意识。针对植物新品种权侵权举报情况，按照属地管理原则，指导东莞、广州等市开展专项执法检查，加大植物新品种保护工作宣传，取得较好成效。建立健全全省林业知识产权微信群，及时转发国家和省有关政策。适时开展植物新品种保护相关知识培训，并积极指导地市开展植物新品种保护培训。2021年12月15日，开展了全省林业植物新品种权保护线上培训，实时参会人员170人；多地市林业部门还分别开展了县（区）植物新品种权保护工作培训，切实提升基层工作人员业务水平和执法能力。（广东省林业局）

广西壮族自治区林业知识产权

1. 完善知识产权保护制度

广西壮族自治区高级人民法院、自治区司法厅、自治区版权局、自治区农业农村厅、自治区文化和旅游厅、自治区市场监管局、南宁海关和林业局联合印发《关于加快推进知识产权纠纷多元化解工作的通知》（桂高法会〔2021〕4号）。坚持“调解优先、调判结合、调裁结合”，建立专业高效、有机衔接、协调联动、高效便捷的知识产权纠纷多元化解机制，塑造良好营商环境，加快推进知识产权纠纷多元化解工作，为知识产权纠纷当事人提供更多可供选择的纠纷解决渠道，降低权利人维权成本，促进知识产权纠纷依法、公正、高效化解，保护当事人的合法权益，维护社会稳定，促进社会和谐。

2. 开展打击侵犯植物新品种权专项行动

广西壮族自治区林业局印发《2021年打击制售假劣林草种苗和侵犯植物新品种权专项行动实施方案》（桂林办科字〔2021〕6号），积极组织开展打击制售假劣林木种苗和侵犯林业植物新品种权专项行动。2021年11月22日至12月10日，自治区、市、县三级林业主管部门联合开展2021年打击制售假冒伪劣林木种苗和侵犯林业植物新品种权专项执法行动。专项行动抽查了部分重点市、县的重点苗圃以及种苗集散地、集贸市场等，重点打击无证生产经营、生产经营假劣林木种苗以及侵犯植物新品种权等违法行为。本次行动共出动执法人员411人次，检查苗圃69个，下达执法检查整改通知书10份，已查处销售假劣林木种苗案件1起，有效形成打击植物新品种侵权、假冒行为的舆论氛围和高压态势，积极引导全社会尊重知识产权。

3. 加强知识产权成果转化推广应用

着重推进授权专利技术的转化及应用，促进科研院所与林业生产企业沟通联系，加快科技成果转化。2021年，广西壮族自治区林业科学研究院等主要林业科研单位专利成果转化40余项。广西壮族自治区林业科学研究院林业生物技术研究团队的“一种精油提取分离装置”与南宁市翔林生物科技有限公司签订科技成果转化协议，成果转化提高了精油的提取效率和得油率，促进了广西精油产业的发展，实现科研院所与企业以及林农多方共赢；广西森林资源与生态环境监测中心《通用林业野外调查数据采集系统V1.0》《森林资源管理“一张图”更新数据分析系统V1.0》软件在全区林草生态综合监测、森林督查等工作中推广应用，大大地提高了基层林业管理部门的工作效率和技术水平。

4. 开展知识产权宣传培训

以全国科技活动周、知识产权宣传周等活动为契机，加强林业知识产权宣传培训，形成尊重知识、尊重人才、激励发明创造、依法维护权益的良好氛围。2021年4月26日，组织广西壮族自治区林业科学研究院举办一期林业知识产权培训会议，邀请专家讲授专利申请文本的撰写要点、专利答复中需要注意的细节等。2021年10月20~22日，举办了2021年全区林业科技创新与推广应用培训班，重点对植物新品种保护及其有关法律法规、植物新品种育种技术等内容进行讲解，各市林业主管部门科技管理科室、推广站或林科所负责人，各区直属林场科技推广工作部门负责人、科技助理，各直属自然保护区管理中心、直属企事业单位科技工作负责人共80余人参加了培训。

开展专利挖掘，加强线上宣传。广西壮族自治区林业科学研究院通过采取多种方式，与多家专利代理专业机构加强合作，借助专业机构的力量提高该专利申请的质量与水平；广西壮族自治区林业科学研究院科技信息网站上设有知识产权专栏，内容包括“涉林专利”“知识产权ABC”“典型案例”“知识产权陈列馆”等，通过搭建运营线上信息平台，开展提供知识产权宣传服务。（广西壮族自治区林业局）

海南省林业知识产权

1. 加强领导，落实责任

根据《国家林业和草原局办公室关于组织开展2021年打击制售假劣林草种苗和侵犯植物新品种权工作的通知》（办场字〔2021〕51号）文件要求，海南省林业局深入开展林草新品种权保护工作，充分发挥知识产权制度对海南林业的激励和保障作用，依法严厉打击侵权假冒伪劣林草种苗及侵犯植物新品种权行为。成立了以局长为组长的植物新品种保护领导小组，制定了《2021海南省林业局林业植物新品种权保护工作方案》，印发了《海南省林业局办公室关于开展2021年度打击制售假冒伪劣种苗和保护植物新品种权工作的通知》，部署开展相关植物新品种权保护工作及执法行动，明确年底对各市县工作开展情况进行绩效考核评分。与省农业农村厅联合起草了《海南自由贸易港植物新品种保护管理办法》，并经省政府同意印发实施。

2. 加强宣传，组织培训

为进一步学习宣传贯彻落实《中华人民共和国种子法》《海南省林木种子管理条例》及其相关配套办法，举办“2021年度全省林木种苗管理培训班”和“植物新品种权保护与管理培训班”两期培训班，培训对象为各市（县）林业主管部门分管领导、林木种苗管理人员、综合行政执法局执法人员，及各市（县）苗圃企业代表，培训人数138名。去年4月，五指山市林业局还结合实际，组织开展了2021年林业知识产权宣传周活动。

3. 开展检查和打击活动

各市（县）按工作部署及要求，组织开展检查和打击活动，在海南省“双打”平台报送2021年度打击侵犯林业领域知识产权和制售假冒伪劣产品检查工作信息78条。全年未发现有侵犯植物新品种权行为。（海南省林业局）

重庆市林业知识产权

1. 加强组织领导，积极部署落实

根据国家林业和草原局及市政府有关工作要求，重庆市林业局成立了重庆市林业打击制售假冒伪劣林木种苗和侵犯植物新品种权（以下简称“双打”）工作领导小组。明确局分管领导任组长，局执法处、科技处、市林木种苗站负责人任副组长，相关处（室）为成员单位，领导小组办公室设在重庆市林业局科技处，科技处负责人任办公室主任，并明确专门人员1名负责具体日常工作。下发《关于做好2021年度打击制售假冒伪劣林木种苗和侵犯植物新品种权工作的通知》（渝林种〔2021〕35号），对全市的林业“双打”工作进行了专项安排部署，明确目标任务及工作内容，重点突出林木种苗及植物新品种保护执法、林木种苗质量监督指导以及植物新品种权摸底调查等。落实专项经费23万元，用于开展林业植物新品种保护执法相关工作。

2. 加强宣传培训，营造良好氛围

在全市认真开展知识产权宣传周活动，共开展宣传活动42次，发放各类宣传资料49000份，制作横幅或宣传标语384条，制作宣传展板81块，受众人数达74200人（次）。开展知识产权保护现场宣传活动，发放《种子法知识汇编》《植物新品种与林木良种》等宣传资料1000余份。举办全市林业行政执法暨川渝执法协作培训班，邀请国家林业和草原局有关司局、国家林业和草原局管理干部学院、南京森林警察学院、市纪委监委、市生态环境局等单位的领导和专家围绕林业行政执法纪律与廉洁自律要求、林业行政执法证据收集及运用、林木种苗及植物新品种保护类型案件、生态环境损害赔偿有关基础知识等内容开展专题培训，培训人数达160余人。举办了2021年林木种苗质量监管暨植物新品种保护培训班，重点培训《中华人民共和国种子法》《中华人民共和国植物新品种保护条例》、“双打”考核细则及评分标准、植物新品种保护等内容，来自全市38个区（县）的林木种苗工作负责人共50余人参加了此次培训。

3. 健全监督机制，加大案件查处力度

健全举报登记制度，在重庆市林业局官方网站发布举报电话和电子信箱。各区（县）林业局也相应设立公开举报电话及邮箱，落实专人负责，做好举报登记和种苗行政案件信息报送，确保执法行动公开透明。及时收集各区（县）林业行政案件报表，并按季度向重庆市市场监管局和国家林业和草原局种苗司市场监管处报送案件报表。下发《关于做好2021年度打击制售假冒伪劣林木种苗和侵犯植物新品种权工作的通知》（渝林种〔2021〕35号），对西南大学、重庆师范大学、重庆市林业科学研究院等涉林院校、科研单位进行了现场摸底。下发《重庆市林业局关于开展2021年打击制售假冒伪劣林木种苗和侵犯植物新品种权调研工作的通知》（渝林种〔2021〕38号），由局分管领导带队，抽派专门人员组成3个调研组，深入万州区、武隆区、潼南区等6个区（县）开展林业植物新品种行政执法现场调研。截至2021年年底，重庆市没有出现林业侵犯植物新品种权案件。

4. 加强交流协作，建立联合办案机制

与重庆市公安局、市人民检察院联合出台了《重庆市林业行政执法与刑事司法衔接工作办法》（渝林防〔2021〕20号），对案件移送、接收以及立案监督的条件、流程、所需材料和时间要求进行了明确，探索建立林业部门、公安机关和人民检察院联合办案机制、联席会议制度、联络员制度和信息发布机制，切实实现林业行政执法与刑事司法的有效衔接。（重庆市林业局）

四川省林业和草原知识产权

1. 加强组织领导，明确专人负责

四川省林业和草原局认真贯彻落实国家、省关于知识产权工作的相关要求。印发《四川省林业和草原局关于开展打击制售假冒伪劣林草种苗和侵犯植物新品种权工作的通知》（川林科函〔2021〕776号），要求各地做好知识产权（植物新品种）保护相关工作。加大对知识产权申请、保护的引导和支持力度，推动把林草知识产权纳入林草科研、推广、开发、产业发展等全过程。明确专人负责林草知识产权保护工作，公布了联系人和联系电话，为社会各界林草知识产权培育、申报提供咨询服务。按照《国家林业和草原局公开制售假冒伪劣商品和侵犯知识产权行政处罚案件信息工作实施细则》，要求各市（州）设立举报电话，依照国家有关法律和规定，对侵权案件及查处结果要及时进行信息公开，接受社会监督。

2. 强化宣传培训，提升能力素质

结合省委组织部、省林业和草原局等多部门联合实施的“科技下乡万里行”活动20个专家服务团，将林草知识产权（植物新品种）宣传培训作为帮扶工作中的重要内容，深入凉山、甘孜、阿坝、广元等全省14个市（州）的田间地头，广泛开展宣传和培训。结合现代林业产业（农业“10 + 3”产业体系）创新技术培训项目等工作，开展林草知识产权普及活动。将林草知识产权保护纳入全省“天空地人”数字林草助推乡村振兴培训班的重要内容，对全省21个市（州）林草主管部门和50个国家和省乡村振兴重点帮扶县林草主管部门有关负责人、林草科研院所相关专业技术人员及管理人员90余人进行了培训，有效提高了基层的林草知识产权保护意识，提升了植物新品种权执法队伍的能力。先后在自贡、宜宾等地组织开展林草知识产权保护培训，培训人员80人次。

3. 强化培育保护，提升质量水平

强化植物新品种保护工作调研。通过与市（州）林草主管部门知识产权工作负责同志开展座谈交流、实地调研等方式，了解各地在推进新品种保护及其行政执法建设中的困难和问题，商讨改进措施；结合林草系统持续帮扶凉山工作，到凉山彝族自治州木里县、盐源县、喜德县开展林草知识产权服务基层活动，调研该区域培育并获国家授权的‘陆佳’‘紫玥’‘绿玥’等核桃新品种保护和推广转化情况，指导区域开展植物新品种培育、申报和保护。

持续实施打击侵犯植物新品种权专项行动。要求各市（州）认真走访收集线索，重点检查授权品种的繁殖、生产和销售环节，严厉打击未经品种权人许可，以商业目的生产或者销售，或假冒授权品种的违法行为。一旦收到品种权人的举报，执法人员应及时进行调查取证，对假冒品种涉嫌违法犯罪的，移送司法机关，做好行政执法与司法的衔接。2021年，四川省未收到侵犯林草植物新品种权案件举报。

持续推进林草知识产权执法队伍建设。2021年，四川省执法力量特别是市、县级执法机构得到显著加强。全省共有林草植物新品种及综合执法机构83个，比2020年增加了54个。其中，省级执法机构1个，市（州）级执法机构16个，县（市）区级执法机构66个。2021年，四川省加大林草执法人员的培训力度，进一步夯实了植物新品种保护执法基础。现有执法人员共计948人，比去年增加了787人。其中，专职执法人员224人，比去年增加了109人。

4. 密切协同配合，扎实推进相关工作

按照四川省委政法委关于平安建设（综治工作）的考评要求，完成了四川省林业和草原局在《2020年四川省打击侵权假冒绩效考核维度及评分细则》中考核细则项的填写工作，并完成了对市（州）2020年度绩效考核评分工作。

根据《四川省知识产权工作领导小组办公室关于报送知识产权保护绩效管理考评自查情况的通知》（川知领办函〔2021〕1号）要求，对照2020年度省政府目标，完成四川省林业和草原局2020工作总结与绩效管理自评估，并将所有佐证材料汇总成册后及时报送。

作为四川省知识产权工作领导小组成员单位，积极参与知识产权宣传周、“2021天府知识产权峰会”以及假冒伪劣商品集中统一销毁等各项活动。并按要求提供“十四五”编写资料以及《2020年度知识产权白皮书（林草部分）》资料等。（四川省林业和草原局）

贵州省林业知识产权

1. 制定工作计划和规划，明确工作目标

在充分总结2020年知识产权工作的基础上，贵州省林业局制定了2021年知识产权工作计划，主要从全面落实保护制度、健全大保护工作格局、打通快保护工作链条、开展交流合作与宣传引导等4个方面，明确工作重点，加强贵州省林业知识产权保护工作。

贵州省林业局印发《贵州省“十四五”林业草原保护发展规划》，明确保护林草知识产权，严厉打击侵犯植物新品种权行为，要求全省各级林业主管部门贯彻落实。

配合省政府知识产权办公会议办公室、省市场监管局完成贵州省知识产权“十四五”的规划和2035年知识产权强省建设的远景目标纲要，明确了植物新品种保护相关工作目标。

2. 加强宣传培训，营造良好氛围

贵州省各级林业主管部门结合“3·15”消费者权益保护日、“质量宣传月”“科技活动周”“6·18贵州生态日”“食品安全宣传周”等活动，广泛宣传《中华人民共和国种子法》《中华人民共和国植物新品种保护条例》。向群众发放宣传册，现场讲授植物新品种权申报及保护等内容，接受群众咨询。

为进一步提升贵州省植物新品种行政执法人员的能力素质，2021年4月21~23日，在贵州赤水举办2021年全省林木种苗质量监管和执法培训班，设置林草植物新品种权审批和保护课程，来自全省9个市、州林业局分管负责同志和种苗站负责人、各县（市、区、特区）林业主管部门负责人共140余人参加。

3. 加强监督管理，确保工作落实

贵州省各级林业主管部门明确植物新品种执法机构，加强沟通联系，确保植物新品种保护工作全省联动。贵州省林业局在门户网站公布全省植物新品种权授权情况，公开行政执法联系方式，以便及时收集各地区掌握的植物新品种违法情况，汇总侵权假冒行为线索。定期向国家林业和草原局、贵州省“双打”办报送查办案件数据及贵州省植物新品种侵权案件动态信息。2021年，贵州省没有出现植物新品种权侵权行政处罚案件。

根据《贵州省林业局2021年植物新品种保护执法活动方案》，8月，贵州省林业局联合贵州省林业科学研究院，安顺市林业局、林业科学研究所组成工作组，赴安顺市经开区开展植物新品种权保护执法检查活动。走访当地花椒种植基地、销售市场，未发现涉及植物新品种相关侵权行为。

2021年，贵州省首次将知识产权保护工作任务专项目标考核纳入省直机关年度目标绩效管理体系，贵州省林业局按照考核实施方案，完成了全年知识产权目标任务。（贵州省林业局）

云南省林业和草原知识产权

1. 加强植物新品种权保护

云南省林业和草原局按照国家、省关于打击侵权假冒工作的部署要求，开展打击侵犯林业植物新品种权和假冒伪劣种苗专项整治行动，严厉打击侵犯林业植物新品种权、无证生产经营、制售假冒伪劣林木种苗等违法犯罪行为，保护植物新品种权人合法权益。认真贯彻落实关于强化知识产权保护的相关文件精神，加大植物新品种权保护力度。按照全国和云南省打击侵权假冒工作领导小组办公室工作要求，严格做好林业打击侵权假冒信息报送。开展林业植物新品种侵权摸底调查，印发了《云南省林业和草原局办公室关于开展全省林业植物新品种侵权摸底调查的通知》，公布了联系人、举报电话和举报邮箱。认真贯彻执行《中华人民共和国种子法》《中华人民共和国植物新品种保护条例》，支持维权和惩治侵权行为，依法打击未经品种权人许可生产或者销售授权品种的繁育材料、假冒授权品种的行为，以及销售林业授权品种时未使用其注册登记名称的行为。深入科研院所、企业单位进行重点调查，初步掌握了云南省林业植物新品种授权情况、应用情况、许可情况及侵权假冒情况。

2. 积极组织开展知识产权宣传周活动

围绕2021年“全面加强知识产权保护　推动构建新发展格局”主题，云南省林业和草原科学院积极开展宣传，在单位内部营造“鼓励创新、尊重知识、尊重人才”的良好氛围，向昆明市盘龙区相关机构推介了“十三五”优质知识产权成果，鼓励院属知识产权向市场转化利用。“十四五”期间向全省乡村林农、林业企业和合作社免费发放，扩大知识产权示范转化效益和社会影响力。

3. 举办知识产权讲座交流活动

为深入贯彻国家知识产权战略和知识产权强国推进计划，以及云南省知识产权保护工作落实措施，云南省林业和草原科学院作为林草知识产权保护的重点单位，积极计划统筹，邀请云南省著名知识产权专家，进行了“专利相关政策介绍及专利申请和管理实务”讲座。主要内容涉及近年来知识产权方面重要政策变化情况、专利申请和管理事务等，介绍了当前知识产权保护工作重点，此次讲座对科研单位进一步推动知识产权转化运用起到积极的指导作用。（云南省林业和草原局）

西藏自治区林业和草原知识产权

1. 切实加强调查研究

西藏自治区林业和草原局高度重视林草知识产权工作，特别是林木种苗打假工作，2021年4月，先后派出由领导带队的3个调研组对全区造林绿化及林木种苗生产用种情况等进行调研，并对林草基层人员进行现场技术指导，及时解决林木种苗生产过程中的质量问题，督促基层林草部门切实做好植物新品种保护工作。

2. 开展植物新品种权保护专项活动

按照国家和西藏自治区相关部门要求，西藏自治区林业和草原局于2021年3月初至5月下旬，在青藏、川藏、新藏等进藏道路上设卡开展了为期75天的林业植物检疫和苗木检查执法专项行动，重点检查无证、假证、证照不全、货证不符等违法违规调运苗木的情况，全面深入开展打击制售假冒伪劣林木种苗和保护植物新品种权专项行动，确保重点国土绿化工程种苗质量。严厉打击制售假冒林草授权新品种的行为，构建完善长效监管机制，提升了林草种苗生产机构守法意识，显著提高种苗消费者植物新品种保护意识，形成了自觉抵制侵权苗木的良好社会氛围，有效杜绝了假冒伪劣苗木进入市场。截至 2021 年年底，西藏自治区未发生林木种苗假冒伪劣和侵犯植物新品种权案件。

3. 积极开展宣传报道

为了动员广大人民群众参与打击侵权假冒活动，在植树节、荒漠化防治日等节日，积极开展打击侵权假冒工作相关知识的宣传工作，通过科技下乡、造林调研等多种方法，开展了灵活多样，丰富多彩的林草打击侵权假冒工作，向社会宣传《中华人民共和国种子法》和《中华人民共和国植物新品种保护条例》等法律法规，不断提高全社会对专利、植物新品种等知识产权的保护意识。在调研过程中通过对基层技术人员进行技术指导，提升了林草基层人员的业务水平，增强了做好相关工作的意识，对加快国土绿化步伐、提升造林质量发挥了重要作用。（西藏自治区林业和草原局）

陕西省林业知识产权

1. 工作部署周密细致

陕西省林业局高度重视涉林知识产权保护，周密部署全年工作。成立局“打击侵犯知识产权和制售假冒伪劣商品”（以下简称“双打”）工作协调领导小组，全面指导开展打击涉林侵权假冒工作。制定印发《陕西省林业局 2021 年打击侵犯林业植物新品种权和制售假冒伪劣林草种苗工作要点》（陕林局办发〔2021〕13 号），对全省新品种保护工作进行统一部署。明确陕西省林业局法规科技处为林业植物新品种保护执法机构，指定专责工作人员 2 名，落实新品种保护经费 10 万元，选聘法律顾问，有效确保专项工作扎实有序开展。

2. 知识产权保护和运用稳步推进

陕西省林业局以专项行动为引领，积极推动开展新品种培育、保护和运用。印发《陕西省林业局 2021 年打击侵犯林业植物新品种权专项行动实施方案》（陕林策字〔2021〕120 号），设置侵权举报电话，开展摸底调查，全面组织实施了打击涉林侵权专项行动。加强部门协作，联合省知识产权局等单位印发并贯彻执行《陕西省知识产权对外转让审查细则（实行）》。

3. 执法监督扎实开展

按照年度工作安排，陕西省林业局积极开展涉林知识产权执法监督。深入全省 10 个地市 30 多个区（县）开展了林草行政执法调研，进一步摸清了机构改革后全省林业行政执法现状和存在的突出问题。配合省知识产权局开展了全省知识产权工作督导检查，并就发现的问题及时督促整改完善。印发《关于加强林业行政执法工作的指导意见》，进一步加强陕西省行政执法队伍建设，切实助力提升林业行政执法能力。2021 年，全省查办涉林侵权假冒案件 3 起，罚没金额 0.2 万元，其中，侵犯林业植物新品种权案件 0 起。

4. 宣传培训效果显著

结合建党 100 周年纪念活动，利用“三下乡”“农高会”等主题活动，积极开展打击涉林侵权假冒宣传培训活动，宣传普及《中华人民共和国植物新品种保护条例》等法律法规，全年培训林农和林业执法人员 3800 多人次。其中，2021 年 9 月 22~25 日在安康石泉县举办了全省林草植物新品种保护培训班，邀请国家林业和草原局新品办、西北农林科技大学等专家，讲授新品种保护政策法规和种质资源普查收集相关知识，全省180名参训人员法治意识和依法行政能力得到普遍提升。

5. 信息服务与交流合作力度加大

结合工作实际，在政策制定、标准规范编制、督导检查、调查摸底、执法协作等方面，积极与国家林业和草原局、省“双打”办、省知识产权局等单位沟通协作，全省林业植物新品种保护等工作取得实效。2021年，向国家林业和草原局报送植物新品种保护各项季报数据和工作总结5次，向省双打办报送月报信息12次，向省知识产权局报送4次，全年全省未发生涉林知识产权重大侵权假冒违法案件。（陕西省林业局）

甘肃省林业和草原知识产权

1. 加强组织领导，制定工作方案

甘肃省林业和草原局认真贯彻落实《国家知识产权战略》《甘肃省知识产权战略实施纲要》《中共甘肃省委办公厅、甘肃省人民政府办公厅关于进一步加强知识产权保护的实施意见》，年初召开专题会议研究制定年度工作计划，严格按照国家林业和草原局开展林业植物新品种行政执法专项行动要求，研究部署全省林草系统植物新品种行政执法工作，印发《关于开展2021年度全省林业和草原植物新品种行政执法保护专项行动的通知》，明确年度植物新品种工作目标、重点任务，确定了专门机构，具体联系人和联系电话，为开展全省林业植物新品种执法保护专项行动提供了保证。

积极配合做好甘肃省知识产权保护状况白皮书编制工作。认真梳理年度知识产权保护工作及取得的成效，及时向甘肃省知识产权局报送相关材料并参加白皮书初稿审定会议，提出修改意见。

2. 开展植物新品种行政执法权专项行动

组织全省林草系统扎实开展植物新品种行政执法专项行动。局直属各单位严格按照《2021年度全省林业和草原植物新品种行政执法保护专项行动的通知》要求，开展植物新品种权保护行政执法工作。组织局系统各单位认真学习新修订的《中华人民共和国种子法》，进一步了解植物新品种、植物新品种权等有关知识，为积极申请植物新品种，有效维护植物新品种权益人合法权益提供了保障。为使专项打击行动取得良好成效，在行动期间，甘肃省林业和草原局加强与省打假办、省知识产权战略实施工作联席部门间的沟通协调，进一步完善行政执法与刑事司法衔接，落实有关制度规定，将打击侵犯植物新品种权专项行动与其他有关的专项活动有机结合，形成合力效应，有效打击侵犯植物新品种权行为。开展植物新品种本地状况及其违法队伍调查摸底工作。经摸底调查，甘肃省全年未发生侵权案件。

3. 开展知识产权培训和宣传

加强知识产权政策法规学习宣传，将知识产权战略及法律法规纳入全省林业草原法制宣传教育重点，不断加强林草系统知识产权保护工作，鼓励产权人运用法律武器维护自身合法权益，努力营造重视知识产权、保护知识产权和积极申请专利的良好舆论氛围。

组织局直属单位选派科技人员积极参加有关部门和团体组织的知识产权知识培训，提高知识产权保护意识，夯实知识产权创新创造能力基础。鼓励局直单位利用各种成果展会、研讨会，向社会公众和与会者展示林草知识产权成果，为加快知识产权成果转化应用创造有利条件。甘肃省治沙研究所研发的便携式手扶治沙机械，在多处治沙现场进行治沙展示取得良好成效。

印发《关于做好2021年局直属系统知识产权宣传周的通知》，组织局直属单位以“全面加强林草知识产权保护，推动林草事业高质量发展”为主题，积极开展“4·26知识产权周”活动。各市（州）林业和草原局、局直属各单位结合本地本单位实际，组织林业科研、推广等单位，开展形式多样的知识产权宣传周活动，发放宣传材料，向社会公众宣传植物新品种知识及其植物新品种权保护的重要性。

积极开展法律法规的宣传工作。充分利用“3·12”植树节、“3·15”消费者权益日、“4·26”世界知识产权日等重要时间节点，广泛开展专项宣传和执法检查活动，加大知识产权、种苗方面的法律法规、行政法规及配套规章制度的宣传力度。加强对科研、生产、花卉、种苗市场、经营单位打击侵犯植物新品种权的普法宣传，发放宣传材料3000余份，努力营造知法、学法和用法的良好氛围，增强群众法制观念，提高依法保护合法权益的能力。（甘肃省林业和草原局）

青海省林业和草原知识产权

1. 周密安排部署

青海省林业和草原局将知识产权工作列为年度重点工作之一进行专门部署，明确分工，由分管局领导主抓，科学技术和对外合作处、国有林场和种苗管理处、种苗站按照职责分工各司其职、分工负责。印发了《关于开展2021年林草系统打击侵犯植物新品种权专项行动的通知》《2021年打击制售假劣林草种苗和侵犯植物新品种权宣传工作方案》，明确年度植物新品种工作目标、重点任务，确定专人负责，为开展全省林草植物新品种执法保护专项行动提供了保证。

2. 开展专项行动

组织对苗圃、苗木繁育基地、种苗交易市场、经营门店等场所进行侵权及假冒等违法行为摸底排查，同时设立并公布专项行动举报电话、电子邮箱。通过此次专项行动，进一步规范植物新品种交易市场秩序，促进植物新品种培育，切实保护品种权人合法权益，推动了全省林木种苗行政执法和质量检验检测工作有序落实。

3. 全面推行正版化

大力推广国产正版软件，为干部职工配备国产电脑，安装正版软件系统。开展软件使用情况全面检查工作，严禁随意安装、更换、使用各类盗版系统和软件。建立软件资产相关管理制度及软件正版化工作档案，明确软件资产管理的机构和人员，建立和完善软件资产的工作流程和联动机制，加强与资产、财务和技术部门的分工合作，确保软件资产管理工作有效运行。

4. 加强宣传培训

充分利用“4·26 知识产权日”、普法宣传日、科技下乡等活动，开展“知识产权进高校”以及为期两天的“打击假冒伪劣种苗、保护植物新品种权”宣传活动。举办了全省林木种苗行政执法和质量监管培训班、国家林木良种基地观摩交流暨建设管理培训班，培训各市（州）、县林木种苗管理及相关人员 90 多人。（青海省林业和草原局）

宁夏回族自治区林业和草原知识产权

1. 周密部署林草知识产权工作

宁夏回族自治区林业和草原局召开专题会议研究部署 2021 年林草知识产权工作，印发《宁夏林草知识产权保护工作实施方案》《宁夏回族自治区林业和草原局办公室关于印发〈2021 年打击制售假劣种苗和保护植物新品种权专项整治方案〉的通知》《宁夏回族自治区林业和草原局关于做好 2021 年全区林木种苗行政执法和质量检查工作的通知》等文件。进一步强化认识，压实牵头单位和具体实施单位责任，细化工作分工，形成了一级抓一级、层层抓落实的工作局面。

2. 开展植物新品种执法保护专项行动

开展植物新品种权摸底统计工作，做好林草植物新品种监督管理工作。完善林草“互联网 + 监管”系统对接建设，全年对植物新品种权人开展了“双随机、一公开”行政检查 2 次，不断加强宁夏枸杞、文冠果新品种的知识产权保护。近年来，没有接到侵犯新品种权的相关举报，未发现侵犯和假冒植物新品种等违法案件。

3. 深化地理标志产品治理和保护

大力推动“宁夏枸杞”地理标志证明商标注册，制定“宁夏枸杞”地理标志证明商标使用管理规则，确定“宁夏枸杞”地理标志证明商标保护范围。2021 年 10 月 7 日，“宁夏枸杞”地理标志证明商标正式核准注册，有效杜绝了“宁夏枸杞”品牌被肆意滥用，使“宁夏枸杞”得到《中华人民共和国商标法》的有效保护。加强“宁夏枸杞”品牌策划及宣传，发布“宁夏枸杞”品牌标识、广告语和吉祥物，建设宁夏枸杞文化馆，“宁夏枸杞”冠名 6 列发往东南沿海的高铁，在宁夏卫视《品牌宁夏》栏目推出 7 期“宁夏枸杞”宣传片，先后组织 20 余家（次）企业参加森博会、药交会、文博会等展会，进一步增强了“宁夏枸杞”区域公用品牌的影响力和美誉度。“宁夏枸杞”在《品牌农业与市场》杂志社发起的“2021 中国农产品区域公用品牌市场竞争力品牌”网络票选活动中荣获第一名。印发《宁夏枸杞溯源体系质量认证体系建设方案》，完成自治区级枸杞产品质量溯源平台服务器、田间监测设备、机房等硬件设施搭建，首批授权 6 家企业使用“宁夏枸杞”溯源标签。宁夏枸杞溯源网站注册、溯源标签和二维码设计已完成。溯源平台与枸杞病虫害现代信息化监测服务平台、枸杞气象服务平台、枸杞市场信息平台数据信息连接、输入、调试运行已完成。

4. 强化知识产权宣传培训

在“3·12”中国植树节和“4·26 知识产权宣传周”，积极开展“知识产权保护”“植物新品种保护”宣传活动，通过案例展板、文字宣传资料、现场咨询等方式，进一步提升广大群众的知识产权意识。累计发放《中华人民共和国种子法》《中华人民共和国植物新品种保护条例》等相关宣传资料500余份，接受群众咨询答疑80余人次。同时，在宁夏回族自治区林业和草原局门户网站上设立投诉举报专区，向社会公布监督举报渠道，鼓励社会公众举报侵权和假冒行为。主动将林草打击假劣种苗纳入政府信息公开范围，接受社会监督。（宁夏回族自治区林业和草原局）

新疆维吾尔自治区林业和草原知识产权

1. 高度重视知识产权工作，完善制度体系

根据国家林业和草原局有关要求，新疆维吾尔自治区林业和草原局结合实际，研究制定了《新疆维吾尔自治区林业和草原局贯彻落实〈自治区党委办公厅、自治区人民政府办公厅关于强化知识产权保护的实施意见〉任务分工方案》，明确近3年林草植物新品种保护工作的目标、原则、要求、任务等，细化新疆维吾尔自治区林业和草原局系统各部门知识产权保护任务分工，形成了工作推进合力。

积极推进《新疆维吾尔自治区实施〈中华人民共和国种子法〉办法》修订工作，深入6个地（州、市）、13个县（市、区）、40个林草种苗基地、企业等单位开展调研，形成立法后评估调研报告，报送至自治区司法主管部门，为相关法规修订奠定了基础。

2. 加强服务保障，营造良好环境

大力推进林草（林果）质量认证，支持阿勒泰、博州、吐鲁番、阿克苏四个地州市开展林果“两品一标”质量认证和追溯体系建设；国家林业和草原局科技发展中心帮助阿克苏地区开展森林认证，为阿克苏苹果、核桃、红枣等林果拓展国际市场提供了“绿色通行证”，大力推进林果质量品牌建设，截至2021年，全区林果企业3000余家，注册林果商标5000余个，其中，获得国家级和自治区级的各类林果产品知名品牌143个，库尔勒香梨、和田玉枣、阿克苏苹果等产品及商标荣获中国驰名商标称号，有力维护了新疆林果知识产权，新疆林果品牌已成为新疆对外经济合作和社会交流交往的“形象大使”。

3. 突出工作重点，加大保护力度

长期在新疆维吾尔自治区林业和草原局网站公布林草植物新品种保护咨询服务电话，动员社会力量参与监督，完善监督机制。通过视频形式举办2021年新疆维吾尔自治区林草种苗业务人员和植物新品种保护人员培训班，全区约200名相关业务骨干参加了培训。通过组织疆内林果企业参加疆外各大展会和推介会，加大维护知识产权力度，制定知识产权检查办法，对有剽窃使用他人产品外观图文、盗用他人知识产权作品等行为的，列入“黑名单”公示，3年内不得参加各类交易会、博览会。坚持把打击制售假劣林草种苗和侵犯植物新品种权工作统筹推进、一体落实，年初对打击制售假劣林草种苗和侵犯林草植物新品种权工作进行安排部署，加强日常监管和集中专项整治，严厉打击无证、无签、生产销售假劣种苗、未审先推以及侵犯植物新品种等违法行为。截至目前，未发生侵犯林草植物新品种权的案件。

4. 注重人才建设，加强执法宣传

建立林果业发展科技支撑首席专家制度，连续聘请6期共90名首席专家，为林果业发展提供科技支撑，将林草植物新品种保护宣传纳入职责范畴。组建林果业提质增效专家服务团，从2018年开始连续4年选派新疆林业科学院、新疆农业科学院、新疆农业大学、塔里木大学等科研单位和高校林果专家深入地县开展林果技术培训和服务，2021年协调自治区、地州市、县市林果技术专家、骨干767名，常驻基层一线开展林果业提质增效技术培训、服务和指导，林草植物新品种保护是宣传培训的基本内容。2021年，全区组织林果技术培训1.9场次，培训基层技术人员和农民109万人次，促进了林草植物新品种保护的宣传。（新疆维吾尔自治区林业和草原局）

大兴安岭林业集团公司林业知识产权

1. 强化知识产权宣传

以“4·26世界知识产权日”“9月11~17日全国科普日”重要时间节点为契机，开展知识产权宣传培训进机关、林业局、林场（管护区）、企业等系列活动，重点对《中华人民共和国专利法》《“十四五”国家知识产权保护和运用规划》《中华人民共和国植物新品种保护条例》进行广泛宣传，营造知识产权创新氛围，促进大兴安岭集团上下充分认识知识产权对科技创新的重要作用，提升知识产权创造、运用、保护和管理意识。

2. 开展知识产权专项服务

在开展知识产权宣传的过程中，注重点对点精准对接服务，深入科技型企业开展指导、培训工作，重点对高新技术企业神州北极木业公司、北极珍品汇公司及科技型企业北极冰蓝莓酒庄公司、大兴安岭十八驿饮品有限责任公司等企业进行精准对接服务，并开展专题辅导，与企业负责人和技术人员进行交流，积极引导企业将核心技术申请专利保护，指导企业超前规划，加强知识产权创造、运用、保护和管理，助力企业依靠知识产权创新发展，发挥科技型专利龙头企业对大兴安岭集团产业高质量发展的引领作用。

3. 推动知识产权创造

通过开展知识产权专项精准指导服务，大兴安岭集团企业知识产权创造、运用、保护和管理已初见成效。大兴安岭集团高新技术企业大兴安岭神州北极木业公司在木构件、配套机械、外观设计等方面进行创新，并对发明专利进行技术推广与应用。大兴安岭集团高新技术企业大兴安岭北极珍品汇电子商务有限公司在政府采购、云会馆系统、智慧旅游平台、大数据共享、大宗交易系统、数据分析、溯源系统、直播互动系统等方面已独立自主，拥有软件著作权15项。大兴安岭集团所属企业不断强化知识产权保护教育，对知识产权保护的关注氛围日益浓厚，职工尊重和保护知识产权意识明显增强。（大兴安岭林业集团公司）

2021年林业和草原专利统计分析

专利分为发明专利、实用新型和外观设计3种类型。发明专利是指对产品、方法或者其改进所提出的新的技术方案。实用新型是指对产品的形状、构造或者其结合所提出的适于实用的新的技术方案。外观设计是指对产品的形状、图案或者其结合以及色彩与形状、图案的结合所做出的富有美感并适于工业应用的新设计。

一、林业相关专利分析

国家林业和草原局知识产权研究中心组织专家，研究整理形成了一批与林业相关的关键词和国际专利分类号，采用关键词与国际专利分类号相结合的方式检索数据，并进行数据清洗和整理，形成最终的林业相关专利数据。

1. 总量分析

2021年，国家知识产权局专利数据库公开的林业相关专利量97686件，近2年的专利量都在9万件以上。截至2021年年底，林业相关专利公开量共计708499件（表6，图1）。

表6　1985—2021年林业相关专利公开量统计　　单位：件

年份	专利总量	发明专利	实用新型	外观设计
1985	8	6	1	1
1986	198	112	85	1
1987	396	195	191	10
1988	506	177	320	9
1989	619	229	366	24

（续）

年份	专利总量	发明专利	实用新型	外观设计
1990	620	279	300	41
1991	752	250	442	60
1992	1130	322	731	77
1993	971	405	485	81
1994	1383	605	711	67
1995	1378	566	681	131
1996	1505	676	625	204
1997	1688	691	706	291
1998	1962	769	784	409
1999	2702	772	1336	594
2000	2791	872	1295	624
2001	3275	1134	1356	785
2002	3769	1246	1465	1058
2003	4755	1758	1621	1376
2004	4507	1856	1526	1125
2005	6506	3452	1808	1246
2006	7645	3388	2488	1769
2007	9560	4334	3052	2174
2008	11452	5322	3928	2202
2009	13739	6355	3968	3416
2010	13651	5466	3785	4400
2011	14232	7640	4776	1816
2012	18763	11449	6256	1058
2013	26453	14293	9636	2524
2014	31835	20065	9620	2150
2015	45066	27518	14199	3349
2016	52628	31086	18458	3084
2017	65260	40717	21337	3206
2018	86842	47113	35551	4178
2019	80343	39818	36847	3678
2020	91923	30633	56260	5030
2021	97686	28765	65869	3052
合计	708499	340334	312865	55300

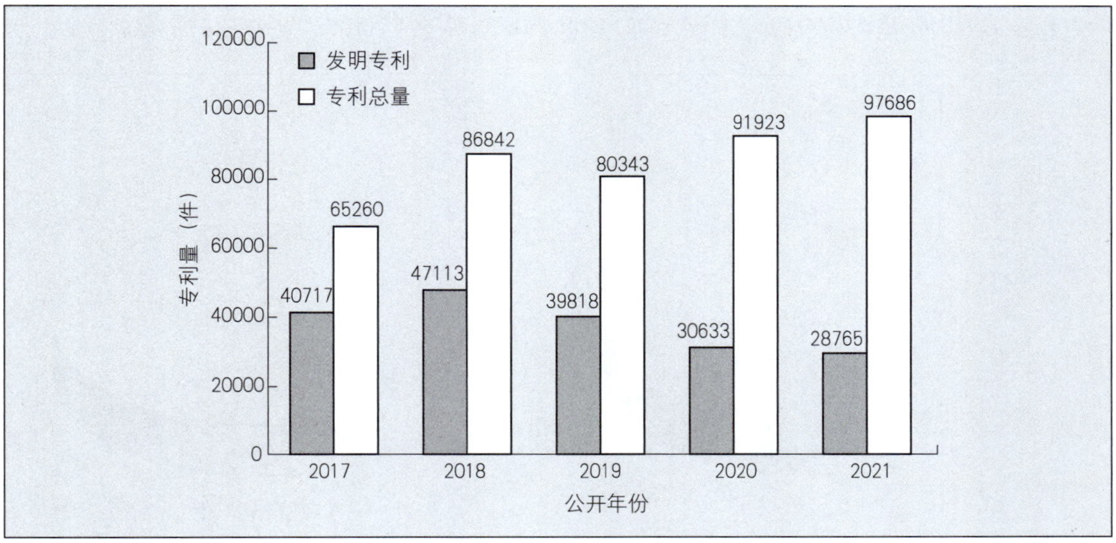

图 1　2017—2021 年林业相关专利公开量统计

2. 发展趋势分析

林业相关专利申请始于 1985 年。这一年我国刚刚开始实施专利法和建立专利制度。1985—1998 年林业专利技术发展十分缓慢，每年公开的林业相关专利量不超过 2000 件；1999—2011 年林业专利量平稳增长，每年公开的林业相关专利量从 1999 年的 2000 多件逐渐增长为 2010 年的 1 万多件；2012—2018 年期间，林业专利量迅猛增长，每年公开的林业专利量由 2012 年的 1 万多件攀升到 2018 年的 8 万多件；2018 年以来林业年度专利量维持在 8 万 ~9 万件。值得注意的是，最近 3 年虽然林业专利总量持续稳定上升，但是发明专利量呈下降趋势（图 2）。

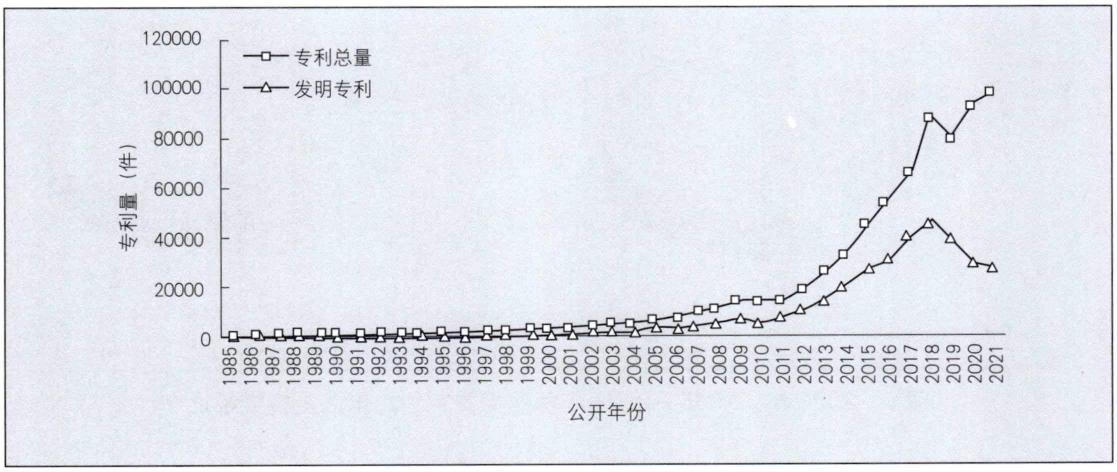

图 2　1985—2021 年林业相关专利量发展趋势

3. 专利类型分析

2021 年，林业相关专利共 97686 件，其中，发明专利 28765 件（29.45%），实用新型专利 65869 件（67.43%），外观设计 3052 件（3.12%）。2011—2019 年林业相关专利中发明专利所占比重均保持在 50%~64%，2020—2021 年尽管林业专利总量突破 9 万件，但专利增长主要来自实用新型专利，发明专利占比有所下降。截至 2021 年年底，林业相关专利共 708499 件，其中，发明专利 340334 件，占林业相关专利总量的

48.04%，实用新型 312865 件（44.16%），外观设计 55300 件（7.80%）（图 3）。

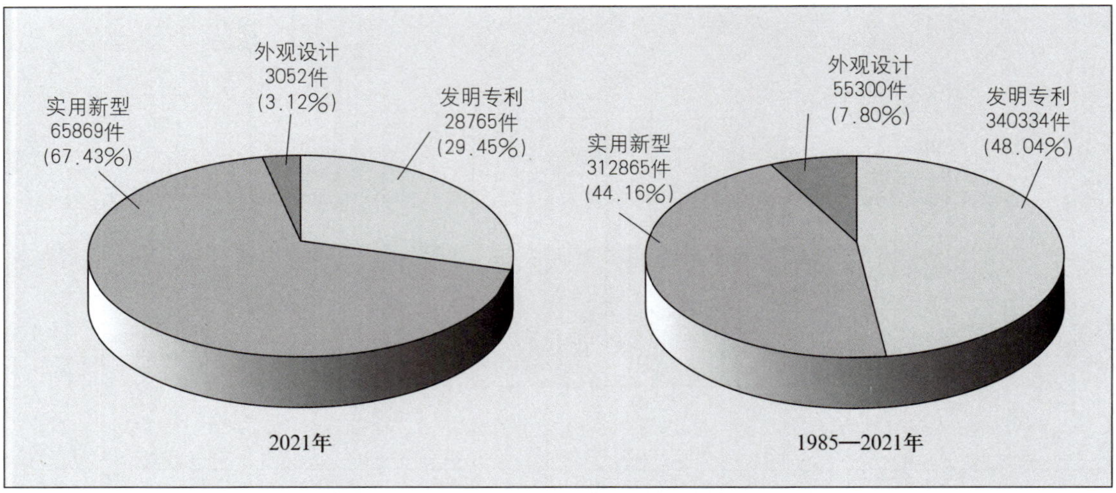

图 3　2021 年、1985—2021 年林业相关专利的专利类型统计

4. 申请人构成分析

林业专利的创造主体主要是企业。2021 年林业相关专利申请人中企业、高等院校和科研院所所占比重分别为 53.62%、16.71% 和 11.95%。截至 2021 年年底，林业相关专利申请人中企业、高等院校和科研院所所占比重分别为 49.09%、16.66% 和 10.42%（图 4）。

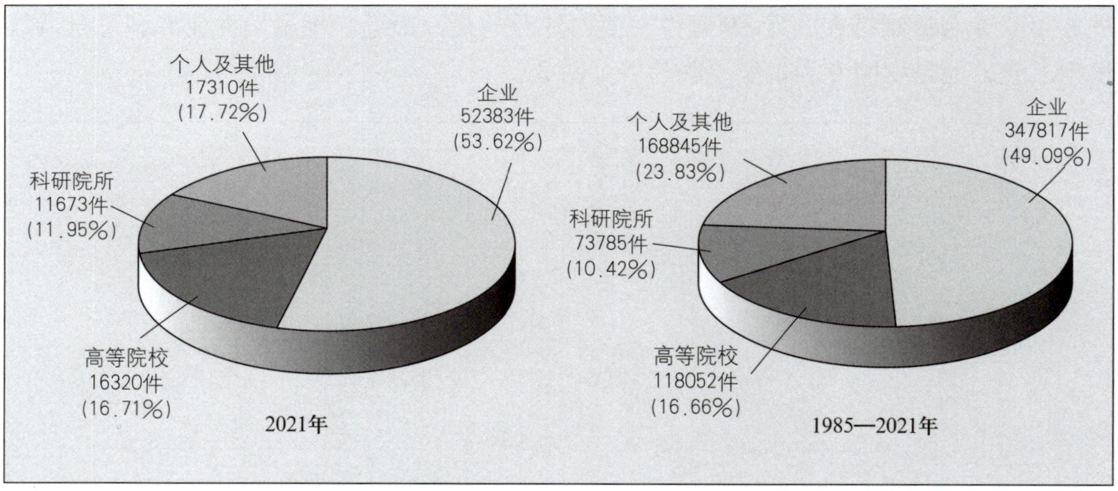

图 4　2021 年、1985—2021 年林业相关专利的申请人构成统计

5. 地域分析

对全国 31 个省（自治区、直辖市）的林业相关专利申请公开量的分析结果显示，2021 年各省（自治区、直辖市）公开的林业相关专利中，江苏的专利量最多，共 14557 件，其次是广东（9182 件）和浙江（7613 件），排名前 10 位的省（自治区、直辖市）还包括山东（7079 件）、安徽（4488 件）、河南（4002 件）、北京（3987 件）、福建（3624 件）、四川（3341 件）、河北（3113 件）。截至 2021 年年底，江苏专利量排名第一，共 91399 件，排名前 10 位的省（自治区、直辖市）还包括浙江（74563 件）、广东（57228 件）、山东（44624 件）、安徽（42755 件）、福建（34024 件）、北京

（33444 件）、四川（24791 件）、河南（23796 件）、广西（22941 件）（表 7）。

表 7　1985—2021 年全国各省（自治区、直辖市）的专利公开量统计　　单位：件

排名	省（自治区、直辖市）	专利总量	公开年份				
			2017	2018	2019	2020	2021
1	江　苏	91399	6818	10543	11964	14569	14557
2	浙　江	74563	6031	10885	7927	8181	7613
3	广　东	57228	4698	7342	6319	8385	9182
4	山　东	44624	4036	4341	4590	5855	7079
5	安　徽	42755	6553	6830	4121	4366	4488
6	福　建	34024	3413	4833	4044	5422	3624
7	北　京	33444	2683	3098	3332	3496	3987
8	四　川	24791	2607	3751	2923	2921	3341
9	河　南	23796	2588	3576	3105	3470	4002
10	广　西	22941	4264	3717	1971	1716	1813
11	湖　南	21664	1860	2309	2983	3261	3098
12	陕　西	20596	1882	2162	3010	2439	2935
13	黑龙江	20583	2014	2005	2148	2566	2835
14	上　海	17338	1077	1327	1592	1911	2279
15	湖　北	17290	1559	2123	2267	2460	2666
16	云　南	16992	1565	2056	2433	2518	2935
17	河　北	15838	1125	1742	1853	2940	3113
18	江　西	14205	990	2229	2029	2872	2756
19	辽　宁	13406	781	1124	1259	1554	1818
20	天　津	12785	1103	1578	1373	1391	1628
21	重　庆	12662	1657	1453	1392	1338	1966
22	贵　州	12339	1828	2348	1847	1434	1577
23	甘　肃	9100	777	1226	1335	1477	1728
24	吉　林	7296	628	757	690	807	871
25	山　西	6776	518	749	759	921	1092
26	新　疆	5925	597	599	510	577	979
27	宁　夏	4961	403	549	750	791	1058
28	内蒙古	4024	226	430	434	675	900
29	海　南	2776	119	210	296	481	811
30	青　海	2092	167	238	286	332	448
31	西　藏	423	27	34	62	102	87

6. 林业重点领域专利分析

按森林培育、木材加工、林业机械、竹藤产业、木地板产业、林产化工和林业生物质能源7个主要领域对林业相关专利进行统计分析。2021年，森林培育领域专利公开量为19092件、木材加工15605件、林业机械10039件、竹藤产业7683件、木地板产业1607件、林产化工2806件、林业生物质能源1658件（表8，图5）。

截至2021年年底，专利量最多的是森林培育和木材加工，分别为95408件和87428件，其次是竹藤产业（66099件）和林业机械（56877件）。7个林业重点领域中，发明专利比重最高的是林产化工和林业生物质能源，分别为69.22%和60.15%，其次是森林培育（53.97%）、木材加工（41.00%）、林业机械（40.48%）、竹藤产业（37.16%）和木地板产业（28.81%）（表8，图5）。

表8　1985—2021年林业重点领域专利公开量统计　　单位：件

领域分类	专利总量				2021年专利量			
	发明专利	实用新型	外观设计	合计	发明专利	实用新型	外观设计	合计
森林培育	51489	42751	1168	95408	5705	13130	257	19092
木材加工	35848	51536	44	87428	4429	11169	7	15605
林业机械	23023	33726	128	56877	2908	7116	15	10039
竹藤产业	24562	21461	20076	66099	2043	3655	1985	7683
木地板产业	4374	7991	2819	15184	328	1204	75	1607
林产化工	17130	7336	281	24747	1378	1397	31	2806
林业生物质能源	8466	5506	102	14074	669	965	24	1658

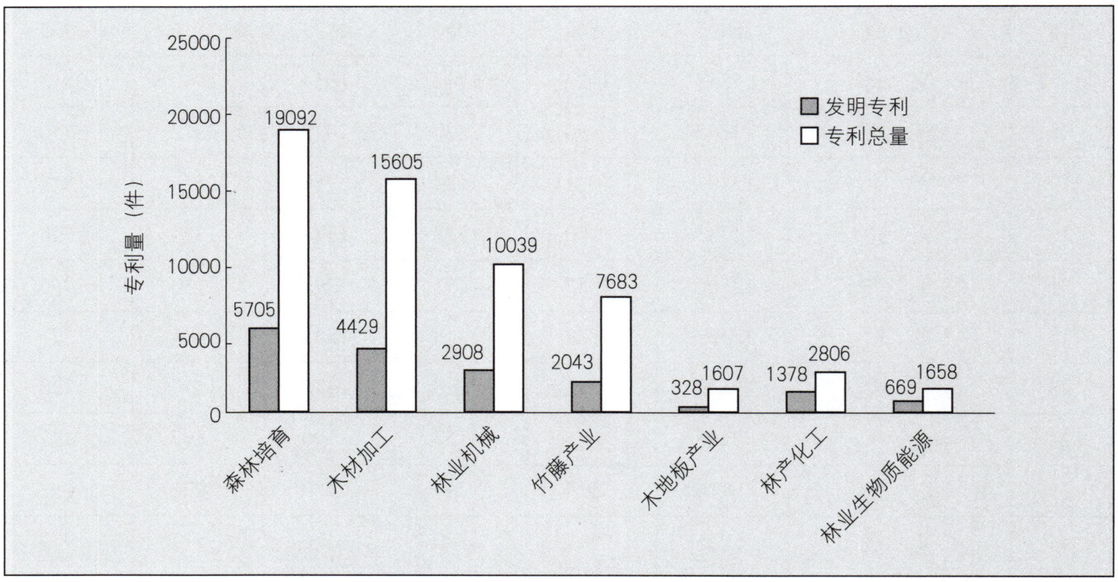

图5　2021年林业重点领域专利公开量统计

二、林业科研院所和高等院校专利分析

本报告中的林业科研院所是指林业系统的科研机构，主要包括国家、省（直辖市）、市、县4级林业科研和开发机构，不包括各类农林科学院。林业高等院校包括各

类林业高校和农林高校。专利分析包括林业高校和农林高校的所有专利的原因主要是由于许多农林高校，如西北农林科技大学、浙江农林科技大学等农林高校的前身均为林业高校，因此学校拥有大量的林业领域专利。此外，许多林业高校的专业越来越趋于综合化，也拥有大量其他领域专利，为了保证专利数据的客观性，本报告对林业高校和农林高校的所有专利进行了统计分析。

1. 总量分析

2021 年，全国林业科研院所的专利公开量为 2208 件，其中，发明专利公开量为 1152 件，占其专利公开总量 52.17%；林业高等院校的专利公开量为 9827 件，其中，发明专利 3089 件，占其专利公开总量的 31.43%。截至 2021 年年底，林业科研院所的专利公开量共计 13747 件，其中，发明专利公开量 9052 件，占其专利公开总量的 65.85%；林业高等院校的专利公开量共计 58127 件，其中，发明专利公开量 28525 件，占其专利公开总量的 49.07%（表 9，图 6）。

表 9　1985—2021 年林业科研院所和高等院校的专利公开量统计　　单位：件

公开年份	科研院所				高等院校			
	发明专利	实用新型	外观设计	合计	发明专利	实用新型	外观设计	合计
1985	1	0	0	1	0	0	0	0
1986	9	5	0	14	1	1	0	2
1987	12	8	0	20	3	5	0	8
1988	9	12	0	21	6	2	0	8
1989	11	7	0	18	3	9	0	12
1990	13	13	0	26	6	4	0	10
1991	14	6	2	22	3	11	0	14
1992	12	22	1	35	13	8	0	21
1993	9	5	0	14	10	8	0	18
1994	11	9	0	20	3	7	0	10
1995	14	7	1	22	6	6	0	12
1996	10	6	3	19	8	11	0	19
1997	10	10	1	21	6	6	0	12
1998	11	3	0	14	9	10	0	19
1999	9	11	0	20	5	10	0	15
2000	5	14	0	19	12	14	0	26
2001	12	18	0	30	12	21	0	33
2002	9	1	0	10	21	14	0	35
2003	24	17	1	42	49	18	0	67
2004	31	17	3	51	58	22	0	80
2005	41	12	4	57	161	33	0	194
2006	66	17	1	84	194	39	0	233

（续）

公开年份	科研院所				高等院校			
	发明专利	实用新型	外观设计	合计	发明专利	实用新型	外观设计	合计
2007	106	13	1	120	305	31	2	338
2008	172	56	1	229	440	63	55	558
2009	200	62	0	262	569	102	48	719
2010	197	68	11	276	685	164	22	871
2011	280	101	3	384	845	382	82	1309
2012	396	96	7	499	1328	485	298	2111
2013	451	128	10	589	1476	882	445	2803
2014	561	136	2	699	1813	692	343	2848
2015	699	215	13	927	2050	921	363	3334
2016	672	285	16	973	2234	1121	227	3582
2017	966	304	12	1282	2794	1400	388	4582
2018	944	483	23	1450	3318	2287	816	6421
2019	1156	448	52	1656	4300	3689	808	8797
2020	757	799	57	1613	2690	5654	835	9179
2021	1152	1026	30	2208	3089	6227	511	9827
合计	9052	4440	255	13747	28525	24359	5243	58127

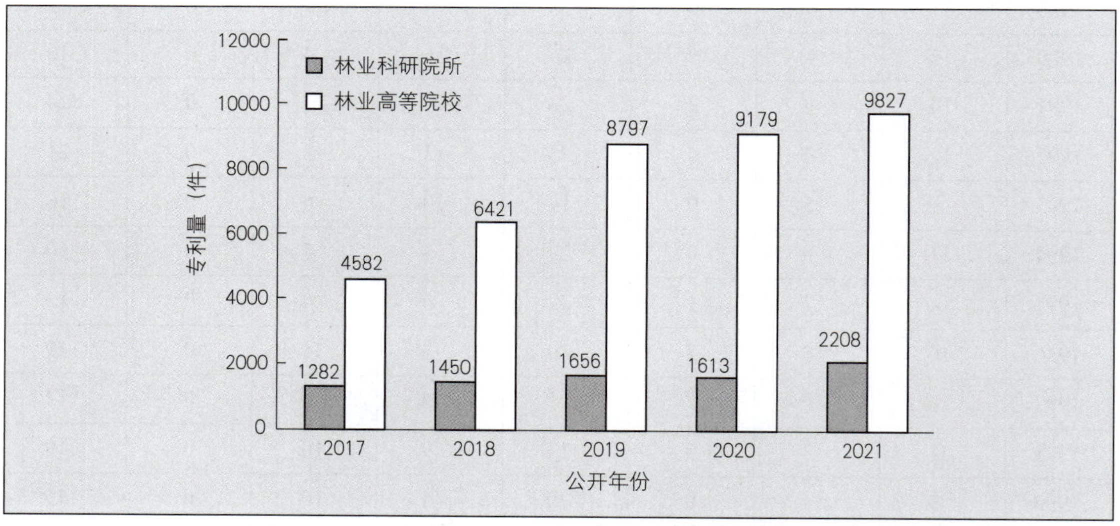

图 6　2017—2021 年林业科研院所和高等院校专利公开量统计

2. 发展趋势分析

林业科研院所和高等院校的专利发展趋势可以划分为 3 个阶段，第一阶段为 1985—2003 年，每年的专利量不足 100 件，增长十分缓慢；第二阶段为 2004—2010 年，每年专利量 200~1000 件，增长较为迅速；第三阶段为 2011—2021 年，专利量迅猛增长，由 2011 年的 1500 多件增至 2021 年 1 万多件。自 2011 年以来，林业高等院校的专利增长速度明显超过了林业科研院所，二者专利量之间的差距逐步拉大（图 7）。

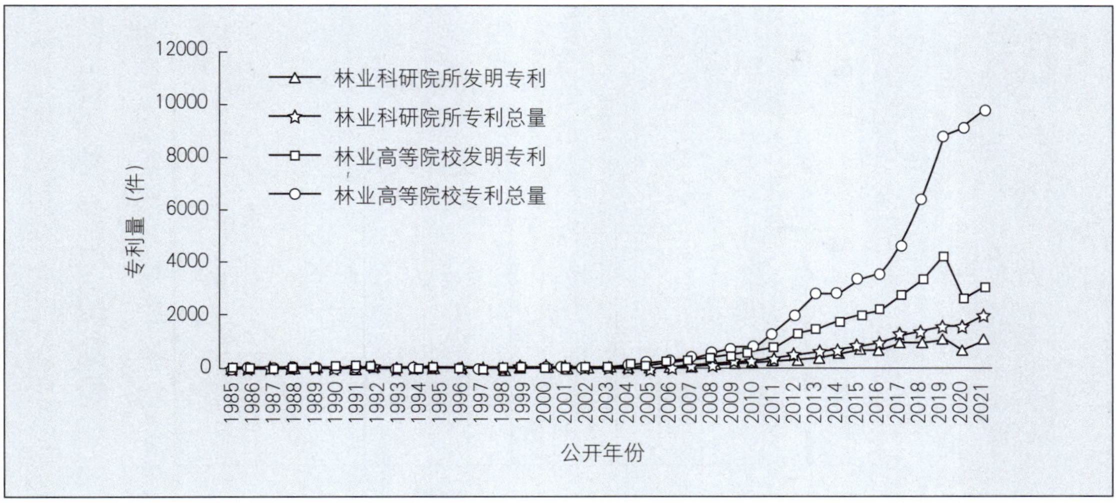

图 7　1985—2021 年林业科研院所和高等院校的专利公开量发展趋势

3. 发明专利授权情况分析

2021 年，林业科研院所发明专利授权共计 498 件，林业高等院校发明专利授权共计 1686 件。

截至 2021 年年底，林业科研院所共获得发明专利授权 3766 件，占林业科研院所发明专利申请总量的 41.60%；林业高等院校共获得发明专利授权 11433 件，占林业高等院校发明专利申请总量的 40.08%（表 10，图 8，图 9）。

表 10　1985—2021 年林业科研院所和高等院校的发明专利授权量统计　　　　单位：件

授权年份	科研院所	高等院校	授权年份	科研院所	高等院校
1985	1	0	2004	11	25
1986	0	0	2005	13	38
1987	2	1	2006	26	60
1988	3	1	2007	39	85
1989	9	2	2008	32	114
1990	4	2	2009	75	188
1991	5	1	2010	105	266
1992	9	2	2011	160	465
1993	4	2	2012	181	636
1994	2	6	2013	234	688
1995	4	3	2014	239	709
1996	2	3	2015	296	917
1997	1	1	2016	324	1075
1998	2	1	2017	390	1047
1999	4	5	2018	341	1027
2000	3	3	2019	297	1076
2001	5	6	2020	433	1282
2002	4	4	2021	498	1686
2003	8	6	合计	3766	11433

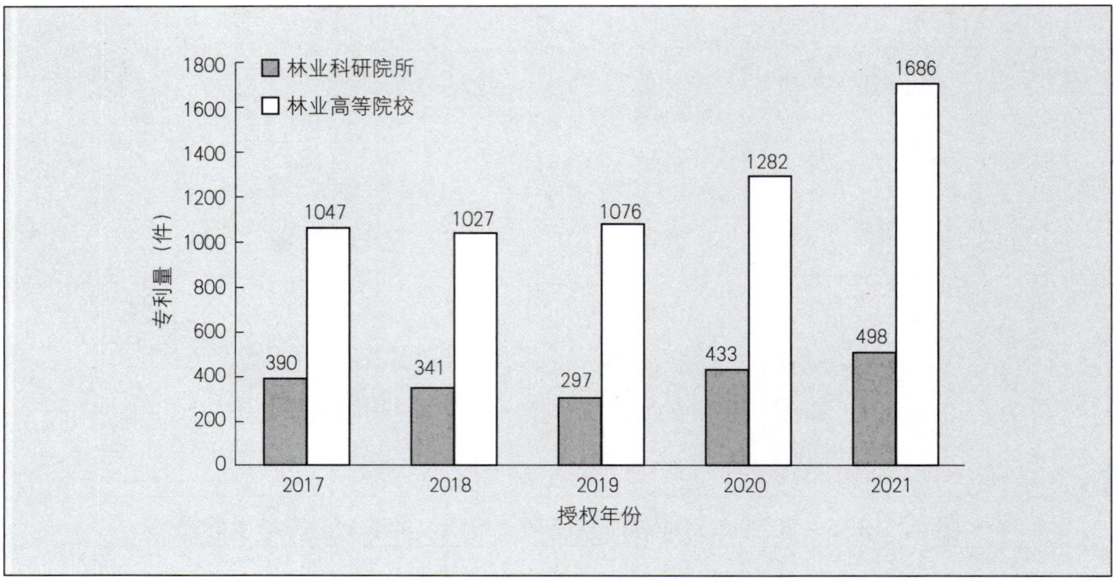

图 8　2017—2021 年林业科研院所和高等院校发明专利授权量统计

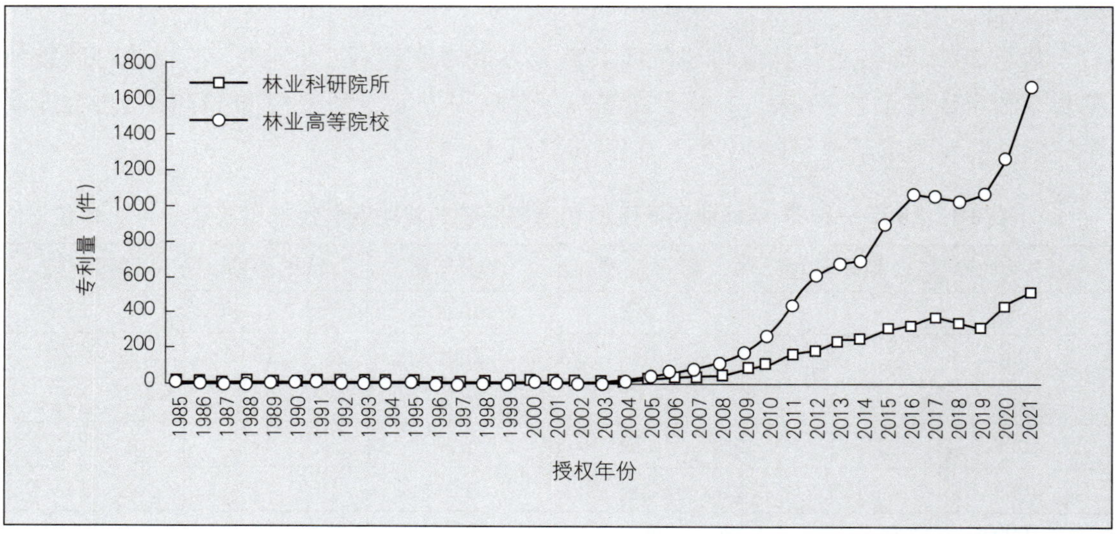

图 9　1985—2021 年林业科研院所和高等院校授权发明专利发展趋势

三、草原相关专利分析

国家林业和草原局知识产权研究中心组织专家，研究整理形成了一批与草原相关的关键词和国际专利分类号，采用关键词与国际专利分类号相结合的方式检索数据，并进行数据清洗和整理，形成最终的草原相关专利数据。

1. 总量分析

2021 年，国家知识产权局专利数据库公开的草原相关专利量 12985 件，近 3 的专利量都维持在 1 万件以上。截至 2021 年年底，草原相关专利公开量共计 101742 件，首次突破 10 万件（表 11，图 10）。

表 11　1985—2021 年草原相关专利公开量统计　　单位：件

年份	专利总量	发明专利	实用新型	外观设计
1985	0	0	0	0
1986	37	31	6	0
1987	75	60	14	1
1988	72	47	25	0
1989	77	57	19	1
1990	86	61	22	3
1991	109	71	37	1
1992	134	86	45	3
1993	149	100	37	12
1994	166	136	28	2
1995	169	110	46	13
1996	181	125	44	12
1997	244	188	48	8
1998	277	214	51	12
1999	321	203	106	12
2000	325	210	82	33
2001	447	288	119	40
2002	518	307	148	63
2003	622	362	183	77
2004	636	370	163	103
2005	955	670	185	100
2006	1237	705	294	238
2007	1181	703	308	170
2008	1339	758	332	249
2009	1826	1087	370	369
2010	2407	1380	564	463
2011	2633	1653	571	409
2012	3881	2520	762	599
2013	4630	2777	1140	713
2014	5565	3828	1187	550
2015	7287	4866	1884	537
2016	7814	5278	2174	362
2017	9646	6832	2449	365
2018	11926	7267	4133	526
2019	10081	5766	3814	501
2020	11704	4737	5705	1262
2021	12985	4974	7499	512
合计	101742	58827	34594	8321

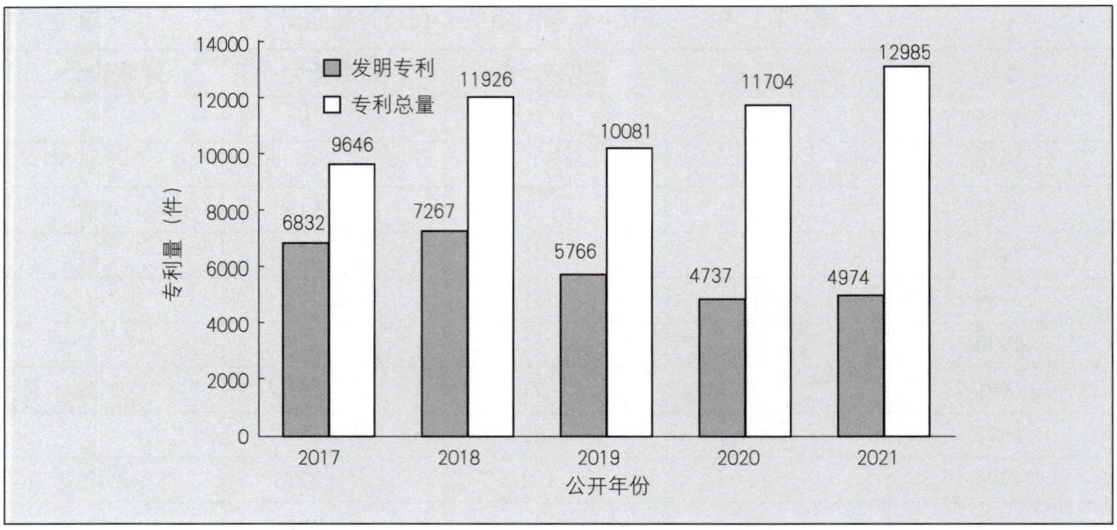

图 10 2017—2021 年草原相关专利公开量统计

2. 发展趋势分析

1985—2004 年草原专利技术发展十分缓慢，每年公开的草原相关专利量不超过 700 件；2005—2011 年草原专利量平稳增长，每年公开的草原相关专利量从 2005 年的 900 多件逐渐增长为 2011 年的 2000 多件；2012—2018 年期间，草原专利量迅猛增长，每年公开的草原专利量由 2012 年的 1000 多件攀升到 2018 年的 1 万多件；近 3 年来草原专利总量持续上升，但是发明专利量则有所减少（图 11）。

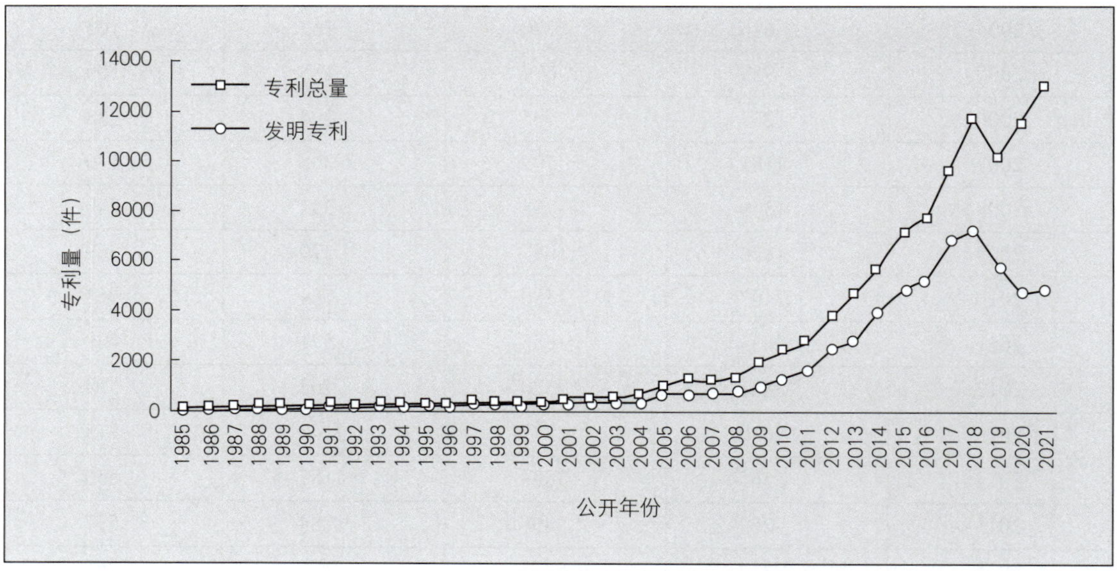

图 11 1985—2021 年草原相关专利量发展趋势

3. 专利类型分析

2021 年，草原相关专利共 12985 件，其中，发明专利 4974 件（38.31%），实用新型专利 7499 件（57.75%），外观设计 512 件（3.94%）。截至 2021 年年底，草原相关专利共 101742 件，其中，发明专利 58827 件，占草原相关专利总量的 57.82%，实用新型 34594 件（34.00%），外观设计 8321 件（8.18%）（图 12）。

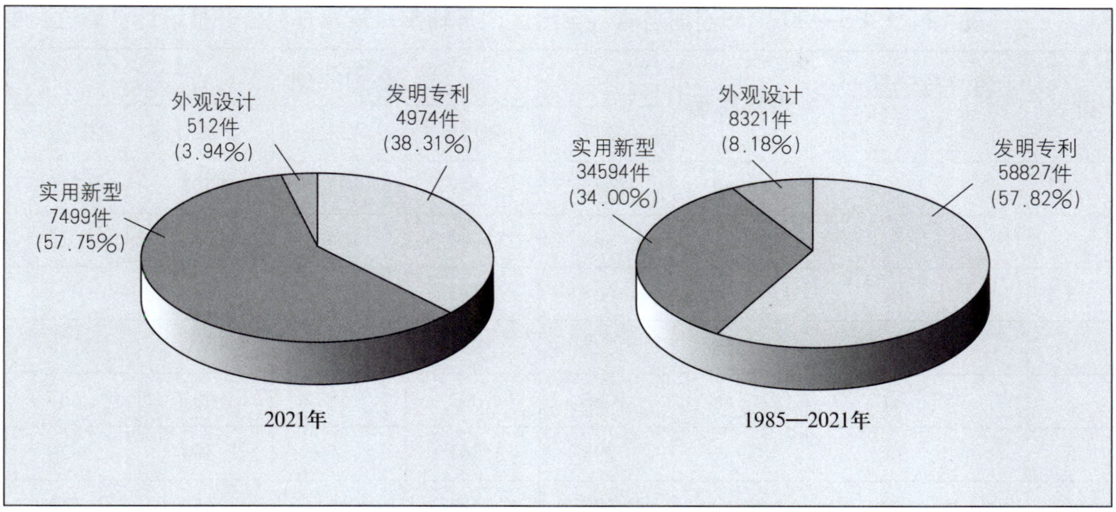

图 12 2021 年、1985—2021 年草原相关专利的专利类型统计

4. 申请人构成分析

草原专利的创造主体主要是企业。2021 年草原相关专利申请人中企业、高等院校和科研院所所占比重分别为 56.85%、10.53% 和 15.62%。截至 2021 年年底，草原相关专利申请人中企业、高等院校和科研院所所占比重分别 51.39%、10.73% 和 8.76%（图 13）。

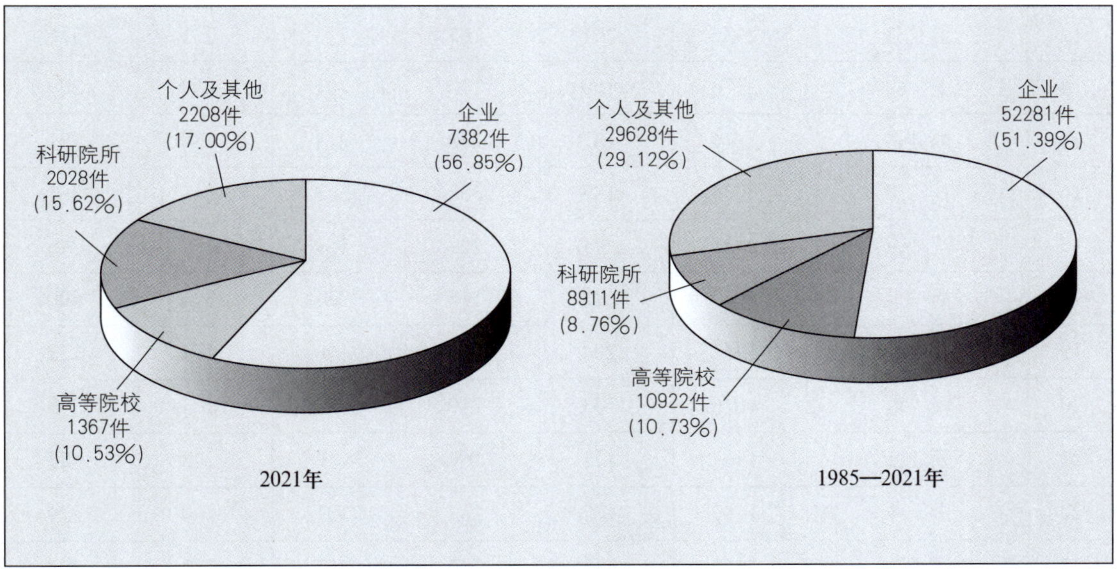

图 13 2021 年、1985—2021 年草原相关专利的申请人构成统计

5. 地域分析

对全国 31 个省（自治区、直辖市）的草原相关专利申请公开量的分析结果显示，2021 年各省（自治区、直辖市）公开的草原相关专利中，江苏的专利量最多，共 1786 件，其次是广东（1120 件）和浙江（1025 件），排名前 10 位的省还包括山东（983 件）、安徽（667 件）、河南（562 件）、内蒙古（491 件）、北京（430 件）、云南（428 件）、河北（400 件）。截至 2021 年年底，江苏的专利量最多，共 15844 件，其次是浙江（10651 件），此外山东、广东、安徽的草原专利公开量也较多，均在 6000 件以上（表 12）。（马文君）

表 12　1985—2021 年全国各省（自治区、直辖市）草原专利公开量统计　单位：件

排名	省（自治区、直辖市）	专利总量	公开年份				
			2017	2018	2019	2020	2021
1	江　苏	15844	1545	1649	1476	1752	1786
2	浙　江	10651	960	1344	1040	1285	1025
3	山　东	7581	665	783	732	780	983
4	广　东	7358	728	1033	736	1090	1120
5	安　徽	6188	1066	1092	587	602	667
6	北　京	3936	293	361	379	394	430
7	河　南	3564	307	455	421	456	562
8	福　建	3081	375	457	283	422	340
9	四　川	2984	258	421	318	323	385
10	广　西	2844	511	385	209	176	219
11	湖　南	2534	223	288	385	322	327
12	湖　北	2433	219	414	321	284	319
13	黑龙江	2335	261	165	176	231	316
14	上　海	2316	150	170	191	269	299
15	内蒙古	2244	182	248	214	330	491
16	甘　肃	2204	185	359	343	318	381
17	辽　宁	2026	97	229	159	157	245
18	河　北	1965	122	187	231	356	400
19	天　津	1752	204	181	190	164	152
20	陕　西	1676	143	210	206	174	213
21	云　南	1661	121	164	156	278	428
22	贵　州	1599	187	237	191	190	229
23	江　西	1460	111	202	202	252	302
24	新　疆	1124	101	98	98	118	182
25	吉　林	900	72	89	97	93	152
26	山　西	741	39	92	93	108	125
27	重　庆	698	193	197	158	150	230
28	宁　夏	619	69	80	73	115	153
29	青　海	492	16	56	83	124	121
30	海　南	378	29	14	44	74	101
31	西　藏	182	8	28	36	44	48

2021年林业和草原植物新品种统计分析

植物新品种是指经过人工培育或者对发现的野生植物加以开发，具有新颖性、特异性、一致性和稳定性并适当命名的植物品种。

一、总量分析

2021年，国家林业和草原局植物新品种保护办公室共受理植物新品种权申请1442件，同比增加37.73%，授予植物新品种权761件，同比增加72.56%。截至2021年年底，国家林业和草原局已受理国内外植物新品种申请7008件，授予植物新品种权3404件。2016年以来，林业植物新品种的申请量和授权量均快速增长（表13，图14）。

表13　1999—2021年林业植物新品种申请量和授权量统计　　单位：件

年度	申请量			授权量		
	国内申请人	国外申请人	合计	国内品种权人	国外品种权人	合计
1999	181	1	182	6	0	6
2000	7	4	11	18	5	23
2001	8	2	10	19	0	19
2002	13	4	17	1	0	1
2003	14	35	49	7	0	7
2004	17	19	36	16	0	16
2005	41	32	73	19	22	41
2006	22	29	51	8	0	8
2007	35	26	61	33	45	78
2008	57	20	77	35	5	40
2009	62	5	67	42	13	55
2010	85	4	89	26	0	26
2011	123	16	139	11	0	11
2012	196	26	222	169	0	169
2013	169	8	177	115	43	158
2014	243	11	254	150	19	169
2015	208	65	273	164	12	176
2016	328	72	400	178	17	195
2017	516	107	623	153	7	160
2018	720	186	906	359	46	405
2019	656	146	802	351	88	439
2020	897	150	1047	332	109	441
2021	1225	217	1442	637	124	761
合计	5823	1185	7008	2849	555	3404

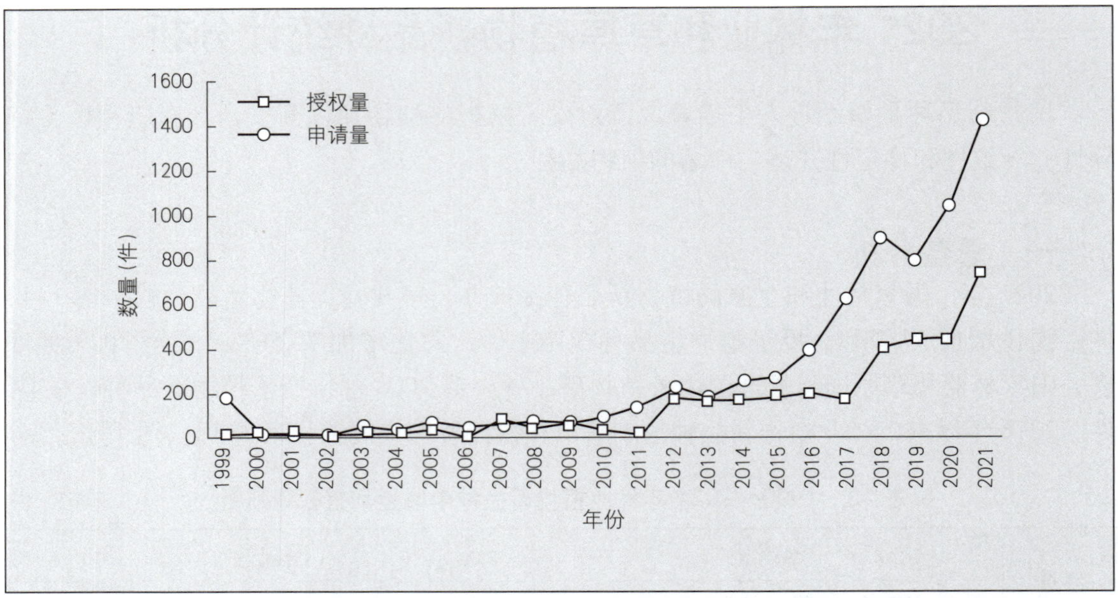

图 14　1999—2021 年林业植物新品种申请量和授权量变化趋势

二、授权品种分析

1. 植物类别分析

林业授权植物新品种的植物类别以木本观赏植物为主，2021 年，林业授权植物新品种中，观赏植物 600 件，占年度授权总量的 78.84%，其次是林木 66 件（8.67%）、经济林 80 件（10.51%）、竹 9 件（1.18%）。截至 2021 年年底，在林业授权植物新品种中观赏植物 2279 件，占总量的 66.97%，其次是林木 538 件（15.81%）、经济林 477 件（14.01%）（表 14，图 15）。

表 14　1999—2021 年林业授权植物新品种中不同植物类别的授权量统计　单位：件

年份	林木	经济林	观赏植物	竹	木质藤本	其他	合计
1999	6	0	0	0	0	0	6
2000	3	0	20	0	0	0	23
2001	2	2	14	0	0	1	19
2002	0	1	0	0	0	0	1
2003	6	1	0	0	0	0	7
2004	6	4	5	0	0	1	16
2005	3	1	34	0	0	3	41
2006	5	0	3	0	0	0	8
2007	7	1	70	0	0	0	78
2008	10	6	19	1	0	4	40
2009	14	1	39	0	0	1	55
2010	10	6	10	0	0	0	26

（续）

年份	林木	经济林	观赏植物	竹	木质藤本	其他	合计
2011	2	1	5	0	0	3	11
2012	27	20	113	0	2	7	169
2013	34	9	114	1	0	0	158
2014	24	13	121	1	0	10	169
2015	31	28	106	1	2	8	176
2016	44	40	104	2	3	2	195
2017	18	17	120	1	1	3	160
2018	62	99	238	2	3	1	405
2019	69	70	287	1	0	12	439
2020	89	77	257	1	0	17	441
2021	66	80	600	9	3	3	761
合计	538	477	2279	20	14	76	3404

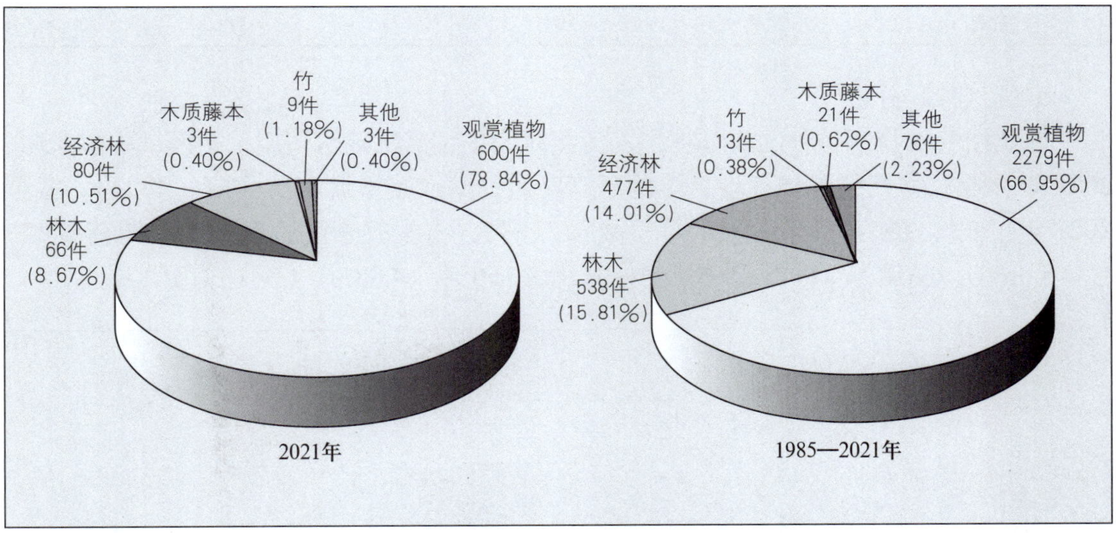

图 15　2021 年、1999—2021 年林业授权植物新品种的不同植物类别统计

2. 申请国家分析

2021 年，国内申请人获得林业植物新品种权 637 件，占年度授权总量的 83.71%，授权品种以蔷薇属、芍药属、杨属、杜鹃花属为主；在国外申请人中，有 8 个国家的品种权人获得林业植物新品种授权 124 件，占年度授权总量的 16.29%，授权品种以蔷薇属为主。截至 2021 年年底，国内申请人获得林业植物新品种权 2849 件，占授权总量的 83.70%，授权品种以蔷薇属、芍药属、杨属、杜鹃花属为主，其次是山茶属、李属；国外共有 12 个国家的品种权人在中国获得林业植物新品种权 555 件，占授权总量的 16.30%，授权品种以蔷薇属为主，其次是越橘属和大戟属，授权量最多的国家是荷兰，共 198 件，其次是德国（86 件）、法国（85 件）、美国（64 件）、英国（40 件）、丹麦（32 件）、澳大利亚（26 件）（表 15）。

表 15　1999—2021 年林业授权植物新品种中各国的授权量统计　　单位：件

排名	国家	1999—2021 年授权总量	2021年授权量	主要植物属种
1	中国	2849	637	蔷薇属、芍药属、杨属、杜鹃花属
2	荷兰	198	66	蔷薇属
3	德国	86	17	蔷薇属、大戟属
4	法国	85	21	蔷薇属
4	美国	64	5	越橘属、悬钩子属
6	英国	40	3	蔷薇属
7	丹麦	32	0	蔷薇属
8	澳大利亚	26	5	越橘属、大戟属
9	日本	9	3	柿、杜鹃花属
10	比利时	6	0	杜鹃花属
11	意大利	4	0	蔷薇属
12	西班牙	4	4	越橘属
13	新西兰	1	0	蔷薇属
合计		3404	761	

3. 属（种）分析

林业授权植物新品种的属（种）以蔷薇属为主，其次是芍药属、杨属、杜鹃花属。2021 年林业植物新品种授权量最多的是蔷薇属，其次是李属和芍药属（图 16）。截至 2021 年年底，授权量最多的依次是蔷薇属 711 件，占授权总量的 20.89%，芍药属 173 件（5.08%）、杨属 170 件（4.99%）、杜鹃花属 166 件（4.88%）（表 16，图 17）。

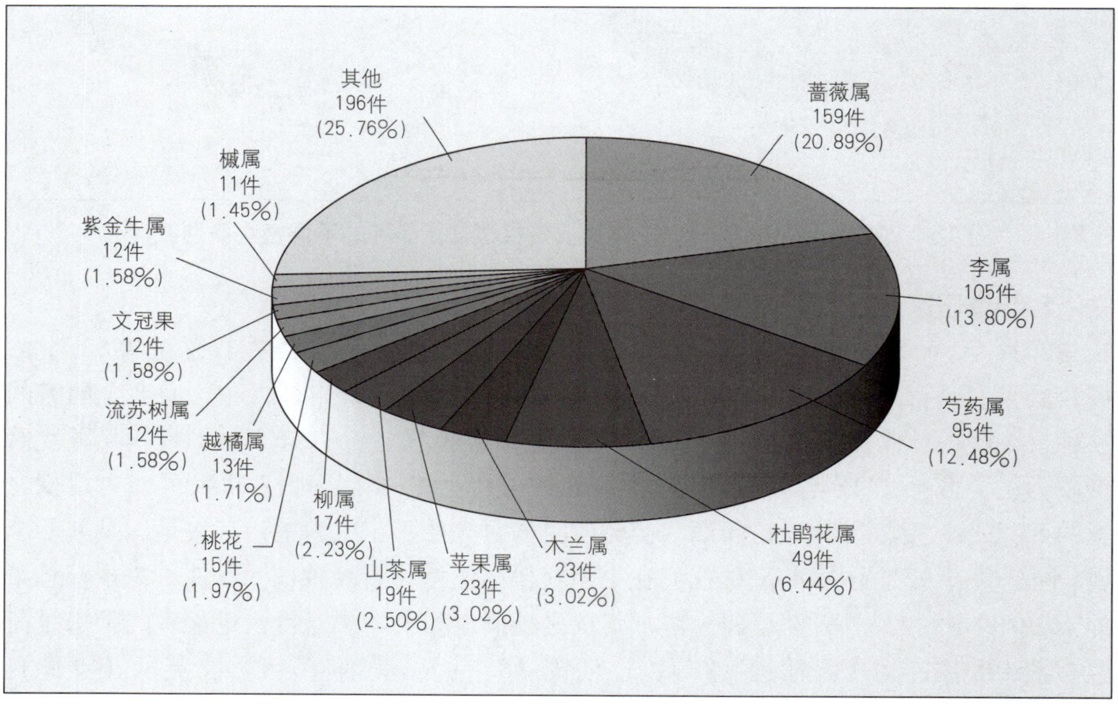

图 16　2021 年林业授权植物新品种的属（种）统计

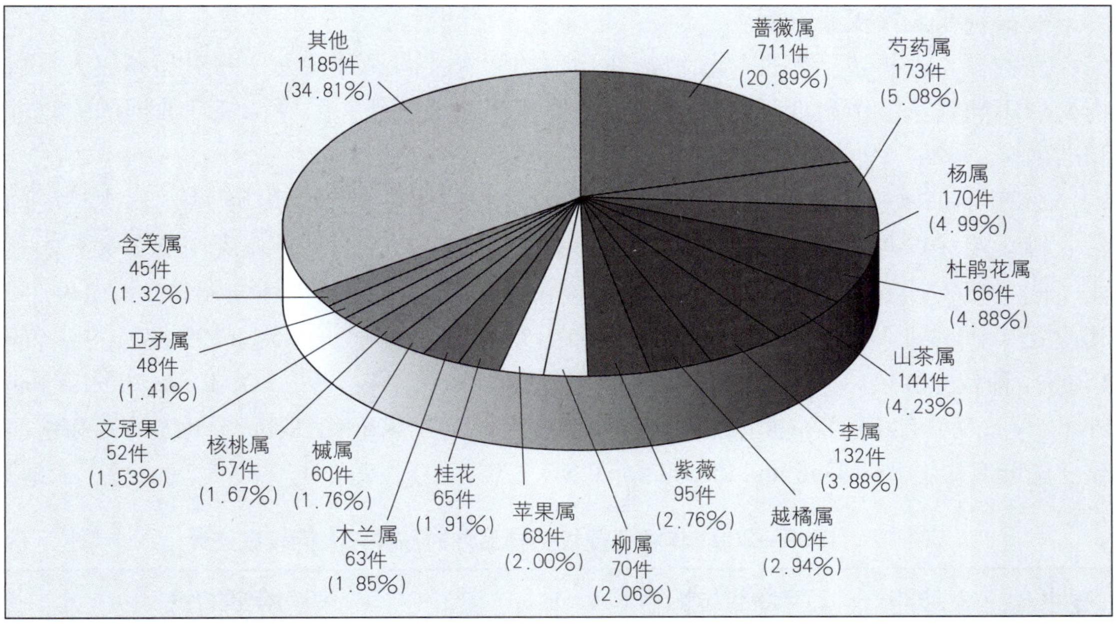

图 17　1999—2021 年林业授权植物新品种的属（种）统计

表 16　1999—2021 年各国授权品种的属（种）授权量统计　　单位：件

属（种）	1999—2021年授权总量													
	中国	荷兰	德国	法国	美国	英国	丹麦	澳大利亚	日本	比利时	西班牙	意大利	新西兰	合计
蔷薇属	286	190	71	85	3	36	32	3	0	0	0	4	1	711
芍药属	173	0	0	0	0	0	0	0	0	0	0	0	0	173
杨属	170	0	0	0	0	0	0	0	0	0	0	0	0	170
杜鹃花属	157	0	0	0	0	0	0	0	3	6	0	0	0	166
山茶属	144	0	0	0	0	0	0	0	0	0	0	0	0	144
李属	132	0	0	0	0	0	0	0	0	0	0	0	0	132
越橘属	55	0	0	0	28	0	0	13	0	0	4	0	0	100
紫薇	95	0	0	0	0	0	0	0	0	0	0	0	0	95
柳属	70	0	0	0	0	0	0	0	0	0	0	0	0	70
苹果属	68	0	0	0	0	0	0	0	0	0	0	0	0	68
桂花	65	0	0	0	0	0	0	0	0	0	0	0	0	65
木兰属	63	0	0	0	0	0	0	0	0	0	0	0	0	63
槭属	56	0	0	0	4	0	0	0	0	0	0	0	0	60
核桃属	57	0	0	0	0	0	0	0	0	0	0	0	0	57
文冠果	52	0	0	0	0	0	0	0	0	0	0	0	0	52
卫矛属	48	0	0	0	0	0	0	0	0	0	0	0	0	48
含笑属	45	0	0	0	0	0	0	0	0	0	0	0	0	45
杏	37	0	0	0	2	0	0	0	0	0	0	0	0	39
大戟属	3	2	15	0	7	0	0	10	0	0	0	0	0	37
榆属	33	0	0	0	0	0	0	0	0	0	0	0	0	33
牡丹	33	0	0	0	0	0	0	0	0	0	0	0	0	33
其他	1007	6	0	0	20	4	0	0	6	0	0	0	0	1043
合计	2849	198	86	85	64	40	32	26	9	6	4	4	1	3404

4. 品种权人授权量分析

品种权人分析包括每件授权植物新品种的所有共同品种权人，并对品种权人（机构）的不同写法、历史变迁和异名进行了规范化加工整理，以保持统计数据的完整性和准确性。

2021 年，林业植物新品种授权量最多的是北京林业大学，共 55 件，其次是中国农业科学院（47 件）和南京林业大学（35 件）；排名前 15 的品种权人中有 3 家外国企业。截至 2021 年年底，林业植物新品种授权总量最多的是北京林业大学，共 249 件，其次是中国林业科学研究院（201 件）和山东省林业科学研究院（129 件）；排名前 15 的品种权人中有 3 家外国企业，分别是迪瑞特知识产权公司（De Ruiter Intellectual Property B.V.）（80 件）、德国科德斯月季育种公司（W. Korder'Sohne）（43 件）和法国玫兰国际有限公司（Meilland International S.A）（39 件）（表 17）。

表 17　1999—2021 年林业授权植物品种的品种权人授权量统计　　单位：件

序号	1999—2021年授权总量		序号	2021年授权量	
	品种权人	授权量		品种权人	授权量
1	北京林业大学	249	1	北京林业大学	55
2	中国林业科学研究院	201	2	中国农业科学院	47
3	山东省林业科学研究院	129	3	南京林业大学	35
4	中国科学院	102	4	广州天适集团有限公司	31
5	南京林业大学	94	5	广州旺地园林工程有限公司	29
6	迪瑞特知识产权公司（De Ruiter Intellectual Property B.V.）	80	6	荷兰多盟集团公司（Dümmen Group B.V.）	28
7	中国农业科学院	74	7	甘肃省林业科技推广站	26
8	山东农业大学	71	8	宁波北仑亿润花卉有限公司	25
9	湖南省林业科学院	60	9	中国林业科学研究院	25
10	云南省农业科学院	54	10	迪瑞特知识产权公司（De Ruiter Intellectual Property B.V.）	24
11	棕榈生态城镇发展股份有限公司	50	11	陕西省西安植物园	24
12	江苏省林业科学研究院	48	12	韶关市旺地樱花种植有限公司	22
13	德国科德斯月季育种公司（W. Korder'Sohne）	43	13	英德市旺地樱花种植有限公司	22
14	宁波北仑亿润花卉有限公司	42	14	中国科学院	22
15	昆明杨月季园艺有限责任公司	39	15	尼尔普国际有限公司（NIRP INTERNATIONAL SA）	21
15	法国玫兰国际有限公司（Meilland International S.A）	39			

5. 品种权人构成分析

品种权人构成分析以第一品种权人类型进行统计。2021 年，林业植物新品种的品种权人以企业为主，共获得植物新品种权 303 件（39.82%），其次是科研院所 197 件（25.89%）和高等院校 131 件（17.21%）。截至 2021 年年底，林业植物新品种的品种权人以企业和科研院所为主，分别获得植物新品种权 1349 件和 958 件，分别占总量的 39.63% 和 28.14%，其次是高等院校 595 件（17.48%）（图 18，表 18）。

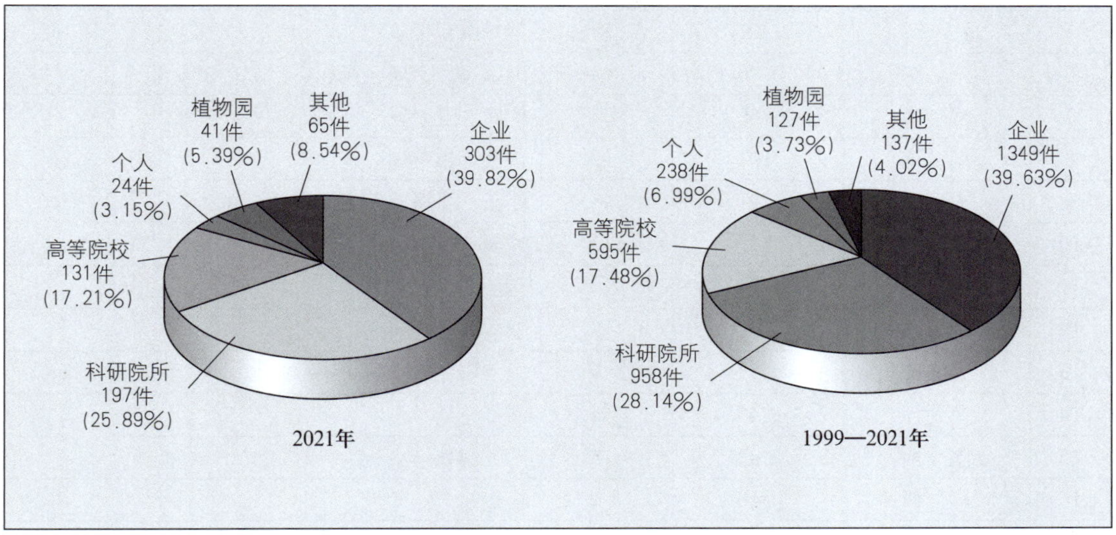

图 18　2021 年、1999—2021 年林业授权植物新品种品种权人构成统计

表 18　1999—2021 年林业授权品种中不同植物类别品种权人授权量统计　单位：件

品种权人 植物类别	企业	科研院所	高等院校	个人	其他	植物园	合计
观赏植物	1083	425	344	164	107	123	2246
林木	105	265	135	45	10	1	561
经济林	116	236	93	26	14	2	487
其他	41	17	11	3	4	0	76
竹	0	11	9	0	0	0	20
木质藤本	4	4	3	0	2	1	14
合计	1349	958	595	238	137	127	3404

6. 授权品种地域分析

授权品种地域分析根据品种培育地进行统计。2021 年，全国共有 26 个省（自治区、直辖市）获得林业植物新品种权，授权量最多的是北京，共 119 件，占国内授权总量的 18.68%，其次是山东（69 件）、浙江（64 件）和广东（60 件）。截至 2021 年年底，全国共有 28 个省（自治区、直辖市）获得林业植物新品种权，授权量最多的是北京，共 533 件，占国内授权总量的 18.71%，其次是山东、浙江和云南。北京以芍药属、山东以柳属、浙江以杜鹃花属、云南以蔷薇属为主要授权品种（表 19）。

表 19　1999—2021 年全国各省（自治区、直辖市）新品种授权量统计　单位：件

序号	省（自治区、直辖市）	1999-2021年授权总量	2021年授权量	主要属（种）
1	北　京	533	119	芍药属、杨属、蔷薇属
2	山　东	384	69	柳属、苹果属、李属
3	浙　江	330	64	杜鹃花属、紫薇、山茶属
4	云　南	238	35	蔷薇属
5	江　苏	201	58	苹果属、柳属
6	广　东	196	60	山茶属、李属、桉属
7	河　南	160	33	杨属、卫矛属
8	湖　南	101	27	紫薇、山茶属
9	福　建	91	48	桂花、李属、紫金牛属
10	河　北	79	13	榆属、板栗、枣属
11	甘　肃	74	27	芍药属、牡丹
12	辽　宁	72	8	越橘属
13	上　海	57	9	山茶属、木瓜属
14	黑龙江	45	4	锦带花属
15	陕　西	42	18	木兰属
16	广　西	40	1	桂花
17	四　川	33	14	木槿属、核桃属、花椒属
18	江　西	28	3	南酸枣
19	湖　北	27	7	悬铃木属
20	宁　夏	27	2	枸杞属
21	内蒙古	25	5	杨属、圆柏属
22	安　徽	21	4	杜鹃花属、楝属
23	山　西	17	1	核桃属、皂荚属
24	新　疆	12	5	核桃属
25	贵　州	7	2	方竹属、蔷薇属
26	吉　林	4	1	越橘属
27	天　津	4	0	杨属
28	重　庆	1	0	桂花
	合　计	2849	637	

三、品种申请分析

2021 年，林业植物新品种申请量共 1442 件，其中，国内申请 1225 件，占申请量的 84.95%，国外申请 217 件（15.05%）。截至 2021 年年底，林业植物新品种申请量共 7008 件，其中，国内申请 5823 件，占申请量的 83.09%，国外申请 1185 件（16.91%）。

1. 属（种）分析

2021 年，林业植物新品种申请以蔷薇属为主，共 232 件，占年度申请总量的 16.09%，其次是李属 66 件（4.58%）、丁香属 60 件（4.16%）、绣球属 53 件（3.68%）、山茶属 51 件（3.54%）（图 19）。

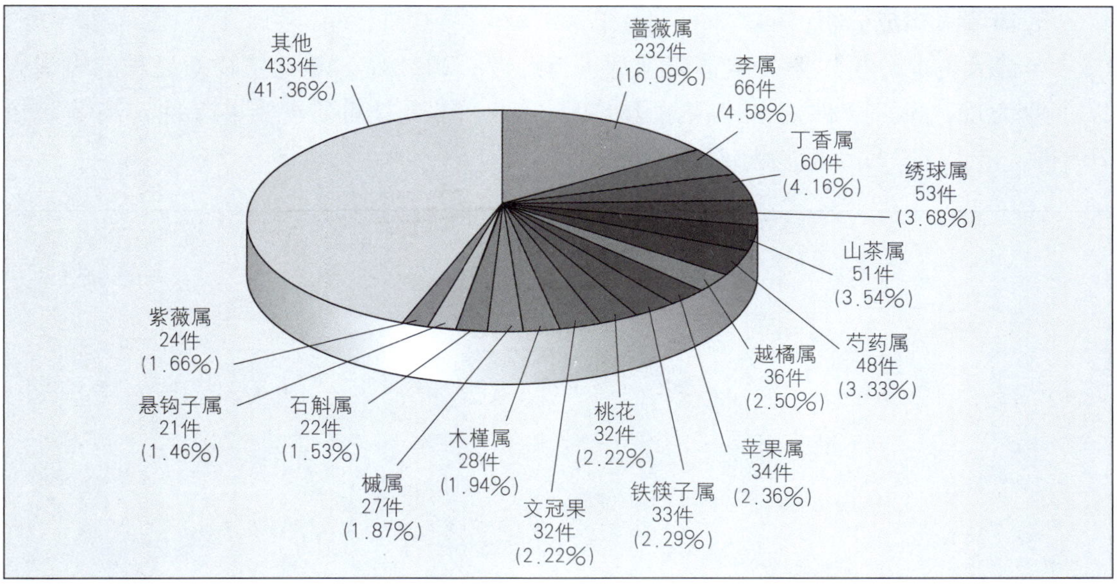

图 19　2021 年申请的林业植物新品种属（种）统计

2. 申请人分析

品种申请人分析包括每件植物新品种的所有共同申请人，并对申请人（机构）的不同写法、历史变迁和异名进行了规范化加工整理，以保持统计数据的完整性和准确性。

2021 年全国共有 392 位申请人申请了林业植物新品种，排名前 3 的是中国科学院（65 件）、中国林业科学研究院（60 件）和南京林业大学（55 件），排名前 15 的国外申请人共 2 个，分别是德国的约瑟夫海伊格（Josef Heuger）（31 件）和荷兰英特普兰特月季育种公司（Interplant Roses B.V.）（29 件）（表 20）。

表 20　2021 年林业植物新品种申请人的申请量统计　　单位：件

序号	申请人	申请量	主要属（种）
1	中国科学院	65	芍药属、兜兰属、紫薇属
2	中国林业科学研究院	60	山茶属、卡特兰属、皂荚属
3	南京林业大学	55	苹果属、安息香属
4	北京林业大学	51	文冠果、蜡梅
5	杭州市园林绿化股份有限公司	47	绣球属、冬青属
6	扬州小苹果园艺有限公司	35	苹果属
7	北京农学院	33	丁香属
8	约瑟夫海伊格（Josef Heuger）	31	铁筷子属
9	荷兰英特普兰特月季育种公司（Interplant Roses B.V.）	29	蔷薇属
10	三明市农业科学研究院	24	石斛属、黄精属
11	王新留	23	石楠属、黄杨属
12	中国热带农业科学院热带作物品种资源研究所	23	叶子花属、木槿属
13	山东省林业科学研究院	21	槐属
14	江苏省林业科学研究院	20	柳属、槭属
15	英德市旺地樱花种植有限公司	19	李属
15	云南省农业科学院	19	大丽花属、杜鹃花属

3. 申请人构成分析

申请人构成分析以第一申请人类型进行统计。2021 年，林业植物新品种的申请人以企业为主，共 514 件，占申请总量的 35.65%，其次是科研院所 422 件，高等院校 268 件，个人 117 件，植物园 44 件（图 20）。

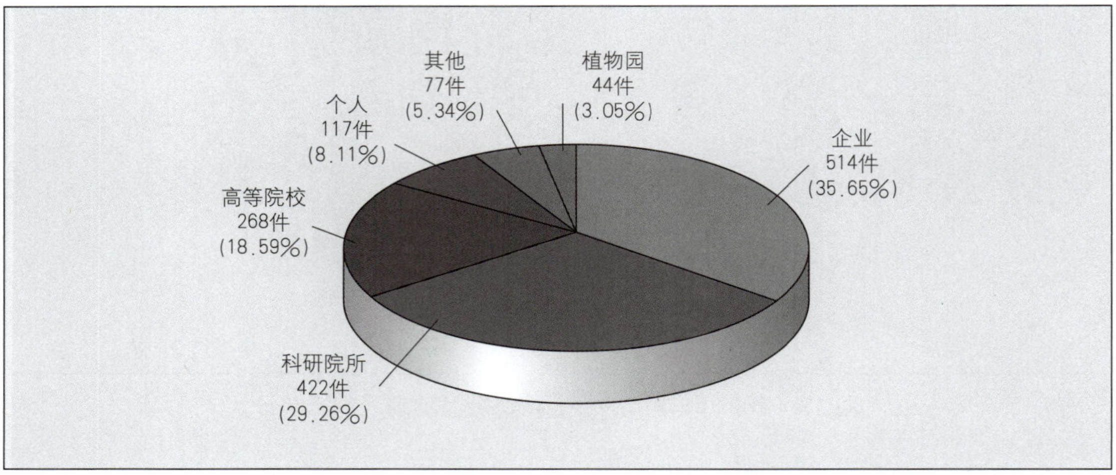

图 20　2021 年林业植物新品种申请人构成统计

4. 申请人地域分析

从申请人国家来看，2021 年共有 12 个国家申请了林业植物新品种，按申请量依次是中国（1225 件）、荷兰（47 件）、德国（46 件）、法国（40 件）、美国（26 件）、日本（21 件）、澳大利亚（15 件）、英国（10 件）、墨西哥（6 件）、以色列（4 件）、意大利（1 件）、厄瓜多尔（1 件）。

从国内申请人的地域分布来看，申请量最多的是江苏，共 151 件，占国内申请量的 12.33%，其次是山东（130 件）、北京（120 件）、浙江（105 件）、云南（93 件）、河北（79 件）、广东（76 件）、河南（72 件）、福建（70 件）（图 21）。（马文君、段经华）

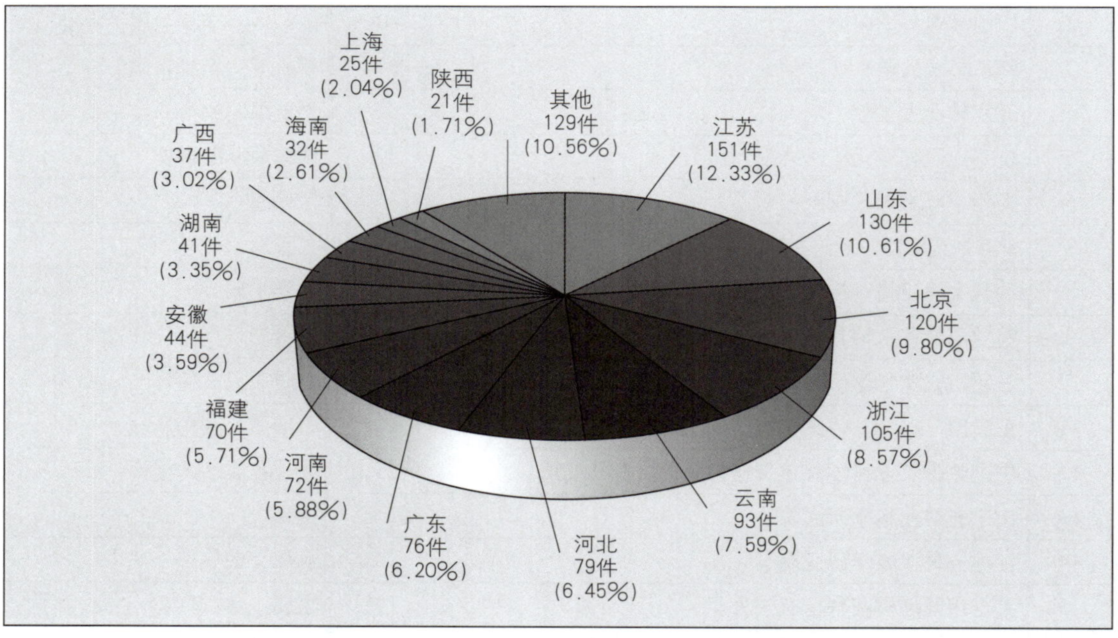

图 21　2021 年国内林业植物新品种申请人地域分布

2021 年林产品地理标志统计分析

林产品地理标志是指林产品来源于特定地域，产品品质和相关特性主要取决于该地域的自然生态环境和历史人文因素，并经审核批准以地域名称冠名的特有林产品标志。地理标志属于特定领域的知识产权，许多林产品都具有地理标志特性。

根据中国农业农村部网站和国家知识产权局公告统计，2021 年注册和登记的林产品地理标志共 157 件，占林产品地理标志总量的 10.6%（图 22）。2021 年，枣、核桃和花椒的地理标志数量较多，分别为 17 件、8 件和 6 件（表 21）。

截至 2021 年年底，我国已注册和登记的林产品地理标志共 1482 件，主要有核桃、枣、板栗、木耳和花椒等。从林产品地理标志地域分布来看，四川和山东的地理标志数量较多，分别为 148 件和 133 件，占总量的 10% 和 9%（表 22）。（范圣明）

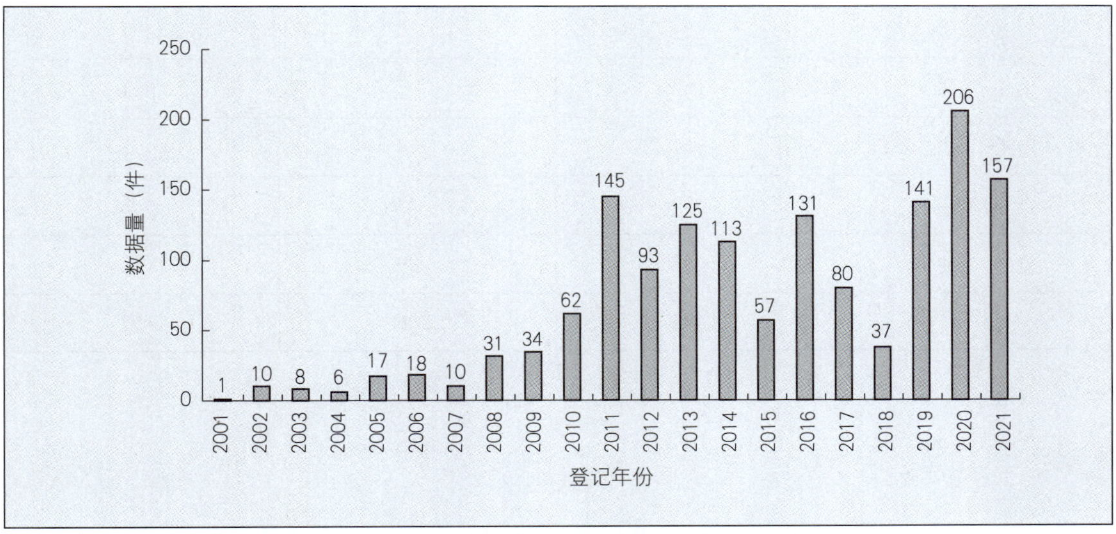

图 22　2001—2021 年注册和登记的林产品地理标志数量统计

表 21　2001—2021 年主要林产品地理标志登记量统计

产品类别	累计总量	2020年	2021年
枣	151	9	17
核桃	143	9	8
板栗	74	7	1
木耳	52	5	1
花椒	52	5	6
杏	46	6	2
枸杞	30	0	4
油茶（含茶油）	27	6	2
其他	907	159	116
合计	1482	206	157

表 22　2001—2021 年主要省份林产品地理标志登记量统计

省份	累计总量	2020年	2021年
四　川	148	17	17
山　东	133	14	9
河　北	78	15	11
湖　北	70	5	6
浙　江	69	19	6
福　建	67	12	8
甘　肃	66	13	9
安　徽	64	8	7
山　西	62	7	11
陕　西	61	4	3
云　南	59	3	8
其　他	605	89	62
合　计	1482	206	157

2021 年林业著作权统计分析

1. 林业和草原图书

2021 年，全国共出版图书 280328 种（中宣部出版物数据中心统计），其中，科技类图书 56605 种，比 2020 年增长 11%。生物科学、农业科学、生态环境等与林业和草原相关的出版图书品种与 2020 年相比有小幅度增长，其中，生态修复、自然保护区、生物多样性、环境保护等主题图书增长明显。2021 年出版的主要林业和草原图书共 432 种。

2021 年 5 月，“十三五”国家重点图书出版规划项目、国家出版基金资助项目《中国主要树种造林技术（第二版）》新书发布会在京举行。该书整个编写出版过程历时 5 年，涵盖的树种数量从第一版的 200 多种扩充到 500 多种，集成了最新的森林培育研究成果和生产技术。全国共有 80 余家高等院校和科研院所的 500 多位专家参与了该书的编著。从内容上，该书第二版弱化了树种分类特征，强化了良种选育、苗木培育、林木培育、有害生物防治、材性及用途（综合利用），实用价值进一步提高，也使该书有别于国外类似图书，体现了其在国际上独一无二的领先地位。

2021 年 6 月，中宣部 2020 年主题出版重点出版物《中国科技之路：林草卷——绿水青山》正式出版发布。林草卷共分 3 篇，首篇简要回顾总结了新中国林草科技的发展历程；第二篇重点介绍了林草科技重大成果；第三篇分析了林草科技面临形势和挑战，提出了今后工作措施和攻关方向，描绘了未来科技发展蓝图。该书集中展现了在中国共产党的领导下，我国林草科技走过的光辉历程、取得的重要成果以及未来发展趋势和蓝图，向建党 100 周年献礼。

2021 年，由中国林业出版社出版的“十三五”国家重点图书出版规划项目、国家出版基金资助项目《中国南海诸岛植物志》（中、英文版）荣膺第五届中国出版政府奖图书奖提名奖。该书为我国南海诸岛植物区系与植被的研究，以及生物多样性的保护与可持续利用提供了翔实的第一手资料，填补了我国长久以来缺乏全面了解南海诸岛植物资源状况的空白。

2021 年度列入国家出版基金资助项目的林草相关学科重点图书主要有：《中国东南沿海植被书系》《草业大辞典（第二版）》《三江源国家公园自然图鉴》《青藏高原冰缘带植物志（上、下卷）》《内蒙古湿地鸟类》。2021 年度列入国家科学技术学术著作出版基金资助项目的林草相关图书主要有：《北方草甸与草甸草原退化治理：理论、技术与模式》《木质材料的核磁共振弛豫行为》《秦巴山脉区域绿色循环发展战略研究（林业发展卷）》《植物与昆虫的相互作用》《秦巴山脉区域绿色循环发展战略研究（生态价值评估及保护发展卷）》《植物蛋白质柔性化加工理论与应用》。

2021 年，第十届梁希科普奖获奖图书中，《盐城湿地我的家》《中国竹类植物图鉴》获得一等奖，《广东梧桐山国家森林公园手绘昆虫笔记》《探秘野生动物与病原体》分别获得二、三等奖。

2021 年是“十四五”的起始年，国家新闻出版署印发了《出版业“十四五”时期发展规划》，其中，图书项目有 1753 个，《植物科属大辞典》《长江流域生态景观史丛书》《中国气候与生态环境演变丛书》《中国沙漠志》《中国生物多样性格局与自然保护地体系规划》《中国植被图丛书》《湖北植物志》《东北植物检索图志》《中国珍稀濒危植物孢粉图谱》《中国野生动物图谱》《新版国家重点保护野生动物图录》《浙江昆虫志》《中国山水林田湖草生态产品监测评估及绿色核算系列丛书》《中国木材志（彩色版）》《中国森林学原理》等林草相关学科图书被列入“十四五”重点出版图书规划。

2. 林业软件著作权

软件著作权是指软件的开发者或者其他权利人依据有关著作权法律的规定，对于软件作品所享有的各项专有权利。软件著作权经过登记后，软件著作权人享有发表权、开发者身份权、使用权、使用许可权和获得报酬权。林业软件著作权指与林业相关的软件著作权。

根据中国版权保护中心计算机软件著作权登记公告统计，2021 年林业软件著作权登记共 1545 项，2021 年登记量排名前 3 的软件著作权人分别是：北京林业大学（515 项）、西北农林科技大学（253 项）和西南林业大学（227 项）（表 23）。

截至 2021 年年底，登记的林业软件著作权共 15185 项，其中，2021 年的软件著作权登记量占 10.2%。软件著作权人主要来自林业高等院校、科研院所及相关的林业企业。林业软件著作权登记总量排名前 5 的软件著作权人分别是北京林业大学（2868 项）、南京林业大学（2240 项）、西北农林科技大学（1624 项）、中国林业科学研究院（748 项）和西南林业大学（646 项）（表 23）。（孙小满、范圣明）

表 23　2001—2021 年林业软件著作权登记量统计

序号	软件著作权人	累计登记总量	2020年登记量	2021年登记量
1	北京林业大学	2868	213	515
2	南京林业大学	2240	708	6
3	西北农林科技大学	1624	245	253
4	中国林业科学研究院	748	87	167
5	西南林业大学	646	264	227
6	浙江农林大学	520	80	53
7	东北林业大学	426	50	21
8	中南林业科技大学	400	67	38
9	其他	5713	427	265
合计		15185	2141	1545

附　表

附表1　2021年林业和草原授权植物新品种

序号	品种权号	品种名称	属（种）	品种权人	培育人	申请号	申请日	授权日
1	20210231	阿尼尔乐（ARNEORLE）	蔷薇属	ARBA 公司（ARBA BV）	艾尔·皮·德布林（Ir P de Bruin）	20190690	20190926	20210625
2	20210118	阿萨薇吉（ARSWEJU）	蔷薇属	ARBA 公司（ARBA BV）	艾尔·皮·德布林（Ir P de Bruin）	20190192	20190129	20210625
3	20210657	希尔斯塔（HILstar）	蔷薇属	EG 希尔公司（EG Hill Company Inc）	迪恩·如勒（Dean Rule）	20200543	20200717	20211231
4	20210658	扎斯普瑞（ZARspray）	蔷薇属	EG 希尔公司（EG Hill Company Inc）	迪恩·如勒（Dean Rule）	20200544	20200717	20211231
5	20210712	希尔普拉姆（HILplum）	蔷薇属	EG 希尔公司（EG Hill Company Inc）	迪恩·如勒（Dean Rule）	20200671	20200821	20211231
6	20210552	艳红	槭属	安徽东方金桥农林科技股份有限公司、安徽东方金桥种苗科技有限公司、安徽省林业科技推广总站	丁增成、丁燕、陈峰	20200520	20200715	20211021
7	20210465	皖娇	杜鹃花属	安徽农业大学、六安市郁花园园艺有限公司	王华、何玉敏、王华斌、郁书俊	20200209	20200331	20211021
8	20210460	美雪	木犀属	安徽润一生态建设有限公司、段一凡	汪小飞、王贤荣、赵昌恒、段一凡、王玉义	20200196	20200316	20211021
9	20210631	红琊栎	栎属	安徽省林业科学研究院	吴中能、王新洋、台建武、王懿君、刘俊龙、苗婷婷、张春祥、曹志华、孙慧、陈郢	20200294	20200416	20211231
10	20210561	本朴丽 1095（BONPRI1095）	大戟属	澳大利亚本雅植物有限公司（Bonza Botanicals Pty Ltd）	安德鲁·伯纽兹（Andrew Bernuetz）	20180351	20180703	20211231
11	20210562	本朴丽 9172（BONPRI9172）	大戟属	澳大利亚本雅植物有限公司（Bonza Botanicals Pty Ltd）	安德鲁·伯纽兹（Andrew Bernuetz）	20180352	20180703	20211231
12	20210466	格拉 14525（GRA14525）	蔷薇属	澳大利亚巨花苗圃有限公司（Grandiflora Nurseries Pty Ltd）	HE 舒德尔斯（HESchreuders）	20200210	20200331	20211021
13	20210252	助邦榆	榆属	保定筑邦园林景观工程有限公司	高龙肖、岳彩伟	20200059	20191217	20210625
14	20210254	美脉榆	榆属	保定筑邦园林景观工程有限公司	高龙肖、岳彩伟	20200068	20191225	20210625
15	20210363	京红飞荷	芍药属	北京国色牡丹科技有限公司	成信云、陶熙文	20190294	20190411	20211021
16	20210364	京龙耀辉	芍药属	北京国色牡丹科技有限公司	成信云、陶熙文	20190296	20190411	20211021
17	20210365	京霜紫	芍药属	北京国色牡丹科技有限公司	成信云、陶熙文	20190297	20190411	20211021
18	20210366	京妫紫	芍药属	北京国色牡丹科技有限公司	成信云、陶熙文	20190300	20190411	20211021

（续）

序号	品种权号	品种名称	属（种）	品种权人	培育人	申请号	申请日	授权日
19	20210367	京绣	芍药属	北京国色牡丹科技有限公司	成信云、陶熙文	20190301	20190411	20211021
20	20210368	京燕绯	芍药属	北京国色牡丹科技有限公司	成信云、陶熙文、王旭	20190302	20190411	20211021
21	20210371	京绢	芍药属	北京国色牡丹科技有限公司、北京林业大学	成信云、成仿云、陶熙文、钟原	20190308	20190411	20211021
22	20210372	京钩紫	芍药属	北京国色牡丹科技有限公司、北京林业大学	成信云、成仿云、陶熙文、钟原	20190310	20190411	20211021
23	20210373	京优王	芍药属	北京国色牡丹科技有限公司、北京林业大学	成信云、成仿云、陶熙文	20190311	20190411	20211021
24	20210374	京玉香	芍药属	北京国色牡丹科技有限公司、北京林业大学	王旭、成信云、成仿云、陶熙文、郭鑫	20190312	20190411	20211021
25	20210096	玉蝴蝶	连翘属	北京林业大学	潘会堂、申建双、张启翔、马帅、程堂仁、王佳	20180819	20181207	20210625
26	20210097	日晕	连翘属	北京林业大学	潘会堂、张启翔、申建双、马帅、程堂仁、王佳	20180820	20181207	20210625
27	20210098	素衣	连翘属	北京林业大学	潘会堂、申建双、张启翔、马帅、程堂仁、王佳	20180821	20181207	20210625
28	20210099	纷飞	连翘属	北京林业大学	潘会堂、申建双、张启翔、马帅、程堂仁、王佳	20180822	20181207	20210625
29	20210100	玉堇	连翘属	北京林业大学	潘会堂、申建双、张启翔、马帅、程堂仁、王佳	20180823	20181207	20210625
30	20210101	侏玉	连翘属	北京林业大学	潘会堂、申建双、张启翔、马帅、程堂仁、王佳	20180824	20181207	20210625
31	20210102	紫盈	连翘属	北京林业大学	潘会堂、申建双、张启翔、马帅、程堂仁、王佳	20180825	20181207	20210625
32	20210284	幻蝶	蔷薇属	北京林业大学	罗乐、张启翔、潘会堂、于超、王金耀、徐庭亮、赵红霞、王蕴红、程堂仁、王佳	20170389	20170719	20211021
33	20210304	海螺	蔷薇属	北京林业大学	于超、张启翔、杨玉勇、罗乐、潘会堂、韩瑜、周利君	20180476	20180822	20211021
34	20210355	京红插翠	芍药属	北京林业大学	钟原、成仿云、郭鑫	20190284	20190411	20211021
35	20210356	京墨楼烟	芍药属	北京林业大学	成仿云、钟原、刘娜	20190285	20190411	20211021
36	20210357	京都紫	芍药属	北京林业大学	成仿云、钟原	20190287	20190411	20211021
37	20210358	京冠紫	芍药属	北京林业大学	成仿云、钟原、郭鑫	20190288	20190411	20211021
38	20210359	京鹤妫	芍药属	北京林业大学	成仿云、郭鑫、钟原	20190289	20190411	20211021

（续）

序号	品种权号	品种名称	属（种）	品种权人	培育人	申请号	申请日	授权日
39	20210360	京玉丹	芍药属	北京林业大学	成仿云、崔虎亮、郭鑫	20190290	20190411	20211021
40	20210361	京明粉	芍药属	北京林业大学	成仿云、钟原	20190291	20190411	20211021
41	20210362	京魅蓝	芍药属	北京林业大学	郭鑫、成仿云、钟原	20190292	20190411	20211021
42	20210395	夏雪斑斓	蔷薇属	北京林业大学	于超、罗乐、周利君、潘会堂、张启翔	20190566	20190821	20211021
43	20210396	秋日余晖	蔷薇属	北京林业大学	于超、周利君、罗乐、潘会堂、张启翔	20190567	20190821	20211021
44	20210442	高原翠柳	柳属	北京林业大学	周金星、罗久富、普布次仁、王玉婷	20200170	20200313	20211021
45	20210443	高原华柳	柳属	北京林业大学	周金星、罗久富、拉顿、格桑曲珍、王玉婷	20200171	20200313	20211021
46	20210444	高原贞柳	柳属	北京林业大学	周金星、罗久富	20200172	20200313	20211021
47	20210445	高原珠柳	柳属	北京林业大学	周金星、罗久富、拉顿、赵俊、格桑曲珍	20200173	20200313	20211021
48	20210446	高原嘉柳	柳属	北京林业大学	周金星、罗久富、普布次仁、柯裕州	20200174	20200313	20211021
49	20210447	高原袅柳	柳属	北京林业大学	周金星、罗久富	20200175	20200313	20211021
50	20210448	高原琼柳	柳属	北京林业大学	周金星、罗久富、米玛次仁、柯裕州、赵俊	20200176	20200313	20211021
51	20210449	高原丹柳	柳属	北京林业大学	周金星、罗久富、李桂静	20200177	20200313	20211021
52	20210450	高原茸柳	柳属	北京林业大学	周金星、罗久富、王丽娜、徐赟、郭耀允	20200178	20200313	20211021
53	20210451	高原灰柳	柳属	北京林业大学	周金星、罗久富、徐赟、王丽娜、尤勇刚	20200179	20200313	20211021
54	20210452	高原郁柳	柳属	北京林业大学	周金星、罗久富、米玛次仁、拉顿、赵俊	20200180	20200313	20211021
55	20210566	迷离星际	蔷薇属	北京林业大学	于超、张启翔、杨玉勇、罗乐、潘会堂、万会花、马玉杰	20180477	20180822	20211231
56	20210665	京枫 2 号	枫香属	北京林业大学	张金凤、赵健、张炎、齐帅征、孔立生（LiSheng Kong）、范英明、刘学增、张红喜、康向阳	20200573	20200730	20211231
57	20210666	京枫 3 号	枫香属	北京林业大学	张金凤、范英明、张炎、齐帅征、孔立生（LiSheng Kong）、赵健	20200574	20200730	20211231
58	20210667	京枫 4 号	枫香属	北京林业大学	张金凤、赵健、张炎、齐帅征、范英明、孔立生（LiSheng Kong）、陈思源、江帅菲、李云	20200575	20200730	20211231
59	20210668	京枫 5 号	枫香属	北京林业大学	张金凤、齐帅征、张炎、范英明、赵健、王泽伟、董明亮、何清伟、孔立生（LiSheng Kong）	20200576	20200730	20211231
60	20210369	京光红	芍药属	北京林业大学、北京国色牡丹科技有限公司	成仿云、成信云、陶熙文、崔虎亮、钟原	20190305	20190411	20211021

（续）

序号	品种权号	品种名称	属（种）	品种权人	培育人	申请号	申请日	授权日
61	20210370	京羞	芍药属	北京林业大学、北京国色牡丹科技有限公司	成仿云、王旭、成信云、陶熙文、郭鑫	20190306	20190411	20211021
62	20210559	京沧 1 号	枣属	北京林业大学、沧县国家枣树良种基地	庞晓明、孔德仓、曹明、李颖岳、王刚、王爱华、续九如、朱保庆	20180178	20180327	20211231
63	20210463	京沧 6 号	枣	北京林业大学、沧州市农林科学院、沧县国家枣树良种基地	庞晓明、王继贵、薄文浩、曹明、黄素芳、付晶、孔德仓、李颖岳、李美育	20200207	20200330	20211021
64	20210464	京沧 8 号	枣	北京林业大学、沧州市农林科学院、沧县国家枣树良种基地	庞晓明、王继贵、薄文浩、曹明、黄素芳、付晶、孔德仓、李颖岳、李美育	20200208	20200330	20211021
65	20210220	妍雪	文冠果	北京林业大学、辽宁文冠实业开发有限公司	敖妍、雒小菲、颜秉舟、马履一、田秀铭、杨长文、朱菲、姜雅歌	20190607	20190828	20210625
66	20210399	妍柳	文冠果	北京林业大学、辽宁文冠实业开发有限公司	敖妍、刘思雪、颜秉舟、马履一、雒小菲、朱菲、姜雅歌、杨长文、田秀铭	20190608	20190828	20211021
67	20210400	妍雅	文冠果	北京林业大学、辽宁文冠实业开发有限公司	敖妍、朱菲、颜秉舟、马履一、雒小菲、姜雅歌、田秀铭、杨长文	20190610	20190828	20211021
68	20210278	翠玉风铃	木兰属	北京林业大学、三峡大学、五峰博翎红花玉兰科技发展有限公司	马履一、王罗荣、桑子阳、陈发菊、贾忠奎、张德春、朱仲龙、段劼	20160250	20160920	20211021
69	20210036	妍蕊	文冠果	北京林业大学、胜利油田胜大生态林场（东营市试验林场）	敖妍、刘金凤、马履一、张行杰、李勇、朱照明、苏淑钗	20180393	20180710	20210625
70	20210037	妍紫	文冠果	北京林业大学、胜利油田胜大生态林场（东营市试验林场）	敖妍、刘金凤、马履一、张行杰、李勇、朱照明、苏淑钗	20180394	20180710	20210625
71	20210114	紫伊	丁香属	北京农学院	刘建斌、张炎、王文和、赵祥云、王树栋、张克	20190163	20190122	20210625
72	20210115	宇攀	丁香属	北京农学院	刘建斌、张炎、王文和、赵祥云、王树栋、张克	20190164	20190122	20210625
73	20210116	舞遐	丁香属	北京农学院	刘建斌、张炎、王文和、赵祥云、王树栋、张克	20190165	20190122	20210625
74	20210483	娇颜	胡枝子属	北京农学院	杨晓红、冷平生、李伟、胡增辉	20200289	20200412	20211021
75	20210484	扶风	胡枝子属	北京农学院	杨晓红、张克中、李伟、崔金腾、葛伟	20200290	20200412	20211021
76	20210249	金星	杨属	北京农业职业学院	石进朝	20200004	20191202	20210625
77	20210337	燕京彩虹	蔷薇属	北京市园林科学研究院	周燕、冯慧、巢阳、陈晓、陈洪菲、卜燕华	20180871	20181211	20211021
78	20210338	赤壁	蔷薇属	北京市园林科学研究院	周燕、赵世伟、冯慧、吉乃喆、卜燕华	20180873	20181211	20211021
79	20210339	燕山粉	蔷薇属	北京市园林科学研究院、北京林业大学	周燕、高述民、张西西、杨慕菡、孙亚红、马俊丽	20180882	20181211	20211021

（续）

序号	品种权号	品种名称	属（种）	品种权人	培育人	申请号	申请日	授权日
80	20210340	飞燕	蔷薇属	北京市园林科学研究院、北京林业大学	周燕、高述民、杨慕菡、吴洪敏、李纳新	20180883	20181211	20211021
81	20210576	燕京红	蔷薇属	北京市园林科学研究院、北京林业大学	周燕、高述民、杨慕菡、孙亚红、马俊丽	20180881	20181211	20211231
82	20210577	燕京贵妃	蔷薇属	北京市园林科学研究院、北京林业大学	周燕、高述民、丛日晨、杨慕菡、吴洪敏、祝园园	20180885	20181211	20211231
83	20210342	圆月魅影	蔷薇属	北京市园林科学研究院、辽阳市千百汇月季种植专业合作社	陈洪菲、张西西、华莹、樊德新、赵世伟、卜燕华、马俊丽	20190124	20181229	20211021
84	20210343	圆月彩霞	蔷薇属	北京市园林科学研究院、辽阳市千百汇月季种植专业合作社	华莹、陈洪菲、张西西、樊德新、赵世伟、卜燕华、马俊丽	20190126	20181229	20211021
85	20210585	圆月时代	蔷薇属	北京市园林科学研究院、辽阳市千百汇月季种植专业合作社	张春和、张西西、陈洪菲、华莹、樊德新、赵世伟	20190125	20181229	20211231
86	20210592	丹紫 1 号	红豆杉属	曾庆安、张彦文、曾凡广	曾庆安、张彦文、曾凡广	20190280	20190328	20211231
87	20210721	红蕾雪	苹果属	昌邑海棠苗木专业合作社、山东省林业科学研究院、昌邑市林业发展中心	许景伟、胡丁猛、王立辉、姚兴海、囤兴建、明建芹、王清华、刘浦孝	20200686	20200826	20211231
88	20210557	磐甜榧	榧树属	陈红星、张苏炯、姚小华	陈红星、张苏炯、姚小华、李海波、傅志华、卢美芬、杨骏鹏、傅旭红、李公荣、金罗卿	20170231	20170511	20211231
89	20210345	夜华	蔷薇属	成都农业科技职业学院、成都金品花卉种苗有限责任公司	练华山、李春文、吴珊、舒彬、禹婷	20190156	20190116	20211021
90	20210586	流星	蔷薇属	成都农业科技职业学院、四川省植物工程研究院	练华山、许震寰、陈君梅、白为、熊丙全、唐霄铧	20190157	20190116	20211231
91	20210587	九儿	蔷薇属	成都农业科技职业学院、四川省植物工程研究院	练华山、许震寰、欧阳丽莹、阳淑、韩菊兰、李臻	20190158	20190116	20211231
92	20210453	锦碧玉	木槿属	成都市植物园	周安华、朱章顺、李方文、石小庆、刘晓莉、刘川华、高远平、杨苑钊、马娇、杨昌文	20200181	20200311	20211021
93	20210454	彩霞	木槿属	成都市植物园	周安华、李方文、朱章顺、石小庆、高远平、刘晓莉、刘川华、杨苑钊、马娇、杨昌文	20200182	20200311	20211021
94	20210455	金秋颂	木槿属	成都市植物园	周安华、朱章顺、李方文、石小庆、刘晓莉、高远平、刘川华、杨苑钊、王莹、杨昌文	20200183	20200311	20211021

（续）

序号	品种权号	品种名称	属（种）	品种权人	培育人	申请号	申请日	授权日
95	20210456	锦蕊	木槿属	成都市植物园	周安华、李方文、朱章顺、石小庆、刘晓莉、刘川华、高远平、杨苑钊、曾心美、杨昌文	20200184	20200311	20211021
96	20210457	金秋红	木槿属	成都市植物园	周安华、朱章顺、李方文、高远平、石小庆、刘晓莉、刘川华、杨苑钊、王莹、杨昌文	20200185	20200311	20211021
97	20210461	辽冠 8 号	文冠果	大连民族大学、辽宁文冠实业开发有限公司	阮成江、颜如雪、杜维、颜秉舟、丁健、杨长文、顾生金	20200203	20200318	20211021
98	20210638	朝霞	越橘属	大连森茂现代农业有限公司	王贺新、徐国辉	20200327	20200501	20211231
99	20210111	坦 08051EDV（TAN08051EDV）	蔷薇属	德国坦涛月季育种公司（Rosen Tantau KG, Germany）	克里斯汀安 埃维尔斯（Christian Evers）	20190109	20181225	20210625
100	20210334	坦 12320（TAN12320）	蔷薇属	德国坦涛月季育种公司（Rosen Tantau KG, Germany）	克里斯汀安 埃维尔斯（Christian Evers）	20180857	20181207	20211021
101	20210335	坦 12377（TAN12377）	蔷薇属	德国坦涛月季育种公司（Rosen Tantau KG, Germany）	克里斯汀安 埃维尔斯（Christian Evers）	20180858	20181207	20211021
102	20210545	坦 13053（TAN13053）	蔷薇属	德国坦涛月季育种公司（Rosen Tantau KG, Germany）	克里斯汀安 埃维尔斯（Christian Evers）	20200490	20200708	20211021
103	20210595	坦 11273（TAN11273）	蔷薇属	德国坦涛月季育种公司（Rosen Tantau KG, Germany）	克里斯汀安 埃维尔斯（Christian Evers）	20190373	20190605	20211231
104	20210654	坦 12388（TAN12388）	蔷薇属	德国坦涛月季育种公司（Rosen Tantau KG, Germany）	克里斯汀安 埃维尔斯（Christian Evers）	20200489	20200708	20211231
105	20210525	情缘	檵木属	德兴市荣兴苗木有限责任公司	周建荣、张桧、周卫荣、周卫信、王樟富、倪尉廷	20200434	20200628	20211021
106	20210119	瑞克 1938B（RUICK1938B）	蔷薇属	迪瑞特知识产权公司（De Ruiter Intellectual Property BV）	汉克德格罗特（HCA de Groot）	20190204	20190222	20210625
107	20210120	瑞可吉 0712A（RUICJ0712A）	蔷薇属	迪瑞特知识产权公司（De Ruiter Intellectual Property BV）	汉克德格罗特（HCA de Groot）	20190205	20190222	20210625
108	20210121	瑞克恩 1052A（RUICN1052A）	蔷薇属	迪瑞特知识产权公司（De Ruiter Intellectual Property BV）	汉克德格罗特（HCA de Groot）	20190206	20190222	20210625
109	20210127	瑞可吉 2051A（RUICJ2051A）	蔷薇属	迪瑞特知识产权公司（De Ruiter Intellectual Property BV）	汉克德格罗特（HCA de Groot）	20190235	20190314	20210625
110	20210128	瑞普吉 0248A（RUIPJ0248A）	蔷薇属	迪瑞特知识产权公司（De Ruiter Intellectual Property BV）	汉克德格罗特（HCA de Groot）	20190238	20190314	20210625
111	20210142	瑞斯 1068A（RUICE1068A）	蔷薇属	迪瑞特知识产权公司（De Ruiter Intellectual Property BV）	汉克德格罗特（HCA de Groot）	20190395	20190606	20210625

（续）

序号	品种权号	品种名称	属（种）	品种权人	培育人	申请号	申请日	授权日
112	20210232	瑞克慕 0046A（RUICM0046A）	蔷薇属	迪瑞特知识产权公司（De Ruiter Intellectual Property BV）	汉克德格罗特（HCA de Groot）	20190697	20190929	20210625
113	20210351	瑞普恩 0210A（RUIPN0210A）	蔷薇属	迪瑞特知识产权公司（De Ruiter Intellectual Property BV）	汉克德格罗特（HCA de Groot）	20190232	20190314	20211021
114	20210352	瑞普恩 0113A（RUIPN0113A）	蔷薇属	迪瑞特知识产权公司（De Ruiter Intellectual Property BV）	汉克德格罗特（HCA de Groot）	20190233	20190314	20211021
115	20210353	瑞普慕 0779A（RUIPM0779A）	蔷薇属	迪瑞特知识产权公司（De Ruiter Intellectual Property BV）	汉克德格罗特（HCA de Groot）	20190236	20190314	20211021
116	20210354	瑞普赫 0194A（RUIPH0194A）	蔷薇属	迪瑞特知识产权公司（De Ruiter Intellectual Property BV）	汉克德格罗特（HCA de Groot）	20190257	20190328	20211021
117	20210401	瑞斯 2602A（RUICI2602A）	蔷薇属	迪瑞特知识产权公司（De Ruiter Intellectual Property BV）	汉克德格罗特（HCA de Groot）	20190631	20190904	20211021
118	20210407	瑞克拉 1805B（RUICL1805B）	蔷薇属	迪瑞特知识产权公司（De Ruiter Intellectual Property BV）	汉克德格罗特（HCA de Groot）	20190750	20191021	20211021
119	20210474	瑞克恩 1433A（RUICN1433A）	蔷薇属	迪瑞特知识产权公司（De Ruiter Intellectual Property BV）	汉克德格罗特（HCA de Groot）	20200254	20200407	20211021
120	20210511	瑞珀 1782A（RUICP1782A）	蔷薇属	迪瑞特知识产权公司（De Ruiter Intellectual Property BV）	汉克德格罗特（HCA de Groot）	20200404	20200612	20211021
121	20210543	瑞可 01625A（RUICO1625A）	蔷薇属	迪瑞特知识产权公司（De Ruiter Intellectual Property BV）	汉克德格罗特（HCA de Groot）	20200478	20200705	20211021
122	20210544	瑞克慕 0032A（RUICM0032A）	蔷薇属	迪瑞特知识产权公司（De Ruiter Intellectual Property BV）	汉克德格罗特（HCA de Groot）	20200480	20200705	20211021
123	20210589	瑞克慕 1623A（RUICM1623A）	蔷薇属	迪瑞特知识产权公司（De Ruiter Intellectual Property BV）	汉克德格罗特（HCA de Groot）	20190207	20190222	20211231
124	20210590	瑞珀 0679A（RUIPO0679A）	蔷薇属	迪瑞特知识产权公司（De Ruiter Intellectual Property BV）	汉克德格罗特（HCA de Groot）	20190234	20190314	20211231
125	20210610	瑞可吉 0923A（RUICJ0923A）	蔷薇属	迪瑞特知识产权公司（De Ruiter Intellectual Property BV）	汉克德格罗特（HCA de Groot）	20190696	20190929	20211231
126	20210615	瑞克普 1443A（RUICP1443A）	蔷薇属	迪瑞特知识产权公司（De Ruiter Intellectual Property BV）	汉克德格罗特（HCA de Groot）	20190751	20191021	20211231
127	20210627	瑞克 2024A（RUICK2024A）	蔷薇属	迪瑞特知识产权公司（De Ruiter Intellectual Property BV）	汉克德格罗特（HCA de Groot）	20200251	20200407	20211231
128	20210652	瑞克拉 1521A（RUICL1521A）	蔷薇属	迪瑞特知识产权公司（De Ruiter Intellectual Property BV）	汉克德格罗特（HCA de Groot）	20200479	20200705	20211231

（续）

序号	品种权号	品种名称	属（种）	品种权人	培育人	申请号	申请日	授权日
129	20210653	瑞克普 0135B（RUICP0135B）	蔷薇属	迪瑞特知识产权公司（De Ruiter Intellectual Property BV）	汉克德格罗特（HCA de Groot）	20200481	20200705	20211231
130	20210506	朝霞 3 号	桦木属	东北林业大学	姜静、刘桂丰、杨蕴力、陈肃、顾宸瑞、李慧玉、李天芳	20200383	20200603	20211021
131	20210507	凤尾 1 号	桦木属	东北林业大学	姜静、刘桂丰、韩锐、陈肃、李天芳、李慧玉	20200384	20200603	20211021
132	20210376	多盟卡苏（Dorokarsu）	蔷薇属	多盟集团公司（Dümmen Group BV）	西尔万·卡穆斯塔（Silvan Kamstra）	20190346	20190521	20211021
133	20210377	莱克斯莱布（Lexsuraleb）	蔷薇属	多盟集团公司（Dümmen Group BV）	菲利普·威斯（Philippe Veys）	20190350	20190521	20211021
134	20210378	莱克兹布（Lexzeulb）	蔷薇属	多盟集团公司（Dümmen Group BV）	菲利普·威斯（Philippe Veys）	20190351	20190521	20211021
135	20210381	奥莱维皮驰（Olijvipeach）	蔷薇属	多盟集团公司（Dümmen Group BV）	西尔万·卡穆斯塔（Silvan Kamstra）	20190386	20190606	20211021
136	20210382	奥莱维皮克（Olijvipink）	蔷薇属	多盟集团公司（Dümmen Group BV）	西尔万·卡穆斯塔（Silvan Kamstra）	20190387	20190606	20211021
137	20210383	奥莱维斯科瑞（Olijvisecre）	蔷薇属	多盟集团公司（Dümmen Group BV）	西尔万·卡穆斯塔（Silvan Kamstra）	20190388	20190606	20211021
138	20210384	多盟斯威弗洛（Doroswefolo）	蔷薇属	多盟集团公司（Dümmen Group BV）	菲利普·威斯（Philippe Veys）	20190390	20190606	20211021
139	20210385	多盟斯威图（Doroswetu）	蔷薇属	多盟集团公司（Dümmen Group BV）	菲利普·威斯（Philippe Veys）	20190391	20190606	20211021
140	20210473	多盟肯达（Dorokinda）	蔷薇属	多盟集团公司（Dümmen Group BV）	菲利普·威斯（Philippe Veys）	20200247	20200407	20211021
141	20210554	莱克斯劳塞洛夫（Lexsnosaesruof）	蔷薇属	多盟集团公司（Dümmen Group BV）	斯儿万·卡姆斯特拉（Silvan Kamstra）	20160313	20161106	20211231
142	20210583	派尔 1295（PER1295）	大戟属	多盟集团公司（Dümmen Group BV）	林顿·维恩·德鲁诺（Lyndon Wayne Drewlow）	20190113	20181225	20211231
143	20210584	派尔 1303（PER1303）	大戟属	多盟集团公司（Dümmen Group BV）	鲁斯·考巴雅茜（Ruth Kobayashi）	20190114	20181225	20211231
144	20210594	多盟丽塔克（Dorolipitac）	蔷薇属	多盟集团公司（Dümmen Group BV）	菲利普·威斯（Philippe Veys）	20190348	20190521	20211231
145	20210596	多盟卡塔（Dorocatal）	蔷薇属	多盟集团公司（Dümmen Group BV）	西尔万·卡穆斯塔（Silvan Kamstra）	20190393	20190606	20211231

（续）

序号	品种权号	品种名称	属（种）	品种权人	培育人	申请号	申请日	授权日
146	20210624	奥莱布特森（Olijbutsen）	蔷薇属	多盟集团公司（Dümmen Group BV）	菲利普·威斯（Philippe Veys）	20200245	20200407	20211231
147	20210625	多盟麦斯（Doromais）	蔷薇属	多盟集团公司（Dümmen Group BV）	西尔万·卡穆斯塔（Silvan Kamstra）	20200248	20200407	20211231
148	20210626	多盟芙如（Doroferu）	蔷薇属	多盟集团公司（Dümmen Group BV）	菲利普·威斯（Philippe Veys）	20200249	20200407	20211231
149	20210632	莱克亚莱格（Lexaylug）	蔷薇属	多盟集团公司（Dümmen Group BV）	西尔万·卡穆斯塔（Silvan Kamstra）	20200302	20200424	20211231
150	20210633	奥莱斯潘娜（Olijespana）	蔷薇属	多盟集团公司（Dümmen Group BV）	菲利普·威斯（Philippe Veys）	20200304	20200424	20211231
151	20210639	奥莱博尼塔森（Olijbonitasen）	蔷薇属	多盟集团公司（Dümmen Group BV）	菲利普·威斯（Philippe Veys）	20200365	20200525	20211231
152	20210640	多盟赫利尔（Dorohelior）	蔷薇属	多盟集团公司（Dümmen Group BV）	西尔万·卡穆斯塔（Silvan Kamstra）	20200366	20200525	20211231
153	20210641	多盟克拉森（Doroclasen）	蔷薇属	多盟集团公司（Dümmen Group BV）	菲利普·威斯（Philippe Veys）	20200367	20200525	20211231
154	20210642	莱克姆帕斯（Lexemerpus）	蔷薇属	多盟集团公司（Dümmen Group BV）	西尔万·卡穆斯塔（Silvan Kamstra）	20200368	20200525	20211231
155	20210643	莱克诺塔乐维（Lexnoitalever）	蔷薇属	多盟集团公司（Dümmen Group BV）	西尔万·卡穆斯塔（Silvan Kamstra）	20200369	20200525	20211231
156	20210677	多盟慕卡塔（Doromutcat）	蔷薇属	多盟集团公司（Dümmen Group BV）	菲利普·威斯（Philippe Veys）	20200604	20200807	20211231
157	20210678	多盟斯卡塔（Doroswcata）	蔷薇属	多盟集团公司（Dümmen Group BV）	法比安·塔珀（Fabian Topper）	20200605	20200807	20211231
158	20210679	多盟普瑞珀（Doropriper）	蔷薇属	多盟集团公司（Dümmen Group BV）	西尔万·卡穆斯塔（Silvan Kamstra）	20200606	20200807	20211231
159	20210264	曲优	卫矛属	樊英利、河北农业大学、衡水市林业科学研究所	樊英利、张军、杜向前、杨敏生	20200095	20200102	20210625
160	20210492	霓裳	李属	福建丹樱生态农业发展有限公司	林荣光、王珉、王琳、林玮捷、阙平、胡坚平	20200347	20200522	20211021
161	20210493	丹妃	李属	福建丹樱生态农业发展有限公司	林荣光、王珉、王琳、林玮捷、阙平、胡坚平	20200348	20200522	20211021
162	20210494	云裳	李属	福建丹樱生态农业发展有限公司	王琳、王星榕、阙平、林荣光、王珉、林玮捷	20200354	20200522	20211021

（续）

序号	品种权号	品种名称	属（种）	品种权人	培育人	申请号	申请日	授权日
163	20210495	清韵	李属	福建丹樱生态农业发展有限公司	阙平、廖鹏辉、朱玲、陈文团、林蔚、林荣光、王珉、王琳、王星榕、胡坚平、何碧珠	20200356	20200522	20211021
164	20210496	元红	李属	福建丹樱生态农业发展有限公司	王珉、林玮捷、阙平、胡坚平、林荣光、王琳	20200357	20200522	20211021
165	20210497	东韵	李属	福建丹樱生态农业发展有限公司	王琳、林荣光、王珉、阙平、林玮捷、胡坚平、王星榕	20200358	20200522	20211021
166	20210498	粉韵	李属	福建丹樱生态农业发展有限公司	王珉、林荣光、王琳、林玮捷、阙平、胡坚平	20200360	20200522	20211021
167	20210039	丹霞	李属	福建丹樱生态农业发展有限公司、南京林业大学	王琳、伊贤贵、林玮捷、王贤荣、王珉	20180405	20180711	20210625
168	20210159	丹韵	李属	福建丹樱生态农业发展有限公司、南京林业大学	王珉、伊贤贵、阙平、王贤荣、胡坚平、林玮捷、王琳、林荣光、李蒙	20190443	20190709	20210625
169	20210160	落霞	李属	福建丹樱生态农业发展有限公司、南京林业大学	胡坚平、伊贤贵、肖缤、刘福辉、王贤荣、李蒙、王珉、阙平、王琳、叶菁、晏琴梅	20190444	20190709	20210625
170	20210162	粉黛	李属	福建丹樱生态农业发展有限公司、南京林业大学、福建省农业科学院作物研究所	林荣光、伊贤贵、钟淮钦、叶秀仙、王贤荣、林榕燕、王珉、王琳、林玮捷、李蒙、阙平、胡坚平	20190446	20190709	20210625
171	20210161	荷瓣	李属	福建丹樱生态农业发展有限公司、南京林业大学、福州植物园	林玮捷、庄莉彬、伊贤贵、李庆晞、胡坚平、王贤荣、阙平、李蒙、林荣光	20190445	20190709	20210625
172	20210628	吉祥龙	木麻黄属	福建省惠安赤湖国有防护林场	李茂瑾、吴惠忠、林伟东、王小红、李秀明、苏亲桂、吴柳清、黄金塔、陈江海	20200262	20200410	20211231
173	20210150	火芙蓉	山茶属	福建省龙岩市秀峰茶花有限公司	张陈环、张寿丰、段明霞	20190415	20190624	20210625
174	20210725	粉佳人	紫金牛属	福建省武平县盛金花场、福建农林大学	艾叶、兰思仁、彭东辉、罗盛金、黄捷、刘梓富、王星孚	20200693	20200828	20211231
175	20210728	福满堂	紫金牛属	福建省武平县盛金花场、福建农林大学	刘梓富、彭东辉、兰思仁、王星孚、陈桂珍、罗盛金、谢亮秀、邢玥	20200696	20200828	20211231
176	20210730	金富贵	紫金牛属	福建省武平县盛金花场、福建农林大学	王星孚、彭东辉、兰思仁、罗盛金、刘梓富、王永华、陈斌	20200698	20200828	20211231
177	20210475	笑红梅	桂花	福建新发现农业发展有限公司	陈日才、陈朝暖、陈小芳、陈菁菁	20200263	20200410	20211021
178	20210476	黑法师	桂花	福建新发现农业发展有限公司	陈日才、陈朝暖、陈小芳、陈菁菁	20200265	20200410	20211021
179	20210477	紫玲珑	桂花	福建新发现农业发展有限公司	陈日才、陈朝暖、陈小芳、陈菁菁	20200267	20200410	20211021
180	20210478	冠金	桂花	福建新发现农业发展有限公司	陈日才、陈朝暖、陈小芳、陈菁菁	20200268	20200410	20211021

（续）

序号	品种权号	品种名称	属（种）	品种权人	培育人	申请号	申请日	授权日
181	20210429	古田红	杜鹃花属	福建洋塔园艺有限公司	游文聪、方永根、黄泽春、陈孝丑、魏观希、林春平	20200085	20191230	20211021
182	20210070	点绛唇	芍药属	甘肃省林业科技推广站	李京璟、张延东、张兴莹、白建军、张莉、何丽霞	20180767	20181123	20210625
183	20210071	尘尽光生	芍药属	甘肃省林业科技推广站	成娟、滕保琴、马春鲤、何丽霞、王花兰、李楠	20180768	20181123	20210625
184	20210072	荼花韵	芍药属	甘肃省林业科技推广站	何丽霞、李建强、李睿、王花兰、李京璟、李楠	20180769	20181123	20210625
185	20210073	权紫嫣红	芍药属	甘肃省林业科技推广站	何丽霞、成娟、李建强、李楠、张莉、王花兰	20180770	20181123	20210625
186	20210074	粉脂绣球	芍药属	甘肃省林业科技推广站	金辉亮、李睿、马春鲤、何智宏、李京璟、何丽霞	20180771	20181123	20210625
187	20210075	红荷韵	芍药属	甘肃省林业科技推广站	孔芬、沈延民、金辉亮、赵生春、李京璟、何智宏	20180772	20181123	20210625
188	20210076	红珊瑚	芍药属	甘肃省林业科技推广站	李睿、张莉、张韬、李楠、李建强、何丽霞	20180773	20181123	20210625
189	20210077	旧颜新貌	芍药属	甘肃省林业科技推广站	张延东、李睿、王花兰、成娟、李建强、金辉亮	20180774	20181123	20210625
190	20210078	蜡花梅影	芍药属	甘肃省林业科技推广站	何丽霞、杨国州、成娟、张莉、金辉亮、张延东	20180775	20181123	20210625
191	20210079	落日熔金	芍药属	甘肃省林业科技推广站	张延东、苏宏斌、何丽霞、成娟、何智宏、李楠	20180776	20181123	20210625
192	20210080	秋林	芍药属	甘肃省林业科技推广站	李睿、滕保琴、辛中尧、李楠、何丽霞、沈延民	20180777	20181123	20210625
193	20210081	珊瑚映绿	芍药属	甘肃省林业科技推广站	成娟、何丽霞、张延东、李睿、张莉、杨国州	20180778	20181123	20210625
194	20210082	深墨红	芍药属	甘肃省林业科技推广站	张莉、李睿、何丽霞、金辉亮、杨国州、成娟	20180779	20181123	20210625
195	20210083	紫霞心	芍药属	甘肃省林业科技推广站	李楠、何丽霞、沈延民、辛中尧、成娟、李睿	20180780	20181123	20210625
196	20210084	紫楼蕴金	芍药属	甘肃省林业科技推广站	杨国州、杨全生、杨雅琪、何丽霞、李睿、李京璟	20180781	20181123	20210625
197	20210085	丝路花语	芍药属	甘肃省林业科技推广站	王花兰、汪淑娟、杨国州、何智宏、何丽霞、李睿	20180782	20181123	20210625

（续）

序号	品种权号	品种名称	属（种）	品种权人	培育人	申请号	申请日	授权日
198	20210086	素彩融绛罗	芍药属	甘肃省林业科技推广站	王花兰、何丽霞、张莉、汪淑娟、成娟、李京璟	20180783	20181123	20210625
199	20210087	洮玫	芍药属	甘肃省林业科技推广站	杨国洲、张韬、潘鑫、金辉亮、白建军、何丽霞	20180784	20181123	20210625
200	20210088	陶然	芍药属	甘肃省林业科技推广站	李建强、白建军、郭军霞、杨国州、张延东、何丽霞	20180785	20181123	20210625
201	20210089	小叶丽堇	芍药属	甘肃省林业科技推广站	杨全生、王丽、汪淑娟、李睿、何丽霞、何智宏	20180786	20181123	20210625
202	20210090	雪绣球	芍药属	甘肃省林业科技推广站	何智宏、辛平、撖静、何丽霞、李睿、李建强	20180787	20181123	20210625
203	20210091	余霞散绮	芍药属	甘肃省林业科技推广站	何丽霞、张延东、杨国州、李睿、李楠、何智宏	20180788	20181123	20210625
204	20210092	玉龙双艳	芍药属	甘肃省林业科技推广站	杨全生、辛中尧、王永兰、杨国州、滕保琴、王花兰	20180789	20181123	20210625
205	20210093	紫珊瑚	芍药属	甘肃省林业科技推广站	张延东、赵生春、王丽、何丽霞、金辉亮、李建强	20180790	20181123	20210625
206	20210094	紫燕归巢	芍药属	甘肃省林业科技推广站	李楠、苏宏斌、李睿、何丽霞、李建强、成娟	20180791	20181123	20210625
207	20210095	紫韵轮回	芍药属	甘肃省林业科技推广站	李睿、何丽霞、杨国州、李京璟、金辉亮、李建强	20180792	20181123	20210625
208	20210485	黄冠	木棉属	广东省林业科学研究院	潘文、朱报著、王裕霞、张卫华、杨晓慧、徐放	20200298	20200423	20211021
209	20210486	金色年华	木棉属	广东省林业科学研究院	朱报著、徐斌、潘文、杨会肖、廖焕琴	20200299	20200423	20211021
210	20210487	金丝带	木棉属	广东省林业科学研究院	潘文、朱报著、徐斌、张卫华、廖焕琴、杨会肖	20200300	20200423	20211021
211	20210229	柠香	樟属	广西壮族自治区林业科学研究院	安家成、朱昌叁、李开祥、梁晓静、蔡玲、王坤、梁文汇、王军锋	20190650	20190911	20210625
212	20210027	鸿运	李属	广州红树林生态科技有限公司、韶关市旺地樱花种植有限公司、广州天适集团有限公司	叶小玲、胡晓敏、李振权、朱军、何宗儒、李园凤	20180369	20180708	20210625
213	20210616	紫韵	野牡丹属	广州市绿化有限公司、中山大学	黄颂谊、周仁超、金海湘、黄桂莲、丰盈、邓建忠、刘莹、周秋杰	20200064	20191223	20211231
214	20210031	天适	李属	广州天适集团有限公司、广州红树林生态科技有限公司、广州旺地园林工程有限公司	胡晓敏、叶小玲、何晓怡、朱军、邱晓平、何宗儒	20180374	20180708	20210625

（续）

序号	品种权号	品种名称	属（种）	品种权人	培育人	申请号	申请日	授权日
215	20210034	南粤红樱	李属	广州天适集团有限公司、广州红树林生态科技有限公司、广州旺地园林工程有限公司	胡晓敏、叶小玲、朱军、熊育明、何宗儒、黄俊	20180377	20180708	20210625
216	20210033	旺万代	李属	广州天适集团有限公司、广州旺地园林工程有限公司、广东天适樱花悠乐园有限公司	周世均、叶小玲、朱军、谢畅、李园凤、何宗儒、胡晓敏	20180376	20180708	20210625
217	20210026	国泰	李属	广州天适集团有限公司、广州旺地园林工程有限公司、广州红树林生态科技有限公司	叶小玲、胡晓敏、朱军、何宗儒、邱晓平、鲁好君	20180368	20180708	20210625
218	20210030	富贵	李属	广州天适集团有限公司、广州旺地园林工程有限公司、广州红树林生态科技有限公司	胡晓敏、叶小玲、朱军、何晓怡、何宗儒、张婷英	20180373	20180708	20210625
219	20210186	美人羞	李属	广州天适集团有限公司、广州旺地园林工程有限公司、韶关市旺地樱花种植有限公司	胡晓敏、叶小玲、何宗儒、朱军、冯钦钊	20190531	20190819	20210625
220	20210028	江山美人	李属	广州天适集团有限公司、韶关市旺地樱花种植有限公司、广州红树林生态科技有限公司	胡晓敏、叶小玲、朱军、何宗儒、何晓怡、李乐怡	20180370	20180708	20210625
221	20210190	好运来	李属	广州天适集团有限公司、韶关市旺地樱花种植有限公司、广州旺地园林工程有限公司	胡晓敏、叶小玲、何宗儒、朱军、冯钦钊	20190535	20190819	20210625
222	20210187	喜盈门	李属	广州天适集团有限公司、英德市旺地樱花种植有限公司、广州旺地园林工程有限公司	胡晓敏、叶小玲、何宗儒、朱军、陈端妮	20190532	20190819	20210625
223	20210188	香妃	李属	广州天适集团有限公司、英德市旺地樱花种植有限公司、广州旺地园林工程有限公司	胡晓敏、叶小玲、何宗儒、朱军、陈端妮	20190533	20190819	20210625
224	20210189	合家欢	李属	广州天适集团有限公司、英德市旺地樱花种植有限公司、广州旺地园林工程有限公司	胡晓敏、叶小玲、何宗儒、朱军、刘雅思、陈端妮	20190534	20190819	20210625
225	20210035	状元	李属	广州旺地园林工程有限公司、广州红树林生态科技有限公司、英德市旺地樱花种植有限公司	叶小玲、胡晓敏、李振权、朱军、谢畅、何宗儒	20180380	20180708	20210625
226	20210032	旺地	李属	广州旺地园林工程有限公司、广州天适集团有限公司、广州红树林生态科技有限公司	胡晓敏、叶小玲、朱军、阮文俊、熊育明、何宗儒	20180375	20180708	20210625

（续）

序号	品种权号	品种名称	属（种）	品种权人	培育人	申请号	申请日	授权日
227	20210183	如意	李属	广州旺地园林工程有限公司、广州天适集团有限公司、韶关市旺地樱花种植有限公司	胡晓敏、何宗儒、叶小玲、朱军、冯钦钊	20190528	20190819	20210625
228	20210185	凤求凰	李属	广州旺地园林工程有限公司、广州天适集团有限公司、韶关市旺地樱花种植有限公司	胡晓敏、叶小玲、何宗儒、朱军、冯钦钊	20190530	20190819	20210625
229	20210184	盛世红	李属	广州旺地园林工程有限公司、广州天适集团有限公司、英德市旺地樱花种植有限公司	胡晓敏、何宗儒、叶小玲、朱军、陈端妮	20190529	20190819	20210625
230	20210527	英姿	李属	广州旺地园林工程有限公司、广州天适集团有限公司、英德市旺地樱花种植有限公司	朱军、胡晓敏、叶小玲、陈端妮、杨梓滨、高珊、熊海坚、苏捷	20200446	20200629	20211021
231	20210648	惊鸿	李属	广州旺地园林工程有限公司、广州天适集团有限公司、英德市旺地樱花种植有限公司	叶小玲、朱军、陈端妮、周世均、高珊、杨梓滨、熊海坚、胡晓敏	20200448	20200629	20211231
232	20210620	金方 1 号	方竹属	贵州大学	苟光前、代朝霞、郑涛、李家雪、朱潇	20200137	20200117	20211231
233	20210621	金方 3 号	方竹属	贵州大学	代朝霞、苟光前、王灯、彭买买、刘艳江	20200138	20200117	20211231
234	20210472	曼歇 1 号	牡竹属	国际竹藤中心	高健、孙茂盛、张兴波	20200239	20200404	20211021
235	20210716	金丝龙鳞	刚竹属	国际竹藤中心、扬州大禹风景竹园	高健、禹在定、禹迎春	20200678	20200824	20211231
236	20210271	新桉 7 号	桉属	国家林业和草原局桉树研究开发中心	谢耀坚、罗建中、卢万鸿、林彦、王楚彪、高丽琼	20200105	20200110	20210625
237	20210272	新桉 8 号	桉属	国家林业和草原局桉树研究开发中心	罗建中、卢万鸿、林彦、王楚彪、高丽琼、谢耀坚	20200106	20200110	20210625
238	20210273	新桉 9 号	桉属	国家林业和草原局桉树研究开发中心	卢万鸿、林彦、王楚彪、罗建中、高丽琼、谢耀坚	20200107	20200110	20210625
239	20210274	新桉 10 号	桉属	国家林业和草原局桉树研究开发中心	林彦、王楚彪、罗建中、卢万鸿、高丽琼、谢耀坚	20200108	20200110	20210625
240	20210275	新桉 11 号	桉属	国家林业和草原局桉树研究开发中心	王楚彪、罗建中、卢万鸿、林彦、高丽琼、谢耀坚	20200109	20200110	20210625
241	20210002	中桐 1 号	泡桐属	国家林业和草原局泡桐研究开发中心	李芳东、李荣幸、乔杰、王保平、朱培林、李康琴、彭纪南、赵阳、冯延芝、周海江	20160311	20161105	20210625
242	20210499	中柿雄 1 号	柿	国家林业和草原局泡桐研究开发中心	孙鹏、索玉静、韩卫娟、刁松锋、李华威、傅建敏、李芳东	20200376	20200529	20211021

（续）

序号	品种权号	品种名称	属（种）	品种权人	培育人	申请号	申请日	授权日
243	20210684	中桐 10 号	泡桐属	国家林业和草原局泡桐研究开发中心	李芳东、王保平、乔杰、冯延芝、赵阳、周海江、杨超伟、崔鸿侠、李荣幸、陈兴国、赵兴慈、熊启云	20200629	20200817	20211231
244	20210685	中桐 11 号	泡桐属	国家林业和草原局泡桐研究开发中心	王保平、乔杰、赵阳、唐万鹏、杨超伟、冯延芝、李芳东、周海江、段伟、陈兴红、伊焕、薛艳春	20200630	20200817	20211231
245	20210686	中桐 12 号	泡桐属	国家林业和草原局泡桐研究开发中心	乔杰、李玲、王保平、赵阳、冯延芝、周海江、杨超伟、庞宏东、李芳东、陈明泉、李荣幸、赵冬	20200631	20200817	20211231
246	20210687	中桐 19 号	泡桐属	国家林业和草原局泡桐研究开发中心	冯延芝、乔杰、杨超伟、王保平、周海江、赵阳、杨代贵、王炜炜、李芳东、李荣幸、张坤峰、杨帆	20200632	20200817	20211231
247	20210688	中桐 20 号	泡桐属	国家林业和草原局泡桐研究开发中心	赵阳、王保平、冯延芝、乔杰、唐万鹏、李芳东、李荣幸、周海江、杨超伟、崔令军、胡建硕、王志勇	20200633	20200817	20211231
248	20210736	华仲 21 号	杜仲	国家林业和草原局泡桐研究开发中心	王璐、杜兰英、杜红岩、刘攀峰、杜庆鑫、孙志强、庆军、何凤	20200729	20200904	20211231
249	20210737	华仲 22 号	杜仲	国家林业和草原局泡桐研究开发中心	刘攀峰、杜庆鑫、王璐、杜兰英、杜红岩、孙志强、庆军、何凤	20200730	20200904	20211231
250	20210738	华仲 23 号	杜仲	国家林业和草原局泡桐研究开发中心	杜庆鑫、刘攀峰、王璐、杜兰英、杜红岩、孙志强、庆军、何凤	20200731	20200904	20211231
251	20210739	华仲 24 号	杜仲	国家林业和草原局泡桐研究开发中心	杜红岩、王璐、杜兰英、刘攀峰、杜庆鑫、孙志强、庆军、何凤	20200732	20200904	20211231
252	20210717	国润 6 号	李属	国润民富科技发展有限公司、鲍鑫磊	刘志国、鲍重卓	20200681	20200826	20211231
253	20210718	国润 8 号	李属	国润民富科技发展有限公司、鲍鑫磊	刘志国、鲍重卓	20200682	20200826	20211231
254	20210742	国润 3 号	李属	国润民富科技发展有限公司、鲍鑫磊	刘志国、鲍重卓	20200742	20200907	20211231
255	20210743	国润 4 号	李属	国润民富科技发展有限公司、鲍鑫磊	刘志国、鲍重卓	20200743	20200907	20211231
256	20210744	国润 5 号	李属	国润民富科技发展有限公司、鲍鑫磊	刘志国、鲍重卓	20200744	20200907	20211231
257	20210745	国润 9 号	李属	国润民富科技发展有限公司、鲍鑫磊	刘志国、鲍重卓	20200745	20200907	20211231
258	20210746	国润 10 号	李属	国润民富科技发展有限公司、鲍鑫磊	刘志国、鲍重卓	20200746	20200907	20211231
259	20210013	紫魅	杜鹃花属	杭州赛石园林集团有限公司	戴瑜豫、马丽、陈黎、任韡、朱娅、沃科军	20170554	20171101	20210625
260	20210171	纤秀	李属	杭州市园林绿化股份有限公司、浙江省林业科学研究院	邱帅、高凯、柳新红、郭娟、蒋冬月、邱影、孙丽娜、沈鑫、李因刚	20190479	20190802	20210625

（续）

序号	品种权号	品种名称	属（种）	品种权人	培育人	申请号	申请日	授权日
261	20210172	彩云	李属	杭州市园林绿化股份有限公司、浙江省林业科学研究院	郭娟、魏建芬、柳新红、杨浩、王霁、蒋冬月、沈鑫、李因刚	20190480	20190802	20210625
262	20210173	螺蛳粉儿	李属	杭州市园林绿化股份有限公司、浙江省林业科学研究院、恩施土家族苗族自治州林业科学研究院	沈柏春、柳新红、吴代坤、沈鑫、陈徐平、张俊林、蒋冬月、李双龙、李因刚	20190481	20190802	20210625
263	20210588	木州手毬（Kishutemari）	柿	和歌山县（和歌山県）	熊本昌平、小松英雄	20190202	20190222	20211231
264	20210250	笑脸	卫矛属	河北省林业科学研究院	黄印冉、闫淑芳、冯树香、刘易超、黄晓旭、樊彦聪、陈丽英、代嵩华、黄印朋	20200044	20191211	20210625
265	20210125	鸿运	蜡梅	河南省林业科学研究院	沈植国、王安亭、王志刚、尚忠海、岳长平、丁鑫、孙萌、汤正辉、程建明、沈希辉、韩健	20190219	20190308	20210625
266	20210126	豫香	蜡梅	河南省林业科学研究院	王安亭、沈植国、丁鑫、尚忠海、岳长平、孙萌、汤正辉、汪世忠、常娟、董玄希、韩健、郭征	20190220	20190308	20210625
267	20210673	豫荚 3 号	皂荚属	河南省林业科学研究院、南召县林业局、南召县金豆皂业有限公司	范定臣、臧明杰、杨伟敏、周虎、刘艳萍、田彦、侯志华、毕学伟、吴永军、王保杰、辛华、樊清圃	20200582	20200804	20211231
268	20210517	四季春 7 号	紫荆属	河南四季春园林艺术工程有限公司、鄢陵中林园林工程有限公司、许昌樱桐生态园林有限公司	张林、刘双枝、张文馨	20200416	20200624	20211021
269	20210518	双馨	紫荆属	河南四季春园林艺术工程有限公司、鄢陵中林园林工程有限公司、许昌樱桐生态园林有限公司	张林、刘双枝、张文馨	20200417	20200624	20211021
270	20210018	奥莱卡拉罗（Olijcaralu）	蔷薇属	荷兰多盟集团公司（Dummen Group BV）	菲利普· 韦斯（Philipp Veys）	20180090	20180112	20210625
271	20210458	爱普特 276214（IPT276214）	蔷薇属	荷兰英特普兰特月季育种公司（Interplant Roses BV）	范· 多伊萨姆（ir AJH van Doesum）	20200188	20200313	20211021
272	20210459	爱普特 285914（IPT285914）	蔷薇属	荷兰英特普兰特月季育种公司（Interplant Roses BV）	范· 多伊萨姆（ir AJH van Doesum）	20200189	20200313	20211021
273	20210467	爱普开 090916（IPK090916）	蔷薇属	荷兰英特普兰特月季育种公司（Interplant Roses BV）	范· 多伊萨姆（ir AJH van Doesum）	20200212	20200331	20211021
274	20210489	爱普特 035215（IPT035215）	蔷薇属	荷兰英特普兰特月季育种公司（Interplant Roses BV）	范· 多伊萨姆（ir AJH van Doesum）	20200311	20200430	20211021

（续）

序号	品种权号	品种名称	属（种）	品种权人	培育人	申请号	申请日	授权日
275	20210622	爱普开 472114（IPK472114）	蔷薇属	荷兰英特普兰特月季育种公司（Interplant Roses BV）	范·多伊萨姆（ir AJH van Doesum）	20200187	20200313	20211231
276	20210634	爱普特 240814（IPT240814）	蔷薇属	荷兰英特普兰特月季育种公司（Interplant Roses BV）	范·多伊萨姆（ir AJH van Doesum）	20200308	20200430	20211231
277	20210635	爱普特 124215（IPT124215）	蔷薇属	荷兰英特普兰特月季育种公司（Interplant Roses BV）	范·多伊萨姆（ir AJH van Doesum）	20200310	20200430	20211231
278	20210670	伊榛 1 号	榛属	黑龙江省林业科学院伊春分院	倪柏春	20200579	20200803	20211231
279	20210671	伊榛 2 号	榛属	黑龙江省林业科学院伊春分院	倪柏春	20200580	20200803	20211231
280	20210336	璎珞	杜鹃花属	虹越花卉股份有限公司	方永根	20180869	20181210	20211021
281	20210061	湘粉娇	山茶属	湖南省林业科学院	王湘南、陈永忠、王瑞、陈隆升、彭邵锋、张震、许彦明、李志钢、唐炜、彭映赫	20180681	20181019	20210625
282	20210062	湘艳	山茶属	湖南省林业科学院	王湘南、陈永忠、彭邵锋、王瑞、陈隆升、许彦明、张震、李志钢、马力、唐炜、彭映赫	20180682	20181019	20210625
283	20210129	南湘骄	山茶属	湖南省林业科学院	王湘南、陈永忠、王瑞、彭邵锋、陈隆升、张震、许彦明、李志钢、唐炜、马力、彭映赫、李美群	20190242	20190315	20210625
284	20210130	南湘珍	山茶属	湖南省林业科学院	王湘南、陈永忠、王瑞、彭邵锋、陈隆升、张震、许彦明、李志钢、唐炜、马力、彭映赫、李美群	20190243	20190315	20210625
285	20210612	舞彩	紫薇	湖南省林业科学院、长沙湘莹园林科技有限公司	王湘莹、曾慧杰、乔中全、蔡能、李永欣、王晓明、刘思思、陈艺、王惠	20190725	20191017	20211231
286	20210613	紫仙子	紫薇	湖南省林业科学院、长沙湘莹园林科技有限公司	王湘莹、王晓明、乔中全、蔡能、曾慧杰、李永欣、刘思思、陈艺、王惠	20190726	20191017	20211231
287	20210614	潇湘紫	紫薇	湖南省林业科学院、长沙湘莹园林科技有限公司	曾慧杰、王晓明、乔中全、蔡能、李永欣、王湘莹、刘思思、陈艺、张翼、王惠	20190735	20191017	20211231
288	20210662	湘韵	李属	湖南省森林植物园	吴思政、柏文富、禹霖、李建挥、聂东伶	20200568	20200723	20211231
289	20210149	怀脑樟 1 号	樟属	湖南医药学院	郑钦方、汪冶、肖聪颖	20190405	20190612	20210625
290	20210675	紫娟	紫薇	华南农业大学、广州市林业和园林科学研究院	邓小梅、代色平、奚如春、阮琳、李晓东	20200589	20200804	20211231
291	20210546	娇乐	杜鹃花属	华南农业大学、六安市郁花园园艺有限公司	郁书君、郁晓涵	20200498	20200709	20211021

（续）

序号	品种权号	品种名称	属（种）	品种权人	培育人	申请号	申请日	授权日
292	20210122	红铃	山茶属	怀化市林业科学研究所、湖南省森林植物园	颜立红、唐娟、蒋利媛、向光锋、田晓明、张凌宏、钟凤娥、王耀辉、李菊美、向奕芳、周芳芝、邱玲	20190213	20190306	20210625
293	20210123	粉魅	山茶属	怀化市林业科学研究所、湖南省森林植物园	张凌宏、颜立红、张华、丁建国、唐娟、蒋利媛、李雯、田晓明、袁春、向红艳、毛桂玲、江贤方	20190214	20190306	20210625
294	20210124	玲曲	山茶属	怀化市林业科学研究所、湖南省森林植物园	钟凤娥、唐娟、蒋利媛、颜立红、陈海峰、王国晖、向光锋、黄新兵、唐忠、李旭、张良勇	20190215	20190306	20210625
295	20210307	防川 3 号	蔷薇属	吉林翠绿农业综合开发有限公司	许刚、张吉清	20180547	20180903	20211021
296	20210253	上农 1 号	杨属	江苏庆丰林业发展有限公司	贾祖春、方伍生、单连友、吕晓明、施士争、王红玲、李淑婧	20200061	20191220	20210625
297	20210514	苏柳 2011	柳属	江苏省林业科学研究院	周洁、王保松、施士争、黄瑞芳	20200413	20200615	20211021
298	20210515	苏柳 2031	柳属	江苏省林业科学研究院	周洁、王保松、隋德宗、王伟伟	20200414	20200615	20211021
299	20210516	苏柳 2032	柳属	江苏省林业科学研究院	周洁、王保松、王红玲、王伟伟	20200415	20200615	20211021
300	20210537	苏柳 2041	柳属	江苏省林业科学研究院	何旭东、王红玲、黄瑞芳、施士争	20200470	20200702	20211021
301	20210538	苏柳 2042	柳属	江苏省林业科学研究院	周洁、隋德宗、王伟伟、姜开朋	20200471	20200702	20211021
302	20210719	金粉世家	栎属	江苏省林业科学研究院	孙海楠、汪有良、黄利斌、董筱昀	20200683	20200826	20211231
303	20210508	苏枫丹霞	槭属	江苏省林业科学研究院、溧阳映山红花木园艺有限公司	窦全琴、陈惠忠	20200392	20200605	20211021
304	20210510	苏枫绯红	槭属	江苏省林业科学研究院、溧阳映山红花木园艺有限公司	窦全琴、陈惠忠	20200394	20200605	20211021
305	20210509	苏枫灿烂	槭属	江苏省林业科学研究院、溧阳映山红花木园艺有限公司、江苏朗森林业科技有限公司	窦全琴、陈惠忠、王成	20200393	20200605	20211021
306	20210139	钟秀	桃花	江苏省农业科学院	马瑞娟、许建兰、俞明亮、张妤艳、张斌斌、宋宏峰、蔡志翔、丁辉、何鑫	20190366	20190529	20210625
307	20210140	钟雪	桃花	江苏省农业科学院	许建兰、马瑞娟、俞明亮、张斌斌、张春华、沈志军、郭磊、沈江海、郭绍雷	20190367	20190529	20210625
308	20210141	钟丽	桃花	江苏省农业科学院	俞明亮、张斌斌、许建兰、马瑞娟、郭磊、严娟、张妤艳、丁辉、宋娟	20190368	20190529	20210625
309	20210402	燕语	杜鹃花属	江苏省农业科学院	刘晓青、苏家乐、李畅、肖政、周惠民、何丽斯、孙晓波、陈尚平	20190662	20190917	20211021

（续）

序号	品种权号	品种名称	属（种）	品种权人	培育人	申请号	申请日	授权日
310	20210403	映荷	杜鹃花属	江苏省农业科学院	李畅、苏家乐、刘晓青、肖政、周惠民、何丽斯、孙晓波、陈尚平	20190663	20190917	20211021
311	20210265	金玫	紫薇	江苏省中国科学院植物研究所	王鹏、王淑安、李亚、李林芳、杨如同、汪庆	20200098	20200103	20210625
312	20210266	粉金	紫薇	江苏省中国科学院植物研究所	汪庆、王淑安、李亚、王鹏、李林芳、杨如同	20200099	20200103	20210625
313	20210267	紫铜	紫薇	江苏省中国科学院植物研究所	王淑安、王鹏、杨如同、李林芳、李亚、汪庆	20200100	20200103	20210625
314	20210741	绿舞	槭属	江苏省中国科学院植物研究所	刘科伟、杨虹、顾永华、佟海英、李乃伟、杨军、李冬玲	20200737	20200907	20211231
315	20210753	紫鹃	铁线莲属	江苏省中国科学院植物研究所	李林芳、王淑安、李亚、王鹏、李素梅、高露璐、杨如同、汪庆、吕芬妮	20200779	20200918	20211231
316	20210754	昭君	铁线莲属	江苏省中国科学院植物研究所	李林芳、王淑安、李亚、王鹏、李素梅、高露璐、杨如同、汪庆、吕芬妮	20200776	20200918	20211231
317	20210344	早红	悬钩子属	江苏省中国科学院植物研究所、南京林业大学	闾连飞、吴文龙、李维林、张春红、赵慧芳	20190140	20190107	20211021
318	20210430	中植 1 号	越橘属	江苏省中国科学院植物研究所、南京林业大学、江苏中植生态农林科技集团股份有限公司	李维林、吴文龙、闾连飞、张春红、赵慧芳、朱宁、王小敏、杨海燕、黄正金、刘洪霞	20200123	20200114	20211021
319	20210431	中植 2 号	越橘属	江苏省中国科学院植物研究所、南京林业大学、江苏中植生态植物科学研究院有限公司	吴文龙、闾连飞、李维林、张春红、赵慧芳、朱宁、王小敏、杨海燕、黄正金、刘洪霞	20200124	20200114	20211021
320	20210432	中植 3 号	越橘属	江苏省中国科学院植物研究所、南京林业大学、江苏中植生态植物科学研究院有限公司	闾连飞、吴文龙、李维林、张春红、赵慧芳、朱宁、王小敏、杨海燕、黄正金、刘洪霞	20200125	20200114	20211021
321	20210433	中植 4 号	越橘属	江苏省中国科学院植物研究所、南京林业大学、江苏中植生态植物科学研究院有限公司	吴文龙、闾连飞、李维林、张春红、赵慧芳、朱宁、王小敏、杨海燕、黄正金、刘洪霞	20200126	20200114	20211021
322	20210434	硕丰 2 号	悬钩子属	江苏省中国科学院植物研究所、南京林业大学、江苏中植生态植物科学研究院有限公司	张春红、吴文龙、闾连飞、李维林、赵慧芳、朱宁、王小敏、杨海燕、黄正金、刘洪霞	20200127	20200114	20211021
323	20210435	早黑	悬钩子属	江苏省中国科学院植物研究所、南京林业大学、江苏中植生态植物科学研究院有限公司	吴文龙、张春红、闾连飞、李维林、赵慧芳、朱宁、王小敏、杨海燕、黄正金、刘洪霞	20200128	20200114	20211021
324	20210761	春霞	槭属	江苏省中国科学院植物研究所、沈寿大	刘科伟、沈寿大、杨虹、顾永华、佟海英、李乃伟、李冬玲、杨军	20200812	20200929	20211231

（续）

序号	品种权号	品种名称	属（种）	品种权人	培育人	申请号	申请日	授权日
325	20210598	银盏	栀子属	江西省林业科学院	邓绍勇、朱培林、李康琴、龚斌、黄丽莉、房海灵、杨春霞、贾全全、李婷、聂韡	20190451	20190719	20211231
326	20210599	纵横	栀子属	江西省林业科学院	朱培林、邓绍勇、房海灵、龚斌、李康琴、杨春霞、黄丽莉、贾全全、李婷、聂韡	20190452	20190719	20211231
327	20210213	名贵泊里	李属	胶南明桂园艺场、南京林业大学	丁明贵、伊贤贵、赵瑞英、王贤荣、李文华、李蒙、段一凡、陈林、李雪霞、朱淑霞	20190565	20190821	20210625
328	20210215	名贵粉	李属	胶南明桂园艺场、南京林业大学	丁明贵、伊贤贵、赵瑞英、王贤荣、李文华、李蒙、段一凡、陈林、李雪霞、朱淑霞	20190597	20190827	20210625
329	20210219	名贵翠	李属	胶南明桂园艺场、南京林业大学	丁明贵、伊贤贵、赵瑞英、王贤荣、李文华、李蒙、段一凡、陈林、李雪霞、朱淑霞	20190601	20190827	20210625
330	20210683	仲思枣	枣	解涛	解巨胜、解涛	20200624	20200815	20211231
331	20210409	金艳	杜鹃花属	金华市永根杜鹃花培育有限公司	方永根	20200014	20191209	20211021
332	20210676	甘杞 2 号	枸杞属	靖远县农业技术推广中心	许臻文、樊东隆、张建金、许论文、赵树春、孙冰洁、张克鹏、李振谋、朱静、张斌祥、朱正明、王金平、刘占强、李永堂、朱久锋、张永洋	20200596	20200805	20211231
333	20210565	金虎	爬山虎属	句容市仑山花木场、江苏农林职业技术学院	邱国金、钱阳升、戴文、胡卫霞、崔舜、吴林燕	20180445	20180720	20211231
334	20210005	科盆 026（KORpot026）	蔷薇属	科德斯月季育种公司（W Kordes' Söhne Rosenschulen GmbH & Co KG）	威廉 - 亚历山大 科德斯（Wilhelm-Alexander Kordes）、蒂姆 - 赫尔曼 科德斯（Tim-Hermann Kordes）、玛格丽特 科德斯（Margarita Kordes）	20170431	20170808	20210625
335	20210006	科盆 045（KORpot045）	蔷薇属	科德斯月季育种公司（W Kordes' Söhne Rosenschulen GmbH & Co KG）	威廉 科德斯（Wilhelm Kordes）、蒂姆 - 赫尔曼 科德斯（Tim-Hermann Kordes）、玛格丽特 科德斯（Margarita Kordes）	20170433	20170808	20210625
336	20210282	科鲜 0100（KORcut0100）	蔷薇属	科德斯月季育种公司（W Kordes' Söhne Rosenschulen GmbH & Co KG）	威廉 - 亚历山大 科德斯（Wilhelm-Alexander Kordes）、蒂姆 - 赫尔曼 科德斯（Tim-Hermann Kordes）、玛格丽特 科德斯（Margarita Kordes）	20170206	20170503	20211021

（续）

序号	品种权号	品种名称	属（种）	品种权人	培育人	申请号	申请日	授权日
337	20210285	科盆 050（KORpot050）	蔷薇属	科德斯月季育种公司（W Kordes' Söhne Rosenschulen GmbH & Co KG）	蒂姆 - 赫尔曼 科德斯（Tim-Hermann Kordes）、约翰 - 文森特 科德斯（John Vincent Kordes）、威廉 科德斯（Wilhelm Kordes）	20170434	20170808	20211021
338	20210286	科盆 074（KORpot074）	蔷薇属	科德斯月季育种公司（W Kordes' Söhne Rosenschulen GmbH & Co KG）	蒂姆 - 赫尔曼 科德斯（Tim-Hermann Kordes）、约翰 - 文森特 科德斯（John Vincent Kordes）、威廉 科德斯（Wilhelm Kordes）	20170438	20170808	20211021
339	20210288	科鲜 0272（KORcut0272）	蔷薇属	科德斯月季育种公司（W Kordes' Söhne Rosenschulen GmbH & Co KG）	威廉 - 亚历山大 科德斯（Wilhelm-Alexander Kordes）	20180408	20180711	20211021
340	20210289	科鲜 0392（KORcut0392）	蔷薇属	科德斯月季育种公司（W Kordes' Söhne Rosenschulen GmbH & Co KG）	威廉 - 亚历山大 科德斯（Wilhelm-Alexander Kordes）	20180409	20180711	20211021
341	20210290	科鲜 0393（KORcut0393）	蔷薇属	科德斯月季育种公司（W Kordes' Söhne Rosenschulen GmbH & Co KG）	威廉 - 亚历山大 科德斯（Wilhelm-Alexander Kordes）	20180410	20180711	20211021
342	20210291	科鲜 0394（KORcut0394）	蔷薇属	科德斯月季育种公司（W Kordes' Söhne Rosenschulen GmbH & Co KG）	威廉 - 亚历山大 科德斯（Wilhelm-Alexander Kordes）	20180411	20180711	20211021
343	20210292	科鲜 0396（KORcut0396）	蔷薇属	科德斯月季育种公司（W Kordes' Söhne Rosenschulen GmbH & Co KG）	威廉 - 亚历山大 科德斯（Wilhelm-Alexander Kordes）	20180412	20180711	20211021
344	20210293	科鲜 0397（KORcut0397）	蔷薇属	科德斯月季育种公司（W Kordes' Söhne Rosenschulen GmbH & Co KG）	威廉 - 亚历山大 科德斯（Wilhelm-Alexander Kordes）	20180413	20180711	20211021
345	20210110	先锋 3 号	柳属	李发荣	李发荣、冯战友	20190102	20181225	20210625
346	20210740	丽润 2 号	悬钩子属	丽水市本润农业有限公司、丽水市农林科学研究院、丽水市农作物总站	华金渭、胡理滨、陈军华、吴剑锋、谢建秋、李艳、黄海华	20200735	20200906	20211231
347	20210022	丽润 1 号	悬钩子属	丽水市本润农业有限公司、丽水市农林科学研究院、丽水市中药材产业发展中心	华金渭、胡理滨、陈军华、吴剑锋、吉庆勇	20180250	20180525	20210625
348	20210117	红妃	槭属	溧阳映山红花木园艺有限公司	陈惠忠、王伟伟	20190185	20190127	20210625
349	20210519	国捷	杏	辽宁省果树科学研究所	徐铭、刘威生、张玉萍、刘宁、章秋平、刘硕、张玉君、马小雪	20200426	20200627	20211021
350	20210520	国锦	杏	辽宁省果树科学研究所	刘威生、徐铭、张玉萍、刘宁、章秋平、刘硕、张玉君、马小雪	20200427	20200627	20211021
351	20210238	彩玉	木瓜属	临沂大学、临沂市沂州海棠花卉研究所有限公司	周金川、张渝洁、管其德、张海娟、刘港华	20190777	20191008	20210625
352	20210239	梦绘卷	木瓜属	临沂大学、临沂市沂州海棠花卉研究所有限公司	陈之群、周金川、管其德、胡晓君、高月恒、刘港华	20190778	20191008	20210625

（续）

序号	品种权号	品种名称	属（种）	品种权人	培育人	申请号	申请日	授权日
353	20210240	花天女	木瓜属	临沂大学、临沂市沂州海棠花卉研究所有限公司	张海娟、管其德、周金川、高月恒	20190779	20191008	20210625
354	20210237	醉西施	木瓜属	临沂市海棠园林工程有限公司、临沂市沂州海棠花卉研究所有限公司	管学迎、管其德、徐宗义、诸葛绪欣	20190776	20191008	20210625
355	20210230	溜溜梅 1 号	梅	溜溜果园集团股份有限公司	杨帆、胡燕	20190651	20190702	20210625
356	20210597	朴丰一号	枣属	马荣申、杜宪臣、赵红艳	马荣申、杜宪臣、赵红艳	20190408	20190618	20211231
357	20210386	丰果玫一号	蔷薇属	马荣申、韩子衍、杜宪臣	马荣申、韩子衍、杜宪臣、赵红艳、杜君如	20190409	20190618	20211021
358	20210004	贝 06-540 富乐 -12（BB06-540FL-12）	越橘属	美国贝利蓝莓有限公司（Berry Blue LLCUSA）	埃德蒙德 J 威乐（Edmund JWheeler）、詹姆斯 F 汉库克（James FHancock）	20170213	20170504	20210625
359	20210010	贝 07-7 富乐 -4（BB07-7FL-4）	越橘属	美国贝利蓝莓有限公司（Berry Blue LLCUSA）	埃德蒙德 J 威乐（Edmund JWheeler）、詹姆斯 F 汉考克（James FHancock）	20170548	20171028	20210625
360	20210233	普拉布鲁 1502（Plablue1502）	越橘属	纳瓦拉植物股份有限公司（Plantas de Navarra，SA）	亚历山大 皮尔罗恩 - 达尔邦尼（Alexandre Pierron-Darbonne）	20190761	20191029	20210625
361	20210234	普拉布鲁 1542（Plablue1542）	越橘属	纳瓦拉植物股份有限公司（Plantas de Navarra，SA）	亚历山大 皮尔罗恩 - 达尔邦尼（Alexandre Pierron-Darbonne）	20190763	20191029	20210625
362	20210235	普拉布鲁 1545（Plablue1545）	越橘属	纳瓦拉植物股份有限公司（Plantas de Navarra，SA）	亚历山大 皮尔罗恩 - 达尔邦尼（Alexandre Pierron-Darbonne）	20190764	20191029	20210625
363	20210236	普拉布鲁 15122（Plablue15122）	越橘属	纳瓦拉植物股份有限公司（Plantas de Navarra，SA）	亚历山大 皮尔罗恩 - 达尔邦尼（Alexandre Pierron-Darbonne）	20190768	20191030	20210625
364	20210251	司金香	鹅掌楸属	南京林业大学	陈金慧、陈婷婷、施季森、成铁龙、肖保荣	20200045	20191211	20210625
365	20210636	金方 2 号	方竹属	南京林业大学	刘国华、王福升、张春霞、丁雨龙、林树燕	20200315	20200430	20211231
366	20210637	金方 4 号	方竹属	南京林业大学	林树燕、丁雨龙、张春霞、王福升、刘国华	20200316	20200430	20211231
367	20210436	晚丰	悬钩子属	南京林业大学、江苏省中国科学院植物研究所、江苏中植生态植物科学研究院有限公司	李维林、张春红、吴文龙、闾连飞、赵慧芳、朱宁、王小敏、杨海燕、黄正金、刘洪霞	20200129	20200114	20211021
368	20210216	名贵荷瓣	李属	南京林业大学、胶南明桂园艺场	丁明贵、伊贤贵、赵瑞英、王贤荣、李文华、李蒙、段一凡、陈林、李雪霞、朱淑霞	20190598	20190827	20210625
369	20210217	名贵月光	李属	南京林业大学、胶南明桂园艺场	丁明贵、伊贤贵、赵瑞英、王贤荣、李文华、李蒙、段一凡、陈林、李雪霞、朱淑霞	20190599	20190827	20210625

（续）

序号	品种权号	品种名称	属（种）	品种权人	培育人	申请号	申请日	授权日
370	20210218	名贵鹊桥	李属	南京林业大学、胶南明桂园艺场	丁明贵、伊贤贵、赵瑞英、王贤荣、李文华、李蒙、段一凡、陈林、李雪霞、朱淑霞	20190600	20190827	20210625
371	20210198	紫嫣	苹果属	南京林业大学、扬州小苹果园艺有限公司	张往祥、陈永霞、范俊俊、江皓、张龙、曹福亮	20190546	20190819	20210625
372	20210199	夏荷	苹果属	南京林业大学、扬州小苹果园艺有限公司	张往祥、江皓、谢寅峰、周婷、范俊俊、曹福亮	20190547	20190819	20210625
373	20210200	西子姑娘	苹果属	南京林业大学、扬州小苹果园艺有限公司	张往祥、范俊俊、江皓、徐立安、周婷、曹福亮	20190548	20190819	20210625
374	20210201	水袖	苹果属	南京林业大学、扬州小苹果园艺有限公司	张往祥、陈永霞、周婷、江皓、张全全、曹福亮	20190549	20190819	20210625
375	20210202	浪花	苹果属	南京林业大学、扬州小苹果园艺有限公司	张往祥、江皓、彭冶、周婷、张龙、曹福亮	20190550	20190819	20210625
376	20210203	红云	苹果属	南京林业大学、扬州小苹果园艺有限公司	张往祥、江皓、徐立安、范俊俊、周婷、曹福亮	20190551	20190819	20210625
377	20210204	红色经典	苹果属	南京林业大学、扬州小苹果园艺有限公司	张往祥、周婷、江皓、范俊俊、张全全、曹福亮	20190552	20190819	20210625
378	20210205	红粉佳人	苹果属	南京林业大学、扬州小苹果园艺有限公司	张往祥、张龙、周婷、江皓、范俊俊、曹福亮	20190553	20190819	20210625
379	20210206	红晨	苹果属	南京林业大学、扬州小苹果园艺有限公司	张往祥、江皓、范俊俊、周婷、张龙、曹福亮	20190554	20190819	20210625
380	20210207	二乔	苹果属	南京林业大学、扬州小苹果园艺有限公司	张往祥、周婷、张龙、彭冶、江皓、曹福亮	20190555	20190819	20210625
381	20210208	茶花女	苹果属	南京林业大学、扬州小苹果园艺有限公司	张往祥、张全全、范俊俊、江皓、周婷、曹福亮	20190556	20190819	20210625
382	20210209	飘	苹果属	南京林业大学、扬州小苹果园艺有限公司	张往祥、周婷、江皓、范俊俊、张全全、曹福亮	20190557	20190819	20210625
383	20210210	白云	苹果属	南京林业大学、扬州小苹果园艺有限公司	张往祥、范俊俊、张全全、谢寅峰、江皓、曹福亮	20190558	20190819	20210625
384	20210151	南农丰羽	梅	南京农业大学	高志红、倪照君、侍婷、韩键、章镇	20190421	20190627	20210625
385	20210152	南农丰茂	梅	南京农业大学	高志红、倪照君、侍婷、章镇	20190423	20190627	20210625
386	20210153	南农丰艳	梅	南京农业大学	高志红、倪照君、侍婷、章镇	20190424	20190627	20210625
387	20210154	南农龙霞	梅	南京农业大学	高志红、倪照君、侍婷、章镇	20190425	20190627	20210625

（续）

序号	品种权号	品种名称	属（种）	品种权人	培育人	申请号	申请日	授权日
388	20210672	豫荚 2 号	皂荚属	南召县林业局、河南省林业科学研究院、南召县金豆皂业有限公司	周虎、刘艳萍、田彦、刘继红、臧明杰、祝亚军、刘耀、张宏、吴永军、李恒涛、王鹏飞、曾凡培	20200581	20200804	20211231
389	20210674	豫荚 4 号	皂荚属	南召县林业局、河南省林业科学研究院、南召县金豆皂业有限公司	田彦、祝亚军、刘耀、王晶、周虎、张根梅、徐功元、魏亚平、刘艳萍、张新毅、吴永军、杜奇、王浩	20200583	20200804	20211231
390	20210681	飞燕迎春	木兰属	南召县林业局、上海市园林科学规划研究院	徐功元、张冬梅、尹丽娟、田彦、周虎、罗玉兰、张哲、范定臣	20200614	20200807	20211231
391	20210682	玉壶润春	木兰属	南召县林业局、上海市园林科学规划研究院	周虎、田彦、张冬梅、尹丽娟、徐功元、张哲、有祥亮、杜奇	20200615	20200807	20211231
392	20210246	紫玲珑	丁香属	内蒙古和盛生态科技研究院有限公司、蒙树生态建设集团有限公司	赵泉胜、铁英、田菊、刘洋	20200001	20191123	20210625
393	20210247	丹霞	丁香属	内蒙古和盛生态科技研究院有限公司、蒙树生态建设集团有限公司	赵泉胜、铁英、田菊、刘洋	20200002	20191123	20210625
394	20210248	穗美人	丁香属	内蒙古和盛生态科技研究院有限公司、蒙树生态建设集团有限公司	赵泉胜、铁英、田菊、刘洋	20200003	20191123	20210625
395	20210490	蒙图桑 1 号	桑属	内蒙古蒙桑桑产业研究院、内蒙古意腾生物资源开发有限责任公司	图布新、毕力夫、洪海明、朝鲁巴根、肖飞	20200332	20200510	20211021
396	20210491	蒙图桑 2 号	桑属	内蒙古蒙桑桑产业研究院、内蒙古意腾生物资源开发有限责任公司	图布新、毕力夫、洪海明、朝鲁巴根、肖飞	20200333	20200510	20211021
397	20210051	尼尔普 3D（NIRP3D）	蔷薇属	尼尔普国际有限公司（NIRP INTERNATIONAL SA）	亚历山德罗·吉奥恩（Alessandro Ghione）	20180540	20180903	20210625
398	20210052	尼尔帕夫（NIRPAV）	蔷薇属	尼尔普国际有限公司（NIRP INTERNATIONAL SA）	亚历山德罗·吉奥恩（Alessandro Ghione）	20180619	20180914	20210625
399	20210053	曼巴娅（MANBAIA）	蔷薇属	尼尔普国际有限公司（NIRP INTERNATIONAL SA）	亚历山德罗·吉奥恩（Alessandro Ghione）	20180620	20180914	20210625
400	20210054	曼德瑞梦（MANDREAM）	蔷薇属	尼尔普国际有限公司（NIRP INTERNATIONAL SA）	安德里亚·曼苏英诺（Andrea Mansuino）	20180621	20180914	20210625
401	20210055	可丽包斯（KRIBOISE）	蔷薇属	尼尔普国际有限公司（NIRP INTERNATIONAL SA）	米切尔·可丽洛夫（Michael Kriloff）	20180622	20180914	20210625
402	20210056	尼尔普格力（NIRPGRY）	蔷薇属	尼尔普国际有限公司（NIRP INTERNATIONAL SA）	亚历山德罗·吉奥恩（Alessandro Ghione）	20180625	20180914	20210625
403	20210057	尼尔派（NIRPAL）	蔷薇属	尼尔普国际有限公司（NIRP INTERNATIONAL SA）	亚历山德罗·吉奥恩（Alessandro Ghione）	20180632	20180914	20210625

（续）

序号	品种权号	品种名称	属（种）	品种权人	培育人	申请号	申请日	授权日
404	20210058	尼尔普宫（NIRPGO）	蔷薇属	尼尔普国际有限公司（NIRP INTERNATIONAL SA）	亚历山德罗·吉奥恩（Alessandro Ghione）	20180633	20180914	20210625
405	20210059	尼尔普高（NIRPGOO）	蔷薇属	尼尔普国际有限公司（NIRP INTERNATIONAL SA）	亚历山德罗·吉奥恩（Alessandro Ghione）	20180634	20180914	20210625
406	20210060	尼尔品客思（NIRPINEX）	蔷薇属	尼尔普国际有限公司（NIRP INTERNATIONAL SA）	亚历山德罗·吉奥恩（Alessandro Ghione）	20180636	20180914	20210625
407	20210103	尼尔普提坎（NIRPTICAN）	蔷薇属	尼尔普国际有限公司（NIRP INTERNATIONAL SA）	亚历山德罗·吉奥恩（Alessandro Ghione）	20180826	20181207	20210625
408	20210104	尼尔维尔迪（NIRPVERDI）	蔷薇属	尼尔普国际有限公司（NIRP INTERNATIONAL SA）	亚历山德罗·吉奥恩（Alessandro Ghione）	20180835	20181207	20210625
409	20210105	尼尔普丁（NIRPDIN）	蔷薇属	尼尔普国际有限公司（NIRP INTERNATIONAL SA）	亚历山德罗·吉奥恩（Alessandro Ghione）	20180837	20181207	20210625
410	20210106	尼尔普 ASC（NIRPASC）	蔷薇属	尼尔普国际有限公司（NIRP INTERNATIONAL SA）	亚历山德罗·吉奥恩（Alessandro Ghione）	20180844	20181207	20210625
411	20210107	尼尔宝特（NIRPOT）	蔷薇属	尼尔普国际有限公司（NIRP INTERNATIONAL SA）	亚历山德罗·吉奥恩（Alessandro Ghione）	20180851	20181207	20210625
412	20210108	尼尔普拉西（NIRPRUSH）	蔷薇属	尼尔普国际有限公司（NIRP INTERNATIONAL SA）	亚历山德罗·吉奥恩（Alessandro Ghione）	20180854	20181207	20210625
413	20210567	尼尔卜琳娜（NIRPBRINA）	蔷薇属	尼尔普国际有限公司（NIRP INTERNATIONAL SA）	亚历山德罗·吉奥恩（Alessandro Ghione）	20180624	20180914	20211231
414	20210575	尼尔普金（NIRPKIN）	蔷薇属	尼尔普国际有限公司（NIRP INTERNATIONAL SA）	亚历山德罗·吉奥恩（Alessandro Ghione）	20180850	20181207	20211231
415	20210659	曼佛劳（MANFLOR）	蔷薇属	尼尔普国际有限公司（NIRP INTERNATIONAL SA）	亚历山德罗·吉奥恩（Alessandro Ghione）	20200552	20200722	20211231
416	20210660	尼尔盼缇（NIRPANTE）	蔷薇属	尼尔普国际有限公司（NIRP INTERNATIONAL SA）	亚历山德罗·吉奥恩（Alessandro Ghione）	20200553	20200722	20211231
417	20210661	尼尔普瑞夫（NIRPRIV）	蔷薇属	尼尔普国际有限公司（NIRP INTERNATIONAL SA）	亚历山德罗·吉奥恩（Alessandro Ghione）	20200556	20200722	20211231
418	20210009	甬之焰	杜鹃花属	宁波北仑亿润花卉有限公司	沃科军、沃绵康	20170477	20170903	20210625
419	20210317	甬绿 2 号	杜鹃花属	宁波北仑亿润花卉有限公司	沃科军、沃绵康	20180744	20181120	20211021
420	20210319	甬绿 4 号	杜鹃花属	宁波北仑亿润花卉有限公司	沃绵康、沃科军	20180746	20181120	20211021
421	20210320	甬绿 6 号	杜鹃花属	宁波北仑亿润花卉有限公司	沃绵康、沃科军	20180748	20181120	20211021
422	20210321	甬绿 7 号	杜鹃花属	宁波北仑亿润花卉有限公司	沃科军、沃绵康	20180749	20181120	20211021
423	20210324	甬小春	杜鹃花属	宁波北仑亿润花卉有限公司	沃科军、沃绵康	20180753	20181120	20211021

（续）

序号	品种权号	品种名称	属（种）	品种权人	培育人	申请号	申请日	授权日
424	20210325	甬小阳	杜鹃花属	宁波北仑亿润花卉有限公司	沃科军、沃绵康	20180754	20181120	20211021
425	20210326	甬小桃	杜鹃花属	宁波北仑亿润花卉有限公司	沃科军、沃绵康	20180755	20181120	20211021
426	20210327	甬小彤	杜鹃花属	宁波北仑亿润花卉有限公司	沃科军、沃绵康	20180756	20181120	20211021
427	20210329	甬小娇	杜鹃花属	宁波北仑亿润花卉有限公司	沃科军、沃绵康	20180758	20181120	20211021
428	20210330	甬绵之光	杜鹃花属	宁波北仑亿润花卉有限公司	沃绵康、沃科军	20180759	20181120	20211021
429	20210331	甬绯玫	杜鹃花属	宁波北仑亿润花卉有限公司	沃绵康、沃科军	20180760	20181120	20211021
430	20210332	甬金玫	杜鹃花属	宁波北仑亿润花卉有限公司	沃科军、沃绵康	20180761	20181120	20211021
431	20210333	甬红玫	杜鹃花属	宁波北仑亿润花卉有限公司	沃绵康、沃科军	20180762	20181120	20211021
432	20210713	靓亮	槭属	宁波城市职业技术学院、宁海县力洋镇野村苗木专业合作社	祝志勇、林乐静、叶国庆	20200675	20200823	20211231
433	20210714	红颜珊瑚	槭属	宁波城市职业技术学院、宁海县力洋镇野村苗木专业合作社	祝志勇、林乐静、叶国庆、俞小国	20200676	20200823	20211231
434	20210715	四明锦	槭属	宁波城市职业技术学院、宁海县力洋镇野村苗木专业合作社	林乐静、祝志勇、叶国庆、夏乐家	20200677	20200823	20211231
435	20210680	星晴	铁线莲属	宁波二淘铁线莲农业有限公司	孙同冰、王豪、陆云峰	20200607	20200807	20211231
436	20210512	森淼橙红冠	文冠果	宁夏林业研究院股份有限公司	王娅丽、李毅、李永华、朱丽珍、曾继娟、王丽、吴保兵	20200408	20200612	20211021
437	20210513	森淼红粉冠	文冠果	宁夏林业研究院股份有限公司	王娅丽、秦彬彬、谢军、岳少莉、顾志杰、王伟、郭晓婧	20200410	20200612	20211021
438	20210462	冬日烈焰 WinterFlame	槭属	青岛风和日丽环境景观工程有限公司、上海市农业科学院、上海星辉种苗有限公司	杨韶东、孙翊、董静、殷丽青	20200206	20200324	20211021
439	20210256	大棠博来	苹果属	青岛市农业科学研究院	沙广利、葛红娟、黄粤、张蕊芬、马荣群、孙吉禄、李磊	20200074	20191230	20210625
440	20210755	大棠吉祥	苹果属	青岛市农业科学研究院	沙广利、尹涛、张蕊芬、葛红娟、马荣群、孙吉禄、孙红涛、黄粤、柳伟英	20200784	20200918	20211231
441	20210133	东方报春	李属	青岛樱花谷科技生态园有限公司、山东省林业科学研究院、青岛市黄岛区林业局	王松、胡丁猛、王子玉、许景伟、囤兴建、李贵学、丁守和	20190332	20190424	20210625
442	20210134	明媚阳光	李属	青岛樱花谷科技生态园有限公司、山东省林业科学研究院、青岛市黄岛区林业局	王松、胡丁猛、王子玉、许景伟、囤兴建、李贵学、丁守和	20190333	20190424	20210625
443	20210710	信诺红	李属	青岛樱花谷科技生态园有限公司、山东省林业科学研究院、青岛市园林和林业综合服务中心	王松、胡丁猛、王子玉、许景伟、董运斋、戴月欣、李宗泰	20200669	20200819	20211231

（续）

序号	品种权号	品种名称	属（种）	品种权人	培育人	申请号	申请日	授权日
444	20210711	红吉野	李属	青岛樱花谷科技生态园有限公司、山东省林业科学研究院、青岛市园林和林业综合服务中心	王松、胡丁猛、王子玉、许景伟、董运斋、戴月欣	20200670	20200819	20211231
445	20210410	紫霞	杜鹃花属	青岛永根园艺有限公司	方永根、马云、赵玉弟	20200016	20191209	20211021
446	20210411	粉团	杜鹃花属	青岛永根园艺有限公司	方永根	20200018	20191209	20211021
447	20210412	爱丽 1 号	杜鹃花属	青岛永根园艺有限公司	方永根	20200020	20191209	20211021
448	20210413	爱丽 2 号	杜鹃花属	青岛永根园艺有限公司	方永根	20200021	20191209	20211021
449	20210414	爱丽 3 号	杜鹃花属	青岛永根园艺有限公司	方永根	20200022	20191209	20211021
450	20210415	银边春	杜鹃花属	青岛永根园艺有限公司	方永根	20200025	20191209	20211021
451	20210241	洒翠	卫矛属	青州市博绿园艺场	魏玉龙、王华田、刁久新、邓运川、梁中贵、孟诗原	20190781	20191105	20210625
452	20210242	玉镶金	卫矛属	青州市博绿园艺场	魏玉龙、王华田、刁久新、邓运川、梁中贵、孟诗原	20190782	20191105	20210625
453	20210555	福 K1 号	柿	日本福冈县政府	千千和浩幸、平川信之、林公彦、矢羽田第二郎、白石美树夫、藤岛宏之、石坂晃、福本晃司	20170137	20170323	20211231
454	20210558	根尾新甜	柿	日本国岐阜县政府	新川猛、铃木哲也、尾关健	20170444	20170804	20211231
455	20210756	传奇	栎属	日照金枫园林科技有限公司、山东省林业科学研究院	王洪永、荣生道、陈睿、马丙尧、王霞、王振猛、杜振宇、王世才、王燕、李永涛、高嘉、毛秀红	20200802	20200928	20211231
456	20210757	鸿运当头	栎属	日照金枫园林科技有限公司、山东省林业科学研究院	马丙尧、王洪永、荣生道、王霞、王振猛、王燕、王清华、朱文成、张新慰、毛秀红、王世才、高嘉	20200803	20200928	20211231
457	20210112	金色王子	栎属	日照金枫园林科技有限公司、山东省林业科学研究院、日照市林业科学研究院	刘桂民、王洪永、马丙尧、王振猛、高伟、张兰英、刘德玺	20190131	20190102	20210625
458	20210155	化蝶	叶子花属	厦门木林深处苗木有限公司	蔡峰	20190426	20190701	20210625
459	20210143	小飞寒	李属	厦门市园林植物园	蔡长福、蔡邦平、陈润泉、张万旗、彭春华、丁友芳、马丽娟、吕燕玲、王勇、罗文熠、黄碧华	20190399	20190611	20210625
460	20210144	女儿红	李属	厦门市园林植物园	蔡邦平、蔡长福、陈润泉、张万旗、彭春华、丁友芳、马丽娟、吕燕玲、王勇、罗文熠、黄碧华	20190400	20190611	20210625

（续）

序号	品种权号	品种名称	属（种）	品种权人	培育人	申请号	申请日	授权日
461	20210145	元旦红	李属	厦门市园林植物园	蔡邦平、蔡长福、陈润泉、张万旗、彭春华、丁友芳、马丽娟、吕燕玲、王勇、罗文熠、黄碧华	20190401	20190611	20210625
462	20210146	厦美人	李属	厦门市园林植物园	蔡长福、蔡邦平、陈润泉、张万旗、彭春华、丁友芳、马丽娟、吕燕玲、王勇、罗文熠、黄碧华	20190402	20190611	20210625
463	20210147	相思红	李属	厦门市园林植物园	陈润泉、蔡邦平、蔡长福、张万旗、彭春华、丁友芳、马丽娟、吕燕玲、王勇、罗文熠、黄碧华	20190403	20190611	20210625
464	20210148	双旗	李属	厦门市园林植物园	蔡长福、蔡邦平、陈润泉、张万旗、彭春华、丁友芳、马丽娟、吕燕玲、王勇、罗文熠、黄碧华	20190404	20190611	20210625
465	20210521	金粉佳人	叶子花属	厦门市园林植物园	周群、王荣圣	20200428	20200628	20211021
466	20210522	金玉	叶子花属	厦门市园林植物园	周群、陈松河	20200429	20200628	20211021
467	20210523	闽红 1 号	叶子花属	厦门市园林植物园	周群、刘维刚	20200430	20200628	20211021
468	20210524	中闽 2 号	叶子花属	厦门市园林植物园	周群、张万旗	20200431	20200628	20211021
469	20210135	英姿	芍药属	山东农业大学	郭先锋、孟凡志、臧德奎、马燕	20190362	20190529	20210625
470	20210136	岱粉	芍药属	山东农业大学	郭先锋、刘爱青、孟凡志、边廷廷	20190363	20190529	20210625
471	20210137	金鸾轻舞	芍药属	山东农业大学	郭先锋、孟凡志、臧德奎、边廷廷	20190364	20190529	20210625
472	20210138	金色年华	芍药属	山东农业大学	郭先锋、孟凡志、臧德奎、边廷廷	20190365	20190529	20210625
473	20210179	雪早花	流苏树属	山东农业大学	李际红、刘会香、曲凯、国浩平、郭海丽、周文玲、王宝锐、侯丽丽、刘佳庚、王如月	20190518	20190813	20210625
474	20210180	雪玲珑	流苏树属	山东农业大学	李际红、刘会香、曲凯、国浩平、郭海丽、周文玲、王宝锐、侯丽丽、刘佳庚、王如月	20190520	20190813	20210625
475	20210181	雪灯笼	流苏树属	山东农业大学	李际红、邢世岩、曲凯、国浩平、郭海丽、周文玲、王宝锐、侯丽丽、刘佳庚、王如月	20190522	20190813	20210625
476	20210182	雪璇	流苏树属	山东农业大学	李际红、邢世岩、曲凯、国浩平、郭海丽、周文玲、王宝锐、侯丽丽、刘佳庚、王如月	20190524	20190813	20210625
477	20210296	安富海棠	苹果属	山东农业大学	沈向、陈学森、毛志泉、吴树敬、魏绍冲、胡艳丽	20180423	20180715	20211021

（续）

序号	品种权号	品种名称	属（种）	品种权人	培育人	申请号	申请日	授权日
478	20210297	安尊海棠	苹果属	山东农业大学	沈向、陈学森、毛志泉、吴树敬、陈晓流、胡艳丽	20180424	20180715	20211021
479	20210298	安荣海棠	苹果属	山东农业大学	沈向、陈学森、毛志泉、吴树敬、王文莉、胡艳丽	20180425	20180715	20211021
480	20210299	安公海棠	苹果属	山东农业大学	沈向、赵静、王荣、盖瑞、倪伟、张曼曼	20180426	20180715	20211021
481	20210300	安府海棠	苹果属	山东农业大学	沈向、王增辉、毛云飞、倪蔚如、张文会、张曼曼	20180427	20180715	20211021
482	20210301	安第海棠	苹果属	山东农业大学	胡艳丽、张曼曼、孙凡雅、吴曼、李新、沈向	20180428	20180715	20211021
483	20210178	雪清香	流苏树属	山东农业大学、泰安东昊园林工程有限公司	李际红、李卫东、曲凯、国浩平、郭海丽、周文玲、王宝锐、侯丽丽、刘佳庚、王如月	20190515	20190813	20210625
484	20210405	丰果玫三号	蔷薇属	山东朴润源农业发展有限公司	赵红艳、雷胜明、秦庆燕、董辉	20190721	20191017	20211021
485	20210406	丰果玫六号	蔷薇属	山东朴润源农业发展有限公司	赵红艳、雷胜明、秦庆燕、董辉	20190722	20191017	20211021
486	20210611	朴丰二号	枣属	山东朴润源农业发展有限公司	赵红艳、雷胜明、秦庆燕、董辉	20190719	20191017	20211231
487	20210268	北国	李属	山东省果树研究所	王甲威、刘庆忠、朱东姿、洪坡、魏海蓉、谭钺、陈新、徐丽、张力思、宗晓娟、赵琳琳	20200101	20200106	20210625
488	20210269	北园	李属	山东省果树研究所	刘庆忠、朱东姿、魏海蓉、王甲威、洪坡、谭钺、陈新、徐丽、张力思、宗晓娟	20200102	20200106	20210625
489	20210270	北春	李属	山东省果树研究所	朱东姿、刘庆忠、王甲威、魏海蓉、洪坡、谭钺、陈新、徐丽、张力思、宗晓娟、赵琳琳	20200103	20200106	20210625
490	20210468	祥沟油栗	板栗	山东省果树研究所	洪坡、刘庆忠、陈新、朱东姿、王甲威、张力思、徐丽、魏海蓉、谭钺、姚光胜	20200234	20200402	20211021
491	20210469	国丰 2 号	板栗	山东省果树研究所	洪坡、刘庆忠、张力思、陈新、徐丽、朱东姿、王甲威、魏海蓉、宗晓娟、邹强	20200236	20200402	20211021
492	20210720	兆红	苹果属	山东省林业科学研究院、昌邑海棠苗木专业合作社、昌邑市林业发展中心	胡丁猛、王立辉、朱升祥、贺燕、囤兴建、明建芹、许景伟、齐伟婧	20200685	20200826	20211231
493	20210063	信诺春晖	李属	山东省林业科学研究院、青岛樱花谷科技生态园有限公司、青岛市黄岛区林业局	胡丁猛、王松、许景伟、囤兴建、李贵学、丁守和	20180704	20181022	20210625

（续）

序号	品种权号	品种名称	属（种）	品种权人	培育人	申请号	申请日	授权日
494	20210064	齐鲁风韵	李属	山东省林业科学研究院、青岛樱花谷科技生态园有限公司、青岛市黄岛区林业局	胡丁猛、王松、许景伟、囤兴建、李贵学、丁守和	20180705	20181022	20210625
495	20210065	迎春红	李属	山东省林业科学研究院、青岛樱花谷科技生态园有限公司、青岛市黄岛区林业局	胡丁猛、王松、许景伟、囤兴建、李贵学、丁守和	20180706	20181022	20210625
496	20210131	熙春	李属	山东省林业科学研究院、青岛樱花谷科技生态园有限公司、青岛市黄岛区林业局	胡丁猛、许景伟、王松、王子玉、囤兴建、李贵学、丁守和、朱文成	20190330	20190424	20210625
497	20210132	和煦阳光	李属	山东省林业科学研究院、青岛樱花谷科技生态园有限公司、青岛市黄岛区林业局	胡丁猛、许景伟、王松、王子玉、囤兴建、李贵学、丁守和、朱文成	20190331	20190424	20210625
498	20210709	飞琼	李属	山东省林业科学研究院、青岛樱花谷科技生态园有限公司、青岛市园林和林业综合服务中心	胡丁猛、王松、许景伟、王子玉、董运斋、于琳倩、李宗泰	20200668	20200819	20211231
499	20210758	沃红 8 号	文冠果	山东沃奇农业开发有限公司	李守科、赵祥树、朱亮庆、王蕾、陈仁鹏、孙伟	20200807	20200929	20211231
500	20210759	沃丰 1 号	文冠果	山东沃奇农业开发有限公司	李守科、赵祥树、朱亮庆、王蕾、陈仁鹏、孙伟	20200808	20200929	20211231
501	20210760	大洁白	文冠果	山东沃奇农业开发有限公司	李守科、赵祥树、朱亮庆、王蕾、陈仁鹏、孙伟	20200811	20200929	20211231
502	20210276	白雪	流苏树属	山东丫森苗木科技开发有限公司	王召伟、张玉华、刘金达、王小青、张振田、邵明亮、张霞、李柏霖	20150243	20151113	20211021
503	20210277	瑞雪	流苏树属	山东丫森苗木科技开发有限公司	张玉华、王召伟、李文勇、张振田、王富青、李柏霖、邵明亮、张霞	20160193	20160729	20211021
504	20210283	银雪	流苏树属	山东丫森苗木科技开发有限公司	张玉华、王召伟、孔令娜、张振田、耿宗琴、张霞、李柏霖、邵明亮	20170255	20170519	20211021
505	20210656	晋丹	核桃属	山西省林业和草原科学研究院	常月梅、高俊仙、李永琛、崔亚琴	20200511	20200714	20211231
506	20210174	秦草语嫣	木兰属	陕西秦草生态环境科技有限公司、陕西省西安植物园	王亚玲、牛梦莹、姜泓艺、叶卫	20190483	20190806	20210625
507	20210175	秦草粉梦	木兰属	陕西秦草生态环境科技有限公司、陕西省西安植物园	王亚玲、牛梦莹、姜泓艺、叶卫	20190484	20190806	20210625
508	20210001	荣耀	忍冬属	陕西省西安植物园	刘安成、尉倩、杨群力、李淑娟、王庆、王宏	20160075	20160316	20210625

（续）

序号	品种权号	品种名称	属（种）	品种权人	培育人	申请号	申请日	授权日
509	20210157	盛世长安	忍冬属	陕西省西安植物园	刘安成、李艳、尉倩、王庆、杨群力	20190440	20190709	20210625
510	20210158	赤焰 1 号	忍冬属	陕西省西安植物园	刘安成、王庆、李艳、杨群力、尉倩	20190441	20190709	20210625
511	20210224	秦荷	木兰属	陕西省西安植物园	王亚玲、吴建军、叶卫、张莹、樊璐、丁芳兵、谢斌	20190644	20190910	20210625
512	20210225	辰紫	木兰属	陕西省西安植物园	王亚玲、吴建军、叶卫、张莹、樊璐、丁芳兵、谢斌	20190645	20190910	20210625
513	20210227	长安贵妃	木兰属	陕西省西安植物园	王亚玲、吴建军、叶卫、张莹、樊璐、丁芳兵、谢斌	20190647	20190910	20210625
514	20210228	长安丽人	木兰属	陕西省西安植物园	王亚玲、吴建军、叶卫、张莹、樊璐、丁芳兵、谢斌	20190648	20190910	20210625
515	20210255	彩玉	木兰属	陕西省西安植物园	王亚玲、吴建军、叶卫、张莹、樊璐、丁芳兵、谢斌	20200069	20191225	20210625
516	20210050	长安玉盏	含笑属	陕西省西安植物园、中南林业科技大学、棕榈生态城镇发展股份有限公司	王亚玲、金晓玲、胡希军、徐昊、叶卫、吴建军、赵珊珊、王晶	20180530	20180902	20210625
517	20210046	变叶莲	木兰属	陕西省西安植物园、棕榈生态城镇发展股份有限公司	叶卫、王亚玲、吴建军、王晶、赵珊珊、严丹峰、岳琳	20180522	20180902	20210625
518	20210047	小芙蓉	木兰属	陕西省西安植物园、棕榈生态城镇发展股份有限公司	刘立成、王亚玲、叶卫、樊璐、吴建军、赵强民、赵珊珊、王晶	20180523	20180902	20210625
519	20210048	芙蓉姐姐	木兰属	陕西省西安植物园、棕榈生态城镇发展股份有限公司	刘立成、王亚玲、樊璐、叶卫、吴建军、赵强民、赵珊珊、王晶	20180524	20180902	20210625
520	20210349	小娇黄	含笑属	陕西省西安植物园、棕榈生态城镇发展股份有限公司	王亚玲、王晶、赵珊珊、严丹峰、岳琳、冯承婷、陈娜娟	20190171	20190122	20211021
521	20210069	金琉鹤舞	芍药属	上海辰山植物园	胡永红、叶康、秦俊、张颖	20180732	20181115	20210625
522	20210113	银粟紫染	芍药属	上海辰山植物园	胡永红、叶康、秦俊、张颖	20190144	20190108	20210625
523	20210221	辰星	木兰属	上海辰山植物园、陕西省西安植物园	叶康、王亚玲、秦俊、胡永红、叶卫、杜习武	20190611	20190828	20210625
524	20210222	紫云	木兰属	上海辰山植物园、陕西省西安植物园	叶康、王亚玲、胡永红、秦俊、叶卫、杜习武	20190612	20190828	20210625
525	20210042	玉翡翠	木兰属	上海市园林科学规划研究院、南召县林业局	张冬梅、张浪、田彦、尹丽娟、余洲、罗玉兰、周虎、徐功元、张哲、王鹏飞、王良、谷珂、有祥亮、申洁梅	20180503	20180829	20210625
526	20210044	丹霞映娇	木兰属	上海市园林科学规划研究院、南召县林业局	张浪、张冬梅、田彦、周虎、余洲、尹丽娟、王建勋、徐功元、王庆民、靳三恒、谷珂、申洁梅、朱涵琦	20180519	20180901	20210625

（续）

序号	品种权号	品种名称	属（种）	品种权人	培育人	申请号	申请日	授权日
527	20210045	玉玲珑	木兰属	上海市园林科学规划研究院、南召县林业局	尹丽娟、田文晓、周虎、张冬梅、张浪、田彦、罗玉兰、有祥亮、徐功元、余洲、王庆民、仝炎、李玲鸽、杨谦、曾凡培	20180521	20180901	20210625
528	20210023	金叶粉玉	山茶属	上海植物园	张亚利、郭卫珍、李湘鹏、宋垚、奉树成	20180333	20180629	20210625
529	20210024	鱼叶粉香	山茶属	上海植物园	张亚利、李湘鹏、郭卫珍、宋垚、奉树成	20180334	20180629	20210625
530	20210011	玉秀	杜鹃花属	上海植物园、宁波北仑亿润花卉有限公司	奉树成、张春英、黄军华、张杰、顾海燕、谢军峰、沈烈英、沃科军、谢晓鸿	20170552	20171029	20210625
531	20210012	艳秀	杜鹃花属	上海植物园、宁波北仑亿润花卉有限公司	张春英、奉树成、黄军华、张杰、沈烈英、顾海燕、谢军峰、沃科军、谢晓鸿	20170553	20171029	20210625
532	20210302	粉云	杜鹃花属	上海植物园、宁波北仑亿润花卉有限公司	奉树成、张春英、黄军华、张杰、龚睿、顾海燕、谢军峰、沃科军、谢晓鸿	20180441	20180719	20211021
533	20210303	胭脂	杜鹃花属	上海植物园、宁波北仑亿润花卉有限公司	张春英、奉树成、黄军华、龚睿、张杰、谢军峰、顾海燕、沃科军、谢晓鸿	20180442	20180719	20211021
534	20210531	芳菲	李属	韶关市旺地樱花种植有限公司、广州天适集团有限公司、广州旺地园林工程有限公司	梁荣、叶小玲、朱军、熊育明、冯钦钊、胡晓敏、熊海坚、高珊	20200453	20200629	20211021
535	20210191	吉祥	李属	韶关市旺地樱花种植有限公司、广州旺地园林工程有限公司、广州天适集团有限公司	胡晓敏、何宗儒、叶小玲、朱军、冯钦钊	20190536	20190819	20210625
536	20210193	小桃红	李属	韶关市旺地樱花种植有限公司、广州旺地园林工程有限公司、广州天适集团有限公司	叶小玲、胡晓敏、何宗儒、朱军、冯钦钊	20190538	20190819	20210625
537	20210647	国色	李属	韶关市旺地樱花种植有限公司、广州旺地园林工程有限公司、广州天适集团有限公司	胡晓敏、朱军、苏捷、叶小玲、冯钦钊、何宗儒、熊海坚、邱晓平	20200447	20200629	20211231
538	20210029	千禧	李属	韶关市旺地樱花种植有限公司、广州旺地园林工程有限公司、英德市旺地樱花种植有限公司	胡晓敏、叶小玲、朱军、何宗儒、周世均、阮文俊	20180371	20180708	20210625
539	20210040	宗儒樱	李属	韶关市旺地樱花种植有限公司、英德市旺地樱花种植有限公司、广州天适集团有限公司	叶小玲、胡晓敏、朱军、何宗儒、梁灿莲、陈端妮、高红菊	20180482	20180827	20210625
540	20210041	伏羲	李属	韶关市旺地樱花种植有限公司、英德市旺地樱花种植有限公司、广州天适集团有限公司	胡晓敏、唐国锋、叶小玲、何宗儒、朱军、陈端妮、张婷英	20180484	20180827	20210625

（续）

序号	品种权号	品种名称	属（种）	品种权人	培育人	申请号	申请日	授权日
541	20210192	吉星高照	李属	韶关市旺地樱花种植有限公司、英德市旺地樱花种植有限公司、广州天适集团有限公司	胡晓敏、叶小玲、何宗儒、朱军、陈端妮	20190537	20190819	20210625
542	20210528	凤双飞	李属	韶关市旺地樱花种植有限公司、英德市旺地樱花种植有限公司、广州天适集团有限公司	叶小玲、胡晓敏、冯钦钊、陈端妮、朱军、杨梓滨、何宗儒	20200449	20200629	20211021
543	20210530	伊人	李属	韶关市旺地樱花种植有限公司、英德市旺地樱花种植有限公司、广州旺地园林工程有限公司	胡晓敏、叶小玲、朱军、冯钦钊、熊海坚、陈端妮、杨梓滨、何宗儒	20200452	20200629	20211021
544	20210734	玲珑	李属	韶关市旺地樱花种植有限公司、英德市旺地樱花种植有限公司、广州旺地园林工程有限公司	梁荣、叶小玲、朱军、陈端妮、黄礼康、杨梓滨、冯钦钊、胡晓敏	20200727	20200903	20211231
545	20210388	丹映梧桐	杜鹃花属	深圳市梧桐山风景区管理处	王定跃、徐滔、林贝满、白宇清、张开文、景慧娟、徐立平	20190460	20190729	20211021
546	20210389	梧桐波影	杜鹃花属	深圳市梧桐山风景区管理处	王定跃、徐滔、林贝满、白宇清、张开文、景慧娟、徐立平	20190461	20190729	20211021
547	20210390	梧桐粉黛	杜鹃花属	深圳市梧桐山风景区管理处	王定跃、徐滔、林贝满、白宇清、张开文、景慧娟、徐立平	20190462	20190729	20211021
548	20210391	梧桐粉秀	杜鹃花属	深圳市梧桐山风景区管理处	王定跃、徐滔、林贝满、白宇清、张开文、景慧娟、徐立平	20190463	20190729	20211021
549	20210392	梧桐红	杜鹃花属	深圳市梧桐山风景区管理处	王定跃、徐滔、林贝满、白宇清、张开文、景慧娟、徐立平	20190464	20190729	20211021
550	20210393	梧桐胭脂	杜鹃花属	深圳市梧桐山风景区管理处	王定跃、徐滔、林贝满、白宇清、张开文、景慧娟、徐立平	20190465	20190729	20211021
551	20210394	梧桐紫霞	杜鹃花属	深圳市梧桐山风景区管理处	王定跃、徐滔、林贝满、白宇清、张开文、景慧娟、徐立平	20190466	20190729	20211021
552	20210038	妍东	文冠果	胜利油田胜大生态林场（东营市试验林场）、北京林业大学	刘金凤、敖妍、张行杰、马履一、李勇、朱照明、苏淑钗	20180395	20180710	20210625
553	20210591	福胖	柳杉属	四川省林业科学研究院、珙县林业科技推广和种苗站、陈五明、陈正乾	罗建勋、陈五明、陈正乾、刘芙蓉、王勋杰、熊万里	20190248	20190321	20211231
554	20210669	川珠香	核桃属	四川省林业科学研究院、凉山州喜德县林业和草原局	李丕军、邢文曦、刘建军、王泽亮、王静、吴泞孜、郑崇文	20200578	20200731	20211231
555	20210663	双铃椒	花椒属	四川省林业科学研究院、四川安龙天然林技术有限责任公司、四川兴芸生态农林科技开发有限责任公司	吴宗兴、徐惠、熊量、吴玉丹、宋小军、梁颇、彭晓曦、王丽华、叶敏、李奎阳、李玉、王莎	20200569	20200724	20211231

（续）

序号	品种权号	品种名称	属（种）	品种权人	培育人	申请号	申请日	授权日
556	20210664	金铃椒	花椒属	四川省林业科学研究院、四川安龙天然林技术有限责任公司、四川兴芸生态农林科技开发有限责任公司	徐惠、吴宗兴、梁颇、吴玉丹、宋小军、熊量、彭晓曦、王丽华、叶敏、李玉、李奎阳、王莎	20200570	20200724	20211231
557	20210748	蜀椒 2 号	花椒属	四川省植物工程研究院、汉源县农业农村局、四川省林业科学研究院	吴银明、龚霞、胡文、彭兴刚、罗成荣、王雪强、曾攀、杜洪俊、陈政、李佩洪、唐伟	20200749	20200909	20211231
558	20210747	蜀椒 1 号	花椒属	四川省植物工程研究院、四川省林业科学研究院、四川农业大学	龚霞、吴银明、罗成荣、龚伟、陈政、李佩洪、曾攀、唐伟	20200748	20200909	20211231
559	20210608	红箭	栎属	苏州工业园区园林绿化工程有限公司	龚伟、赵志华、李萍、沈颀、朱建清、赵崇九、陈日明、严志豪	20190686	20190925	20211231
560	20210609	利箭	栎属	苏州工业园区园林绿化工程有限公司	孔芬、刘鹏、徐丽娅、陈鑫、王曦君、方月敏、沈名扬、任煜	20190687	20190925	20211231
561	20210604	华茗二号	流苏树属	孙增援	孙增援	20190614	20190828	20211231
562	20210605	北茶一号	流苏树属	孙增援	孙增援	20190615	20190828	20211231
563	20210606	北茶二号	流苏树属	孙增援	孙增援	20190616	20190828	20211231
564	20210607	北茶三号	流苏树属	孙增援	孙增援	20190617	20190828	20211231
565	20210066	晨雾	桃花	王燕	王燕	20180717	20181105	20210625
566	20210067	朝霞	桃花	王燕	王燕	20180720	20181105	20210625
567	20210068	烟云	桃花	王燕	王燕	20180721	20181105	20210625
568	20210547	霓虹	桃花	王燕	王燕	20200500	20200710	20211021
569	20210548	玉玲珑	桃花	王燕	王燕	20200502	20200710	20211021
570	20210549	醉春风	桃花	王燕	王燕	20200504	20200710	20211021
571	20210308	楚红	李属	武汉市园林科学研究院	聂超仁、夏文胜、张思思、丁昭全、许小过	20180607	20180905	20211021
572	20210387	楚锦	李属	武汉市园林科学研究院	聂超仁、夏文胜、王青华、蒋细旺、况红玲、章晓琴、李娜、周俐	20190429	20190705	20211021
573	20210550	楚天飞雪	李属	武汉市园林科学研究院	聂超仁、章晓琴、夏文胜、涂继红、周俐、段庆明	20200506	20200711	20211021
574	20210551	楚园丰后	李属	武汉市园林科学研究院	聂超仁、夏文胜、章晓琴、涂继红、周俐、段庆明	20200507	20200711	20211021
575	20210724	绿翡翠	紫金牛属	武平县富贵籽花卉专业合作社、福建农林大学	吴沙沙、兰思仁、彭东辉、王星孚、刘梓富、罗盛金、黄国华、陆彭城	20200692	20200828	20211231
576	20210729	碧霞珠	紫金牛属	武平县富贵籽花卉专业合作社、福建农林大学	张森行、彭东辉、兰思仁、刘梓富、王星孚、罗盛金、刘舒雅、黄国华	20200697	20200828	20211231

（续）

序号	品种权号	品种名称	属（种）	品种权人	培育人	申请号	申请日	授权日
577	20210731	梁野富贵	紫金牛属	武平县富贵籽花卉专业合作社、福建农林大学	张森行、彭东辉、兰思仁、刘梓富、谢亮秀、张继文、何益平、周小琴	20200699	20200828	20211231
578	20210727	金冠	紫金牛属	武平县剑锋生态花场、福建农林大学	周育真、彭东辉、兰思仁、刘梓富、郝杨、王剑锋、王星孚、罗盛金	20200695	20200828	20211231
579	20210726	平安富贵	紫金牛属	武平县剑锋生态花场、福建农林大学、中国中医科学院中药研究所	翟俊文、兰思仁、彭东辉、刘梓富、王星孚、罗盛金、王剑锋、陈云、孙伟	20200694	20200828	20211231
580	20210722	赤丹	紫金牛属	武平县罗兰花场、福建农林大学	彭东辉、兰思仁、蓝祥禄、刘梓富、陈进燎、王星孚、韩文超、李龙、郑燕	20200690	20200828	20211231
581	20210723	锦绣	紫金牛属	武平县罗兰花场、福建农林大学	王永华、彭东辉、兰思仁、王星孚、刘梓富、罗盛金、蓝祥禄、孙佳婷、姚李燕	20200691	20200828	20211231
582	20210617	秀叶紫青	箭竹属	西南林业大学	王曙光、于丽霞、王昌命、李娟、詹卉	20200080	20191230	20211231
583	20210618	一撮毛	箭竹属	西南林业大学	王曙光、李娟、王昌命、于丽霞、詹卉	20200081	20191230	20211231
584	20210619	紫绦	箭竹属	西南林业大学	王曙光、詹卉、王昌命、于丽霞、李娟	20200082	20191230	20211231
585	20210539	墨宝	核桃属	新疆林科院经济林研究所	张强、黄闽敏、宁万军、李丕军、李西萍	20200473	20200702	20211021
586	20210540	新辉	核桃属	新疆林科院经济林研究所	黄闽敏、张强、宁万军、李丕军、李西萍	20200474	20200702	20211021
587	20210541	新盛	核桃属	新疆林科院经济林研究所	张强、黄闽敏、宁万军、李丕军、李西萍	20200475	20200702	20211021
588	20210488	新和 1 号	核桃属	新疆林业科学院	王宝庆、徐业勇、张志刚、虎海防、李明昆、买买提托合提·艾合买提、力提甫·艾合买提、努尔曼·卡的、李宏	20200305	20200427	20211021
589	20210440	金光辉	卫矛属	徐培钊	徐培钊、徐浩桂、高伟	20200166	20200306	20211021
590	20210441	四季夺目	卫矛属	徐培钊	徐培钊、徐浩桂、尚慧珍、潘为兵、葛文华、高伟	20200167	20200306	20211021
591	20210211	嫣碧蕊香	桃花	鄢陵县东华种植农民专业合作社	岳长平、王力荣、朱更瑞、孙萌、张文建、汪世忠、汤正辉、程建明、沈希辉、闫晓丹、郭群、李全红、晋志慧	20190562	20190820	20210625
592	20210212	嫣粉娇香	桃花	鄢陵县东华种植农民专业合作社	岳长平、王力荣、朱更瑞、沈植国、王安亭、丁鑫、汪世忠、刘俊美、宋建军、张丽英、晋志慧、李全红、郭群	20190563	20190820	20210625
593	20210735	宝石瀑布	紫荆属	鄢陵中林园林工程有限公司、河南四季春园林艺术工程有限公司、许昌樱桐生态园林有限公司	张林、刘双枝、张文馨	20200728	20200903	20211231
594	20210438	金科状元	芍药属	扬州大学	陶俊、汤寓涵、赵大球、孟家松	20200163	20200228	20211021

（续）

序号	品种权号	品种名称	属（种）	品种权人	培育人	申请号	申请日	授权日
595	20210439	彤云金焰	芍药属	扬州大学	赵大球、陶俊、汤寓涵、孙静	20200164	20200228	20211021
596	20210214	普天红 1 号	木瓜属	杨恩普、邸葆、陈段芬	杨恩普、邸葆、陈段芬	20190593	20190826	20210625
597	20210375	杨选杏一号	杏	杨添慧、李鸿亮、杨明	杨添慧、李鸿亮、杨明	20190328	20190421	20211021
598	20210019	玉玲珑	蔷薇属	宜良多彩盆栽有限公司	刘天平、胡明飞、罗开春、何云县、卢燕	20180228	20180517	20210625
599	20210109	淑女	蔷薇属	宜良多彩盆栽有限公司	刘天平、胡明飞、何云县、卢燕、叶晓念	20190025	20181218	20210625
600	20210578	天女散花	蔷薇属	宜良多彩盆栽有限公司	刘天平、胡明飞、何云县、卢燕、叶晓念	20190002	20181218	20211231
601	20210579	粉儿	蔷薇属	宜良多彩盆栽有限公司	刘天平、胡明飞、何云县、卢燕、叶晓念	20190014	20181218	20211231
602	20210580	彩霞	蔷薇属	宜良多彩盆栽有限公司	刘天平、胡明飞、何云县、卢燕、叶晓念	20190017	20181218	20211231
603	20210581	凤凰	蔷薇属	宜良多彩盆栽有限公司	刘天平、胡明飞、何云县、卢燕、叶晓念	20190047	20181218	20211231
604	20210582	大鱼海棠	蔷薇属	宜良多彩盆栽有限公司	刘天平、胡明飞、何云县、卢燕、叶晓念	20190056	20181218	20211231
605	20210733	飞天	李属	英德市旺地樱花种植有限公司、广东宝地南华产城发展有限公司、韶关市旺地樱花种植有限公司	梁荣、胡晓敏、叶小玲、朱军、冯钦钊、陈端妮、杨梓滨、何宗儒、高珊	20200726	20200903	20211231
606	20210197	锦绣	李属	英德市旺地樱花种植有限公司、广州天适集团有限公司、广州旺地园林工程有限公司	胡晓敏、何宗儒、叶小玲、朱军、陈端妮	20190545	20190819	20210625
607	20210646	初心	李属	英德市旺地樱花种植有限公司、广州天适集团有限公司、韶关市旺地樱花种植有限公司	朱军、叶小玲、鲁好君、冯钦钊、陈端妮、杨梓滨、何宗儒、胡晓敏	20200445	20200629	20211231
608	20210195	笑开颜	李属	英德市旺地樱花种植有限公司、广州旺地园林工程有限公司、广州天适集团有限公司	胡晓敏、叶小玲、何宗儒、朱军、陈端妮	20190540	20190819	20210625
609	20210196	香满园	李属	英德市旺地樱花种植有限公司、广州旺地园林工程有限公司、广州天适集团有限公司	胡晓敏、叶小玲、何宗儒、朱军、陈端妮	20190544	20190819	20210625
610	20210194	醉红颜	李属	英德市旺地樱花种植有限公司、韶关市旺地樱花种植有限公司、广州天适集团有限公司	胡晓敏、何宗儒、叶小玲、朱军、刘雅思、陈端妮	20190539	20190819	20210625
611	20210043	倾城	李属	英德市旺地樱花种植有限公司、韶关市旺地樱花种植有限公司、广州旺地园林工程有限公司	胡晓敏、叶小玲、唐国锋、何宗儒、朱军、陈端妮、冯钦钊	20180512	20180901	20210625
612	20210529	粉提灯	李属	英德市旺地樱花种植有限公司、韶关市旺地樱花种植有限公司、广州旺地园林工程有限公司	叶小玲、丘洪锋、朱军、杨梓滨、熊育明、冯钦钊、陈端妮、胡晓敏	20200450	20200629	20211021

（续）

序号	品种权号	品种名称	属（种）	品种权人	培育人	申请号	申请日	授权日
613	20210305	奥斯奥特瑞（AUSOUTCRY）	蔷薇属	英国大卫奥斯汀月季公司（David Austin Roses Limited）	大卫·奥斯汀（David JC Austin）	20180495	20180828	20211021
614	20210306	奥斯凯琳（AUSKINDLING）	蔷薇属	英国大卫奥斯汀月季公司（David Austin Roses Limited）	大卫·奥斯汀（David JC Austin）	20180514	20180901	20211021
615	20210623	奥斯格雷（AUSGRAY）	蔷薇属	英国大卫奥斯汀月季公司（David Austin Roses Limited）	大卫·奥斯汀（David JC Austin）	20200240	20200407	20211231
616	20210294	英特尧克洛普（Interyorcrop）	蔷薇属	英特普兰特月季育种公司（Interplant Roses BV）	范·多伊萨姆（Ir AJH van Doesum）	20180416	20180711	20211021
617	20210295	英特切 411113（IPK411113）	蔷薇属	英特普兰特月季育种公司（Interplant Roses BV）	范·多伊萨姆（Ir AJH van Doesum）	20180417	20180711	20211021
618	20210404	英特斯曼德（INTERCIMANYD）	蔷薇属	英特普兰特月季育种公司（Interplant Roses BV）	范·多伊萨姆（ir AJH van Doesum）	20190666	20190918	20211021
619	20210563	英特多 119113（IPT119113）	蔷薇属	英特普兰特月季育种公司（Interplant Roses BV）	范·多伊萨姆（Ir AJH van Doesum）	20180420	20180711	20211231
620	20210564	英特切 192213（IPK192213）	蔷薇属	英特普兰特月季育种公司（Interplant Roses BV）	范·多伊萨姆（Ir AJH van Doesum）	20180422	20180711	20211231
621	20210016	英特格力蒂普（Intergretip）	蔷薇属	英特普兰特月季育种公司（Interplant Roses BV）	范·多伊萨姆（ir AJH van Doesum）	20180019	20171222	20210625
622	20210017	英特鲁鲁劳瑙（Interululonoh）	蔷薇属	英特普兰特月季育种公司（Interplant Roses BV）	范·多伊萨姆（ir AJH van Doesum）	20180025	20171222	20210625
623	20210542	红塔红	蔷薇属	玉溪迪瑞特花卉有限公司	杜秀娟	20200476	20200705	20211021
624	20210601	可爱泡泡	蔷薇属	玉溪迪瑞特花卉有限公司	杜秀娟	20190487	20190809	20211231
625	20210560	紫玉之恋	蔷薇属	玉溪紫玉花卉产业有限公司、玉溪市农业科学院	张军云、段家彬、张钟、张建康、王文智、杨世先、钱遵姚、杨光炤、董广、卢玉娥、张艳华	20180220	20180509	20211231
626	20210226	大唐红	木兰属	豫兰（河南）生态科技有限公司、陕西省西安植物园	刘青发、王亚玲、吴建军、叶卫、张莹、樊璐、丁芳兵、谢斌	20190646	20190910	20210625
627	20210314	云薇二号	蔷薇属	云南艾蔷薇园艺科技有限公司	严莎莎、谭思艳、卢秀慧	20180734	20181118	20211021
628	20210315	小甜心	蔷薇属	云南艾蔷薇园艺科技有限公司	程小毛、卢秀慧、谭思艳、张林华	20180736	20181118	20211021
629	20210749	格桑樱	李属	云南格桑花卉有限责任公司	熊灿坤、李江荣、王兴龙、仇明华、熊劲、于菲、张晏	20200753	20200913	20211231
630	20210003	阿娇	蔷薇属	云南锦科花卉工程研究中心有限公司	倪功、曹荣根、田连通、白云评、乔丽婷、阳明祥、何琼	20160378	20161125	20210625

（续）

序号	品种权号	品种名称	属（种）	品种权人	培育人	申请号	申请日	授权日
631	20210014	晨迷	蔷薇属	云南锦科花卉工程研究中心有限公司	倪功、曹荣根、田连通、白云评、乔丽婷、阳明祥、何琼	20170564	20171102	20210625
632	20210279	热火	蔷薇属	云南锦科花卉工程研究中心有限公司	倪功、曹荣根、田连通、白云评、乔丽婷、阳明祥、何琼	20170033	20161227	20211021
633	20210287	素雅	蔷薇属	云南锦科花卉工程研究中心有限公司	曹荣根、张力、倪功、田连通、白云评、乔丽婷、阳明祥、何琼	20180045	20171229	20211021
634	20210570	梦想家	蔷薇属	云南锦科花卉工程研究中心有限公司	曹荣根、张力、倪功、田连通、白云评、乔丽婷、阳明祥、何琼	20180677	20181017	20211231
635	20210574	简之爱	蔷薇属	云南锦科花卉工程研究中心有限公司	倪功、曹荣根、田连通、乔丽婷、何琼、阳明祥、白云平	20180797	20181124	20211231
636	20210602	闪电	蔷薇属	云南锦科花卉工程研究中心有限公司	田连通、倪功、乔丽婷、何琼	20190501	20190812	20211231
637	20210603	傲娇女郎	蔷薇属	云南锦科花卉工程研究中心有限公司	倪功、曹荣根、田连通、乔丽婷、何琼	20190514	20190812	20211231
638	20210553	恋曲	蔷薇属	云南锦苑花卉产业股份有限公司、云南锦科花卉工程研究中心有限公司	倪功、曹荣根、田连通、白云评、乔丽婷、阳明祥	20150250	20151203	20211231
639	20210015	紫色梦幻	蔷薇属	云南省农业科学院花卉研究所	李世峰、李树发、宋杰、田联通、解玮佳、张露、李慧敏	20170573	20171109	20210625
640	20210309	满园春	蔷薇属	云南省农业科学院花卉研究所	李淑斌、王其刚、唐开学、张颢、晏慧君、蹇洪英、周宁宁、邱显钦、陈敏、张婷	20180666	20181009	20211021
641	20210397	粉精灵	杜鹃花属	云南省农业科学院花卉研究所	彭绿春、李世峰、解玮佳、王继华、李树发、宋杰、蔡艳飞、张露	20190595	20190827	20211021
642	20210398	黛玉	杜鹃花属	云南省农业科学院花卉研究所	解玮佳、李世峰、彭绿春、王继华、宋杰、李树发、张露、蔡艳飞	20190596	20190827	20211021
643	20210568	芳心	蔷薇属	云南省农业科学院花卉研究所	蹇洪英、王其刚、李淑斌、陈敏、晏慧君、邱显钦、张婷、周宁宁、张颢、唐开学	20180663	20181009	20211231
644	20210569	橙色多梦	蔷薇属	云南省农业科学院花卉研究所	晏慧君、王其刚、张颢、唐开学、蹇洪英、邱显钦、陈敏、李淑斌、张婷、周宁宁	20180664	20181009	20211231
645	20210593	云上紫魁	山茶属	云南省农业科学院花卉研究所	蔡艳飞、黄文仲、王继华、胡虹、李树发、李世峰	20190282	20190410	20211231
646	20210732	云上妃	山茶属	云南省农业科学院花卉研究所	蔡艳飞、李树发、王继华、宋杰、张露、彭绿春、解玮佳	20200725	20200902	20211231
647	20210437	君之梦	叶子花属	云南为君开园林工程有限公司	钱永康	20200134	20200116	20211021

（续）

序号	品种权号	品种名称	属（种）	品种权人	培育人	申请号	申请日	授权日
648	20210644	坝上一号	李属	张维利	张维利	20200424	20200627	20211231
649	20210645	坝上二号	李属	张维利	张维利	20200425	20200627	20211231
650	20210480	醉美人	李属	漳平市绿丰林业家庭农场	陈江海、陈大华、陈艺鑫、陈江泉、黄云鹏	20200279	20200411	20211021
651	20210482	串串金	紫金牛属	漳平市绿丰林业家庭农场	陈江海、陈村田、陈江泉、陈艺鑫、黄云鹏	20200281	20200411	20211021
652	20210479	蝶之恋	李属	漳平市绿丰林业家庭农场、福建省林业科学研究院	黄云鹏、陈江海、陈大华、陈艺鑫、陈江泉	20200278	20200411	20211021
653	20210481	平安果	紫金牛属	漳平市绿丰林业家庭农场、福建省林业科学研究院	黄云鹏、陈江海、陈江泉、陈村田、李茂瑾、陈宜进、陈艺鑫	20200280	20200411	20211021
654	20210629	四芒星	桂花	长泰金诺农业科技有限公司	董金龙、陈日才、陈朝暖、陈小芳、陈菁菁	20200266	20200410	20211231
655	20210630	彩云	桂花	长泰金诺农业科技有限公司	董金龙、陈日才、陈朝暖、陈小芳、陈菁菁	20200269	20200410	20211231
656	20210156	红霞	油桐属	赵吉伟、张卓然、丁熊秀	张卓然、赵吉伟、王彭伟、丁熊秀	20190428	20190702	20210625
657	20210379	蓝美 88 号	越橘属	浙江蓝美技术股份有限公司	杨曙方、於虹、赵荣芳、洪麒明	20190380	20190605	20211021
658	20210380	蓝美 119 号	越橘属	浙江蓝美技术股份有限公司	杨曙方、於虹、赵荣芳、洪麒明	20190382	20190605	20211021
659	20210470	罗彩 26 号	桂花	浙江农林大学	赵宏波、董彬、冯成庸、杨丽媛	20200237	20200402	20211021
660	20210471	罗彩 27 号	桂花	浙江农林大学	赵宏波、董彬、冯成庸、杨丽媛	20200238	20200402	20211021
661	20210261	齐金	冬青属	浙江森城种业有限公司	沈劲余、沈鸿明、朱王微、张晓杰、薛桂芳、李盼盼	20200090	20200102	20210625
662	20210262	森红	南天竹属	浙江森城种业有限公司	沈鸿明、沈劲余、王国联、朱王微、张晓杰、徐琴、李盼盼、薛桂芳	20200093	20200102	20210625
663	20210263	小桃红	南天竹属	浙江森城种业有限公司	沈鸿明、沈劲余、李盼盼、徐琴、朱王微、张晓杰、王国联、薛桂芳	20200094	20200102	20210625
664	20210223	宛绿	榉属	浙江省林业科学研究院	袁位高、李婷婷、朱锦茹、金凯、邵慰忠、陈庆标、吴初平、江波	20190638	20190905	20210625
665	20210020	恋美人	李属	浙江省林业科学研究院、福建天苗农业发展有限公司、福建金香韵农业发展有限公司	沈鑫、欧强、柳新红、蒋冬月、黄勇军、李因刚	20180239	20180522	20210625
666	20210021	舞美人	李属	浙江省林业科学研究院、福建天苗农业发展有限公司、福建金香韵农业发展有限公司	蒋冬月、欧强、柳新红、沈鑫、黄勇军、李因刚	20180241	20180522	20210625

（续）

序号	品种权号	品种名称	属（种）	品种权人	培育人	申请号	申请日	授权日
667	20210163	含羞	李属	浙江省林业科学研究院、杭州市园林绿化股份有限公司	柳新红、蒋冬月、沈鑫、李因刚、郭娟、沈柏春、彭志声、田伟莉	20190471	20190802	20210625
668	20210164	粉蝶	李属	浙江省林业科学研究院、杭州市园林绿化股份有限公司	柳新红、蒋冬月、沈鑫、郭娟、李因刚、魏建芬、沈柏春、陈浩	20190472	20190802	20210625
669	20210165	雪妃	李属	浙江省林业科学研究院、杭州市园林绿化股份有限公司	柳新红、蒋冬月、沈鑫、李因刚、魏建芬、邱帅、郭娟、崔晓燕	20190473	20190802	20210625
670	20210166	恋蝶	李属	浙江省林业科学研究院、杭州市园林绿化股份有限公司	沈鑫、柳新红、蒋冬月、邱帅、李因刚、杨浩、王霁、余磊	20190474	20190802	20210625
671	20210167	风车	李属	浙江省林业科学研究院、杭州市园林绿化股份有限公司	蒋冬月、柳新红、沈鑫、沈柏春、高凯、李因刚、孙丽娜、陈林敬	20190475	20190802	20210625
672	20210168	宛梅	李属	浙江省林业科学研究院、杭州市园林绿化股份有限公司	蒋冬月、柳新红、沈鑫、沈柏春、郭娟、邱帅、李因刚、王霁	20190476	20190802	20210625
673	20210169	紫婉	李属	浙江省林业科学研究院、杭州市园林绿化股份有限公司	沈鑫、柳新红、蒋冬月、郭娟、沈柏春、李因刚、张楠、王琳锋	20190477	20190802	20210625
674	20210170	骄子	李属	浙江省林业科学研究院、杭州市园林绿化股份有限公司	柳新红、蒋冬月、沈柏春、沈鑫、郭娟、李因刚、魏建芬、叶佳	20190478	20190802	20210625
675	20210007	甬之梦	杜鹃花属	浙江万里学院、宁波北仑亿润花卉有限公司	谢晓鸿、吴月燕、沃科军、沃绵康、章辰飞	20170470	20170903	20210625
676	20210008	甬之彤	杜鹃花属	浙江万里学院、宁波北仑亿润花卉有限公司	吴月燕、谢晓鸿、沃科军、沃绵康、章辰飞	20170471	20170903	20210625
677	20210316	甬绿 1 号	杜鹃花属	浙江万里学院、宁波北仑亿润花卉有限公司	谢晓鸿、吴月燕、沃科军、沃绵康	20180743	20181120	20211021
678	20210318	甬绿 3 号	杜鹃花属	浙江万里学院、宁波北仑亿润花卉有限公司	吴月燕、谢晓鸿、沃科军、沃绵康	20180745	20181120	20211021
679	20210322	甬紫蝶	杜鹃花属	浙江万里学院、宁波北仑亿润花卉有限公司	谢晓鸿、章辰飞、吴月燕、沃科军、沃绵康	20180751	20181120	20211021
680	20210323	甬小雪	杜鹃花属	浙江万里学院、宁波北仑亿润花卉有限公司	柳海宁、吴月燕、沃科军、沃绵康、谢晓鸿	20180752	20181120	20211021
681	20210328	甬小霞	杜鹃花属	浙江万里学院、宁波北仑亿润花卉有限公司	吴月燕、沈梓力、谢晓鸿、沃科军、沃绵康	20180757	20181120	20211021
682	20210600	绿城梦	蔷薇属	郑州植物园	宋良红、杨志恒、何彦召、郭欢欢、张娟、林博	20190470	20190802	20211231
683	20210025	嫣粉	木莲属	中国科学院华南植物园	陈新兰、杨科明、林金妹、何飞龙、刘慧、叶育石、韦强、樊锦文、廖景平	20180336	20180629	20210625

（续）

序号	品种权号	品种名称	属（种）	品种权人	培育人	申请号	申请日	授权日
684	20210532	玉镯	杜鹃花属	中国科学院昆明植物研究所、西南林业大学	马永鹏、刘德团、常宇航、田斌	20200458	20200630	20211021
685	20210176	科园金碧 3 号	侧柏属	中国科学院植物研究所	唐宇丹、邢全、李霞、姚涓、法丹丹、李锐丽、孙雪琪、张会金	20190497	20190812	20210625
686	20210177	科园金碧 5 号	侧柏属	中国科学院植物研究所	唐宇丹、李慧、法丹丹、张会金、李霞、姚涓、孙雪琪、白红彤	20190499	20190812	20210625
687	20210706	华妃笑靥	芍药属	中国科学院植物研究所	王亮生、李珊珊、杨勇、朱瑾、张玲、王晓晗、杜会、任红旭	20200661	20200818	20211231
688	20210707	华妃点绛	芍药属	中国科学院植物研究所	李珊珊、王亮生、杨勇、王倩玉、苏洽帆、吴倩、肖红强、徐文忠	20200662	20200818	20211231
689	20210708	华玉脂凝	芍药属	中国科学院植物研究所	李珊珊、王亮生、杨勇、尹丹丹、李冰、吴杰、冯成庸、刘成	20200663	20200818	20211231
690	20210244	玉泉鹤舞	芍药属	中国林业科学研究院林业研究所	王雁、周琳、郑宝强、律春燕、李奎、郭欣、缪昆	20190786	20191113	20210625
691	20210245	玉泉春燕	芍药属	中国林业科学研究院林业研究所	王雁、周琳、郑宝强、律春燕、李奎、郭欣、缪昆	20190787	20191113	20210625
692	20210556	澧滨金凤	木通属	中国林业科学研究院林业研究所	李斌、郑勇奇、林富荣、郭文英、向明宏、肖光听、张功茂、王汝平、黄廷武	20170201	20170503	20211231
693	20210750	中泰 5 号	皂荚属	中国林业科学研究院林业研究所、山东泰瑞药业有限公司	李斌、林富荣、郭文英、黄平、张西秀、张光田、张明昊、张亮	20200764	20200915	20211231
694	20210751	中泰 6 号	皂荚属	中国林业科学研究院林业研究所、山东泰瑞药业有限公司	李斌、林富荣、郭文英、黄平、张光田、张明昊、张亮	20200765	20200915	20211231
695	20210752	中泰 7 号	皂荚属	中国林业科学研究院林业研究所、山东泰瑞药业有限公司	李斌、林富荣、郭文英、黄平、张光田、张明昊、张亮	20200766	20200915	20211231
696	20210243	金富椿	香椿属	中国林业科学研究院亚热带林业研究所	刘军、姜景民、李彦杰、谭梓峰	20190784	20191108	20210625
697	20210280	秾苑春	芍药属	中国农业科学院蔬菜花卉研究所	张秀新、王顺利、薛璟祺、张萍、薛玉前	20170160	20170406	20211021
698	20210281	秾苑红霞	芍药属	中国农业科学院蔬菜花卉研究所	张秀新、薛璟祺、王顺利、薛玉前	20170166	20170406	20211021
699	20210310	秾滟香语	芍药属	中国农业科学院蔬菜花卉研究所	张秀新、薛璟祺、王顺利、薛玉前、任秀霞、杨若雯	20180708	20181031	20211021
700	20210311	秾苑虹妆	芍药属	中国农业科学院蔬菜花卉研究所	张秀新、王顺利、薛璟祺、薛玉前、任秀霞、高洁	20180709	20181031	20211021
701	20210312	秾苑缃月	芍药属	中国农业科学院蔬菜花卉研究所	张秀新、王顺利、薛璟祺、薛玉前、房桂霞、任秀霞、高洁	20180710	20181031	20211021

（续）

序号	品种权号	品种名称	属（种）	品种权人	培育人	申请号	申请日	授权日
702	20210313	秾醉墨香	芍药属	中国农业科学院蔬菜花卉研究所	张秀新、薛璟祺、王顺利、薛玉前、任秀霞、杨若雯	20180711	20181031	20211021
703	20210416	秾苑绡红	芍药属	中国农业科学院蔬菜花卉研究所	张秀新、薛璟祺、王顺利、薛玉前、任秀霞	20200026	20191210	20211021
704	20210417	秾苑金科	芍药属	中国农业科学院蔬菜花卉研究所	张秀新、王顺利、薛璟祺、薛玉前、任秀霞	20200028	20191210	20211021
705	20210418	秾苑娇娃	芍药属	中国农业科学院蔬菜花卉研究所	薛璟祺、张秀新、任秀霞、王顺利、王芳	20200029	20191210	20211021
706	20210419	秾苑仲春	芍药属	中国农业科学院蔬菜花卉研究所	张秀新、薛璟祺、石颜通、高洁、吴蕊	20200031	20191210	20211021
707	20210420	秾苑彤霞	芍药属	中国农业科学院蔬菜花卉研究所	薛璟祺、张秀新、任秀霞、高洁、吴蕊	20200033	20191210	20211021
708	20210421	秾苑皎月	芍药属	中国农业科学院蔬菜花卉研究所	王顺利、张秀新、黄振、薛玉前、薛璟祺	20200034	20191210	20211021
709	20210422	秾墨煜金	芍药属	中国农业科学院蔬菜花卉研究所	张秀新、薛璟祺、任秀霞、王顺利、王芳	20200035	20191210	20211021
710	20210423	秾染天衣	芍药属	中国农业科学院蔬菜花卉研究所	张秀新、王顺利、薛玉前、薛璟祺、石颜通	20200036	20191210	20211021
711	20210424	秾月呈祥	芍药属	中国农业科学院蔬菜花卉研究所	张秀新、王顺利、薛玉前、任秀霞、石丰瑞	20200037	20191210	20211021
712	20210425	秾俪唱春	芍药属	中国农业科学院蔬菜花卉研究所	张秀新、薛玉前、王顺利、任秀霞	20200038	20191210	20211021
713	20210426	秾滟春华	芍药属	中国农业科学院蔬菜花卉研究所	张秀新、薛璟祺、石颜通、薛玉前、黄振	20200039	20191210	20211021
714	20210427	秾俪染衣	芍药属	中国农业科学院蔬菜花卉研究所	张秀新、任秀霞、薛璟祺、黄振、薛玉前	20200040	20191210	20211021
715	20210428	秾星映月	芍药属	中国农业科学院蔬菜花卉研究所	张秀新、薛玉前、任秀霞、王顺利	20200041	20191210	20211021
716	20210689	粉莲恋秾	芍药属	中国农业科学院蔬菜花卉研究所	张秀新、薛玉前、薛璟祺、王小平	20200634	20200807	20211231
717	20210691	秾圜一品	芍药属	中国农业科学院蔬菜花卉研究所	张秀新、王顺利、范俊峰、慈惠婷	20200638	20200807	20211231
718	20210692	秾墨飞金	芍药属	中国农业科学院蔬菜花卉研究所	张秀新、薛璟祺、薛玉前、柳志勇	20200639	20200807	20211231
719	20210693	秾雪凝金	芍药属	中国农业科学院蔬菜花卉研究所	张秀新、王顺利、任秀霞、尚国强	20200641	20200807	20211231
720	20210694	秾艳群芳	芍药属	中国农业科学院蔬菜花卉研究所	张秀新、任秀霞、王顺利、吴蕊、刘蓉	20200642	20200807	20211231
721	20210695	秾玉擎天	芍药属	中国农业科学院蔬菜花卉研究所	张秀新、薛璟祺、薛玉前、唐兆亮	20200643	20200807	20211231
722	20210696	秾苑白莲	芍药属	中国农业科学院蔬菜花卉研究所	张秀新、王顺利、任秀霞、王小平	20200644	20200807	20211231
723	20210697	秾苑川色	芍药属	中国农业科学院蔬菜花卉研究所	张秀新、薛玉前、薛璟祺、范俊峰	20200645	20200807	20211231
724	20210698	秾苑叠玉	芍药属	中国农业科学院蔬菜花卉研究所	张秀新、薛璟祺、石颜通、王小平	20200646	20200807	20211231
725	20210700	秾苑墨云	芍药属	中国农业科学院蔬菜花卉研究所	张秀新、王顺利、任秀霞、慈惠婷	20200650	20200807	20211231
726	20210701	秾苑奇丽	芍药属	中国农业科学院蔬菜花卉研究所	张秀新、王顺利、任秀霞、房桂霞	20200652	20200807	20211231
727	20210702	秾苑晴雯	芍药属	中国农业科学院蔬菜花卉研究所	张秀新、薛璟祺、薛玉前、李丰见、柳志勇	20200653	20200807	20211231

（续）

序号	品种权号	品种名称	属（种）	品种权人	培育人	申请号	申请日	授权日
728	20210703	秾苑鞓红	芍药属	中国农业科学院蔬菜花卉研究所	张秀新、薛璟祺、石颜通、王小平	20200654	20200807	20211231
729	20210704	秾苑玉桃	芍药属	中国农业科学院蔬菜花卉研究所	张秀新、薛玉前、薛璟祺、范俊峰	20200659	20200807	20211231
730	20210705	秾紫点金	芍药属	中国农业科学院蔬菜花卉研究所	张秀新、王顺利、任秀霞、李丰见、尚国强	20200660	20200807	20211231
731	20210690	秾华映月	芍药属	中国农业科学院蔬菜花卉研究所、城发集团（青岛）旅游发展有限公司	张秀新、董昱、范俊峰、贾立华、王顺利	20200637	20200807	20211231
732	20210699	秾苑繁华	芍药属	中国农业科学院蔬菜花卉研究所、城发集团（青岛）旅游发展有限公司	张秀新、董昱、范俊峰、贾立华、王顺利	20200647	20200807	20211231
733	20210341	百蕊红	蔷薇属	中国农业科学院蔬菜花卉研究所、云南鑫海汇花业有限公司	葛红、杨树华、贾瑞冬、赵鑫、李秋香、朱应雄、孙纲	20190088	20181221	20211021
734	20210257	中碧小粉菊	桃花	中国农业科学院郑州果树研究所	曹珂、方伟超、王力荣、朱更瑞、陈昌文、王新卫、王蛟	20200076	20191230	20210625
735	20210258	中碧粉垂菊	桃花	中国农业科学院郑州果树研究所	王力荣、方伟超、朱更瑞、曹珂、陈昌文、王新卫、王玲玲	20200077	20191230	20210625
736	20210259	中碧小绯菊	桃花	中国农业科学院郑州果树研究所	朱更瑞、王力荣、方伟超、曹珂、陈昌文、王新卫、李勇	20200078	20191230	20210625
737	20210260	中碧白线菊	桃花	中国农业科学院郑州果树研究所	方伟超、朱更瑞、王力荣、陈昌文、曹珂、王新卫、谢景梅	20200079	20191230	20210625
738	20210500	华紫	石榴属	中国农业科学院郑州果树研究所	曹尚银、李好先、骆翔、姚方、李兴平	20200377	20200602	20211021
739	20210501	红美人	石榴属	中国农业科学院郑州果树研究所	曹尚银、李好先、骆翔	20200378	20200602	20211021
740	20210502	华冠	石榴属	中国农业科学院郑州果树研究所	曹尚银、李好先、骆翔	20200379	20200602	20211021
741	20210503	酸美	石榴属	中国农业科学院郑州果树研究所	曹尚银、李好先、骆翔、姚方、李兴平	20200380	20200602	20211021
742	20210504	天使红	石榴属	中国农业科学院郑州果树研究所	曹尚银、李好先、骆翔	20200381	20200602	20211021
743	20210505	早红	石榴属	中国农业科学院郑州果树研究所	曹尚银、李好先、骆翔、姚方、李兴平	20200382	20200602	20211021
744	20210533	德油 2 号	山茶属	中南林业科技大学	袁德义	20200462	20200701	20211021
745	20210534	德油 3 号	山茶属	中南林业科技大学	袁德义	20200463	20200701	20211021
746	20210535	德油 4 号	山茶属	中南林业科技大学	袁德义	20200464	20200701	20211021
747	20210536	攸杂 2	山茶属	中南林业科技大学	袁德义、肖诗鑫	20200465	20200701	20211021
748	20210649	德栗 1 号	栗属	中南林业科技大学	袁德义	20200459	20200701	20211231
749	20210651	德栗 3 号	栗属	中南林业科技大学	袁德义、朱周俊	20200461	20200701	20211231
750	20210526	铁心杉	杉木	中南林业科技大学、湖南省林业科学院、株洲市方绿生态园林绿化有限公司	朱宁华、韩志强、张勰、沈晓春、黄帆、沈小毛	20200444	20200629	20211021

（续）

序号	品种权号	品种名称	属（种）	品种权人	培育人	申请号	申请日	授权日
751	20210650	德栗 2 号	栗属	中南林业科技大学、中国林业科学研究院林业研究所	袁德义、唐芳、肖诗鑫	20200460	20200701	20211231
752	20210655	鑫栗 1 号	栗属	中南林业科技大学、中国林业科学研究院林业研究所	肖诗鑫、唐芳、范晓明、朱周俊	20200508	20200711	20211231
753	20210571	粤桂明珠	山茶属	棕榈生态城镇发展股份有限公司、广东省农业科学院环境园艺研究所、肇庆棕榈谷花园有限公司	刘信凯、孙映波、高继银、于波、严丹峰、张佩霞、黄丽丽	20180763	20181120	20211231
754	20210573	夏蝶群舞	山茶属	棕榈生态城镇发展股份有限公司、广东省农业科学院环境园艺研究所、肇庆棕榈谷花园有限公司	赵强民、孙映波、黎艳玲、于波、叶琦君、黄丽丽、钟乃盛、张佩霞	20180765	20181121	20211231
755	20210049	小可人	木兰属	棕榈生态城镇发展股份有限公司、陕西省西安植物园	赵珊珊、王亚玲、叶卫、樊璐、吴建军、赵强民、王晶	20180528	20180902	20210625
756	20210346	红颜妒	木兰属	棕榈生态城镇发展股份有限公司、陕西省西安植物园	王晶、王亚玲、岳琳、严丹峰、赵强民、唐春艳、简向阳、冯承婷	20190166	20190122	20211021
757	20210347	玲珑美人	木兰属	棕榈生态城镇发展股份有限公司、陕西省西安植物园	严丹峰、王晶、王亚玲、赵珊珊、岳琳、赵强民、陈娜娟、唐春艳	20190167	20190122	20211021
758	20210348	霞蔚	木兰属	棕榈生态城镇发展股份有限公司、陕西省西安植物园	岳琳、王晶、甘美娜、王亚玲、严丹峰、唐春艳、简向阳、冯承婷	20190170	20190122	20211021
759	20210408	雅馨	含笑属	棕榈生态城镇发展股份有限公司、陕西省西安植物园	王晶、王亚玲、岳琳、甘美娜、简向阳、赵强民、赵珊珊	20190795	20191115	20211021
760	20210350	春晖	含笑属	棕榈生态城镇发展股份有限公司、陕西省西安植物园、深圳市中科院仙湖植物园	岳琳、王晶、王亚玲、甘美娜、简向阳、严丹峰、赵强民、赵珊珊	20190176	20190122	20211021
761	20210572	夏日红霞	山茶属	棕榈生态城镇发展股份有限公司、肇庆棕榈谷花园有限公司	钟乃盛、刘信凯、黎艳玲、叶琦君、高继银、严丹峰、谢雨慧	20180764	20181121	20211231

数据来源：国家林业和草原局植物新品种保护办公室。

附表2　2021年林业和草原植物新品种申请

序号	申请号	品种名称	属（种）	申请人	培育人	申请日
1	20211143	阿然苹克（ARANPRINC）	蔷薇属	A.R.B.A. 公司（A.R.B.A. B.V.）	艾尔·皮·德布林（Ir. P. de Bruin）	20211022
2	20210079	爱普发 190T（APF190T）	悬钩子属	阿肯色大学董事会（The Board of Trustees of the University of Arkansas）	约翰·鲁本·克拉克（John Reuben Clark）	20210129
3	20210949	金莉	栎属	安徽省彩枫农林科技有限公司	任杰、易向宝、徐华龙	20210824
4	20211009	丹莉	栎属	安徽省彩枫农林科技有限公司、任杰	任杰、易向宝、陈竹、赵竑绯、王艳、徐华龙、朱璐	20210909
5	20211019	秋红	枫香属	安徽省林业科技推广总站、中国林业科学研究院林业研究所、祁门县查湾森工采育场	翁新光、柏晓辉、郑勇奇、房震、翟大才、何芝兰、吴锦菲、崔珺、陈艳荣、赖玖鑫、黄平、林富荣、顾桃红、陈峰、郭香吟、冯伟	20210914
6	20201123	酥籽	石榴属	安徽省农业科学院园艺研究所	徐义流、秦改花、刘春燕、张德安、黎积誉	20201230
7	20201124	妃红	石榴属	安徽省农业科学院园艺研究所	秦改花、刘春燕、黎积誉、徐义流、赵宏远	20201230
8	20210350	舒映 1 号	杜鹃花属	安徽野景农林科技有限公司	洪先友	20210521
9	20210200	颍荷	蔷薇属	安徽颍荷生态农业发展有限公司、阜阳市百益花卉园艺有限公司、安徽省农业科学院农业工程研究所	康丽云、樊德新、兰伟、张雨涵、唐菲、史丹、史良、王晶晶、孟艳琼、朱槺宁	20210407
10	20210133	蒙紫个	丁香属	安文元、申秀枝	安文元、申秀枝	20210303
11	20210753	红队长（RedCaptain）	蔷薇属	奥特曼植物公司（Altman Plants）	林彬（Ping Lim）	20210730
12	20211036	格拉 13928（GRA13928）	蔷薇属	澳大利亚巨花苗圃有限公司（Grandiflora Nurseries Pty. Ltd.）	H.E. 舒德尔斯（H.E.Schreuders）	20210924
13	20211037	格拉 14746（GRA14746）	蔷薇属	澳大利亚巨花苗圃有限公司（Grandiflora Nurseries Pty. Ltd.）	H.E. 舒德尔斯（H.E.Schreuders）	20210924
14	20211038	格拉 161225（GRA161225）	蔷薇属	澳大利亚巨花苗圃有限公司（Grandiflora Nurseries Pty. Ltd.）	H.E. 舒德尔斯（H.E.Schreuders）	20210924
15	20211044	格拉 151213（GRA151213）	蔷薇属	澳大利亚巨花苗圃有限公司（Grandiflora Nurseries Pty. Ltd.）	H.E. 舒德尔斯（H.E.Schreuders）	20210926
16	20201058	格拉 14088（GRA14088）	蔷薇属	澳大利亚巨花苗圃有限公司（Grandiflora Nurseries Pty. Ltd.）	H.E. 舒德尔斯（H.E.Schreuders）	20201216
17	20201059	格拉 16836（GRA16836）	蔷薇属	澳大利亚巨花苗圃有限公司（Grandiflora Nurseries Pty. Ltd.）	H.E. 舒德尔斯（H.E.Schreuders）	20201216
18	20201060	格拉 131153（GRA131153）	蔷薇属	澳大利亚巨花苗圃有限公司（Grandiflora Nurseries Pty. Ltd.）	H.E. 舒德尔斯（H.E.Schreuders）	20201216
19	20201061	格拉 136411（GRA136411）	蔷薇属	澳大利亚巨花苗圃有限公司（Grandiflora Nurseries Pty. Ltd.）	H.E. 舒德尔斯（H.E.Schreuders）	20201216

（续）

序号	申请号	品种名称	属（种）	申请人	培育人	申请日
20	20201062	格拉 151217（GRA151217）	蔷薇属	澳大利亚巨花苗圃有限公司（Grandiflora Nurseries Pty. Ltd.）	H.E. 舒德尔斯（H.E.Schreuders）	20201216
21	20201063	格拉 161264（GRA161264）	蔷薇属	澳大利亚巨花苗圃有限公司（Grandiflora Nurseries Pty. Ltd.）	H.E. 舒德尔斯（H.E.Schreuders）	20201216
22	20201064	格拉 1511131（GRA1511131）	蔷薇属	澳大利亚巨花苗圃有限公司（Grandiflora Nurseries Pty. Ltd.）	H.E. 舒德尔斯（H.E.Schreuders）	20201216
23	20201065	格拉 1512118（GRA1512118）	蔷薇属	澳大利亚巨花苗圃有限公司（Grandiflora Nurseries Pty. Ltd.）	H.E. 舒德尔斯（H.E.Schreuders）	20201216
24	20201066	格拉 1512517（GRA1512517）	蔷薇属	澳大利亚巨花苗圃有限公司（Grandiflora Nurseries Pty. Ltd.）	H.E. 舒德尔斯（H.E.Schreuders）	20201216
25	20210005	贵妃杨	杨属	白城市林业科学研究院	王凤林	20210107
26	20211185	霜降硕果	山茶属	保山市林业和草原技术推广站、腾冲市林业和草原技术推广站	黄佳聪、杨晏平、谢胤、蒋华、万晓军、余祖华、吴建花、杨晓霞	20211028
27	20211184	保油 9 号	山茶属	保山市林业和草原技术推广站、腾冲市生态修复站、腾冲市沙坝国有林场	黄佳聪、王生进、刘加理、杨晏平、蒋华、吴建花、万晓军、罗存贞	20211028
28	20210856	早丰	余甘子	保山市林业和草原技术推广站、中国林业科学院热带林业研究所	黄佳聪、吴建花、杨晓霞、杨晏平、郭俊杰、蒋华、曾杰	20210812
29	20210859	夏紫	余甘子	保山市林业和草原技术推广站、中国林业科学院热带林业研究所	黄佳聪、杨晏平、周娟、郭俊杰、蒋华、杨涛铭、曾杰	20210812
30	20210855	亮脆	余甘子	保山市林业和草原技术推广站、中国林业科学院热带林业研究所	杨晏平、黄佳聪、赵江萍、蒋华、郭俊杰、杨晓霞、曾杰	20210812
31	20210253	安海繁星	蝴蝶兰属	北京安海之弋园林古建工程有限公司	许栩	20210426
32	20210828	雾迷 1 号	铁线莲属	北京花和草园艺科技有限公司	田国丽	20210809
33	20201056	北林杨 1 号	杨属	北京林业大学	李云、孙宇涵、李娟、杨庆山、张华新、郭琪	20201214
34	20201057	北林杨 2 号	杨属	北京林业大学	李云、孙宇涵、赵烨、田彦挺、侯荣轩、韩佩尧	20201214
35	20201120	玲珑白	紫薇属	北京林业大学	张启翔、李卓姣、郑唐春、潘会堂、秦波、蔡明、程堂仁、王佳	20201230
36	20201121	含韵	紫薇属	北京林业大学	潘会堂、冯露、周杨、张烨、刘洁茹、张启翔、蔡明、程堂仁、王佳	20201230
37	20201122	御汤香粉	紫薇属	北京林业大学	蔡明、章寒、续言、潘会堂、张启翔、程堂仁、王佳、郑唐春	20201230
38	20210749	且听风	蔷薇属	北京林业大学	于超、罗乐、程璧瑄、周利君、潘会堂、张启翔	20210730
39	20210750	君莫笑	蔷薇属	北京林业大学	于超、罗乐、周利君、程璧瑄、潘会堂、张启翔	20210730

（续）

序号	申请号	品种名称	属（种）	申请人	培育人	申请日
40	20210796	大风车	连翘属	北京林业大学	潘会堂、赵峥烜、张曼、张启翔、申建双、王佳、程堂仁	20210804
41	20211411	浅梦	紫薇属	北京林业大学	潘会堂、周杨、池秀风、申萍、冯露、张启翔、蔡明、程堂仁、王佳、郑唐春	20211121
42	20211444	北林繁珠	梅	北京林业大学	马开峰、代树刚	20211129
43	20211445	北林寒香	梅	北京林业大学	马开峰、代树刚	20211129
44	20211446	北林娇容	梅	北京林业大学	代树刚、马开峰	20211129
45	20211346	琦蕊	无患子属	北京林业大学、福建源华林业生物科技有限公司	贾黎明、赵国春、徐圆圆、陈仲、孙操稳、王立宪、高世轮、王冕之、刘诗琦、罗水晶、翁学煌、张端光	20211115
46	20211347	独芳春	无患子属	北京林业大学、福建源华林业生物科技有限公司	陈仲、赵国春、高世轮、徐圆圆、贾黎明、王昕、郑玉琳、史双龙、王立宪、仲静、罗水晶、翁学煌	20211115
47	20211348	绛婉粉	无患子属	北京林业大学、福建源华林业生物科技有限公司	贾黎明、赵国春、赵田芸、孙操稳、陈仲、高媛、刘济铭、高钰涵、郑玉琳、罗水晶、翁学煌、张端光	20211115
48	20211354	繁锦	无患子属	北京林业大学、福建源华林业生物科技有限公司	陈仲、赵国春、高钰涵、刘济铭、贾黎明、卫星杓、刘诗琦、高媛、仲静、王昕、罗水晶、翁学煌	20211116
49	20210124	日初	萱草属	北京林业大学、高亦珂	高亦珂、任毅、高淑滢、关春景、张启翔	20210302
50	20210125	小团圆	萱草属	北京林业大学、高亦珂	高亦珂、任毅、朱琳、高淑滢、关春景、张启翔	20210302
51	20210145	彩燕	萱草属	北京林业大学、高亦珂	高亦珂、朱琳、任毅、关春景、张启翔	20210306
52	20210134	小山秋白	鸢尾属	北京林业大学、高亦珂、范诸平	高亦珂、范诸平、郭彦超、张启翔	20210303
53	20210135	小山紫旗	鸢尾属	北京林业大学、高亦珂、范诸平	高亦珂、范诸平、郭彦超、张启翔	20210303
54	20210136	祖母秋紫	鸢尾属	北京林业大学、高亦珂、范诸平	高亦珂、范诸平、郭彦超、张启翔	20210303
55	20210107	骄阳	鸢尾属	北京林业大学、高亦珂、刘蓉	高亦珂、刘蓉、阮丽丽、张启翔	20210221
56	20210073	匀冠漫霞	文冠果	北京林业大学、秦皇岛常继民文冠果种植专业合作社 、淄博市川林彩叶卫矛新品种研究所	余婷、王馨蕊、许久恒、孙阔、徐丽、常金玲、常继民、翟慎学、关文彬	20210129
57	20210055	匀冠橙霞	文冠果	北京林业大学、秦皇岛常继民文冠果种植专业合作社、淄博市川林彩叶卫矛新品种研究所	孙阔、徐丽、余婷、王馨蕊、许久恒、常金玲、常继民、翟慎学、关文彬	20210124
58	20210072	匀冠碧霞	文冠果	北京林业大学、秦皇岛常继民文冠果种植专业合作社、淄博市川林彩叶卫矛新品种研究所	余婷、王馨蕊、许久恒、孙阔、徐丽、常金玲、常继民、翟慎学、关文彬	20210129
59	20210075	匀冠泛霞	文冠果	北京林业大学、秦皇岛常继民文冠果种植专业合作社、淄博市川林彩叶卫矛新品种研究所	徐丽、余婷、王馨蕊、许久恒、孙阔、常金玲、常继民、翟慎学、关文彬	20210129

（续）

序号	申请号	品种名称	属（种）	申请人	培育人	申请日
60	20210087	匀冠栖霞	文冠果	北京林业大学、秦皇岛常继民文冠果种植专业合作社、淄博市川林彩叶卫矛新品种研究所	徐丽、余婷、王馨蕊、许久恒、孙阔、常金玲、常继民、翟慎学、关文彬	20210205
61	20210110	金冠卷霞	文冠果	北京林业大学、秦皇岛常继民文冠果种植专业合作社、淄博市川林彩叶卫矛新品种研究所	关文彬、王馨蕊、许久恒、孙阔、徐丽、余婷、常金玲、常继民、翟慎学、毛建丰	20210222
62	20210304	紫气东来	蜡梅	北京林业大学、鄢陵沃鑫园林绿化工程有限公司、鄢陵县林海绿色投资发展有限公司	李庆卫、梁要辉、张纪堂、王秀军、宋振琪、王静、陈彦伟	20210516
63	20201086	白雪公主	蜡梅	北京林业大学、鄢陵县林海绿色投资发展有限公司、鄢陵县林业局	李庆卫、王静、张纪堂、曹应伟、张春萍、柴德勇、王秀军、许彦军、陈亚丽	20201217
64	20201087	大花冬绿	蜡梅	北京林业大学、鄢陵县林海绿色投资发展有限公司、鄢陵县林业局	李庆卫、王静、张纪堂、张春萍、梁永恒、曹应伟、王秀军、许彦军、李乐辉	20201217
65	20201088	淡妆蝶舞	蜡梅	北京林业大学、鄢陵县林海绿色投资发展有限公司、鄢陵县林业局	李庆卫、张纪堂、张春萍、王秀军、王静、李乐辉、丁铭明、许彦军、柴德勇	20201217
66	20201089	鸿运长被	蜡梅	北京林业大学、鄢陵县林海绿色投资发展有限公司、鄢陵县林业局	李庆卫、王静、王秀军、张纪堂、马军伟、刘建科、姬雪芹、晁俊、梁永恒	20201217
67	20201090	黄金枝	蜡梅	北京林业大学、鄢陵县林海绿色投资发展有限公司、鄢陵县林业局	李庆卫、张纪堂、王静、刘建科、曹应伟、陈彦伟、梁永恒、王秀军、姬雪芹	20201217
68	20201091	金莲红玉	蜡梅	北京林业大学、鄢陵县林海绿色投资发展有限公司、鄢陵县林业局	李庆卫、张春萍、张纪堂、王静、许彦军、晁俊、曹应伟、王秀军、陈彦伟	20201217
69	20201092	金香红韵	蜡梅	北京林业大学、鄢陵县林海绿色投资发展有限公司、鄢陵县林业局	李庆卫、王秀军、张纪堂、王静、轩志敏、赵变霞、赵君艳、丁铭明、晁俊	20201217
70	20201093	金盏红艳	蜡梅	北京林业大学、鄢陵县林海绿色投资发展有限公司、鄢陵县林业局	李庆卫、张纪堂、王静、张春萍、王秀军、曹应伟、苏爱平、赵变霞、马军伟	20201217
71	20201094	鄢国晴雪	蜡梅	北京林业大学、鄢陵县林海绿色投资发展有限公司、鄢陵县林业局	李庆卫、张纪堂、张春萍、王静、苏爱平、丁铭明、王秀军、赵君艳、赵变霞	20201217
72	20210305	晶玉	蜡梅	北京林业大学、鄢陵县林海绿色投资发展有限公司、鄢陵县林业局	李庆卫、张纪堂、王静、王秀军、张春萍、姬雪芹、陈亚丽、轩志敏、苏爱平、宋振琪	20210516
73	20210029	匀冠芬霞	文冠果	北京林业大学、淄博市川林彩叶卫矛新品种研究所、秦皇岛常继民文冠果种植专业合作社	许久恒、孙阔、徐丽、余婷、王馨蕊、翟慎学、常金玲、常继民、关文彬	20210118
74	20210030	匀冠漫卷	文冠果	北京林业大学、淄博市川林彩叶卫矛新品种研究所、秦皇岛常继民文冠果种植专业合作社	王馨蕊、许久恒、孙阔、徐丽、余婷、翟慎学、常金玲、常继民、关文彬	20210118

（续）

序号	申请号	品种名称	属（种）	申请人	培育人	申请日
75	20210031	匀冠霞帔	文冠果	北京林业大学、淄博市川林彩叶卫矛新品种研究所、秦皇岛常继民文冠果种植专业合作社	王馨蕊、许久恒、孙阔、徐丽、余婷、翟慎学、常金玲、常继民、关文彬	20210118
76	20210088	匀冠曲霞	文冠果	北京林业大学、淄博市川林彩叶卫矛新品种研究所、秦皇岛常继民文冠果种植专业合作社	孙阔、徐丽、余婷、王馨蕊、许久恒、翟慎学、常金玲、常继民、关文彬	20210205
77	20210108	碧玉无霞	文冠果	北京林业大学、淄博市川林彩叶卫矛新品种研究所、秦皇岛常继民文冠果种植专业合作社	许久恒、孙阔、徐丽、余婷、王馨蕊、翟慎学、常金玲、常继民、毛建丰、关文彬	20210222
78	20210707	紫喇叭	丁香属	北京蒙树生态环境工程有限公司	何英志、马黎明、陈美成、崔仙、赵志辉	20210720
79	20210710	紫布丁	丁香属	北京蒙树生态环境工程有限公司	赵泉胜、温愿、王水清、赵文超、曹春光	20210720
80	20210715	粉笛	丁香属	北京蒙树生态环境工程有限公司	刘洋、赵泉胜、白婷玉、郝俊士、黎光	20210720
81	20210719	粉繁星	丁香属	北京蒙树生态环境工程有限公司	赵泉胜、马黎明、冯建芳、单兴涛、李鹏	20210721
82	20210737	晚春 1 号	丁香属	北京蒙树生态环境工程有限公司	白婷玉、刘洋、杨成林、刘晓昆、李俊士	20210726
83	20210921	思源	花楸属	北京农学院	郑健、窦德泉、张睿鹏、张炎、王聪、付强	20210821
84	20211277	紫熙	丁香属	北京农学院	刘建斌、张炎	20211109
85	20211278	紫帝	丁香属	北京农学院	刘建斌、张炎	20211109
86	20211279	宿安	丁香属	北京农学院	刘建斌、张炎	20211109
87	20211280	宿邦	丁香属	北京农学院	刘建斌、张炎	20211109
88	20211281	宿彤	丁香属	北京农学院	刘建斌、张炎	20211109
89	20211282	宇仓	丁香属	北京农学院	刘建斌、张炎	20211109
90	20211283	紫琪	丁香属	北京农学院	刘建斌、张炎	20211109
91	20211284	宇棠	丁香属	北京农学院	刘建斌、张炎	20211109
92	20211285	宇靓	丁香属	北京农学院	刘建斌、张炎	20211109
93	20211286	宿凡	丁香属	北京农学院	刘建斌、张炎	20211109
94	20211287	华腾	丁香属	北京农学院	刘建斌、张炎	20211109
95	20211288	华黛	丁香属	北京农学院	刘建斌、张炎	20211109
96	20211289	华辰	丁香属	北京农学院	刘建斌、张炎	20211109
97	20211290	宿晖	丁香属	北京农学院	刘建斌、张炎	20211109
98	20211291	宿真	丁香属	北京农学院	刘建斌、张炎	20211109
99	20211292	宇祥	丁香属	北京农学院	刘建斌、张炎	20211109
100	20211293	华登	丁香属	北京农学院	刘建斌、张炎	20211109

（续）

序号	申请号	品种名称	属（种）	申请人	培育人	申请日
101	20211294	华兆	丁香属	北京农学院	刘建斌、张炎	20211109
102	20211295	华亭	丁香属	北京农学院	刘建斌、张炎	20211109
103	20211296	华瑞	丁香属	北京农学院	刘建斌、张炎	20211109
104	20211297	宇钗	丁香属	北京农学院	刘建斌、张炎	20211109
105	20211298	蓝冰蝶	丁香属	北京农学院	刘建斌、张炎	20211109
106	20211299	宇奈	丁香属	北京农学院	刘建斌、张炎	20211109
107	20211300	宇姗	丁香属	北京农学院	刘建斌、张炎	20211109
108	20211301	宇澈	丁香属	北京农学院	刘建斌、张炎	20211109
109	20211302	宿丰	丁香属	北京农学院	刘建斌、张炎	20211109
110	20211303	葆丽	丁香属	北京农学院	刘建斌、张炎	20211109
111	20211304	金爽	丁香属	北京农学院	刘建斌、张炎	20211109
112	20211305	华迪	丁香属	北京农学院	刘建斌、张炎	20211109
113	20211309	紫姬	丁香属	北京农学院	刘建斌、张炎	20211109
114	20211432	靓栗 1 号	栗属	北京农学院	邢宇、秦岭、刘阳、刘建玲、曹庆芹、张卿、房克凤	20211124
115	20211433	京毛早	栗属	北京农学院	邢宇、刘阳、秦岭、张卿、曹庆芹、房克凤	20211124
116	20210146	倚栏笑	蔷薇属	北京农业生物技术研究中心	罗艳超、黄丛林、程曦、陈东亮、刘华、罗昌	20210308
117	20210147	寒香	蔷薇属	北京农业生物技术研究中心	罗艳超、程曦、黄丛林、陈东亮、罗昌、刘华	20210308
118	20210191	金火焰	卫矛属	北京市林业果树科学研究院	姚砚武、郭丽琴、刘国彬、廖婷、王烨、曹均、潘青华、张玉平	20210325
119	20210519	早栗 5 号	栗属	北京市林业果树科学研究院	兰彦平、程丽莉、程运河、曹庆昌	20210624
120	20210528	京仁 4 号	杏	北京市林业果树科学研究院	孙浩元、杨丽、王玉柱、张俊环、姜凤超、张美玲	20210625
121	20210644	京红 1 号	核桃属	北京市林业果树科学研究院	郝艳宾、齐建勋、张赟齐、陈永浩、董宁光、蔡亚军	20210713
122	20210787	京仁 5 号	杏	北京市林业果树科学研究院	孙浩元、杨丽、张俊环、王玉柱、姜凤超、张美玲	20210803
123	20210823	京绯红	杏	北京市林业果树科学研究院	孙浩元、杨丽、张俊环、姜凤超、王玉柱、张美玲	20210806
124	20210969	京玥红丰	蔷薇属	北京市林业果树科学研究院	金万梅、刘佳琴、李茂福、杨媛、王华、孙佩	20210826
125	20210970	京玥香春	蔷薇属	北京市林业果树科学研究院	金万梅、王华、李茂福、杨媛、刘佳琴、孙佩、范又维	20210826
126	20211208	早栗 6 号	栗属	北京市林业果树科学研究院	兰彦平、程丽莉、程运河	20211101
127	20211223	京农杂 2	栗属	北京市林业果树科学研究院	兰彦平、程丽莉、程运河、刘建玲、曹庆昌	20211102
128	20211113	京桧 3 号	圆柏属	北京市农林科学院	刘国彬、曹均、白金、廖婷、郭丽琴、姚砚武、王烨	20211013

（续）

序号	申请号	品种名称	属（种）	申请人	培育人	申请日
129	20211442	京山红 1 号	山楂属	北京市农林科学院	董宁光、王燕、王尚德	20211125
130	20211443	京山红 2 号	山楂属	北京市农林科学院	董宁光、王燕、王尚德	20211125
131	20210059	光辉岁月	蔷薇属	北京市园林科学研究院	冯慧、卜燕华、陈洪菲、华莹、赵世伟、李纳新	20210125
132	20210060	闭月羞花	蔷薇属	北京市园林科学研究院	冯慧、罗楠、赵世伟、卜燕华、吉乃喆、马俊丽	20210125
133	20210061	春花秋月	蔷薇属	北京市园林科学研究院	冯慧、马俊丽、赵世伟、卜燕华、吉乃喆、罗楠	20210125
134	20210062	二分明月	蔷薇属	北京市园林科学研究院	赵世伟、冯慧、卜燕华、吉乃喆、华莹、李纳新	20210125
135	20210063	二泉映月	蔷薇属	北京市园林科学研究院	冯慧、吉乃喆、卜燕华、赵世伟、马俊丽、罗楠	20210125
136	20210064	芦沟晓月	蔷薇属	北京市园林科学研究院	冯慧、赵世伟、卜燕华、吉乃喆、华莹	20210125
137	20210065	芈月	蔷薇属	北京市园林科学研究院	赵世伟、冯慧、卜燕华、吉乃喆、陈洪菲、马俊丽	20210125
138	20210068	三潭印月	蔷薇属	北京市园林科学研究院	冯慧、赵世伟、周燕、卜燕华、吉乃喆、李纳新	20210127
139	20210069	风花雪月	蔷薇属	北京市园林科学研究院	冯慧、周燕、吉乃喆、赵世伟、罗楠	20210127
140	20210071	青葱岁月	蔷薇属	北京市园林科学研究院	冯慧、卜燕华、华莹、陈洪菲、赵世伟、李纳新	20210128
141	20210229	蛋黄派	蔷薇属	北京市园林科学研究院、辽阳市千百汇月季种植专业合作社	张西西、许超、张春和、赵世伟、徐菁、樊德新、田宇	20210420
142	20210230	惊醒	蔷薇属	北京市园林科学研究院、辽阳市千百汇月季种植专业合作社	张西西、樊德新、张春和、赵世伟、许超、田宇	20210420
143	20210232	袅晴丝	蔷薇属	北京市园林科学研究院、辽阳市千百汇月季种植专业合作社	张西西、吴建芝、张春和、赵世伟、樊德新、赵继业	20210420
144	20210239	暮春粉黛	蔷薇属	北京市园林科学研究院、辽阳市千百汇月季种植专业合作社	张西西、樊德新、张春和、舒健骅、田宇、赵世伟、赵继业	20210421
145	20210240	百年初心	蔷薇属	北京市园林科学研究院、辽阳市千百汇月季种植专业合作社	张西西、樊德新、张春和、许超、徐菁、赵世伟、张苗苗	20210421
146	20210241	旌旗在望	蔷薇属	北京市园林科学研究院、辽阳市千百汇月季种植专业合作社	张西西、樊德新、舒健骅、徐菁、赵世伟、闫东艳	20210421
147	20210254	彩云追月	蔷薇属	北京市园林科学研究院、辽阳市千百汇月季种植专业合作社	张西西、樊德新、张春和、赵世伟、李芳、舒健骅、吴建芝	20210426
148	20211429	京艳	栾树属	北京市园林绿化科学研究院	张恒月、彭玉信、刘春和、段美红、李代丽、王永格、谢姣、王梦涵、李书荣、边劲骜	20211123
149	20211430	京红	栾树属	北京市园林绿化科学研究院	彭玉信、张恒月、赵世伟、程春颜、杨益、王茂良、王书红、杨帆、赵胜、赵继业	20211123
150	20211362	湖中雪	蔷薇属	北京市园林绿化科学研究院、北京瑰谷园艺科技有限公司	张西西、樊德新、苑超、张春和、赵继业、赵世伟	20211116

（续）

序号	申请号	品种名称	属（种）	申请人	培育人	申请日
151	20211363	舞袖	蔷薇属	北京市园林绿化科学研究院、北京瑰谷园艺科技有限公司	张西西、樊德新、舒健骅、张春和、赵世伟	20211116
152	20211367	紫霞仙子	蔷薇属	北京市园林绿化科学研究院、北京瑰谷园艺科技有限公司	张西西、樊德新、赵继业、张春和、赵世伟	20211117
153	20211368	焰舞	蔷薇属	北京市园林绿化科学研究院、北京瑰谷园艺科技有限公司	张西西、樊德新、常艳娥、鄢志刚、赵世伟	20211117
154	20211449	北中 3 号	忍冬属	北京中医药大学	李卫东	20211201
155	20210336	北中金银花	忍冬属	北中百草岐黄（北京）科技有限公司、北京中医药大学	李卫东、郝建宁	20210518
156	20210169	情窦	蔷薇属	常州市园艺发展服务中心	商阳、李卉、陈向前、韩禧、姜马兰	20210316
157	20211382	福城紫娟	紫薇属	郴州市林业科学研究所	李茂娟、崔强、何才生、张海霞、廖祯妮、邓少华、刘娟娟、李恂、杨雄斌	20211118
158	20211383	福城芳华	紫薇属	郴州市林业科学研究所	何才生、刘海石、李茂娟、崔强、张海霞、徐毓泽、曹炜、王曦、朱升平	20211118
159	20211384	福城笑语	紫薇属	郴州市林业科学研究所	何才生、徐毓泽、李茂娟、崔强、张海霞、周志远、许怡晓、李玉明、吴淑飞	20211118
160	20211073	玫香	蔷薇属	陈己任	陈己任、李玉帆、陈海霞、许璐、蔡艳芳、唐林涛、于晓英、李炎林	20211007
161	20210316	森茂 041	越橘属	成都森茂现代农业有限公司、大连大学、大连森茂现代农业有限公司	赵丽娜、王贺新、徐国辉	20210517
162	20210315	森茂 175	越橘属	成都森茂现代农业有限公司、大连森茂现代农业有限公司、大连大学	赵丽娜、王贺新、徐国辉	20210517
163	20210995	盈香	桃花	成都市金堂县金收庆农业有限责任公司、四川省植物工程研究院	张纯均、杨马进、杨业光、张景荣、王成友、秦廷豪、吴银明、卓明	20210907
164	20210696	陇核 6 号	核桃属	成县大路沟核桃科技示范园	郭兴贵、王让军、朱福民、吴利军、杨永平、胡永辉、王一峰、刚文辉、王淑芳、张艳霞、张克生、胡继周、车明轩、张守珍、陈丹丹	20210719
165	20210697	陇核 7 号	核桃属	成县大路沟核桃科技示范园	胡永辉、杨永平、车明轩、张守珍、王明霞、王一峰、吴利军、张永辉、唐永东、陈建雄、杜文涛、李海燕、郭兴贵、胡继周、张克生、武涛涛	20210719
166	20210698	陇核 8 号	核桃属	成县大路沟核桃科技示范园	胡继周、胡永辉、王明霞、杨永平、唐永东、王亚茜、张永辉、强辉、王淑芳、张慧霞、王保平、牛军辉、张克生、张守珍、车明轩、陈丹丹、赵潇	20210719
167	20210258	西洋紫桐	梓树属	迟桂杰、潘瑜	迟桂杰、潘瑜	20210430

（续）

序号	申请号	品种名称	属（种）	申请人	培育人	申请日
168	20210594	蒙樱 3 号	李属（除水果外）	赤峰市林业科学研究所	程瑞春、李显玉、乌志颜、张岱松、许成国、李晓宇、张丽、赵明智、王艳刚	20210708
169	20210599	祖母绿	李属（除水果外）	赤峰市林业科学研究所	程瑞春、李显玉、乌志颜、张岱松、赵明智、王艳刚	20210710
170	20211052	妍直 1 号	李属	赤峰市林业科学研究所	程瑞春、李显玉、乌志颜、张岱松、于海蛟、韩其木格、冯昭辉、赵明智、王艳刚	20210926
171	20210597	贵妃 1 号	文冠果	赤峰市林业科学研究所、山东沃奇农业开发有限公司	乌志颜、李守科、张丽、赵祥树、韩立华、陈仁鹏、丁楠、李国朋、李祥斋	20210709
172	20210326	森茂 226	越橘属	大连大学	徐国辉、雷蕾、王贺新	20210517
173	20210327	森茂 138	越橘属	大连大学、大连森茂现代农业有限公司	徐国辉、王贺新、刘国玲	20210517
174	20210330	晨起	越橘属	大连大学、大连森茂现代农业有限公司	徐国辉、雷蕾、王贺新	20210517
175	20210320	森茂 432	越橘属	大连大学、大连森茂现代农业有限公司	徐国辉、王贺新	20210517
176	20210328	森茂 85	越橘属	大连大学、大连森茂现代农业有限公司	徐国辉、王贺新、刘国玲	20210517
177	20210325	森茂 332	越橘属	大连大学、大连森茂现代农业有限公司	徐国辉、王贺新	20210517
178	20210314	森茂 714	越橘属	大连大学、四川省农业科学院经济作物育种栽培研究所	徐国辉、王贺新、阳翠、董顺文、张小军、陈昌琳、钟程操	20210517
179	20210322	森茂 405	越橘属	大连普世蓝农业科技有限公司、大连大学	王贺新、赵丽娜、徐国辉	20210517
180	20210321	棒棰岛	越橘属	大连森茂现代农业有限公司	王贺新、徐国辉	20210517
181	20210323	可期	越橘属	大连森茂现代农业有限公司、大连大学	王贺新、徐国辉	20210517
182	20210324	星海湾	越橘属	大连森茂现代农业有限公司、大连大学	王贺新、徐国辉	20210517
183	20210318	星空	越橘属	大连森茂现代农业有限公司、大连普世蓝农业科技有限公司	王贺新、徐国辉、赵丽娜	20210517
184	20210319	丰厚	越橘属	大连森茂现代农业有限公司、大连普世蓝农业科技有限公司	王贺新、徐国辉、赵丽娜	20210517
185	20210329	将军	越橘属	大连森茂现代农业有限公司、大连普世蓝农业科技有限公司	王贺新、赵丽娜、徐国辉、陈英敏	20210517
186	20210739	丹卡丽美依（DCALIMEYE）	舞春花属	丹姿格“丹”花卉农场（Danziger“Dan” Flower Farm）	加利尔·丹姿格（Gabriel Danziger）	20210728
187	20210741	丹卡丽欧珀璐（DCALOMBBLU）	舞春花属	丹姿格“丹”花卉农场（Danziger“Dan” Flower Farm）	加利尔·丹姿格（Gabriel Danziger）	20210728
188	20210751	丹卡丽克拉慕（DCALCLPFLM）	舞春花属	丹姿格“丹”花卉农场（Danziger“Dan” Flower Farm）	加利尔·丹姿格（Gabriel Danziger）	20210730
189	20210889	丹珀普兹格（DPORMPZGL）	马齿苋属	丹姿格“丹”花卉农场（Danziger“Dan” Flower Farm）	加利尔·丹姿格（Gabriel Danziger）	20210817

（续）

序号	申请号	品种名称	属（种）	申请人	培育人	申请日
190	20210999	丹卡丽斯特（DCALIAYST）	舞春花属	丹姿格“丹”花卉农场（Danziger “Dan” Flower Farm）	加利尔·丹姿格（Gabriel Danziger）	20210908
191	20210740	丹卡丽艾普（DCALEYCNP）	舞春花属	丹姿格“丹”花卉农场（Danziger “Dan” Flower Farm）	加利尔·丹姿格（Gabriel Danziger）	20210728
192	20211188	科切 0525（KORcut0525）	蔷薇属	德国科德斯月季育种公司（W. Kordes'Söhne Rosenschulen GmbH & Co KG）	威廉 - 亚历山大 . 科德斯（Wilhelm-Alexander Kordes）	20211028
193	20211234	科切 0182（KORcut0182）	蔷薇属	德国科德斯月季育种公司（W. Kordes'Söhne Rosenschulen GmbH & Co KG）	威廉 - 亚历山大 科德斯（Wilhelm-Alexander Kordes）	20211103
194	20211236	科切 0526（KORcut0526）	蔷薇属	德国科德斯月季育种公司（W. Kordes'Söhne Rosenschulen GmbH & Co KG）	威廉 - 亚历山大 . 科德斯（Wilhelm-Alexander Kordes）	20211103
195	20210833	坦 14230（TAN14230）	蔷薇属	德国坦涛月季育种公司（Rosen Tantau KG, Germany）	克里斯汀安 . 埃维尔斯（Christian Evers）	20210809
196	20210834	坦 14301（TAN14301）	蔷薇属	德国坦涛月季育种公司（Rosen Tantau KG, Germany）	克里斯汀安 . 埃维尔斯（Christian Evers）	20210809
197	20210835	坦 15129（TAN15129）	蔷薇属	德国坦涛月季育种公司（Rosen Tantau KG, Germany）	克里斯汀安 . 埃维尔斯（Christian Evers）	20210809
198	20210836	坦 15153（TAN15153）	蔷薇属	德国坦涛月季育种公司（Rosen Tantau KG, Germany）	克里斯汀安 . 埃维尔斯（Christian Evers）	20210809
199	20210837	坦 15330（TAN15330）	蔷薇属	德国坦涛月季育种公司（Rosen Tantau KG, Germany）	克里斯汀安 . 埃维尔斯（Christian Evers）	20210809
200	20210886	德瑞斯黑二十二（DrisBlackTwentyTwo）	悬钩子属	德瑞斯克公司（Driscoll's, Inc.）	加文·R·西尔斯（Gavin R. SILLS）、云文·王（Yunwen WANG）、马克·克苏哈（Mark CRUSHA）、约翰·范加里（John FANGARY）	20210817
201	20210887	德瑞斯黑二十三（DrisBlackTwentyThree）	悬钩子属	德瑞斯克公司（Driscoll's, Inc.）	加文·R·西尔斯（Gavin R. SILLS）、云文·王（Yunwen WANG）、马克·克苏哈（Mark CRUSHA）、约翰·范加里（John FANGARY）	20210817
202	20210666	绿塔	山矾属	德兴市荣兴苗木有限责任公司	倪尉廷、周小安、江兰、陶露露、周卫荣、周卫信	20210715
203	20210888	瑞可吉 0927A（RUICJ0927A）	蔷薇属	迪瑞特知识产权公司	汉克 . 德 . 格罗特 (H.C.A. de Groot)	20210817
204	20211361	瑞克德 1134（RUICD1134）	蔷薇属	迪瑞特知识产权公司（De Ruiter Intellectual Property B.V.）	汉克 . 德 . 格罗特 (H.C.A. de Groot)	20211116
205	20210861	曲单杨 2121 号	杨属	东北林业大学	刘彩霞、王遂、曲冠证、陈肃、樊二勤	20210812
206	20210862	龙曲 1 号	杨属	东北林业大学	曲冠证、郑唐春、陈肃、王遂、刘彩霞、刘铁	20210812
207	20210863	曲单杨 1717 号	杨属	东北林业大学	曲冠证、刘彩霞、王遂、陈肃	20210812

（续）

序号	申请号	品种名称	属（种）	申请人	培育人	申请日
208	20210864	曲单杨 1588 号	杨属	东北林业大学	陈肃、刘彩霞、曲冠证、王遂	20210812
209	20210865	曲单杨 21 号	杨属	东北林业大学	王遂、刘彩霞、曲冠证、陈肃、刘铁	20210812
210	20210866	曲四杨 1 号	杨属	东北林业大学	陈肃、曲冠证、刘彩霞、王遂、赵中南、樊二勤	20210812
211	20210875	曲单杨 350 号	杨属	东北林业大学	曲冠证、赵中南、陈肃、王遂、刘彩霞	20210816
212	20210449	夕颜	大戟属	东莞市缤纷园艺有限公司	张卫华	20210608
213	20210456	胭脂	大戟属	东莞市缤纷园艺有限公司	张卫华	20210609
214	20210461	旭日	大戟属	东莞市缤纷园艺有限公司	张卫华	20210609
215	20210502	怜香	大戟属	东莞市缤纷园艺有限公司	张卫华	20210619
216	20210112	绿凤凰	栎属	东台市通源种苗场、中国林业科学研究院亚热带林业研究所	路晓宏、陈益泰、柴胜元、王树凤、路鲲、叶厚群、樊岁君、谈士浪	20210223
217	20210115	福源	栎属	东台市通源种苗场、中国林业科学研究院亚热带林业研究所	路晓宏、柴胜元、陈益泰、施翔、路鲲、叶厚群、樊岁君、谈士浪	20210224
218	20210051	多盟弗古平（Doroforgopi）	蔷薇属	多盟集团公司（Dümmen Group B.V.）	西尔万·卡穆斯塔（Silvan Kamstra）	20210122
219	20210052	多盟赛思慕（Dorosigsym）	蔷薇属	多盟集团公司（Dümmen Group B.V.）	菲利普·威斯（Philippe Veys）	20210122
220	20210053	多盟斯帕森（Dorospasen）	蔷薇属	多盟集团公司（Dümmen Group B.V.）	菲利普·威斯（Philippe Veys）	20210122
221	20210054	多盟苏士（Dorosuez）	蔷薇属	多盟集团公司（Dümmen Group B.V.）	菲利普·威斯（Philippe Veys）	20210122
222	20210568	多盟奥利森（Doroolysen）	蔷薇属	多盟集团公司（Dümmen Group B.V.）	菲利普· 威斯（Philippe Veys）	20210707
223	20210569	奥莱嘉德嘉玛（Olijadvjama）	蔷薇属	多盟集团公司（Dümmen Group B.V.）	菲利普· 威斯（Philippe Veys）	20210707
224	20210570	多盟德瑞拉（Dorodrelov）	蔷薇属	多盟集团公司（Dümmen Group B.V.）	法比安· 塔珀（Fabian Topper）	20210707
225	20210571	多盟拉文（Dorolaven）	蔷薇属	多盟集团公司（Dümmen Group B.V.）	菲利普· 威斯（Philippe Veys）	20210707
226	20210572	多盟雷迪丽（Doroladyli）	蔷薇属	多盟集团公司（Dümmen Group B.V.）	菲利普· 威斯（Philippe Veys）	20210707
227	20210573	多盟欧拉恩（Dorooraon）	蔷薇属	多盟集团公司（Dümmen Group B.V.）	菲利普· 威斯（Philippe Veys）	20210707
228	20210574	多盟皮驰弗（Doropeachfu）	蔷薇属	多盟集团公司（Dümmen Group B.V.）	菲利普· 威斯（Philippe Veys）	20210707
229	20210575	多盟耶弗（Doroyelfor）	蔷薇属	多盟集团公司（Dümmen Group B.V.）	菲利普· 威斯（Philippe Veys）	20210707
230	20210584	多盟弗古微德（Doroforgowed）	蔷薇属	多盟集团公司（Dümmen Group B.V.）	西尔万·卡穆斯塔（Silvan Kamstra）	20210708
231	20211042	多盟瓦丽（Dorovalrie）	蔷薇属	多盟集团公司（Dümmen Group B.V.）	西尔万·卡穆斯塔（Silvan Kamstra）	20210924
232	20201054	比乌马（BBWMA）	蔷薇属	厄瓜多尔橙褐育种工程公司（Brombreeding Ingenieria S.A.）	特兰．巴利亚博士（Teran Barea）	20201213
233	20201048	拉德佳普萨（RADJAPSAR）	蔷薇属	法国玫兰国际有限公司（MEILLAND INTERNATIONAL S.A）	刚义落合（TSUYOSHI OCHIAI）	20201211

（续）

序号	申请号	品种名称	属（种）	申请人	培育人	申请日
234	20201049	拉德派托斯（Radpetals）	蔷薇属	法国玫兰国际有限公司（MEILLAND INTERNATIONAL S.A）	威廉· J · 拉德勒（William J. RADLER	20201211
235	20201050	玫莫扎克（Meimozahiq）	蔷薇属	法国玫兰国际有限公司（MEILLAND INTERNATIONAL S.A）	阿兰· 安东尼· 玫兰（Alain Antoine MEILLAND）	20201211
236	20201051	玫佐兰德（Meizorland）	蔷薇属	法国玫兰国际有限公司（MEILLAND INTERNATIONAL S.A）	肯赛普森· 福斯卡（Conception FONSECA）	20201211
237	20201052	欧芙莱克莱布（Overedclimb）	蔷薇属	法国玫兰国际有限公司（MEILLAND INTERNATIONAL S.A）	朱莉· 欧沃姆（Julie OVEROM）	20201211
238	20210238	凯芙平妮吉（Keifupinigin）	蔷薇属	法国玫兰国际有限公司（MEILLAND INTERNATIONAL S.A）	武内俊介（Shunsuke Takeuchi）	20210421
239	20210987	玫奥莱瓦（Meimauleva）	蔷薇属	法国玫兰国际有限公司（MEILLAND INTERNATIONAL S.A）	阿兰·安东尼·玫兰（Alain Antoine MEILLAND）	20210902
240	20210989	玫玛蒂乐（Meimardille）	蔷薇属	法国玫兰国际有限公司（MEILLAND INTERNATIONAL S.A）	克里斯蒂安· 万斯（Christian WANS）	20210902
241	20210990	玫莎玛洛（Meishamalo）	蔷薇属	法国玫兰国际有限公司（MEILLAND INTERNATIONAL S.A）	阿兰·安东尼·玫兰（Alain Antoine MEILLAND）	20210902
242	20210991	玫塔提（Meithatie）	蔷薇属	法国玫兰国际有限公司（MEILLAND INTERNATIONAL S.A）	阿兰·安东尼·玫兰（Alain Antoine MEILLAND）	20210902
243	20210992	玫薇弛克（Meiwhichic）	蔷薇属	法国玫兰国际有限公司（MEILLAND INTERNATIONAL S.A）	阿兰·安东尼·玫兰（Alain Antoine MEILLAND）	20210902
244	20211039	玫瑞安索斯（Meiriansois）	蔷薇属	法国玫兰国际有限公司（MEILLAND INTERNATIONAL S.A）	阿兰·安东尼·玫兰（Alain Antoine MEILLAND）	20210924
245	20211040	玫慕斯泰德（Meimustrad）	蔷薇属	法国玫兰国际有限公司（MEILLAND INTERNATIONAL S.A）	阿兰·安东尼·玫兰（Alain Antoine MEILLAND）	20210924
246	20211049	玫玛达克（Meimarduc）	蔷薇属	法国玫兰国际有限公司（MEILLAND INTERNATIONAL S.A）	克里斯蒂安·万斯（Christian WANS）	20210926
247	20211360	玫罗格斯特（Meiroguste）	蔷薇属	法国玫兰国际有限公司（MEILLAND INTERNATIONAL S.A）	阿兰·安东尼·玫兰（Alain Antoine MEILLAND）	20211116
248	20210988	玫尔瓦格（Meimervag）	蔷薇属	法国玫兰国际有限公司（MEILLAND INTERNATIONAL S.A）	阿兰·安东尼·玫兰（Alain Antoine MEILLAND）	20210902
249	20211041	玫奥克赛腾（Meiokseten）	蔷薇属	法国玫兰国际有限公司（MEILLAND INTERNATIONAL S.A）	阿兰·安东尼·玫兰（Alain Antoine MEILLAND）	20210924
250	20211050	玫妮菲克（Meinyffick）	蔷薇属	法国玫兰国际有限公司（MEILLAND INTERNATIONAL S.A）	阿兰·安东尼·玫兰（Alain Antoine MEILLAND）	20210926

（续）

序号	申请号	品种名称	属（种）	申请人	培育人	申请日
251	20210904	波莱罗（Bolero）	绣球属	法国绣球世界HW²（Hydrangea World Wide HW²）	海伦·伯特兰（Hélène Bertrand）、克劳迪·兰伯特（Claudie Lambert）、丹妮尔·道瑞（Danièle Daury）、丹尼尔·瑞里昂（Daniel Relion）	20210819
252	20210756	垂朴	朴属	丰震、青岛抬头生态建设工程有限公司	丰震、郭赛谦、张振英、郝雪英、李增强、朱晓兵	20210802
253	20210422	丹凤朝阳	李属（除水果外）	福建丹樱生态农业发展有限公司	林荣光、廖鹏辉、林蔚、何碧珠、阙平、王星榕	20210603
254	20210464	春霞	李属（除水果外）	福建丹樱生态农业发展有限公司	胡坚平、林荣光、林榕燕、林兵、林玮捷	20210610
255	20210468	欣粉	李属（除水果外）	福建丹樱生态农业发展有限公司	王星榕、邹小兴、叶菁、王琳、晏琴梅、胡坚平	20210610
256	20210496	闽韵	李属（除水果外）	福建丹樱生态农业发展有限公司	林玮捷、戴志聪、陈文团、罗剑锋、朱玲、王琳、林荣光	20210616
257	20210498	春韵初晓	李属（除水果外）	福建丹樱生态农业发展有限公司	王珉、吴松青、肖缤、张麒功、肖琳、向双、林荣光	20210617
258	20210463	荷韵	李属（除水果外）	福建丹樱生态农业发展有限公司、福建省农业科学院作物研究所	王琳、钟淮钦、叶秀仙、林荣光、王星榕	20210610
259	20210462	荷黛	李属（除水果外）	福建丹樱生态农业发展有限公司、福州植物园	林荣光、庄莉彬、李庆晞、王琳、刘福辉、胡坚平	20210609
260	20210470	嫣红	李属（除水果外）	福建丹樱生态农业发胀有限公司	王琳、王英姿、王珉、林荣光、阙平	20210610
261	20210617	霜乌	山茶属	福建农林大学、福建叶和农业科技有限公司	彭东辉、陈进燎、方剑杰、吴沙沙、翟俊文、陈伦妍	20210713
262	20210623	琉璃	山茶属	福建农林大学、福建叶和农业科技有限公司	翟俊文、张小娟、陈伦妍、方剑杰、兰思仁、吴沙沙、彭东辉、赵亚梅	20210713
263	20210615	空梦	山茶属	福建农林大学、福建叶和农业科技有限公司	吴沙沙、刘江枫、游乐、方剑杰、彭东辉、翟俊文、刘惠斌	20210713
264	20210961	兴旺	木麻黄属	福建省惠安赤湖国有防护林场、福建省林业科学研究院	李茂瑾、叶功富、吴惠忠、聂森、王小红、李秀明、尤芬蕾、张莉萍、吴柳清、黄金塔	20210826
265	20210962	发达	木麻黄属	福建省惠安赤湖国有防护林场、福建省林业科学研究院	李茂瑾、吴惠忠、聂森、林伟东、张春贵、王小红、李秀明、苏亲桂、吴柳清、黄金塔	20210826
266	20210963	千手	木麻黄属	福建省惠安赤湖国有防护林场、福建省林业科学研究院	李茂瑾、聂森、张春贵、吴惠忠、尤芬蕾、林伟东、王小红、李秀明、苏亲桂、吴柳清	20210826
267	20210964	如意凤	木麻黄属	福建省惠安赤湖国有防护林场、福建省林业科学研究院	李茂瑾、叶功富、陈胜、吴惠忠、苏宝川、林伟东、王小红、苏亲桂、吴柳清、郑焙华	20210826
268	20210965	平安	木麻黄属	福建省惠安赤湖国有防护林场、福建省林业科学研究院	黄云鹏、李茂瑾、苏宝川、吴惠忠、尤芬蕾、林伟东、王小红、李秀明、苏亲桂、张莉萍	20210826

（续）

序号	申请号	品种名称	属（种）	申请人	培育人	申请日
269	20210427	霞林金优	柳杉属	福建省霞浦国有林场、中南林业科技大学、福建农林大学	翁怀锋、文亚峰、林祖建、魏招云、郑国华、黄飚、李鑫玉、叶永荣、黄文旺	20210604
270	20210614	若云	山茶属	福建叶和农业科技有限公司、福建农林大学	方剑杰、吴沙沙、翟俊文、杨维、汪强	20210713
271	20210616	流萤	山茶属	福建叶和农业科技有限公司、福建农林大学	方剑杰、吴沙沙、翟俊文、赵亚梅、陈生煜	20210713
272	20210618	湖中月	山茶属	福建叶和农业科技有限公司、福建农林大学	方剑杰、翟俊文、吴沙沙、冀宏宇、赵亚梅	20210713
273	20210619	清婉	山茶属	福建叶和农业科技有限公司、福建农林大学	方剑杰、吴沙沙、翟俊文、秦思、吴春梅	20210713
274	20210620	凤吟	山茶属	福建叶和农业科技有限公司、福建农林大学	方剑杰、翟俊文、吴沙沙、吴春梅、陈晨	20210713
275	20210621	千鸟	山茶属	福建叶和农业科技有限公司、福建农林大学	方剑杰、吴沙沙、翟俊文、韩茹、陈蕾	20210713
276	20210622	落霞	山茶属	福建叶和农业科技有限公司、福建农林大学	方剑杰、翟俊文、吴沙沙、赵亚梅、陆艾鲜	20210713
277	20210201	丝绸之路	蔷薇属	阜阳市百益花卉园艺有限公司、安徽颍荷生态农业发展有限公司、安徽农业大学	孟艳琼、樊德新、唐菲、马冲、兰伟、马宗新、耿秀婷、康丽云、章玲玲	20210407
278	20210204	玫蕾皇后	蔷薇属	阜阳市百益花卉园艺有限公司、安徽颍荷生态农业发展有限公司、安徽农业大学	樊德新、张雨涵、史良、孟艳琼、张由娟、唐菲、康丽云、史丹、王晶晶、章玲玲	20210407
279	20210199	迷篱	蔷薇属	阜阳市百益花卉园艺有限公司、北京瑰谷园艺科技有限公司、安徽省农业科学院农业工程研究所	樊德新、康丽云、马宗新、马冲、张雨涵、史良、张由娟、孟艳琼、章玲玲	20210407
280	20210198	芬兰达	蔷薇属	阜阳市百益花卉园艺有限公司、西双版纳冠达农业科技有限公司、安徽省农业科学院农业工程研究所	樊德新、康丽云、张雨涵、兰伟、耿秀婷、唐菲、王晶晶、史丹、马冲、孟艳琼	20210407
281	20201109	京冠永昌	核桃属	高新宇	高新宇	20201223
282	20210080	黄金甲	槭属	高跃	高跃	20210131
283	20210159	高山流水	蔷薇属	关新兵	关新兵	20210315
284	20211100	美林 1 号	山茶属	广东美林农业投资发展有限公司、中南林业科技大学	袁德义、肖诗鑫、刘远炳、卢元贤	20211012
285	20211101	美林 2 号	山茶属	广东美林农业投资发展有限公司、中南林业科技大学	袁德义、胡观兴、刘远炳、卢元贤	20211012
286	20211103	美林 4 号	山茶属	广东美林农业投资发展有限公司、中南林业科技大学	肖诗鑫、袁德义、刘远炳、卢元贤	20211012
287	20211102	美林 3 号	山茶属	广东美林农业投资发展有限公司、中南林业科技大学	袁德义、胡观兴、刘远炳、	卢元贤
288	20210874	龙雁果桂 1 号	樟属	广西好桂农林科技有限公司	覃应中、刘成、陈树良、徐旭兰、吴坤喜	20210816
289	20210246	魔法风车	木槿属	广西槿汇岭南园林科技有限公司、南宁市园林科研所	黄旭光、杨思霞、黄英群、黄旭富	20210421

（续）

序号	申请号	品种名称	属（种）	申请人	培育人	申请日
290	20210182	桂柿 1 号	柿	广西特色作物研究院	全金成、黄金盟、江一红	20210318
291	20210807	南国霞影	紫薇属	广西壮族自治区林业科学研究院	秦波、孙开道、黄欣、唐黎明、蒋日红、李立杰、黄红宝、杨舒婷、杜铃、宁海	20210805
292	20211057	圣代	紫薇属	广西壮族自治区林业科学研究院	秦波、黄欣、唐黎明、孙开道、李进华、林茂、杨开太、蒋日红、黄红宝、杜铃、秦赐梅	20210927
293	20210821	霓凰	簕竹属	广西壮族自治区林业科学研究院、中国科学院华南植物园	徐振国、倪静波、贾冬冬、黄大勇、梁晓静、梁萍、黄锈贤	20210806
294	20210359	西之王子	兜兰属	广西壮族自治区农业科学院	李秀玲、卜朝阳、范继征、黄昌艳、何荆洲	20210524
295	20210367	繁花似锦	报春苣苔属	广西壮族自治区农业科学院	闫海霞、周锦业、陶大燕、关世凯、宋倩	20210525
296	20210358	如意	报春苣苔属	广西壮族自治区农业科学院	闫海霞、陶大燕、关世凯、周锦业、宋倩	20210524
297	20210362	淡雅伊人	报春苣苔属	广西壮族自治区农业科学院	闫海霞、关世凯、陶大燕、何荆洲、宋倩、周锦业	20210524
298	20210363	天使之翼	报春苣苔属	广西壮族自治区农业科学院	闫海霞、关世凯、陶大燕、宋倩、周锦业	20210524
299	20210364	繁花灿烂	报春苣苔属	广西壮族自治区农业科学院	闫海霞、宋倩、周锦业、关世凯、陶大燕	20210525
300	20210365	雨延	报春苣苔属	广西壮族自治区农业科学院	闫海霞、陶大燕、周锦业、宋倩、关世凯	20210525
301	20210366	美如初	报春苣苔属	广西壮族自治区农业科学院	闫海霞、陶大燕、关世凯、邓杰玲、周锦业、宋倩	20210525
302	20210377	初见	报春苣苔属	广西壮族自治区农业科学院	闫海霞、陶大燕、关世凯、宋倩、罗述名	20210526
303	20210379	延的微笑	报春苣苔属	广西壮族自治区农业科学院	闫海霞、周锦业、陶大燕、关世凯、宋倩、罗述名	20210527
304	20210384	春将晚	报春苣苔属	广西壮族自治区农业科学院	闫海霞、关世凯、陶大燕、周锦业、宋倩	20210527
305	20210139	金妃一号	山茶属	广西壮族自治区农业科学院、广西和信园林工程有限公司	黄展文、刘标、李先民、李春牛、卜朝阳、卢家仕、闫海霞、苏群、黄昌艳、王虹妍	20210304
306	20210082	紫姝	野牡丹属	广州普邦园林股份有限公司、中山大学	谭广文、周仁超、曾凤、刘莹、刘晓洲、钟燕、邓演文、孙晨雨、谢腾芳、李银	20210204
307	20210083	粉黛	野牡丹属	广州普邦园林股份有限公司、中山大学	谭广文、周仁超、曾凤、刘莹、刘晓洲、钟燕、邓演文、孙晨雨、关开朗、邵怡若	20210204
308	20210845	红妃	野牡丹属	广州市林业和园林科学研究院	邹沛姗、代色平、倪建中、郑锡荣、阮琳、王伟、刘国锋	20210810
309	20210846	紫珊	野牡丹属	广州市林业和园林科学研究院	倪建中、邹沛姗、郑锡荣、代色平、王伟、阮琳、刘国锋	20210810
310	20210849	紫妍	野牡丹属	广州市林业和园林科学研究院	倪建中、邹沛姗、郑锡荣、代色平、王伟、刘国锋、阮琳	20210811
311	20210527	增绿	山茶属	广州市增城区林业和园林科学研究所、中国林业科学研究院亚热带林业研究所、广州棕科园艺开发有限公司	王海华、李纪元、黎艳玲、叶土生、朱政财、刘信凯、刘伟鑫、杨振意、钟乃盛、范正琪、赵强民	20210624

（续）

序号	申请号	品种名称	属（种）	申请人	培育人	申请日
312	20210538	增彩	山茶属	广州市增城区林业和园林科学研究所、中国林业科学研究院亚热带林业研究所、广州棕科园艺开发有限公司	朱政财、李纪元、高继银、陈炽争、王海华、黎艳玲、刘伟鑫、李文业、刘信凯、范正琪、钟乃盛	20210702
313	20210424	天适 1 号	李属（除水果外）	广州天适集团有限公司、广州旺地园林工程有限公司、英德市旺地樱花种植有限公司	胡晓敏、叶小玲、朱军、何宗儒、陈端妮、冯钦钊、杨梓滨、高珊	20210604
314	20210438	天适 2 号	李属（除水果外）	广州天适集团有限公司、广州旺地园林工程有限公司、英德市旺地樱花种植有限公司	胡晓敏、叶小玲、朱军、冯钦钊、陈端妮、杨梓滨、高珊、何宗儒	20210607
315	20210727	天适丹心	李属（除水果外）	广州天适集团有限公司、广州旺地园林工程有限公司、英德市旺地樱花种植有限公司	胡晓敏、朱军、冯钦钊、杨梓滨、叶小玲、陈端妮、高珊、何宗儒	20210722
316	20210593	天适流光	李属（除水果外）	广州天适集团有限公司、韶关市旺地樱花种植有限公司、英德市旺地樱花种植有限公司	胡晓敏、梁荣、朱军、叶小玲、高珊、冯钦钊、何宗儒、杨梓滨	20210708
317	20210677	天适追梦	李属（除水果外）	广州天适集团有限公司、韶关市旺地樱花种植有限公司、英德市旺地樱花种植有限公司	胡晓敏、高珊、李胜强、朱军、陈端妮、叶小玲、冯钦钊、杨梓滨	20210716
318	20210701	天适晨曦	李属（除水果外）	广州天适集团有限公司、英德市旺地樱花种植有限公司、韶关市旺地樱花种植有限公司	朱军、叶自慧、胡晓敏、叶小玲、高珊、杨梓滨、陈端妮、熊海坚	20210720
319	20210559	天适妙玉	李属（除水果外）	广州旺地园林工程有限公司、广州天适集团有限公司、韶关市旺地樱花种植有限公司	朱军、丘洪锋、苏捷、胡晓敏、叶小玲、冯钦钊、杨梓滨、高珊	20210705
320	20210712	天适繁星	李属（除水果外）	广州旺地园林工程有限公司、广州天适集团有限公司、韶关市旺地樱花种植有限公司	张尚坤、陈端妮、杨进良、林杰好、朱军、叶小玲、胡晓敏、杨梓滨	20210720
321	20210674	天适凌云	李属（除水果外）	广州旺地园林工程有限公司、广州天适集团有限公司、英德市旺地樱花种植有限公司	叶小玲、胡晓敏、朱军、杨梓滨、熊育明、邱晓平、陈端妮、冯钦钊	20210716
322	20210728	天适云舒	李属（除水果外）	广州旺地园林工程有限公司、广州天适集团有限公司、英德市旺地樱花种植有限公司	叶小玲、胡晓敏、朱军、陈端妮、熊育明、杨梓滨	20210722
323	20210514	暖玉	李属（除水果外）	广州旺地园林工程有限公司、韶关市旺地樱花种植有限公司、英德市旺地樱花种植有限公司	周世均、朱军、苏捷、陈端妮、叶小玲、胡晓敏、高珊、冯钦钊	20210622
324	20210690	天适祥云	李属（除水果外）	广州旺地园林工程有限公司、英德市旺地樱花种植有限公司、韶关市旺地樱花种植有限公司	梁荣、李振权、谢畅、李园凤、朱军、叶小玲、胡晓敏、熊育明	20210719
325	20211151	花芝蓝 2 号	越橘属	广州中植农业有限公司	钟宗英、梁利衡、钟宗林	20211022
326	20211172	花芝蓝 1 号	越橘属	广州中植农业有限公司	钟宗英、梁利衡、钟家林	20211026

（续）

序号	申请号	品种名称	属（种）	申请人	培育人	申请日
327	20211193	花芝蓝 3 号	越橘属	广州中植农业有限公司	钟宗英、梁利衡、钟宗林	20211029
328	20210547	乔之千金	山茶属	广州棕科园艺开发有限公司、中国林业科学研究院亚热带林业研究所、肇庆棕榈谷花园有限公司	钟乃盛、李纪元、叶土生、黎艳玲、刘伟鑫、刘信凯、范正琪、高继银、黄万坚	20210705
329	20210552	欢乐聚会	山茶属	广州棕科园艺开发有限公司、中国林业科学研究院亚热带林业研究所、肇庆棕榈谷花园有限公司	赵强民、李纪元、黎艳玲、钟乃盛、刘伟鑫、陈卓娜、刘信凯、范正琪、黄万坚、叶土生	20210705
330	20210554	帕特之乐	山茶属	广州棕科园艺开发有限公司、中国林业科学研究院亚热带林业研究所、肇庆棕榈谷花园有限公司	刘信凯、李纪元、叶琦君、宋遇文、陈卓娜、钟乃盛、刘伟鑫、赵强民、范正琪、黄万坚	20210705
331	20210313	黔莓 1 号	悬钩子属	贵州省亚热带作物研究所	申刚、刘凡值、李廷洋、杨剑、尚昆、刘剑东	20210517
332	20210738	六农 1 号	桑属	贵州雅竹农业生态科技有限公司	熊桂芳、宋荣晶、吴云贵、焦安祥、董静、邹燕、张士英、谭波	20210726
333	20211268	绿早	刚竹属	国际竹藤中心、国家林业和草原局竹子研究开发中心、杭州临安太湖源观赏竹种园有限公司	高健、程占超、张小平、卞方圆、钟哲科、顾李俭	20211107
334	20211202	曼歇 2 号	牡竹属	国际竹藤中心、普洱亚洲竹藤博览园科技有限公司、西南林业大学	高健、张兴波、孙茂盛	20211101
335	20210383	华仲 19 号	杜仲	国家林业和草原局泡桐研究开发中心	刘攀峰、杜庆鑫、王璐、杜兰英、杜红岩、孙志强、刘昌勇、庆军、何凤	20210527
336	20210382	华仲 20 号	杜仲	国家林业和草原局泡桐研究开发中心	杜庆鑫、刘攀峰、王璐、杜兰英、杜红岩、孙志强、庆军、何凤、黄海燕	20210527
337	20210380	仲林 1 号	杜仲	国家林业和草原局泡桐研究开发中心	王璐、杜兰英、杜红岩、刘攀峰、杜庆鑫、孙志强、庆军、何凤	20210527
338	20210381	华仲 26 号	杜仲	国家林业和草原局泡桐研究开发中心	杜红岩、王璐、杜兰英、刘攀峰、杜庆鑫、孙志强、庆军、何凤	20210527
339	20210226	碧香	兰属	海南大学、海南博大兰花科技有限公司	LING PING、叶蓓蕾、黎维诗、刘乐、张叶	20210415
340	20210197	金小白	叶子花属	海南省农业科学院热带园艺研究所	杨珺、符瑞侃、云勇	20210406
341	20210282	小晴	叶子花属	海南省农业科学院热带园艺研究所	杨珺、符瑞侃、云勇	20210510
342	20211125	海布斯微 18020（HYBSV18020）	鼠尾草属	海瑞达股份有限公司（Hybrida S.r.l.）	弗拉维奥·萨皮亚（Flavio Sapia）	20211015
343	20211275	七彩红	蔷薇属	邯郸市七彩园林绿化工程有限公司	王建明、史丽婷	20211109
344	20201068	青山彩虹糖	绣球属	杭州市园林绿化股份有限公司	邱帅、杨浩、陈徐平、彭志声、余磊	20201214
345	20201069	青山芳华	绣球属	杭州市园林绿化股份有限公司	高凯、邱帅、沈柏春、陈林敬、彭志声	20201214

（续）

序号	申请号	品种名称	属（种）	申请人	培育人	申请日
346	20201070	青山极光	绣球属	杭州市园林绿化股份有限公司	邱帅、张楠、张俊林、樊静、孙丽娜	20201214
347	20201071	青山佳人	绣球属	杭州市园林绿化股份有限公司	丁旭升、孙丽娜、陈浩、余毅敏、邱帅	20201214
348	20201072	青山丽人	绣球属	杭州市园林绿化股份有限公司	李寿仁、张俊林、张炎良、周之静、邱帅	20201214
349	20201073	青山蜜糖	绣球属	杭州市园林绿化股份有限公司	邱帅、陈徐平、张楠、王霁、杨浩	20201214
350	20201074	青山绮丽	绣球属	杭州市园林绿化股份有限公司	孙丽娜、彭悠悠、魏建芬、邱帅、樊静	20201214
351	20201075	青山曙光	绣球属	杭州市园林绿化股份有限公司	魏建芬、王霁、彭悠悠、刘丽娟、田伟莉	20201214
352	20201076	青山紫气	绣球属	杭州市园林绿化股份有限公司	沈柏春、邱帅、高凯、彭悠悠、江晓钰	20201214
353	20210767	夏日热恋	绣球属	杭州市园林绿化股份有限公司	沈柏春、杨浩、樊靖、张俊林、魏建芬	20210802
354	20210768	香草奶昔	绣球属	杭州市园林绿化股份有限公司	吴光洪、沈柏春、高凯、邱帅、魏建芬	20210802
355	20210772	暮光之恋	绣球属	杭州市园林绿化股份有限公司	彭悠悠、杨浩、张俊林、高凯、邱帅	20210802
356	20210774	青山居士	绣球属	杭州市园林绿化股份有限公司	高凯、陈徐平、邱帅、孙丽娜、王霁	20210802
357	20210775	青莲居士	绣球属	杭州市园林绿化股份有限公司	邱帅、沈柏春、高凯、魏建芬、吴光洪	20210802
358	20210778	赛博朋克	绣球属	杭州市园林绿化股份有限公司	高凯、张楠、余磊、邱帅、彭悠悠	20210802
359	20210779	玉润	绣球属	杭州市园林绿化股份有限公司	孙丽娜、张俊林、朱淑霞、沈柏春、邱帅	20210802
360	20210780	甜心果冻	绣球属	杭州市园林绿化股份有限公司	魏建芬、杨浩、彭悠悠、孙丽娜、邱帅	20210802
361	20210781	幻想夏日	绣球属	杭州市园林绿化股份有限公司	魏建芬、沈柏春、高凯、吴光洪、邱帅	20210802
362	20210950	灿辰	冬青属	杭州市园林绿化股份有限公司	魏建芬、高凯、朱淑霞、彭悠悠、孙丽娜	20210824
363	20210952	灿海	冬青属	杭州市园林绿化股份有限公司	孙丽娜、张楠、魏建芬、朱淑霞、邱帅	20210824
364	20210953	灿日	冬青属	杭州市园林绿化股份有限公司	田伟莉、樊靖、魏建芬、邱帅、陈徐平	20210824
365	20210954	灿星	冬青属	杭州市园林绿化股份有限公司	邱帅、朱淑霞、余磊、彭悠悠、田伟莉	20210824
366	20210955	灿月	冬青属	杭州市园林绿化股份有限公司	杨浩、陈徐平、邱帅、魏建芬、朱淑霞	20210824
367	20210957	烛火	冬青属	杭州市园林绿化股份有限公司	朱淑霞、魏建芬、高凯、王霁、彭志声	20210825
368	20210958	婉澜	冬青属	杭州市园林绿化股份有限公司	沈柏春、彭志声、田伟莉、邱帅、魏建芬	20210825
369	20210959	鸾凤	冬青属	杭州市园林绿化股份有限公司	张俊林、王霁、朱淑霞、邱帅、魏建芬	20210825
370	20210951	灿波	冬青属	杭州市园林绿化股份有限公司	邱帅、彭悠悠、沈柏春、朱淑霞、孙丽娜	20210824
371	20201082	青山凤蝶	绣球属	杭州市园林绿化股份有限公司、杭州画境种业有限公司	张炎良、彭悠悠、肖健、郭玉敏、陈光宗	20201214
372	20201083	青山棉花糖	绣球属	杭州市园林绿化股份有限公司、杭州画境种业有限公司	邱帅、魏建芬、沈柏春、付恒、陈宇多	20201214
373	20210762	紫夜	绣球属	杭州市园林绿化股份有限公司、杭州画境种业有限公司	邱帅、田伟莉、彭志声、彭悠悠、付恒	20210802
374	20210765	倾城之恋	绣球属	杭州市园林绿化股份有限公司、杭州画境种业有限公司	邱帅、高凯、孙丽娜、吴光洪、付恒	20210802

（续）

序号	申请号	品种名称	属（种）	申请人	培育人	申请日
375	20210766	初恋时光	绣球属	杭州市园林绿化股份有限公司、杭州画境种业有限公司	邱帅、王雯、彭悠悠、魏建芬、朱红燕	20210802
376	20210769	夏日泡芙	绣球属	杭州市园林绿化股份有限公司、杭州画境种业有限公司	邱帅、陈浩、王雯、孙丽娜、付恒	20210802
377	20210773	豆蔻年华	绣球属	杭州市园林绿化股份有限公司、杭州画境种业有限公司	邱帅、彭悠悠、孙园勇、孙丽娜、沈柏春	20210802
378	20210777	雨茜	绣球属	杭州市园林绿化股份有限公司、杭州画境种业有限公司	张楠、邱帅、付恒、杨浩、张俊林	20210802
379	20210770	水晶之恋	绣球属	杭州市园林绿化股份有限公司、杭州画境种业有限公司	邱帅、魏建芬、田伟莉、朱红燕、朱淑霞	20210802
380	20210776	落尘	绣球属	杭州市园林绿化股份有限公司、杭州画境种业有限公司	邱帅、彭悠悠、孙丽娜、魏建芬、朱红燕	20210802
381	20201080	青山瑰丽	绣球属	杭州市园林绿化股份有限公司、上海交通大学	陈伯翔、邱帅、刘群录、高凯、魏坤义	20201214
382	20201081	青山青衣	绣球属	杭州市园林绿化股份有限公司、上海交通大学	邱帅、高凯、刘群录、陈宇、沈晓萍	20201214
383	20201084	青山粉黛	绣球属	杭州市园林绿化股份有限公司、浙江理工大学	吴光洪、邱帅、孙丽娜、卢山、吴凡、崔祺	20201214
384	20201077	青山梦幻	绣球属	杭州市园林绿化股份有限公司、浙江省林业科学研究院	彭悠悠、孙丽娜、邱帅、魏建芬、田伟莉、李婷婷	20201214
385	20201078	青山霞光	绣球属	杭州市园林绿化股份有限公司、浙江省林业科学研究院	邱帅、朱淑霞、樊靖、沈柏春、高凯、李婷婷	20201214
386	20201079	青山炫彩	绣球属	杭州市园林绿化股份有限公司、浙江省林业科学研究院	魏建芬、邱帅、陈浩、彭悠悠、孙丽娜、李婷婷	20201214
387	20210278	素心金蝶	蜡梅	合肥植物园	程红梅、王德梅、周莉、姚晓春、周耘峰	20210507
388	20210297	合植素心	蜡梅	合肥植物园	程红梅、周耘峰、窦维奇、张继妹、王德梅	20210514
389	20210298	合植檀香	蜡梅	合肥植物园	周耘峰、程红梅、詹双侯	20210514
390	20210284	燕宝	栗属	河北科技师范学院	曹飞、郭春磊、王东升、张京政、齐永顺、王同坤	20210510
391	20210389	玉波	卫矛属	河北科技师范学院	程蓓蓓、王东升、袁平立	20210528
392	20210390	玉刀	卫矛属	河北科技师范学院	程蓓蓓、王东升、袁平立	20210528
393	20210056	龙珠	枣属	河北农业大学	申连英、毛永民、王晓玲、仇晓靖、李智慧、刘淑怡、李旭茂	20210124
394	20210100	龙早	枣属	河北农业大学	申连英、毛永民、王晓玲、仇晓靖、李旭茂、李智慧、刘淑怡	20210207

（续）

序号	申请号	品种名称	属（种）	申请人	培育人	申请日
395	20210102	冬蟠	枣属	河北农业大学	王晓玲、申连英、毛永民、仇晓靖、李旭茂、李智慧、刘淑怡	20210208
396	20210103	龙晶	枣属	河北农业大学	申连英、毛永民、王晓玲、仇晓靖、刘淑怡、李旭茂、李智慧	20210208
397	20211166	波光	枣属	河北农业大学	刘孟军、刘平、王玖瑞、段艳军、杨猛、刘志国	20211025
398	20211167	雨龙	枣属	河北农业大学	刘平、刘志国、刘孟军、段艳军、王立新、赵璇	20211025
399	20201111	风姿 2 号	刺槐属	河北农业大学、保定市满城区苗圃场、保定市林木种苗管理站	张军、董研、王进茂、杨敏生、柳俊明、王立成、李清泉、陈义兰、吴娜	20201227
400	20201112	风姿 3 号	刺槐属	河北农业大学、河北省洪崖山国有林场、保定市林木种苗管理站	张军、陈义兰、郝晨汝、董研、杨敏生、庞新博、刘朝华、柳俊明、王立成、陈红刚	20201227
401	20201113	风姿 4 号	刺槐属	河北农业大学、衡水市林业科学研究所	王进茂、张军、董研、杨敏生、李轩、杨爱颖、柳俊明、李清泉、李心力、孟丽	20201227
402	20211149	秋霞	榆属	河北润丰林业科技有限公司	刘易超、代嵩华、杨敏生、樊彦聪、陈丽英、王进茂、张国君、黄印朋、冯树香、闫淑芳、张永芝	20211022
403	20211150	鸿途	榆属	河北润丰林业科技有限公司	刘易超、黄印朋、杨敏生、樊彦聪、代嵩华、陈丽英、张国君、王进茂、张永芝、冯树香、闫淑芳	20211022
404	20210070	冀洪槐 1 号	槐属	河北省洪崖山国有林场、河北农业大学	庞新博、王进茂、刘朝华、周苗苗、原阳晨、庞久帅、杨敏生	20210128
405	20211315	冀洪槐 2 号	槐属	河北省洪崖山国有林场、河北农业大学	庞新博、张军、刘洪山、张国伟、殷小娟、任俊杰、杨敏生	20211111
406	20201107	金辉碧脉	卫矛属	河北省林业和草原科学研究院	储博彦、尹新彦、赵玉芬	20201221
407	20210826	行健	榆属	河北省林业和草原科学研究院	黄印冉、冯树香、闫淑芳、刘易超、王玉忠、杨敏生、代嵩华、樊彦聪、张国君、陈丽英、董谦	20210806
408	20210827	云锦	榆属	河北省林业和草原科学研究院	黄印冉、冯树香、刘易超、闫淑芳、王玉忠、杨敏生、张国君、代嵩华、樊彦聪、陈丽英、董谦	20210807
409	20210935	青丽	榆属	河北省林业和草原科学研究院	黄印冉、闫淑芳、冯树香、张国君、王进茂、王玉忠、董谦	20210823
410	20210968	青云	榆属	河北省林业和草原科学研究院	黄印冉、冯树香、闫淑芳、王进茂、王玉忠、张国君、董谦	20210826
411	20211115	云秀	榆属	河北省林业和草原科学研究院	黄印冉、冯树香、闫淑芳、王玉忠、刘易超、张国君、代嵩华、樊彦聪、陈丽英、董谦	20211013
412	20211124	磐玉	榆属	河北省林业和草原科学研究院	黄印冉、冯树香、闫淑芳、王玉忠、刘易超、张国君、代嵩华、樊彦聪、陈丽英、董谦	20211015

（续）

序号	申请号	品种名称	属（种）	申请人	培育人	申请日
413	20211351	冀翘 2 号	连翘属	河北省农林科学院经济作物研究所	刘灵娣、谢晓亮、温春秀、姜涛、田伟、贾东升、刘铭	20211116
414	20211352	冀翘 3 号	连翘属	河北省农林科学院经济作物研究所	刘灵娣、谢晓亮、温春秀、姜涛、田伟、贾东升、刘铭、王玉洁、温赛群	20211116
415	20211369	冀翘一号	连翘属	河北省农林科学院经济作物研究所	刘灵娣、谢晓亮、温春秀、姜涛、贾东升、田伟、刘铭、边建波	20211117
416	20210524	冀美红	杏	河北省农林科学院石家庄果树研究所	武晓红、景晨娟、陈雪峰、王端、刘志琨	20210624
417	20210532	普天玉粉	木瓜属	河北宇红苗木种植有限公司	杨恩普、邸葆、陈段芬、杨世理	20210702
418	20210533	普天玉盏	木瓜属	河北宇红苗木种植有限公司	杨恩普、邸葆、陈段芬、杨世理	20210702
419	20210535	普天红丹	木瓜属	河北宇红苗木种植有限公司	杨恩普、邸葆、陈段芬、杨世理	20210702
420	20210536	普天高寿	木瓜属	河北宇红苗木种植有限公司	杨恩普、邸葆、陈段芬、杨世理	20210702
421	20210537	普天红夏	木瓜属	河北宇红苗木种植有限公司	杨恩普、邸葆、陈段芬、杨世理	20210702
422	20210539	普天红举	木瓜属	河北宇红苗木种植有限公司	杨恩普、邸葆、陈段芬、杨世理	20210705
423	20210540	普天玉曦	木瓜属	河北宇红苗木种植有限公司	杨恩普、邸葆、陈段芬、杨世理	20210705
424	20210541	普天红 2 号	木瓜属	河北宇红苗木种植有限公司	杨恩普、邸葆、陈段芬、杨世理	20210705
425	20210542	普红晚艳	木瓜属	河北宇红苗木种植有限公司	杨恩普、邸葆、陈段芬、杨世理	20210705
426	20210545	普天红宇	木瓜属	河北宇红苗木种植有限公司	杨恩普、邸葆、陈段芬、杨世理	20210705
427	20210549	普天红峦	木瓜属	河北宇红苗木种植有限公司	杨恩普、邸葆、陈段芬、杨世理	20210705
428	20210550	普天红霞	木瓜属	河北宇红苗木种植有限公司	杨恩普、邸葆、陈段芬、杨世理	20210705
429	20210556	普天墨玫	木瓜属	河北宇红苗木种植有限公司	杨恩普、邸葆、陈段芬、杨世理	20210705
430	20210557	普天茶香	木瓜属	河北宇红苗木种植有限公司	杨恩普、邸葆、陈段芬、杨世理	20210705
431	20210534	普天玉霓	木瓜属	河北宇红苗木种植有限公司	杨恩普、邸葆、陈段芬、杨世理	20210702
432	20210543	普天红曲	木瓜属	河北宇红苗木种植有限公司	杨恩普、邸葆、陈段芬、杨世理	20210705
433	20210553	普天雪霞	木瓜属	河北宇红苗木种植有限公司	杨恩普、邸葆、陈段芬、杨世理	20210705
434	20210555	普天红 3 号	木瓜属	河北宇红苗木种植有限公司	杨恩普、邸葆、陈段芬、杨世理	20210705
435	20210104	绚丽彩楸	梓树属	河南国森林业发展有限公司、安阳创森林业发展有限公司、中国林业科学研究院华北林业实验中心	胡盼、李勇亮、申琳	20210218
436	20210946	鹤锦城	素馨属	河南省鹤城迎春花研究院有限公司	张志华、梅继林、王玉华、史先元、王金梅、王美娥、杜纪松、张素芳、崔亚娜	20210824
437	20210004	秋艳	秋枫属	河南省林业科学研究院	沈植国、丁鑫、程建明、刘少华、贾文杰、沈希辉、王文战	20210107

（续）

序号	申请号	品种名称	属（种）	申请人	培育人	申请日
438	20210214	锦簇	蜡梅	河南省林业科学研究院	沈植国、丁鑫、王安亭、孙萌、程建明、沈希辉、汤正辉、石发良	20210412
439	20210215	相思	蜡梅	河南省林业科学研究院	沈植国、王安亭、孙萌、丁鑫、程建明、沈希辉、汤正辉、石发良	20210412
440	20210260	豫红 1 号	蜡梅	河南省林业科学研究院	沈植国、尚忠海、丁鑫、岳长平、汤正辉、孙萌、程建明、沈希辉	20210430
441	20210261	豫磬	蜡梅	河南省林业科学研究院	丁鑫、沈植国、王志刚、孙萌、汤正辉、程建明、沈希辉、韩健	20210430
442	20210012	豫金 4 号	忍冬属	河南师范大学、封丘县贾庄金银花种植专业合作社	李建军、赵喜亭、常翠芳、牛瑶、刘保彬、叶承霖、程婷、董倩倩、常筱沛	20210113
443	20211095	贝肯大马导（BKDAMAGDR）	大丽花属	荷兰贝肯坎普植物有限公司（Beekenkamp Plants B.V.）	S.H. 瑞格卢克（Sanne Helena Ruigrok）	20211009
444	20210839	爱普特 092316（IPT092316）	蔷薇属	荷兰英特普兰特月季育种公司（Interplant Roses B.V.）	范·多伊萨姆（ir. A.J.H. van Doesum）	20210809
445	20210840	爱普特 116715（IPT116715）	蔷薇属	荷兰英特普兰特月季育种公司（Interplant Roses B.V.）	范·多伊萨姆（ir. A.J.H. van Doesum）	20210809
446	20210841	爱普特 134817（IPT134817）	蔷薇属	荷兰英特普兰特月季育种公司（Interplant Roses B.V.）	范·多伊萨姆（ir. A.J.H. van Doesum）	20210809
447	20210842	爱普特 180014（IPT180014）	蔷薇属	荷兰英特普兰特月季育种公司（Interplant Roses B.V.）	范·多伊萨姆（ir. A.J.H. van Doesum）	20210809
448	20210843	爱普特 121515（IPT121515）	蔷薇属	荷兰英特普兰特月季育种公司（Interplant Roses B.V.）	范·多伊萨姆（ir. A.J.H. van Doesum）	20210809
449	20210852	爱普特 094812（IPT094812）	蔷薇属	荷兰英特普兰特月季育种公司（Interplant Roses B.V.）	范·多伊萨姆（ir. A.J.H. van Doesum）	20210812
450	20210853	爱普特 047913（IPT047913）	蔷薇属	荷兰英特普兰特月季育种公司（Interplant Roses B.V.）	范·多伊萨姆（ir. A.J.H. van Doesum）	20210812
451	20210854	爱普开 096216（IPK096216）	蔷薇属	荷兰英特普兰特月季育种公司（Interplant Roses B.V.）	范·多伊萨姆（ir. A.J.H. van Doesum）	20210812
452	20210860	爱普开 159916（IPK159916）	蔷薇属	荷兰英特普兰特月季育种公司（Interplant Roses B.V.）	范·多伊萨姆（ir. A.J.H. van Doesum）	20210812
453	20211027	英特慕斯福（Intermuxphot）	蔷薇属	荷兰英特普兰特月季育种公司（Interplant Roses B.V.）	范·多伊萨姆（ir. A.J.H. van Doesum）	20210920
454	20211029	爱普特 160616（IPT160616）	蔷薇属	荷兰英特普兰特月季育种公司（Interplant Roses B.V.）	范·多伊萨姆（ir. A.J.H. van Doesum）	20210923

（续）

序号	申请号	品种名称	属（种）	申请人	培育人	申请日
455	20211043	爱普开 054317（IPK054317）	蔷薇属	荷兰英特普兰特月季育种公司（Interplant Roses B.V.）	范·多伊萨姆（ir. A.J.H. van Doesum）	20210924
456	20211045	爱普开 105316（IPK105316）	蔷薇属	荷兰英特普兰特月季育种公司（Interplant Roses B.V.）	范·多伊萨姆（ir. A.J.H. van Doesum）	20210926
457	20211046	爱普开 398813（IPK398813）	蔷薇属	荷兰英特普兰特月季育种公司（Interplant Roses B.V.）	范·多伊萨姆（ir. A.J.H. van Doesum）	20210926
458	20211047	爱普开 405017（IPK405017）	蔷薇属	荷兰英特普兰特月季育种公司（Interplant Roses B.V.）	范·多伊萨姆（ir. A.J.H. van Doesum）	20210926
459	20211048	爱普开 450018（IPK450018）	蔷薇属	荷兰英特普兰特月季育种公司（Interplant Roses B.V.）	范·多伊萨姆（ir. A.J.H. van Doesum）	20210926
460	20211051	英特格罗凡宝（INTERGROOVANBOM）	蔷薇属	荷兰英特普兰特月季育种公司（Interplant Roses B.V.）	范·多伊萨姆（ir. A.J.H. van Doesum）	20210926
461	20211053	爱普开 072816（IPK072816）	蔷薇属	荷兰英特普兰特月季育种公司（Interplant Roses B.V.）	范·多伊萨姆（ir. A.J.H. van Doesum）	20210926
462	20211058	英特慕思丽格（INTERMUXPLIG）	蔷薇属	荷兰英特普兰特月季育种公司（Interplant Roses B.V.）	范·多伊萨姆（ir. A.J.H. van Doesum）	20210927
463	20211063	爱普特 002916（IPT002916）	蔷薇属	荷兰英特普兰特月季育种公司（Interplant Roses B.V.）	范·多伊萨姆（ir. A.J.H. van Doesum）	20211003
464	20211064	爱普特 148018（IPT148018）	蔷薇属	荷兰英特普兰特月季育种公司（Interplant Roses B.V.）	范·多伊萨姆（ir. A.J.H. van Doesum）	20211003
465	20211065	爱普特 190614（IPT190614）	蔷薇属	荷兰英特普兰特月季育种公司（Interplant Roses B.V.）	范·多伊萨姆（ir. A.J.H. van Doesum）	20211003
466	20211066	爱普特 201216（IPT201216）	蔷薇属	荷兰英特普兰特月季育种公司（Interplant Roses B.V.）	范·多伊萨姆（ir. A.J.H. van Doesum）	20211003
467	20211067	爱普特 214917（IPT214917）	蔷薇属	荷兰英特普兰特月季育种公司（Interplant Roses B.V.）	范·多伊萨姆（ir. A.J.H. van Doesum）	20211003
468	20211068	爱普特 215717（IPT215717）	蔷薇属	荷兰英特普兰特月季育种公司（Interplant Roses B.V.）	范·多伊萨姆（ir. A.J.H. van Doesum）	20211003
469	20211069	爱普特 216317（IPT216317）	蔷薇属	荷兰英特普兰特月季育种公司（Interplant Roses B.V.）	范·多伊萨姆（ir. A.J.H. van Doesum）	20211004
470	20211070	爱普特 338616（IPT338616）	蔷薇属	荷兰英特普兰特月季育种公司（Interplant Roses B.V.）	范·多伊萨姆（ir. A.J.H. van Doesum）	20211006
471	20211071	爱普特 339516（IPT339516）	蔷薇属	荷兰英特普兰特月季育种公司（Interplant Roses B.V.）	范·多伊萨姆（ir. A.J.H. van Doesum）	20211006

（续）

序号	申请号	品种名称	属（种）	申请人	培育人	申请日
472	20210838	爱普开 507514（IPK507514）	蔷薇属	荷兰英特普兰特月季育种公司（Interplant Roses B.V.）	范·多伊萨姆（ir. A.J.H. van Doesum）	20210809
473	20211017	福照粉蓝	芍药属	菏泽市牡丹区牡丹研究所、青岛农业大学、山东省林业科学研究院	赵海军、盖树鹏、晁振、闫闪闪、房义福、张佩	20210913
474	20211132	北国红	槭属	黑龙江碧云科技开发有限公司、吉林农业大学、东北林业大学	刘凤英、赵曦阳、胡彦波、裴晓娜、由香玲	20211019
475	20211179	兴落 6 号	落叶松属	黑龙江省林业科学研究所、林口县林木良种繁育中心（林口县青山国家落叶松良种基地）	李春明、王洪梅、张海峰、杨伟财、康迎昆、潘本立、李正华、王艳敏、李海霞、郭成博、王鹏、李祺、王剑、周志军、李静	20211027
476	20210905	炫紫	风箱果属	黑龙江省森林植物园	王颖、梁希武、陶雷、李晓晶、孙雁冰、郁永英、宋莹莹、翟晓鸥、张少琳、姜远翮	20210820
477	20210906	金碧	风箱果属	黑龙江省森林植物园	王颖、梁希武、陶雷、李晓晶、孙雁冰、郁永英、宋莹莹、翟晓鸥、张少琳、姜远翮	20210820
478	20210939	金盏	风箱果属	黑龙江省森林植物园	翟晓鸥、张少琳、单琳、司玉娟、王佳巍、郁永英、宋莹莹、王颖、姜远翮	20210823
479	20210940	幻紫	风箱果属	黑龙江省森林植物园	翟晓鸥、张少琳、单琳、司玉娟、王佳巍、郁永英、宋莹莹、王颖、姜远翮	20210823
480	20211007	玲珑	锦带花属	黑龙江省森林植物园	王晓冬、马立华、李广明、马东萍、姜思佳、韩志程、刘玮	20210909
481	20211008	秋月	锦带花属	黑龙江省森林植物园	马立华、王晓冬、李广明、马东萍、姜思佳、韩志程、刘玮	20210909
482	20210754	繁星	茶藨子属	黑龙江省雨蕾生物科技发展有限公司、黑龙江省林业科学研究所、黑龙江碧云科技开发有限公司	李巍、胡伟、王艳敏、李海霞、王洪梅、张海峰、李静、郭成博、李正华、刘凤英	20210730
483	20211418	鄂选 1 号	山桐子属	湖北旭舟林农科技有限公司	陈耀兵、罗凯、刘汉秦、袁兵武	20211123
484	20201101	湘农惜红	檵木属	湖南农业大学	李炎林、于晓英、许璐、李玉帆、邓斯颖、张力	20201219
485	20201102	湘农湘韵	檵木属	湖南农业大学	李炎林、张大毛、于晓英、许璐、张霞、张力	20201219
486	20201103	湘农粉黛	檵木属	湖南农业大学	李炎林、张霞、于晓英、张大毛、许璐、郭佩瑶	20201219
487	20201104	湘农小娇	檵木属	湖南农业大学	于晓英、张力、李炎林、郭佩瑶、许璐、邓斯颖	20201219
488	20201105	湘农玉蛟	檵木属	湖南农业大学	李炎林、于晓英、王香菲、许璐、张大毛、张力	20201219
489	20201106	湘农粉娇	檵木属	湖南农业大学	于晓英、张霞、李炎林、许璐、张大毛、张力	20201219
490	20211196	潇湘彩虹	紫薇属	湖南省林业科学院、长沙湘莹园林科技有限公司	蔡能、王晓明、乔中全、曾慧杰、李永欣、陈艺、王湘莹、王惠	20211031

（续）

序号	申请号	品种名称	属（种）	申请人	培育人	申请日
491	20211214	潇湘天娇	紫薇属	湖南省林业科学院、长沙湘莹园林科技有限公司	王晓明、王湘莹、乔中全、陈艺、李永欣、蔡能、曾慧杰、王昊、王惠	20211101
492	20211218	潇湘如意	紫薇属	湖南省林业科学院、长沙湘莹园林科技有限公司	曾慧杰、王湘莹、蔡能、陈艺、李永欣、乔中全、王晓明、王惠	20211101
493	20211219	潇湘雅馨	紫薇属	湖南省林业科学院、长沙湘莹园林科技有限公司	陈艺、李永欣、王晓明、蔡能、曾慧杰、乔中全、王湘莹、王惠	20211101
494	20211220	潇湘醉妃	紫薇属	湖南省林业科学院、长沙湘莹园林科技有限公司、湘西自治州林学会	王湘莹、秦平书、和红晓、蒋龙、龚发武、陈昶睿、蔡能、王晓明、王惠	20211101
495	20210391	灿霞	李属（除水果外）	湖南省森林植物园	柏文富、吴思政、禹霖、聂东伶、李建挥、严佳文、熊颖	20210528
496	20210399	湘绯	李属（除水果外）	湖南省森林植物园	吴思政、禹霖、柏文富、聂东伶、李建挥、熊颖、严佳文	20210601
497	20210425	花皮单竹	簕竹属	湖南省森林植物园	黄程前、刘玮、黄文韬、黄滔、郑硕理、陈白冰、王红霞	20210604
498	20210442	湘妍	李属（除水果外）	湖南省森林植物园	柏文富、吴思政、禹霖、聂东伶、李建挥、熊颖、严佳文	20210608
499	20210443	湘矗	李属（除水果外）	湖南省森林植物园	吴思政、禹霖、柏文富、聂东伶、李建挥、熊颖、严佳文	20210608
500	20210446	春晓	李属（除水果外）	湖南省森林植物园	李建挥、柏文富、禹霖、吴思政、聂东伶、严佳文、熊颖	20210608
501	20210441	炫金	木犀属	湖南省森林植物园、株洲市云田彩桂园林开发有限责任公司	禹霖、柏文富、吴思政、李建挥、聂东伶、易建雄、严佳文、熊颖	20210608
502	20201135	999 华针 01	花椒属	华润三九医药股份有限公司	刘晖晖、马庆、张洪胜、韩正洲、谢文波、曾烨、黄煜权、许雷、魏民、魏伟锋、李建领、池莲锋	20201231
503	20210485	华柿 91	柿	华中农业大学	张青林、罗正荣、徐莉清、郭大勇	20210611
504	20210486	华柿 H136	柿	华中农业大学	张青林、罗正荣、徐莉清、郭大勇	20210611
505	20211059	华农盘龙	悬铃木属	华中农业大学	张佳琪、包满珠、刘国锋、邵长生、汤思涵	20210929
506	20211060	华农雄风	悬铃木属	华中农业大学	包满珠、张佳琪、刘国锋、郑往腾	20210929
507	20211061	华农舞龙	悬铃木属	华中农业大学	包满珠、张佳琪、刘国锋、林战帅	20210930
508	20211081	华农福风	悬铃木属	华中农业大学	张佳琪、包满珠、刘国锋、王斐、杨梦晴	20211008
509	20211308	艳霞	山茶属	怀化市林业科学研究所	王耀辉、李葵、杨淞、李珂、李江、罗梅、钟伶俐	20211109
510	20210280	粉娇	山茶属	怀化市林业科学研究所、湖南省森林植物园	唐娟、蒋利媛、张凌宏、向红艳、田晓明、袁春、杨勇、周芳芝、李雯、李江、陆彦羽、舒鸿飞、邓旭	20210509

（续）

序号	申请号	品种名称	属（种）	申请人	培育人	申请日
511	20210281	妍丽	山茶属	怀化市林业科学研究所、湖南省森林植物园	袁春、颜立红、张凌宏、唐忠、黄新兵、向光锋、唐娟、王晓玲、张良勇、王国晖、张炜、季鑫	20210509
512	20211157	雪娇	山茶属	怀化市林业科学研究所、怀化市蔬菜科学研究所	王耀辉、李葵、胥雯、钟凤娥、谢梅、杨淞	20211025
513	20211216	天姿	山茶属	怀化市林业科学研究所、怀化市蔬菜科学研究所	李葵、王耀辉、胥雯、钟凤娥、唐忠、孙伟、杨淞、罗梅	20211101
514	20211247	丹锦	山茶属	怀化市林业科学研究所、怀化市蔬菜科学研究所	胥雯、李葵、王耀辉、孙伟、钟凤娥、唐忠、李珂、李江、钟伶俐、邱玲	20211103
515	20210252	重蝶	石竹属	黄美娟	黄美娟、连芳清、黄海泉、张悦	20210425
516	20211006	秋丽	枫香属	黄山学院、顾桃红、中国林业科学研究院林业研究所	翟大才、郑勇奇、顾桃红、陈峰、柏晓辉、潘健、何芝兰、吴锦菲、崔珺、陈艳荣、赖玖鑫、黄平、林富荣、房震	20210908
517	20211138	农大 1 号	落叶松属	吉林农业大学	赵曦阳、肖振海、康野、王连君、赵国辉、崔永洪、霍志发、朱景林、经希天	20211020
518	20201055	辉煌	槭属	江苏枫茂农业科技有限公司	张炳华、周祥锋、侯栋	20201213
519	20210255	句超 1	结缕草属	江苏农林职业技术学院	梁慧敏、夏阳、周兴元、李双云、郑凯、张莹、鲍荣静、白玉梅、蒋志峰、刘翠兰、贾思振、许建民、丁久玲、韩鹏、袁诗宇、王进	20210428
520	20210256	句超 2	结缕草属	江苏农林职业技术学院	梁慧敏、夏阳、周兴元、许建民、丁久玲、贾思振、刘翠兰、蒋志峰、白玉梅、鲍荣静、李双云、张莹、郑凯、韩鹏、王进、袁诗宇	20210428
521	20210518	紫莹	铁线莲属	江苏农林职业技术学院	王磊、宋微、孟浩南	20210624
522	20210525	莹雪	铁线莲属	江苏农林职业技术学院	王磊、宋微、孟浩南	20210624
523	20210876	解风情	铁线莲属	江苏农林职业技术学院	宋微、王磊、张虎、刘玉华、孟浩南	20210816
524	20210977	幻影	枫香属	江苏农林职业技术学院	周余华、周子杰、丁颖、陈佳佳、宗树斌、王红梅	20210831
525	20210997	蓝柔然	铁线莲属	江苏农林职业技术学院	宋微、王磊、张虎、刘玉华、孟浩南	20210907
526	20210372	苏柳 2156	柳属	江苏省林业科学研究院	何旭东、陈庆生、王伟伟、隋德宗、王保松	20210526
527	20210373	苏柳 2155	柳属	江苏省林业科学研究院	何旭东、王伟伟、陈庆生、隋德宗、王保松	20210526
528	20210374	苏柳 2154	柳属	江苏省林业科学研究院	陈庆生、王伟伟、姜开朋、何旭东、王保松	20210526
529	20210375	苏柳 2153	柳属	江苏省林业科学研究院	隋德宗、王伟伟、姜开朋、何旭东、王保松	20210526
530	20210378	苏柳 2152	柳属	江苏省林业科学研究院	周洁、郑纪伟、何旭东、隋德宗、王保松	20210526
531	20210596	红酥手	槭属	江苏省林业科学研究院	吕运舟、董筱昀、孙海楠、蒋泽平、梁珍海、黄利斌	20210709
532	20211306	苏柳 2681	柳属	江苏省林业科学研究院	黄瑞芳、隋德宗、王红玲、施士争、王保松	20211109

（续）

序号	申请号	品种名称	属（种）	申请人	培育人	申请日
533	20211313	苏柳 2644	柳属	江苏省林业科学研究院	黄瑞芳、王红玲、隋德宗、施士争、王保松	20211111
534	20211314	苏柳 2578	柳属	江苏省林业科学研究院	黄瑞芳、周洁、王红玲、施士争、王保松	20211111
535	20211339	苏柳 2261	柳属	江苏省林业科学研究院	王伟伟、陈庆生、隋德宗、王保松	20211115
536	20211349	苏柳 2262	柳属	江苏省林业科学研究院	王伟伟、何旭东、隋德宗、王保松	20211116
537	20211350	苏柳 2263	柳属	江苏省林业科学研究院	郑纪伟、王伟伟、教忠意、王保松	20211116
538	20211390	苏柳 2264	柳属	江苏省林业科学研究院	郑纪伟、王伟伟、教忠意、王保松	20211118
539	20210376	苏柳 2151	柳属	江苏省林业科学研究院	周洁、郑纪伟、何旭东、隋德宗、王保松	20210526
540	20210587	灯影帷	槭属	江苏省林业科学研究院、江苏省中国科学院植物研究所	吕运舟、莫正海、翟敏、董筱昀、孙海楠、黄利斌	20210708
541	20210881	流星雨	槭属	江苏省林业科学研究院、溧阳映山红花木园艺有限公司	窦全琴、陈惠忠、陈浩	20210817
542	20210883	胭脂	槭属	江苏省林业科学研究院、溧阳映山红花木园艺有限公司	窦全琴、陈惠忠、王伟伟、张珺、张珏	20210817
543	20210884	天目辉煌	槭属	江苏省林业科学研究院、溧阳映山红花木园艺有限公司	窦全琴、陈惠忠、王伟伟、陈浩、张珏	20210817
544	20210879	天使羽翼	槭属	江苏省林业科学研究院、溧阳映山红花木园艺有限公司	张珏、张珺、陈惠忠、陈浩、窦全琴	20210817
545	20210885	豆蔻年华	槭属	江苏省林业科学研究院、溧阳映山红花木园艺有限公司	张珺、陈惠忠、陈浩、张珏、窦全琴	20210817
546	20210544	祝融	杜鹃花属	江苏省农业科学院	苏家乐、刘晓青、李畅、周惠民、何丽斯、孙晓波、郭臻昊	20210705
547	20210551	霞飞	杜鹃花属	江苏省农业科学院	刘晓青、李畅、苏家乐、何丽斯、周惠民、孙晓波	20210705
548	20210576	香妃玉	杜鹃花属	江苏省农业科学院	李畅、刘晓青、苏家乐、周惠民、何丽斯、孙晓波	20210707
549	20210577	阿朵朵	杜鹃花属	江苏省农业科学院	刘晓青、苏家乐、李畅、何丽斯、周惠民、孙晓波	20210707
550	20211406	钟奇	桃花	江苏省农业科学院	马瑞娟、俞明亮、许建兰、蔡志翔、郭磊、严娟、张春华、郭绍雷、孙朦、沈江海	20211120
551	20211410	钟艳	桃花	江苏省农业科学院	张妤艳、马瑞娟、俞明亮、许建兰、张斌斌、宋宏峰、沈志军、张圆圆、丁辉、何鑫	20211121
552	20211015	褶缎裙	木槿属	江苏省农业科学院宿迁农科所	蔡卫佳、王昊、陈芬、马丽、刘威、刘博、阮倩倩、罗桂杰、刘旭、谭军、李瑞雪、姜若勇	20210913
553	20211022	紫卷云	木槿属	江苏省农业科学院宿迁农科所	蔡卫佳、王昊、刘博、马丽、陈芬、刘威、阮倩倩、罗桂杰、刘旭、谭军、李瑞雪、姜若勇	20210915
554	20211023	红日映雪	木槿属	江苏省农业科学院宿迁农科所	王昊、蔡卫佳、马丽、陈芬、刘博、刘威、阮倩倩、罗桂杰、刘旭、谭军、李瑞雪、姜若勇	20210915

（续）

序号	申请号	品种名称	属（种）	申请人	培育人	申请日
555	20210015	桔梗之玉	紫薇属	江苏省中国科学院植物研究所	王淑安、王鹏、李亚、李林芳、杨如同、汪庆	20210114
556	20210016	紫荷	紫薇属	江苏省中国科学院植物研究所	李亚、王淑安、王鹏、汪庆、李林芳、杨如同	20210114
557	20210017	粉芙蓉	紫薇	江苏省中国科学院植物研究所	王鹏、王淑安、李亚、汪庆、李林芳、杨如同	20210114
558	20210018	稚子面	紫薇	江苏省中国科学院植物研究所	汪庆、王淑安、王鹏、李林芳、杨如同、李亚	20210114
559	20210020	桃蕾	紫薇属	江苏省中国科学院植物研究所	王淑安、王鹏、李亚、汪庆、李林芳、杨如同	20210114
560	20210021	香腮雪	紫薇属	江苏省中国科学院植物研究所	王淑安、王鹏、汪庆、李亚、李林芳、杨如同	20210114
561	20210126	宁香 1 号	紫薇属	江苏省中国科学院植物研究所	陈红、王传永、李云龙、蔡小龙、周艳威、陆小清、种昕冉、周婷	20210302
562	20210128	绯云添香	紫薇属	江苏省中国科学院植物研究所	王传永、陈红、蔡小龙、李云龙、陆小清	20210302
563	20210131	宁香 2 号	紫薇属	江苏省中国科学院植物研究所	陈红、李云龙、王传永、周艳威、陆小清、种昕冉、张凡	20210303
564	20210205	宁青 1 号	冬青属	江苏省中国科学院植物研究所	陈红、周艳威、陆小清、李云龙、周婷、蔡小龙	20210409
565	20210206	宁青 2 号	冬青属	江苏省中国科学院植物研究所	陈红、周婷、蔡小龙、种昕冉、周艳威、李云龙	20210409
566	20210207	宁青 5 号	冬青属	江苏省中国科学院植物研究所	陈红、蔡小龙、李云龙、张凡、陆小清、周婷	20210409
567	20210216	宁青 3 号	冬青属	江苏省中国科学院植物研究所	陈红、种昕冉、王传永、周婷、陆小清、蔡小龙	20210412
568	20210219	宁青 4 号	冬青属	江苏省中国科学院植物研究所	陈红、李云龙、陆小清、周艳威、蔡小龙、种昕冉、张凡	20210413
569	20211000	苏植 8 号	结缕草属	江苏省中国科学院植物研究所	郭海林、陈静波、宗俊勤、李建建、孔维一、李玲、李丹丹、王浩然、王晶晶、姚祥、陈荣荣、赵新勇、李晓慧、张苓、郝东利	20210908
570	20211001	苏植 7 号	结缕草属	江苏省中国科学院植物研究所	郭海林、李建建、李晓慧、孔维一、赵新勇、张苓、陈静波、宗俊勤、陈荣荣、姚祥、李丹丹、李玲、王晶晶、王浩然、郝东利	20210908
571	20211002	苏植 6 号	结缕草属	江苏省中国科学院植物研究所	郭海林、宗俊勤、陈静波、李建建、赵新勇、李丹丹、李玲、王晶晶、王浩然、李晓慧、姚祥、陈荣荣、张苓、孔维一、郝东利	20210908
572	20211026	钟山	夏蜡梅属	江苏省中国科学院植物研究所	姚青菊、蔡小龙、任全进、孙小芳、花单林、芦治国、杨虹	20210917
573	20211311	湘云	铁线莲属	江苏省中国科学院植物研究所	王淑安、李林芳、李亚、吕芬妮、李素梅、高露璐、杨如同、王鹏、汪庆	20211111
574	20211322	李纨	铁线莲属	江苏省中国科学院植物研究所	王淑安、李林芳、李亚、王鹏、吕芬妮、李素梅、高露璐、杨如同、汪庆	20211112
575	20211324	元春	铁线莲属	江苏省中国科学院植物研究所	李林芳、李亚、王淑安、王鹏、吕芬妮、李素梅、高露璐、杨如同、汪庆	20211112

（续）

序号	申请号	品种名称	属（种）	申请人	培育人	申请日
576	20211325	红拂女	铁线莲属	江苏省中国科学院植物研究所	王淑安、李林芳、李亚、王鹏、吕芬妮、李素梅、高露璐、杨如同、汪庆	20211112
577	20211326	湘夫人	铁线莲属	江苏省中国科学院植物研究所	李林芳、王淑安、李亚、王鹏、吕芬妮、高露璐、李素梅、杨如同、汪庆	20211112
578	20211329	菱洲	铁线莲属	江苏省中国科学院植物研究所	王淑安、李亚、李林芳、王鹏、吕芬妮、高露璐、杨如同、李素梅、汪庆	20211112
579	20211327	华彩焰红	紫薇属	江西三农花木集团有限公司	潘小兵、肖斌、黄丹、黄海燕	20211112
580	20211328	华彩粉钻	紫薇属	江西三农花木集团有限公司	潘小兵、肖斌、黄丹、吴莉	20211112
581	20211353	名贵御	李属	胶南明桂园艺场、南京林业大学	丁明贵、伊贤贵、赵瑞英、董京京、杨宏、李蒙、王贤荣	20211116
582	20211054	江桉一号	桉属	靖江市考拉生物技术有限公司	何卫星	20210926
583	20210872	恩皮斯文 19254（NPCW19254）	大戟属	克莱姆 + 索恩股份有限公司（Klemm + Sohn GmbH & Co. KG）	奎多·乌·图布夫（Guido von Tubeuf）	20210813
584	20210141	恩皮斯文 18087（NPCW18087）	大戟属	克莱姆 + 索恩股份有限公司（Klemm + Sohn GmbH & Co. KG）	奎多·乌·图布夫（Guido von Tubeuf）	20210305
585	20210873	恩皮斯文 20347（NPCW20347）	大戟属	克莱姆 + 索恩股份有限公司（Klemm + Sohn GmbH & Co. KG）	奎多·乌·图布夫（Guido von Tubeuf）	20210813
586	20211276	思念	蔷薇属	昆明瀚翔农业科技服务有限公司	胡发东	20211109
587	20211452	小粉兔	蔷薇属	昆明瀚翔农业科技服务有限公司	胡发东	20211201
588	20211130	青山	绣球属	昆明南国山花园艺科技有限责任公司	杨玉勇、杨曾华	20211019
589	20211169	团圆	绣球属	昆明杨月季园艺有限责任公司	杨玉勇、刘海英、杨曾华	20211026
590	20211170	蓝色海洋	绣球属	昆明杨月季园艺有限责任公司	杨玉勇、吴学尉、杨曾华	20211026
591	20210484	韧月	蔷薇属	蓝月（上海）花卉科技工作室、上海佰麟园林绿化工程有限公司	明凤、李东世、李博文	20210611
592	20210742	俊秀	卫矛属	廊坊嘉沐园林科技有限公司	高悦鹏、闫淑芳、张军、冯树香、刘易超、杨敏生、陈丽英、樊彦聪、代嵩华	20210729
593	20210743	碧波	卫矛属	廊坊嘉沐园林科技有限公司	高悦鹏、张军、闫淑芳、刘易超、冯树香、杨敏生、代嵩华、陈丽英、樊彦聪	20210729
594	20210744	龙翔	卫矛属	廊坊嘉沐园林科技有限公司	高悦鹏、闫淑芳、张军、冯树香、刘易超、杨敏生、樊彦聪、陈丽英、代嵩华	20210729
595	20210048	华丽	花椒属	丽江市林业科学研究所	高云贵、李庆华、杨根林、彭吉光、王洪艳、关云琳、王宁武、杨志刚、谭凤琼、王晓燕	20210121
596	20210508	醉春	李属（除水果外）	连江县丹阳裕明现代农业综合试验场	阙平、王琳、林荣光、林玮捷、胡坚平	20210621

（续）

序号	申请号	品种名称	属（种）	申请人	培育人	申请日
597	20210531	嫣粉	李属（除水果外）	连江县丹阳裕明现代农业综合试验场	王珉、阙平、林玮捷、王琳、林荣光	20210625
598	20210548	訾娓香	李属（除水果外）	连江县丹阳裕明现代农业综合试验场	王珉、邹双全、林玮捷、林协全、王一帆、陈德强、王琳	20210705
599	20210024	云台金柏	乌桕属	连云港市农业科学院	刘兴满、葛金涛、郑旭	20210118
600	20210025	云台红柏	乌桕属	连云港市农业科学院	刘兴满、葛金涛、赵文静、郑旭、缪美华	20210118
601	20210259	辽蓝 513	越橘属	辽宁省果树科学研究所	陶承光、刘有春、王兴东、王宏光、王升、魏鑫、谭永军、刘修丽、袁兴福、魏永祥	20210430
602	20210285	辽蓝 515	越橘属	辽宁省果树科学研究所	刘成、刘有春、杨玉春、杨艳敏、孙斌、张舵、王莉、高树清、魏永祥、蒋明三	20210511
603	20210789	秋日风韵	蔷薇属	辽宁省经济作物研究所	马策、阮芳、李成俊、李振涛、赵小慧	20210803
604	20210812	净魂灵裳	蔷薇属	辽宁省经济作物研究所	李振涛、阮芳、赵小慧、马策、李成俊	20210805
605	20210813	心灵之约	蔷薇属	辽宁省经济作物研究所	阮芳、李成俊、赵小慧、马策、李振涛	20210805
606	20210814	夏日彩蝶	蔷薇属	辽宁省经济作物研究所	马策、李振涛、赵小慧、李成俊、阮芳	20210805
607	20210386	赑屃	叶子花属	林继志	林继志、林耿达	20210528
608	20210387	子薰	叶子花属	林继志	林继志、林耿达	20210528
609	20210797	杏如意	杏	刘海敏、聂宗省	李朝阳、刘海敏、高明月、郑晓云、聂帅、聂宗省	20210804
610	20210801	八月红	山楂属	刘海敏、聂宗省	英有文、李朝阳、马金龙、高明月、聂宗省、刘海敏、聂帅	20210804
611	20210361	皋城粉妆	杜鹃花属	六安市郁花园园艺有限公司	郁晓涵、郁书俊	20210524
612	20211168	白云明橙	蔷薇属	六安市郁花园园艺有限公司	杨伟权、李明仲、郁书俊	20211025
613	20210567	白云仲粉	蔷薇属	六安市郁花园园艺有限公司、安徽农业大学	王华、李明仲、郁书俊	20210706
614	20210123	陇原红	核桃属	陇南市经济林研究院核桃研究所	辛国、汪海、朱建朝、郑小平、辛小国	20210302
615	20210157	陇薄丰 1 号	核桃属	陇南市经济林研究院核桃研究所	辛国、朱建朝、汪海、郑小平、辛小国、张波	20210310
616	20210724	陇乌仁 1 号	核桃属	陇南市经济林研究院核桃研究所	辛国、朱建朝、胡永辉、任志勇、贾星宏、张波、周鹏飞、赵婷、徐丽	20210722
617	20211260	鲁滨 6 号	结缕草属	鲁东大学	付金民、徐筱	20211105
618	20211261	鲁滨 5 号	结缕草属	鲁东大学	付金民	20211105
619	20211262	鲁滨 4 号	结缕草属	鲁东大学	付金民	20211105
620	20210974	哈波 1 号	李属（除水果外）	洛阳农林科学院	韦静波、赵水景、杨亚蒙、姬延伟、周子发、李灿、李秀珍、李学强	20210827

（续）

序号	申请号	品种名称	属（种）	申请人	培育人	申请日
621	20210811	墨椀金盘	芍药属	洛阳市中心苗圃	闫三妮、孙国润、安春明、赵国栋、朱军胜、王锋、吕明	20210805
622	20210818	春归华屋	芍药属	洛阳市中心苗圃	安春明、孙国润、朱军胜、杨彦利、甘晓丽、张申申、张国豪	20210805
623	20210894	美艳	芍药属	洛阳市中心苗圃	孙国润、杨彦利、安春明、杨利果、王锋、闫三妮、王丽娜	20210818
624	20210898	泼墨	芍药属	洛阳市中心苗圃	赵国栋、孙国润、梁艺馨、朱军胜、闫三妮、杨琴、张国豪	20210818
625	20210899	金玉良缘	芍药属	洛阳市中心苗圃	赵国栋、闫三妮、孙国润、朱军胜、安春明、花杰、王锋	20210818
626	20210900	古都瑞雪	芍药属	洛阳市中心苗圃	赵国栋、闫三妮、孙国润、杨利果、安春明、张国豪、花杰	20210818
627	20210901	春神	芍药属	洛阳市中心苗圃	孙国润、朱军胜、安春明、赵国栋、吕明、张申申、甘晓丽	20210818
628	20210907	艳阳春	芍药属	洛阳市中心苗圃	孙国润、赵国栋、闫三妮、朱军胜、梁艺馨、花杰、王锋	20210820
629	20210909	月中仙子	芍药属	洛阳市中心苗圃	孙国润、闫三妮、赵国栋、朱军胜、王锋、张申申、张国豪	20210820
630	20210910	黄焰	芍药属	洛阳市中心苗圃	孙国润、安春明、赵国栋、朱军胜、张国豪：、花杰、甘晓丽	20210820
631	20210911	红衣少女	芍药属	洛阳市中心苗圃	朱军胜、孙国润、赵国栋、安春明、王锋、闫三妮、吕明	20210820
632	20210927	金阁迎夏	芍药属	洛阳市中心苗圃	孙国润、朱军胜、赵国栋、安春明、吕明、甘晓丽、张申申	20210823
633	20211331	中碧红绣	桃花	漯河天翼生物工程有限公司、中国农业科学院郑州果树研究所	王玲玲、王力荣、罗大奇、朱更瑞、杨桂梅、方伟超	20211112
634	20201108	九金碧桃	桃花	马国华	马国华	20201221
635	20210971	金冠京桃	桃花	马国华	马国华	20210826
636	20210357	帕特雷西亚（Patrecia）	越橘属	美国佛罗里达基金种业公司（Florida Foundation Seed Producers, Inc.）	保罗·M·林纳（Paul M. Lyrene）	20210524
637	20210217	甜盒 1008（TH1008）	越橘属	美国乔治亚大学研究基金公司（University of Georgia Research Foundation Inc.）	D·S·纳史密斯（D. Scott NeSmith）	20210412
638	20210218	富思 12205（FC12205）	越橘属	美国秋溪农场苗圃有限公司（Fall Creek Farm and Nursery, Inc.）	彼得·斯代凡·奇斯（Peter Stefan Boches）	20210412

（续）

序号	申请号	品种名称	属（种）	申请人	培育人	申请日
639	20210224	富思 11118（FC11118）	越橘属	美国秋溪农场苗圃有限公司（Fall Creek Farm and Nursery, Inc.）	彼得·斯代凡·布奇斯（Peter Stefan Boches）	20210414
640	20210225	富思 14062（FC14062）	越橘属	美国秋溪农场苗圃有限公司（Fall Creek Farm and Nursery, Inc.）	彼得·斯代凡·布奇斯（Peter Stefan Boches）	20210414
641	20211266	富思慕 14031（FCM14031）	越橘属	美国秋溪农场苗圃有限公司（Fall Creek Farm and Nursery, Inc., USA）	皮特·斯代凡·鲍切斯（Peter Stephan Boches）	20211106
642	20210516	优喜得 0405（USHYD0405）	绣球属	美国温金公司（WinGen, L.L.C.）	坂嵜潮	20210623
643	20210802	亚美拉妮（AMELALI）	悬钩子属	墨西哥布莱克莓类育种公司（Black Venture Farm S.A. de C.V.）	M.N.H. 敖力格尔（Marie Nicole Hewstone Oliger）、F.M. 查韦斯（Francisco Morales Chávez）	20210804
644	20210803	丹妮（DANI）	悬钩子属	墨西哥布莱克莓类育种公司（Black Venture Farm S.A. de C.V.）	M.N.H. 敖力格尔（Marie Nicole Hewstone Oliger）、R.L. 加西亚（Reyes López García）、A.H. 安东尼奥（Alma Hernández Antonio）	20210804
645	20210804	弗里达（FRIDA）	悬钩子属	墨西哥布莱克莓类育种公司（Black Venture Farm S.A. de C.V.）	M.N.H. 敖力格尔（Marie Nicole Hewstone Oliger）、J.M. 胡尔塔（Jesús Morales Huerta）	20210804
646	20210805	米歇尔（MICHELLE）	悬钩子属	墨西哥布莱克莓类育种公司（Black Venture Farm S.A. de C.V.）	M.N.H. 敖力格尔（Marie Nicole Hewstone Oliger）、F.M. 查韦斯（Francisco Morales Chávez）	20210804
647	20210806	桑德拉（SANDRA）	悬钩子属	墨西哥布莱克莓类育种公司（Black Venture Farm S.A. de C.V.）	M.N.H. 敖力格尔（Marie Nicole Hewstone Oliger）、F.M. 查韦斯（Francisco Morales Chávez）	20210804
648	20210101	正绿 1 号	悬钩子属	纳正贤	纳正贤、纳正泽、范正伟	20210207
649	20210408	正绿 2 号	悬钩子属	纳正贤	纳正贤、纳正泽、范志伟	20210603
650	20201095	南林宁玉	桂花	南京林业大学	岳远征、王良桂、杨秀莲、施婷婷	20201218
651	20201096	南林秋韵	桂花	南京林业大学	杨秀莲、王良桂、岳远征、施婷婷	20201218
652	20210220	金囊	陀螺果属	南京林业大学	许晓岗、童丽丽	20210414
653	20210221	毛囊	陀螺果属	南京林业大学	许晓岗、童丽丽	20210414
654	20210222	夏茉芬芳	安息香属	南京林业大学	许晓岗、童丽丽	20210414
655	20210223	红丽	安息香属	南京林业大学	许晓岗、童丽丽	20210414
656	20211062	金方 5 号	方竹属	南京林业大学	郑笑、王闻天、周必铙、熊星、殷梦雅、刘国华	20211005
657	20211387	南林嫣红	木犀属	南京林业大学	杨秀莲、王良桂、岳远征、施婷婷	20211118
658	20211388	南林紫玉	木犀属	南京林业大学	王良桂、杨秀莲、岳远征、施婷婷	20211118
659	20211389	南林金玉	木犀属	南京林业大学	岳远征、王良桂、杨秀莲、施婷婷	20211118
660	20210869	坚韧	安息香属	南京林业大学、金陵科技学院	许晓岗、童丽丽、程瑶、田露、陈敏	20210813
661	20210878	金铃子	安息香属	南京林业大学、金陵科技学院	许晓岗、童丽丽、田露、程瑶、陈敏、王洪超	20210817
662	20210880	玲珑	安息香属	南京林业大学、金陵科技学院	许晓岗、童丽丽、田露、程瑶、陈敏、王洪超	20210817

（续）

序号	申请号	品种名称	属（种）	申请人	培育人	申请日
663	20210882	朱丹	安息香属	南京林业大学、金陵科技学院	许晓岗、童丽丽、田露、程瑶、陈敏	20210817
664	20210902	涟漪	安息香属	南京林业大学、金陵科技学院	许晓岗、童丽丽、程瑶、田露、陈敏	20210819
665	20210903	嫣紫	安息香属	南京林业大学、金陵科技学院	许晓岗、童丽丽、程瑶、田露、陈敏	20210819
666	20210890	台阁	安息香属	南京林业大学、金陵科技学院	许晓岗、童丽丽、田露、程瑶、陈敏	20210817
667	20211428	春翁	李属	南京林业大学、南京山樱生态农业有限公司、眉山盛世园林绿化有限责任公司	伊贤贵、王绍军、邱靖、李蒙、董京京、杨宏、王贤荣	20211123
668	20211028	初雪映红	安息香属	南京林业大学、南京扬子茉莉谷文化科技有限公司	喻方圆、王继华、陈晨、黄博帆、刘泽茂	20210923
669	20210410	春花秋月	苹果属（除水果外）	南京林业大学、扬州小苹果园艺有限公司	张往祥、刘星辰、彭冶、曹福亮	20210603
670	20210411	红颜	苹果属（除水果外）	南京林业大学、扬州小苹果园艺有限公司	张往祥、陈永霞、谢寅峰、徐天炜、刘星辰	20210603
671	20210412	红珍珠	苹果属（除水果外）	南京林业大学、扬州小苹果园艺有限公司	张往祥、徐立安、彭冶、刘星辰、曹福亮	20210603
672	20210413	金典	苹果属（除水果外）	南京林业大学、扬州小苹果园艺有限公司	张往祥、张之晨、何娜、范月嵘	20210603
673	20210414	金秋	苹果属（除水果外）	南京林业大学、扬州小苹果园艺有限公司	张往祥、徐立安、冯岚、刘星辰、曹福亮	20210603
674	20210415	夏艳	苹果属（除水果外）	南京林业大学、扬州小苹果园艺有限公司	张往祥、彭冶、刘星辰、曹福亮	20210603
675	20210452	十月江南	苹果属（除水果外）	南京林业大学、扬州小苹果园艺有限公司	张往祥、陈永霞、刘星辰、谢寅峰、陆晓吉	20210608
676	20210453	紫晶	苹果属（除水果外）	南京林业大学、扬州小苹果园艺有限公司	张往祥、徐立安、陆晓吉、刘星辰、曹福亮	20210608
677	20210455	紫玉坠	苹果属（除水果外）	南京林业大学、扬州小苹果园艺有限公司	张往祥、陈永霞、范月嵘、冯岚	20210609
678	20210457	姊妹花	苹果属（除水果外）	南京林业大学、扬州小苹果园艺有限公司	张往祥、彭冶、刘星辰、曹福亮	20210609
679	20210458	状元红	苹果属（除水果外）	南京林业大学、扬州小苹果园艺有限公司	张往祥、张之晨、陈永霞、谢寅峰	20210609
680	20210459	玉芙蓉	苹果属（除水果外）	南京林业大学、扬州小苹果园艺有限公司	张往祥、刘星辰、彭冶、魏子秋、曹福亮	20210609
681	20210460	勇士	苹果属（除水果外）	南京林业大学、扬州小苹果园艺有限公司	张往祥、刘星辰、何娜、彭琴、曹福亮	20210609

（续）

序号	申请号	品种名称	属（种）	申请人	培育人	申请日
682	20210472	舞女	苹果属（除水果外）	南京林业大学、扬州小苹果园艺有限公司	张往祥、刘星辰、冯岚、彭琴、魏子秋	20210610
683	20210473	雅典娜	苹果属（除水果外）	南京林业大学、扬州小苹果园艺有限公司	张往祥、刘星辰、魏子秋、彭冶、曹福亮	20210610
684	20210474	星辰	苹果属（除水果外）	南京林业大学、扬州小苹果园艺有限公司	张往祥、谢寅峰、刘星辰、陆晓吉、曹福亮	20210610
685	20210475	小芭蕾	苹果属（除水果外）	南京林业大学、扬州小苹果园艺有限公司	张往祥、彭冶、彭琴、魏子秋、曹福亮	20210610
686	20210477	亭亭玉立	苹果属（除水果外）	南京林业大学、扬州小苹果园艺有限公司	张往祥、谢寅峰、彭冶、范月嵘、徐立安	20210610
687	20210478	珊瑚湾	苹果属（除水果外）	南京林业大学、扬州小苹果园艺有限公司	张往祥、徐立安、徐天炜、陆晓吉、彭琴	20210610
688	20210479	红烛	苹果属（除水果外）	南京林业大学、扬州小苹果园艺有限公司	张往祥、谢寅峰、徐立安、徐天炜、刘星辰	20210610
689	20210480	红孔雀	苹果属（除水果外）	南京林业大学、扬州小苹果园艺有限公司	张往祥、彭冶、陆晓吉、何娜、曹福亮	20210610
690	20210481	彩云	苹果属（除水果外）	南京林业大学、扬州小苹果园艺有限公司	张往祥、徐立安、范月嵘、冯岚、刘星辰	20210610
691	20210482	安妮	苹果属（除水果外）	南京林业大学、扬州小苹果园艺有限公司	张往祥、张之晨、陈永霞、谢寅峰	20210610
692	20210488	紫涵	苹果属（除水果外）	南京林业大学、扬州小苹果园艺有限公司	张往祥、彭冶、刘星辰、曹福亮	20210611
693	20210490	千帆竞秀	苹果属（除水果外）	南京林业大学、扬州小苹果园艺有限公司	张往祥、陈永霞、谢寅峰、魏子秋、刘星辰	20210611
694	20210476	湘妃	苹果属（除水果外）	南京林业大学、扬州小苹果园艺有限公司	张往祥、陈永霞、张之晨、谢寅峰	20210610
695	20210489	香珊瑚	苹果属（除水果外）	南京林业大学、扬州小苹果园艺有限公司	张往祥、彭冶、徐天炜、何娜、曹福亮	20210611
696	20210648	绿宙 1 号	山核桃属	南京绿宙薄壳山核桃科技有限公司	李永荣、张计育、张凡、王刚	20210714
697	20211154	金换患	无患子属	南京清泉谷生态农业科技发展有限公司	刘倩、许一心、郑爱春	20211024
698	20210234	冬日暖阳	木槿属	南宁市园林科研所、广西槿汇岭南园林科技有限公司	霍行、黄旭光、杨思霞、廖堂贵	20210420
699	20210242	粉黛	木槿属	南宁市园林科研所、广西槿汇岭南园林科技有限公司	黄玲璞、黄旭光、杨思霞、阮俊	20210421

（续）

序号	申请号	品种名称	属（种）	申请人	培育人	申请日
700	20210243	媚霞	木槿属	南宁市园林科研所、广西槿汇岭南园林科技有限公司	姜立甫、黄旭光、杨思霞、黄菊秋、冉思霖	20210421
701	20210244	醉红蝶	木槿属	南宁市园林科研所、广西槿汇岭南园林科技有限公司	黄宇寒、黄旭光、杨思霞、韦惠师	20210421
702	20210245	仲夏夜之梦	木槿属	南宁市园林科研所、广西槿汇岭南园林科技有限公司	陆炎松、黄旭光、秦玲、阮俊、乔艳春	20210421
703	20210250	梦粉碧玉	木槿属	南宁市园林科研所、广西槿汇岭南园林科技有限公司	秦玲、黄旭光、赵建文、陆炎松	20210423
704	20210251	芳菲	木槿属	南宁市园林科研所、广西槿汇岭南园林科技有限公司	杨思霞、黄旭光、王卫南、杨华妹	20210423
705	20210237	紫焰	木槿属	南宁市园林科研所、广西槿汇岭南园林科技有限公司	黄丽丹、黄旭光、杨思霞、姜立甫	20210421
706	20210247	暮山紫	木槿属	南宁市园林科研所、广西槿汇岭南园林科技有限公司	黄旭光、阮俊、罗恩波、黄爱玲	20210421
707	20210248	蝶梦	木槿属	南宁市园林科研所、广西槿汇岭南园林科技有限公司	黄旭光、王卫南、覃民全、杨思霞	20210421
708	20210249	如意	木槿属	南宁市园林科研所、广西槿汇岭南园林科技有限公司	钟琼琼、黄旭光、阮俊、吴小红	20210423
709	20211386	婉约	蔷薇属	南阳市林业科学研究院、北京市园林绿化科学研究院	余泽厚、赵世伟、冯慧、胡新权、沈元勤	20211118
710	20211392	千纸鹤	蔷薇属	南阳市林业科学研究院、北京市园林绿化科学研究院	胡新权、冯慧、沈元勤、赵世伟、余泽厚、安静	20211118
711	20211393	好风佳月	蔷薇属	南阳市林业科学研究院、北京市园林绿化科学研究院	安静、冯慧、沈元勤、赵世伟、余泽厚	20211118
712	20210706	无瑕	丁香属	内蒙古和盛生态科技研究院有限公司	王娟、刘慧、程宇来、郭亚昆、李雨卿	20210720
713	20210708	紫英	丁香属	内蒙古和盛生态科技研究院有限公司	封卫平、李瑞静、王志刚、崔宇宇、孙艳凤	20210720
714	20210709	紫锦	丁香属	内蒙古和盛生态科技研究院有限公司	李瑞静、王娟、刘洋、杨成林、刘波	20210720
715	20210718	粉花陀螺	丁香属	内蒙古和盛生态科技研究院有限公司	赵泉胜、王水清、高博、李怀明、刘烨	20210721
716	20210735	晚春 2 号	丁香属	内蒙古和盛生态科技研究院有限公司	马黎明、刘洋、铁英、朱曙光、王志刚	20210726
717	20210036	蒙娇 1 号	鸢尾属	内蒙古和盛生态科技研究院有限公司、蒙树生态建设集团有限公司	赵泉胜、田菊、刘洋、李瑞静、封卫平	20210119
718	20210700	粲然	丁香属	内蒙古和盛生态科技研究院有限公司、蒙树生态建设集团有限公司	铁英、马黎明、邰海欧、郝富贵、刘晓勤	20210720

（续）

序号	申请号	品种名称	属（种）	申请人	培育人	申请日
719	20210703	紫丽	丁香属	内蒙古和盛生态科技研究院有限公司、蒙树生态建设集团有限公司	邰海鸥、王娟、刘慧、王红霞、彭瑞	20210720
720	20210704	琳琅	丁香属	内蒙古和盛生态科技研究院有限公司、蒙树生态建设集团有限公司	刘慧、铁英、张娜、王传喜、张二龙	20210720
721	20210705	紫叮当	丁香属	内蒙古和盛生态科技研究院有限公司、蒙树生态建设集团有限公司	马黎明、铁英、刘洋、王少华、王宇星	20210720
722	20210711	粉繁	丁香属	内蒙古和盛生态科技研究院有限公司、蒙树生态建设集团有限公司	刘洋、赵泉胜、王娟、王彩凤、张刚毅	20210720
723	20210713	紫云	丁香属	内蒙古和盛生态科技研究院有限公司、蒙树生态建设集团有限公司	赵泉胜、马黎明、周晓炜、孙树青、胡建平	20210720
724	20210714	紫琉璃	丁香属	内蒙古和盛生态科技研究院有限公司、蒙树生态建设集团有限公司	马黎明、邰海鸥、王水清、王旭军、曹春光	20210720
725	20210716	紫风车	丁香属	内蒙古和盛生态科技研究院有限公司、蒙树生态建设集团有限公司	栗建军、李瑞静、王志明、沈洪波、贺国清	20210720
726	20210720	紫灯笼	丁香属	内蒙古和盛生态科技研究院有限公司、蒙树生态建设集团有限公司	王娟、白婷玉、铁英、何英志、邵珠峰	20210721
727	20210725	紫裙	丁香属	内蒙古和盛生态科技研究院有限公司、蒙树生态建设集团有限公司	李瑞静、赵泉胜、王铁锁、乔慧、苏迟文	20210722
728	20210729	晚春 4 号	丁香属	内蒙古和盛生态科技研究院有限公司、蒙树生态建设集团有限公司	铁英、马黎明、李瑞静、王彦龙、冯建芳	20210722
729	20210736	晚春 3 号	丁香属	内蒙古和盛生态科技研究院有限公司、蒙树生态建设集团有限公司	李瑞静、赵泉胜、温愿、王志明、郑文燕	20210726
730	20201129	尼尔柏莱姿（NIRPBREZ）	蔷薇属	尼尔普国际有限公司（NIRP INTERNATIONAL SA）	亚历山德罗·吉奥恩（Alessandro Ghione）	20201231
731	20201130	尼尔帕特（NIRPART）	蔷薇属	尼尔普国际有限公司（NIRP INTERNATIONAL SA）	亚历山德罗·吉奥恩（Alessandro Ghione）	20201231
732	20201131	尼尔普雅塔（NIRPJATA）	蔷薇属	尼尔普国际有限公司（NIRP INTERNATIONAL SA）	亚历山德罗·吉奥恩（Alessandro Ghione）	20201231
733	20201132	尼尔普米亚（NIRPMIA）	蔷薇属	尼尔普国际有限公司（NIRP INTERNATIONAL SA）	亚历山德罗·吉奥恩（Alessandro Ghione）	20201231
734	20201133	尼尔普格兰朵（NIRPGRANDO）	蔷薇属	尼尔普国际有限公司（NIRP INTERNATIONAL SA）	亚历山德罗·吉奥恩（Alessandro Ghione）	20201231
735	20201134	曼蝉滴（MANCHANDY）	蔷薇属	尼尔普国际有限公司（NIRP INTERNATIONAL SA）	亚历山德罗·吉奥恩（Alessandro Ghione）	20201231

（续）

序号	申请号	品种名称	属（种）	申请人	培育人	申请日
736	20210392	尼尔帕吉尔（NIRPAKIR）	蔷薇属	尼尔普国际有限公司（NIRP INTERNATIONAL SA）	亚历山德罗·吉奥恩（Alessandro Ghione）	20210531
737	20210393	尼尔普米可（NIRPMIC）	蔷薇属	尼尔普国际有限公司（NIRP INTERNATIONAL SA）	亚历山德罗·吉奥恩（Alessandro Ghione）	20210531
738	20210400	尼尔普纳赫特（NIRPNACHT）	蔷薇属	尼尔普国际有限公司（NIRP INTERNATIONAL SA）	亚历山德罗·吉奥恩（Alessandro Ghione）	20210601
739	20210401	尼尔普瑞塔（NIRPRITA）	蔷薇属	尼尔普国际有限公司（NIRP INTERNATIONAL SA）	亚历山德罗·吉奥恩（Alessandro Ghione）	20210601
740	20210402	尼尔普特里克（NIRPTRILK）	蔷薇属	尼尔普国际有限公司（NIRP INTERNATIONAL SA）	亚历山德罗·吉奥恩（Alessandro Ghione）	20210601
741	20210403	尼尔普瓦尔迪（NIRPVALDI）	蔷薇属	尼尔普国际有限公司（NIRP INTERNATIONAL SA）	亚历山德罗·吉奥恩（Alessandro Ghione）	20210601
742	20210404	尼尔普维斯托（NIRPVISTO）	蔷薇属	尼尔普国际有限公司（NIRP INTERNATIONAL SA）	亚历山德罗·吉奥恩（Alessandro Ghione）	20210601
743	20210406	尼尔普卢（NIRPRO）	蔷薇属	尼尔普国际有限公司（NIRP INTERNATIONAL SA）	亚历山德罗·吉奥恩（Alessandro Ghione）	20210601
744	20210434	尼尔匹姆（NIRPYM）	蔷薇属	尼尔普国际有限公司（NIRP INTERNATIONAL SA）	亚历山德罗·吉奥恩（Alessandro Ghione）	20210607
745	20210817	雪里红	山楂属	聂宗省	王宝广、潘宝晖、刘海敏、李朝阳、聂宗省、刘学海、李占芹	20210805
746	20210105	硕梅 2 号	悬钩子属	宁波本润农业有限公司、丽水市农林科学研究院 、丽水市本润农业有限公司	华金渭、胡理滨、谢建秋、蒋燕锋、周婧、杨先裕、姚宏	20210220
747	20210106	硕梅 1 号	悬钩子属	宁波本润农业有限公司、丽水市农林科学研究院、丽水市本润农业有限公司	华金渭、胡理滨、姚宏、杨先裕、周婧、蒋燕锋、谢建秋	20210220
748	20211158	绣锦	槭属	宁波城市职业技术学院、宁海县力洋镇野村苗木专业合作社、宁波市海曙区章水镇杖锡花木专业合作社	祝志勇、林乐静、叶国庆、黄增芳、严春风、赵晓燕、王程安	20211025
749	20211159	秀山	槭属	宁波城市职业技术学院、宁海县力洋镇野村苗木专业合作社、宁波市海曙区章水镇杖锡花木专业合作社	林乐静、周海萍、祝志勇、叶国庆、黄增芳、赖伟景、潘凌洁	20211025
750	20211171	秀狮子	槭属	宁波城市职业技术学院、宁海县力洋镇野村苗木专业合作社、宁波市海曙区章水镇杖锡花木专业合作社	林乐静、祝志勇、任杰、叶国庆	20211026
751	20210202	嫣红	山茶属	宁波大学	倪穗、陈越、周建得、夏修新、郑小青、万开元、游鸣飞、王大庄、王琪	20210407

（续）

序号	申请号	品种名称	属（种）	申请人	培育人	申请日
752	20210203	晕染	山茶属	宁波大学	倪穗、陈越、周建得、夏修新、郑小青、万开元、游鸣飞、王大庄、王琪	20210407
753	20210920	粉珠	山茶属	宁波大学、金华市莫闲园艺工程有限公司	倪穗、游鸣飞、夏修新、陈江辉、周建得、王琪、周杨浦甲、王大庄	20210820
754	20210926	紫神	山茶属	宁波大学、金华市莫闲园艺工程有限公司	倪穗、游鸣飞、陈江辉、夏修新、周建得、王琪、周杨浦甲	20210822
755	20210929	美玉	山茶属	宁波大学、金华市莫闲园艺工程有限公司	倪穗、游鸣飞、陈江辉、夏修新、周建得、王琪、周扬浦甲	20210823
756	20210931	紫玉冠	山茶属	宁波大学、金华市莫闲园艺工程有限公司	倪穗、游鸣飞、夏修新、陈江辉、周建得、王琪、周杨浦甲	20210823
757	20210116	朱露	冬青属	宁波市农业科学研究院、舟山市定海贲林花木经营部	章建红、周志本、沈登锋、魏斌、洪春桃	20210225
758	20210117	圆舟	冬青属	宁波市农业科学研究院、舟山市定海贲林花木经营部	章建红、周志本、沈登锋、魏斌、洪春桃	20210225
759	20210118	碧玉王子	冬青属	宁波市农业科学研究院、舟山市定海贲林花木经营部	沈登锋、周志本、章建红、洪春桃、魏斌	20210225
760	20210513	宁农杞 15 号	枸杞属	宁夏农林科学院枸杞科学研究所	张波、秦垦、戴国礼、曹有龙、焦恩宁、黄婷、何昕孺、周旋、段淋渊、安巍、石志刚、何军、高燕	20210622
761	20210871	宁农杞 16 号	枸杞属	宁夏农林科学院枸杞科学研究所	黄婷、秦垦、焦恩宁、戴国礼、曹有龙、张波、何昕孺、周旋、段淋渊、闫亚美、安巍、石志刚、何军、张曦燕、高燕	20210813
762	20210919	宁农杞 17 号	枸杞属	宁夏农林科学院枸杞科学研究所	黄婷、秦垦、焦恩宁、戴国礼、曹有龙、张波、何昕孺、周旋、段淋渊、闫亚美、安巍、石志刚、何军、张曦燕、高燕	20210820
763	20210976	宁农杞 19 号	枸杞属	宁夏农林科学院枸杞科学研究所	王亚军、梁晓婕、安巍、陈彦珍、李越鲲、曹有龙、尹跃、赵建华、石志刚、张曦燕、刘兰英、万如、闫成楠	20210831
764	20211016	宁农杞 20 号	枸杞属	宁夏农林科学院枸杞科学研究所	王亚军、梁晓婕、安巍、陈彦珍、曹有龙、贾占魁、石志刚、李越鲲、张曦燕、尹跃、王孝、赵建华、何昕孺、段淋渊、闫成楠	20210913
765	20211180	宁杞菜 3 号	枸杞属	宁夏农林科学院枸杞科学研究所	张波、段淋渊、秦垦、焦恩宁、戴国礼、何昕孺、黄婷、周旋、王亚军	20211027
766	20211191	宁杞菜 2 号	枸杞属	宁夏农林科学院枸杞科学研究所	张波、段淋渊、秦垦、焦恩宁、戴国礼、周旋、何昕孺、黄婷、何军	20211029

（续）

序号	申请号	品种名称	属（种）	申请人	培育人	申请日
767	20211198	宁杞菜 4 号	枸杞属	宁夏农林科学院枸杞科学研究所	段淋渊、张波、秦垦、焦恩宁、戴国礼、黄婷、何昕孺、周旋、梁晓婕	20211031
768	20210918	宁农杞 18 号	枸杞属	宁夏农林科学院枸杞科学研究所	黄婷、秦垦、曹有龙、焦恩宁、戴国礼、张波、何昕孺、段淋渊、周旋、闫亚美、安巍、石志刚、何军、张曦燕、高燕	20210820
769	20210979	杞鑫 8 号	枸杞属	宁夏杞鑫种业有限公司	朱金忠、曹有龙、祁伟、郭玉琴、王亚军、刘娟、亢彦东、赵映书、邢学武、张国、武永存、马月兰、郝爱华	20210901
770	20210981	杞鑫 9 号	枸杞属	宁夏杞鑫种业有限公司	朱金忠、安巍、丁学利、郭洁、郭玉琴、邢学武、贺晓燕、马月兰、武永存、赵映书、王学军、郝爱华	20210901
771	20210982	杞鑫 6 号	枸杞属	宁夏杞鑫种业有限公司	朱金忠、丁学利、龚小梅、郭玉琴、张霞、唐建宁、王贵荣、朱金文、武永存、马月兰、郝爱华	20210901
772	20210980	杞鑫 7 号	枸杞属	宁夏杞鑫种业有限公司	朱金忠、张霞、苟春林、祁伟、郭玉琴、毛桂莲、王贵荣、梁东海、张伟、邢学武、武永存、马月兰、郝爱华	20210901
773	20210983	杞鑫 5 号	枸杞属	宁夏杞鑫种业有限公司	朱金忠、祁伟、丁学利、乔彩云、何月红、牛锦凤、郭玉琴、亢彦东、王学军、马月兰、武永存、邢学武、郝爱华	20210901
774	20211018	鎏金	流苏树属	宁阳维景苗木种植专业合作社、泰安市泰山林业科学研究院	李承秀、孙维合、程甜甜、孙忠奎、孔凡伟、燕语、张安琪、于永畅、任红剑、孙飞、杜辉、张林	20210913
775	20210195	磐米榧	榧树属	磐安县自然资源和规划局、浙江省林业科学研究院、磐安县中药产业发展促进中心	陈红星、李海波、张苏炯、宋其岩、叶碧欢、张敏、马苗岳	20210401
776	20211271	伊比 94（EB94）	越橘属	普卢努斯皮尔斯卡有限公司（Prunus Persica Pty Ltd. ）、比萨贸易有限公司（Bisa Trading Pty Ltd. ）	文森特·安德鲁·大卫·马萨迪斯（Vincent Andrew David Mazzardis）	20211108
777	20211225	伊比 1219（EB1219）	越橘属	普卢努斯皮尔斯卡有限公司（Prunus Persica Pty Ltd.）、比萨贸易有限公司（Bisa Trading Pty Ltd.）	文森特·大卫·安德鲁·马萨迪斯（Vincent Andrew David Mazzardis）	20211102
778	20210160	新汉 1 号	桉属	齐涛、魏巧文、何茜	齐涛、魏巧文、何茜	20210316
779	20211005	秋艳	枫香属	祁门县查湾森工采育场、黄山学院、安徽省林业科技推广总站	房震、郑勇奇、潘健、翟大才、冯伟、顾桃红、赖玖鑫、黄平、林富荣、何芝兰、柏晓辉、吴锦菲、崔珺、陈艳荣	20210908
780	20210074	匀冠艳霞	文冠果	秦皇岛常继民文冠果种植专业合作社、淄博市川林彩叶卫矛新品种研究所、北京林业大学	常金玲、常继民、翟慎学、王馨蕊、许久恒、孙阔、徐丽、余婷、关文彬	20210129

（续）

序号	申请号	品种名称	属（种）	申请人	培育人	申请日
781	20210078	匀冠馥霞	文冠果	秦皇岛常继民文冠果种植专业合作社、淄博市川林彩叶卫矛新品种研究所、北京林业大学	常金玲、常继民、孙海玲、孙阔、徐丽、余婷、王馨蕊、许久恒、关文彬	20210129
782	20210109	匀冠展霞	文冠果	秦皇岛常继民文冠果种植专业合作社、淄博市川林彩叶卫矛新品种研究所、北京林业大学	常金玲、常继民、翟慎学、许久恒、孙阔、徐丽、余婷、王馨蕊、关文彬	20210222
783	20210067	大棠君安	苹果属（除水果外）	青岛市农业科学研究院	黄粤、沙广利、马荣群、孙红涛、孙吉禄、葛红娟、张蕊芬	20210127
784	20210521	青砧 39 号	苹果属（除水果外）	青岛市农业科学研究院	沙广利、张蕊芬、黄粤、马荣群、葛红娟、孙吉禄、张翠玲、宋永骏	20210624
785	20210522	青砧 16 号	苹果属（除水果外）	青岛市农业科学研究院	沙广利、葛红娟、黄粤、马荣群、张蕊芬、孙吉禄、纪高尚、宋永骏、王桂莲	20210624
786	20210590	紫伊	苹果属（除水果外）	青岛市农业科学研究院	马荣群、沙广利、王孝钢、张蕊芬、郎平勇、孙红涛、宋正旭	20210708
787	20210591	红韵	苹果属（除水果外）	青岛市农业科学研究院	马荣群、沙广利、郎平勇、孙红涛、尹涛、王孝钢、宋正旭	20210708
788	20210520	洒金枝	苹果属（除水果外）	青岛市农业科学研究院、伊犁哈萨克自治州林业科学研究院	葛红娟、沙广利、赵兵、拜热·居玛洪、徐海鸿、李磊、陶俊、刘君、卢磊、唐金、宋永骏	20210624
789	20210523	大棠婷丽	苹果属（除水果外）	青岛市农业科学研究院、伊犁哈萨克自治州林业科学研究院	葛红娟、沙广利、尹涛、刘君、卢磊、唐金、陶俊、徐海鸿、赵兵、拜热·居玛洪、宋永骏	20210624
790	20210675	轻舞飞扬	流苏树属	青岛抬头生态建设工程有限公司	余拱鑫、郭百川、郭赛谦、张振英、朱晓兵、李增强	20210716
791	20210676	金碧	流苏树属	青岛抬头生态建设工程有限公司	郭赛谦、郭百川、余拱鑫、张振英、朱晓兵、郝雪英	20210716
792	20210755	红肥绿瘦	槭属	青岛抬头生态建设工程有限公司	余拱鑫、郭赛谦、郝雪英、张振英、朱晓兵、李增强	20210731
793	20210757	华东 3 号	椴树属	青岛抬头生态建设工程有限公司	李增强、郭赛谦、张振英、郝雪英、朱晓兵、余拱鑫	20210802
794	20210758	华东 2 号	椴树属	青岛抬头生态建设工程有限公司	郭赛谦、张振英、郝雪英、朱晓兵、余拱鑫、李增强	20210802
795	20210759	华东 1 号	椴树属	青岛抬头生态建设工程有限公司	郭百川、张振英、郝雪英、朱晓兵、李增强、余拱鑫	20210802
796	20210771	标兵	椴树属	青岛抬头生态建设工程有限公司	朱晓兵、郝雪英、张振英、郭赛谦、郭百川、余拱鑫	20210802
797	20210782	玉树临风	椴树属	青岛抬头生态建设工程有限公司	郭赛谦、郭百川、张振英、郝雪英、朱晓兵、李增强	20210802
798	20211072	红韵	槭属	青岛抬头生态建设工程有限公司	张振英、郭赛谦、郝雪英、朱晓兵、李增强、郭百川	20211007
799	20211074	飞天	槭属	青岛抬头生态建设工程有限公司	朱晓兵、郭赛谦、张振英、郝雪英、李增强、余拱鑫	20211008
800	20211091	醉秋风	悬铃木属	青岛抬头生态建设工程有限公司	张振英、郝雪英、余拱鑫、李增强、郭赛谦、朱晓兵	20211009
801	20211092	烈焰	悬铃木属	青岛抬头生态建设工程有限公司	郭赛谦、张振英、朱晓兵、郝雪英、余拱鑫、李增强	20211009
802	20211093	翠叶鎏金	槭属	青岛抬头生态建设工程有限公司	郭百川、张振英、郝雪英、朱晓兵、李增强、余拱鑫	20211009

（续）

序号	申请号	品种名称	属（种）	申请人	培育人	申请日
803	20211094	屏风	槭属	青岛抬头生态建设工程有限公司	郭赛谦、李青、张振英、朱晓兵、郝雪英、余拱鑫	20211009
804	20211096	粉色梦幻	槭属	青岛抬头生态建设工程有限公司	郝雪英、李增强、郭赛谦、张振英、朱晓兵、余拱鑫	20211011
805	20211097	羽蝶	槭属	青岛抬头生态建设工程有限公司	郝雪英、郭赛谦、张振英、朱晓兵、李增强、余拱鑫	20211011
806	20211098	翎羽	槭属	青岛抬头生态建设工程有限公司	张振英、郭百川、郭赛谦、朱晓兵、郝雪英、余拱鑫	20211011
807	20201097	绿粉黛	槭属	青岛抬头生态农业有限公司	郝雪英、郭赛谦、张振英、朱晓兵、李增强、余拱鑫	20201219
808	20201098	雀之翎	槭属	青岛抬头生态农业有限公司	张振英、郭百川、郭赛谦、朱晓兵、郝雪英、余拱鑫	20201219
809	20201099	枫之异	槭属	青岛抬头生态农业有限公司	朱晓兵、郭百川、郭赛谦、张振英、郝雪英、李增强	20201219
810	20201100	红蓑衣	槭属	青岛抬头生态农业有限公司	郭赛谦、张振英、朱晓兵、郝雪英、余拱鑫、李增强	20201219
811	20201125	农高1号	越橘属	青岛西海岸农高科技服务有限公司、山东省果树研究所	赵健、洪坡、王甲威、朱东姿、刘庆忠、徐丽、陈明学、陈德、刘婧、苏鹏	20201230
812	20210302	信诺彩虹	李属（除水果外）	青岛樱花谷科技生态园有限公司	王松、王子玉	20210514
813	20210303	信诺玉洁	李属（除水果外）	青岛樱花谷科技生态园有限公司	王松、王子玉	20210514
814	20210306	信诺绯霞	李属（除水果外）	青岛樱花谷科技生态园有限公司	王松、王子玉	20210517
815	20210307	信诺玉粉	李属（除水果外）	青岛樱花谷科技生态园有限公司	王松、王子玉	20210517
816	20210308	信诺香玉	李属（除水果外）	青岛樱花谷科技生态园有限公司	王松、王子玉	20210517
817	20210309	信诺彩霞	李属（除水果外）	青岛樱花谷科技生态园有限公司	王松、王子玉	20210517
818	20210310	信诺玉皎	李属（除水果外）	青岛樱花谷科技生态园有限公司	王松、王子玉	20210517
819	20210311	信诺玉雅	李属（除水果外）	青岛樱花谷科技生态园有限公司	王松、王子玉	20210517
820	20210334	信诺玉黛	李属（除水果外）	青岛樱花谷科技生态园有限公司	王松、王子玉	20210517
821	20210337	信诺芳华	李属（除水果外）	青岛樱花谷科技生态园有限公司	王松、王子玉	20210518
822	20210338	信诺芳姿	李属（除水果外）	青岛樱花谷科技生态园有限公司	王松、王子玉	20210518
823	20210345	信诺玉华	李属（除水果外）	青岛樱花谷科技生态园有限公司	王松、王子玉	20210520

（续）

序号	申请号	品种名称	属（种）	申请人	培育人	申请日
824	20210346	信诺红帽	李属（除水果外）	青岛樱花谷科技生态园有限公司	王松、王子玉	20210521
825	20210347	信诺玉婉	李属（除水果外）	青岛樱花谷科技生态园有限公司	王松、王子玉	20210521
826	20210348	信诺绯云	李属（除水果外）	青岛樱花谷科技生态园有限公司	王松、王子玉	20210521
827	20210349	信诺灿云	李属（除水果外）	青岛樱花谷科技生态园有限公司	王松、王子玉	20210521
828	20210585	信诺初心	李属（除水果外）	青岛樱花谷科技生态园有限公司	王松、王子玉	20210708
829	20210586	信诺绯红	李属（除水果外）	青岛樱花谷科技生态园有限公司	王松、王子玉	20210708
830	20210360	茜云（AKANEGUMO）	绣球属	日本岛根县政府（Shimane Prefecture）	女鹿田博之（Hiroyuki Mekada）、北川美惠子（Mieko Kitagawa）	20210524
831	20210385	司米特 010（CMT010）	绣球属	日本岛根县政府（Shimane Prefecture）	女鹿田博之（Hiroyuki Mekada）、稲村博子（Hiroko Inamura）、加古哲也（Tetsuya Kako）、清水由佳（Yuka Shimizu）	20210528
832	20210815	弗兰克 003S9（FRCK003S9）	绣球属	日本岛根县政府（Shimane Prefecture）	女鹿田博之（Hiroyuki Mekada）、稲村博子（Hiroko Inamura）、加古哲也（Tetsuya Kako）、清水由佳（Yuka Shimizu）	20210805
833	20210816	弗兰克 003S123（FRCK003S123）	绣球属	日本岛根县政府（Shimane Prefecture）	女鹿田博之（Hiroyuki Mekada）、稲村博子（Hiroko Inamura）、加古哲也（Tetsuya Kako）、清水由佳（Yuka Shimizu）	20210805
834	20211415	秋之恋	栎属	日照金枫园林科技有限公司、山东省林业科学研究院	马丙尧、王洪永、刘德玺、郑泽玉、刘桂民、王振猛、宋兴安、王霞、高嘉、杜振宇、张兰英、朱文成、张新慰、王世科	20211122
835	20211416	金字塔	栎属	日照金枫园林科技有限公司、山东省林业科学研究院	王洪永、马丙尧、刘德玺、曹基武、王振猛、郑泽玉、周祥云、刘桂民、王霞、高嘉、杜振宇、丁立臻、王世才、陈雷	20211122
836	20211422	黄金瀑布	栎属	日照金枫园林科技有限公司、山东省林业科学研究院	王霞、王洪永、周祥云、马丙尧、宋兴安、刘桂民、王振猛、高伟、高嘉、王清华、朱文成、王世科、丁立臻、李永涛	20211123
837	20211427	春之韵	栎属	日照金枫园林科技有限公司、山东省林业科学研究院	王洪永、马丙尧、王振猛、曹基武、高伟、刘桂民、王霞、高嘉、王清华、张兰英、张新慰、王世才、李永涛、陈雷	20211123

（续）

序号	申请号	品种名称	属（种）	申请人	培育人	申请日
838	20201136	润泰丰	蔷薇属	瑞金市润泰丰农业科技有限公司	陈建成、陈金龙、吴小玲	20201231
839	20210312	润珑 1 号	蔷薇属	润珑（厦门）生物科技有限公司	陈亚聪	20210517
840	20201137	斯特欧 1（STO1）	李属	塞拉西纳股份有限公司（Cerasina GmbH）	彼得·斯托佩尔（Peter Stoppel）	20201130
841	20201138	斯特欧 2（STO2）	李属	塞拉西纳股份有限公司（Cerasina GmbH）	彼得·斯托佩尔（Peter Stoppel）	20201130
842	20201139	斯特欧 3（STO3）	李属	塞拉西纳股份有限公司（Cerasina GmbH）	彼得·斯托佩尔（Peter Stoppel）	20201130
843	20210111	绿萌	白鹤芋属	三明市农业科学研究院	林辉锋、周辉明、陈昌铭、莫智龙、林发壮、曹奕鸯	20210223
844	20210148	皎月	白鹤芋属	三明市农业科学研究院	莫智龙、周辉明、林辉锋、许春枝、张炘亮、陈昌铭、林发壮、沈双玲	20210309
845	20210194	青云	白鹤芋属	三明市农业科学研究院	周辉明、林辉锋、莫智龙、陈昌铭、曹奕鸯、林发壮	20210401
846	20210509	绿俏	黄精属	三明市农业科学研究院	周建金、叶炜、罗晓锋、廖承树、乔锋、江金兰、颜沛沛、杨学、王培育	20210621
847	20210510	紫脊	黄精属	三明市农业科学研究院	罗晓锋、周建金、叶炜、廖承树、乔锋、江金兰、颜沛沛、王培育、杨学	20210621
848	20210511	沙阳奶香	榕属	三明市农业科学研究院	罗晓锋、周建金、叶炜、颜沛沛、王培育、乔锋、廖承树、江金兰、杨学	20210621
849	20210512	圆月	黄精属	三明市农业科学研究院	周建金、叶炜、罗晓锋、廖承树、乔锋、江金兰、颜沛沛、杨学、王培育	20210622
850	20210517	明月	黄精属	三明市农业科学研究院	廖承树、周建金、叶炜、罗晓锋、乔锋、江金兰、颜沛沛、王培育、杨学	20210624
851	20210694	明斛 19 号	石斛属	三明市农业科学研究院	江金兰、叶炜、颜沛沛、王培育、杨学、周建金	20210719
852	20210695	泰斛 8 号	石斛属	三明市农业科学研究院	叶炜、江金兰、颜沛沛、王培育、杨学、周建金	20210719
853	20210877	黄绿双骄	重楼属	三明市农业科学研究院	周建金、罗晓锋、廖承树、叶炜	20210816
854	20210925	紫气东来	黄精属	三明市农业科学研究院	罗晓锋、周建金、廖承树、叶炜	20210822
855	20210948	紫玲珑	黄精属	三明市农业科学研究院	周建金、罗晓锋、叶炜	20210824
856	20210966	紫霞仙子	黄精属	三明市农业科学研究院	周建金、罗晓锋、叶炜、廖承树	20210826
857	20210994	八月尤子	榕属	三明市农业科学研究院	罗晓锋、周建金、廖承树、颜沛沛、王培育、叶炜、江金兰、杨学	20210906
858	20211075	明斛 10 号	石斛属	三明市农业科学研究院	江金兰、叶炜、颜沛沛、王培育、杨学	20211008
859	20211076	明斛 11 号	石斛属	三明市农业科学研究院	叶炜、江金兰、颜沛沛、王培育、杨学	20211008
860	20211077	重斛 1 号	石斛属	三明市农业科学研究院	叶炜、江金兰、颜沛沛、杨学、王培育	20211008
861	20211078	明斛 13 号	石斛属	三明市农业科学研究院	江金兰、叶炜、颜沛沛、王培育、杨学	20211008

（续）

序号	申请号	品种名称	属（种）	申请人	培育人	申请日
862	20211079	明斛 16 号	石斛属	三明市农业科学研究院	叶炜、江金兰、颜沛沛、王培育、杨学	20211008
863	20211080	明斛 17 号	石斛属	三明市农业科学研究院	王培育、江金兰、叶炜、颜沛沛、杨学	20211008
864	20211082	泰斛 4 号	石斛属	三明市农业科学研究院	叶炜、江金兰、颜沛沛、江建芳、王培育	20211008
865	20211083	明斛 9 号	石斛属	三明市农业科学研究院	颜沛沛、江金兰、叶炜、王培育、杨学	20211008
866	20211084	泰斛 7 号	石斛属	三明市农业科学研究院	江金兰、叶炜、颜沛沛、王培育、杨学	20211008
867	20210299	骏好	叶子花属	厦门市园林植物园	周群	20210514
868	20210300	卧龙 1 号	叶子花属	厦门市园林植物园	周群	20210514
869	20210301	星斑 1 号	叶子花属	厦门市园林植物园	周群、张万旗	20210514
870	20210646	蓝怡	越橘属	山东大丰园农业有限公司	周扬颜、钟醒宇、李经纬、尼秀娟、甄青	20210714
871	20210663	香三公子	越橘属	山东大丰园农业有限公司	王晓菲、李经纬、钟醒宇、王彦娟、庞薇	20210714
872	20210936	金夏	文冠果	山东林昱宏文冠果股份有限公司、山东省林草种质资源中心	解孝满、王磊、陆璐、张鑫洋、林俊梅、王震、吴丹、赵永军、王宁	20210823
873	20210937	半如意	文冠果	山东林昱宏文冠果股份有限公司、山东省林草种质资源中心	陆璐、赵永军、解孝满、吴丹、王震、王磊、张鑫洋、林俊梅、李猛	20210823
874	20210938	将军帽	文冠果	山东林昱宏文冠果股份有限公司、山东省林草种质资源中心	吴丹、赵永军、解孝满、王磊、王震、陆璐、葛磊、张鑫洋、杨海平、张现祥	20210823
875	20210945	金螺	文冠果	山东林昱宏文冠果股份有限公司、山东省林草种质资源中心	赵永军、王磊、吴丹、陆璐、王震、解孝满、刘德深、张鑫洋、庄振杰	20210824
876	20210947	如意	文冠果	山东林昱宏文冠果股份有限公司、山东省林草种质资源中心	吴丹、陆璐、赵永军、王磊、王震、张鑫洋、解孝满、林俊梅、刘鵾、张现祥	20210824
877	20211199	梭叶苏	流苏树属	山东农业大学	李际红、王锦楠、刘翠双、王雪菱、刘源、高铖铖、赵天然、唐燕	20211031
878	20211207	翠枝	流苏树属	山东农业大学	李际红、桑亚林、任静、刘翠双、王雪菱、王锦楠、赵天然、关凌珊	20211101
879	20211209	银针	流苏树属	山东农业大学	李际红、桑亚林、牛牧歌、唐燕、王锦楠、高铖铖、刘源、王冬月	20211101
880	20211210	泰金	流苏树属	山东农业大学	李际红、王锦楠、牛牧歌、刘翠双、唐燕、谢会成、关凌珊、赵天然	20211101
881	20211212	博金	流苏树属	山东农业大学	李际红、邢世岩、任静、孙茂桐、王如月、牛牧歌、王冬月、王雪菱	20211101
882	20211213	豪金	流苏树属	山东农业大学	李际红、谢会成、孙茂桐、任静、刘翠双、郭海丽、牛牧歌、王如月	20211101
883	20211227	雪绒球	流苏树属	山东农业大学	李际红、王锦楠、刘翠双、王如月、孙茂桐、牛牧歌、任静、刘源	20211102

（续）

序号	申请号	品种名称	属（种）	申请人	培育人	申请日
884	20211228	茂苏	流苏树属	山东农业大学	李际红、刘会香、刘源、任静、王锦楠、孙茂桐、郭海丽、刘佳庚	20211102
885	20211229	牧黄	流苏树属	山东农业大学	李际红、邢世岩、刘佳庚、王冬月、牛牧歌、关凌珊、郭海丽、孙茂桐	20211102
886	20211230	黄锦	流苏树属	山东农业大学	李际红、谢会成、高铖铖、刘源、牛牧歌、刘翠双、赵天然、关凌珊	20211102
887	20211231	源金	流苏树属	山东农业大学	李际红、刘会香、孙茂桐、王如月、王锦楠、郭海丽、刘佳庚、王冬月	20211102
888	20211232	迁金	流苏树属	山东农业大学	李际红、孙立民、王如月、牛牧歌、任静、孙茂桐、高铖铖、王雪菱	20211102
889	20211233	静雪	流苏树属	山东农业大学	李际红、刘会香、郭海丽、孙茂桐、王雪菱、任静、王锦楠、刘源	20211102
890	20211211	嘉金	流苏树属	山东农业大学、山东方大工程有限责任公司	李际红、李琴、王冬月、郭海丽、王锦楠、王如月、高铖铖、刘源	20211101
891	20211226	祥金	流苏树属	山东农业大学、山东方大工程有限责任公司	李际红、李琴、王雪菱、刘佳庚、牛牧歌、任静、唐燕、关凌珊	20211102
892	20210723	朴酸六号	枣属	山东朴润源农业发展有限公司	杜宪臣、马荣申、董辉、赵红艳、雷胜明、秦庆燕	20210722
893	20210733	朴丰五号	枣属	山东朴润源农业发展有限公司	马荣申、杜宪臣、董辉、赵红艳、雷胜明、秦庆燕	20210723
894	20201127	蓝星	越橘属	山东省果树研究所	王甲威、刘庆忠、朱东姿、魏海蓉、洪坡、谭钺、徐丽、宗晓娟、陈明学、陈德	20201230
895	20201128	蓝辰	越橘属	山东省果树研究所	刘庆忠、朱东姿、王甲威、魏海蓉、洪坡、谭钺、徐丽、张力思、赵健、陈明学	20201230
896	20210914	纤秀	文冠果	山东省林草种质资源中心、山东林昱宏文冠果股份有限公司	赵永军、解孝满、王磊、王震、吴丹、陆璐、张鑫洋、庄振杰、赵立军	20210820
897	20210915	星月	文冠果	山东省林草种质资源中心、山东林昱宏文冠果股份有限公司	王磊、吴丹、陆璐、解孝满、赵永军、刘德深、刘莉、葛磊、王震、张鑫洋	20210820
898	20210916	长锦	文冠果	山东省林草种质资源中心、山东林昱宏文冠果股份有限公司	张鑫洋、王震、王磊、陆璐、吴丹、赵永军、解孝满、刘莉、林俊梅	20210820
899	20210917	团锦	文冠果	山东省林草种质资源中心、山东林昱宏文冠果股份有限公司	王震、张鑫洋、吴丹、陆璐、解孝满、王磊、赵永军、王宁、林俊梅	20210820
900	20210933	黄冠	文冠果	山东省林草种质资源中心、山东林昱宏文冠果股份有限公司	解孝满、赵永军、陆璐、吴丹、王震、张鑫洋、王磊、刘莉、林俊梅、赵立军	20210823
901	20210934	鸿运	文冠果	山东省林草种质资源中心、山东林昱宏文冠果股份有限公司	陆璐、解孝满、赵永军、王磊、吴丹、王震、张鑫洋、刘莉、林俊梅	20210823

（续）

序号	申请号	品种名称	属（种）	申请人	培育人	申请日
902	20210629	靓箭	白蜡树属	山东省林业科学研究院	吴德军、燕丽萍、王因花、刘翠兰、李丽、梁静、李庆华、高嘉、刘桂民、王开芳、翟国峰、魏娟、舒秀阁	20210713
903	20210639	绒红 3 号	白蜡树属	山东省林业科学研究院	燕丽萍、吴德军、王因花、刘翠兰、李丽、臧真荣、任飞、李庆华、翟国峰、姚俊修、李善文、舒秀阁、刘国利	20210713
904	20210641	鲁翠	白蜡树属	山东省林业科学研究院	王因花、吴德军、燕丽萍、郭丽华、刘翠兰、李庆华、任飞、梁静、梁燕、臧真荣、翟国峰、仲伟国、刘国利	20210713
905	20210642	红箭	白蜡树属	山东省林业科学研究院	吴德军、燕丽萍、李丽、王因花、刘翠兰、王开芳、梁静、高嘉、王振猛、姚俊修、任飞、翟国峰	20210713
906	20210891	华丰	槐属	山东省林业科学研究院	庞彩红、付茵茵、李双云、夏阳、刘盛芳、乔艳辉、高伟、葛文华	20210818
907	20210892	华盛	槐属	山东省林业科学研究院	付茵茵、李双云、庞彩红、夏阳、刘盛芳、乔艳辉、贺燕、葛文华、高嘉	20210818
908	20210893	华阳	槐属	山东省林业科学研究院	夏阳、付茵茵、庞彩红、李双云、刘盛芳、贺燕、郑泽玉、马丙尧	20210818
909	20210895	华美	槐属	山东省林业科学研究院	李双云、夏阳、付茵茵、庞彩红、郑泽玉、马丙尧、高伟、刘盛芳、高嘉	20210818
910	20210928	华超	槐属	山东省林业科学研究院	庞彩红、李双云、夏阳、付茵茵、刘盛芳、马丙尧、高伟、郑泽玉、乔艳辉	20210823
911	20211031	翠茵一号	结缕草属	山东省林业科学研究院	夏阳、李双云、庞彩红、付茵茵	20210924
912	20211032	翠茵三号	结缕草属	山东省林业科学研究院	夏阳、付茵茵、李双云、庞彩红	20210924
913	20211033	翠茵二号	结缕草属	山东省林业科学研究院	夏阳、庞彩红、付茵茵、李双云	20210924
914	20211259	鲁绵 2 号	核桃属	山东省林业科学研究院	韩传明、王翠香、梁燕、孙超、姚玉章	20211105
915	20211273	楸铃	核桃属	山东省林业科学研究院	韩传明、王翠香、梁燕、孙超、姚玉章	20211108
916	20210897	华秋	槐属	山东省林业科学研究院	付茵茵、李双云、庞彩红、夏阳、刘盛芳、贺燕、马丙尧、高伟、葛文华	20210818
917	20210896	华秀	槐属	山东省林业科学研究院	李双云、庞彩红、付茵茵、夏阳、刘盛芳、马丙尧、葛文华、郑泽玉、高嘉	20210818
918	20211307	鲁苜 2 号	苜蓿属	山东省农业科学研究院	贾春林、王国良、管聪、张进红、吴波、高润、张京磊	20211109
919	20210602	绯红天使	蔷薇属	山东省烟台市农业科学研究院、莱州市辰泉苗木专业合作社、莱州市宏顺梅花种植科技有限公司	张英杰、任尚泉、郭文姣、张京伟、刘述河、孙纪霞、朱志奇、刘学庆	20210712

（续）

序号	申请号	品种名称	属（种）	申请人	培育人	申请日
920	20210595	火红天使	蔷薇属	山东省烟台市农业科学研究院、莱州市宏顺梅花种植科技有限公司、莱州市辰泉苗木专业合作社	孙纪霞、张英杰、朱志奇、任尚泉、郭文姣、张京伟、刘述河、刘学庆	20210709
921	20210600	冠雌满园	文冠果	山东沃奇农业开发有限公司	李守科、陈仁鹏、赵祥树、李国朋、李祥斋	20210712
922	20210668	中沃 3 号	文冠果	山东沃奇乡村振兴产业发展有限公司	李守科、陈仁鹏、赵祥树、李国朋、李祥斋、赵效杨、朱昭进	20210715
923	20210670	沃丰 2 号	文冠果	山东沃奇乡村振兴产业发展有限公司	李守科、陈仁鹏、赵祥树、李国朋、李祥斋、赵效杨、朱昭进	20210716
924	20211020	仁居柳 10 号	柳属	山东一逸农林科技有限责任公司、滨州黄河三角洲高效生态产业现代技术研究院	杨欢、宋科、关建民、余广超、焦传礼、刘世杰	20210915
925	20211021	仁居柳 11 号	柳属	山东一逸农林科技有限责任公司、滨州黄河三角洲高效生态产业现代技术研究院	杨欢、张香照、潘玉凤、刘健、卢振宇、焦传礼、刘世杰	20210915
926	20211024	水韵虹	桃花	山东一逸农林科技有限责任公司、滨州黄河三角洲高效生态产业现代技术研究院	杨欢、王清萍、关建民、刘健、李艳红、卢振宇、刘世杰、焦传礼	20210915
927	20210493	五莲绯樱	李属（除水果外）	山东樱大农业科技有限公司	胡志华、聂超仁	20210615
928	20210497	密州香妃	李属（除水果外）	山东樱大农业科技有限公司	胡志华、聂超仁	20210616
929	20210822	德溢王	枣属	山西林业职业技术学院、柳林县德溢生态农林科技开发有限公司	尹卫东、刘阳平、郭艳、侯艳霞、刘和	20210806
930	20210820	庆欧	李属（除水果外）	山西农谷大农科技有限公司	杜俊杰、王鹏飞、穆霄鹏、张海平	20210805
931	20210081	晋龙	枣属	山西农业大学	李登科、王永康、赵爱玲、任海燕、薛晓芳、隋串铃	20210203
932	20210084	晚脆蜜	枣属	山西农业大学	李登科、任海燕、杜学梅、王永康、赵爱玲、薛晓芳、李毅	20210204
933	20210085	龙壶枣	枣属	山西农业大学	王永康、李登科、赵爱玲、任海燕、薛晓芳、隋串玲、李毅	20210204
934	20210819	晋欧 4 号	李属（除水果外）	山西农业大学	王鹏飞、杜俊杰、穆霄鹏	20210805
935	20210932	紫欧 1 号	李属	山西农业大学	王鹏飞、杜俊杰、穆霄鹏、张建成	20210823
936	20210956	绿欧 1 号	李属	山西农业大学	穆霄鹏、王鹏飞、杜俊杰	20210824
937	20210530	帅荚 2 号	皂荚属	山西省林业和草原科学研究院、山西绿源春生态林业有限公司	韩丽君、陈思、徐琛、刘建军、郝向春、任达、雷永元	20210625

（续）

序号	申请号	品种名称	属（种）	申请人	培育人	申请日
938	20210546	帅荚 1 号	皂荚属	山西省林业和草原科学研究院、山西绿源春生态林业有限公司	雷永元、郝向春、韩丽君、陈思、徐璐、翟瑜、周帅	20210705
939	20210501	帅荚 3 号	皂荚属	山西省林业和草原科学研究院、山西绿源春生态林业有限公司	郝向春、韩丽君、周帅、任达、陈思、陈天成、闫义定	20210618
940	20210529	帅荚 4 号	皂荚属	山西省林业和草原科学研究院、山西绿源春生态林业有限公司	韩丽君、郝向春、张华、陈思、徐璐、任达、翟瑜、雷永元	20210625
941	20210396	红云	桃花	陕西省西安植物园	樊璐、王亚玲、叶卫、秋晓冬、李仁娜、闫会玲	20210531
942	20210397	紫衣粉梦	桃花	陕西省西安植物园	樊璐、王亚玲、闫会玲、叶卫、冯瑞生	20210601
943	20211344	水中舞者	木兰属	陕西省西安植物园	闫会玲、王亚玲、樊璐、叶卫、李仁娜、冯瑞生、谢斌、丁芳兵、冯胜利、王康锋、张莹	20211115
944	20211370	水中卓玛	木兰属	陕西省西安植物园	闫会玲、王亚玲、李仁娜、叶卫、樊璐、丁芳兵、谢斌、冯胜利、王康锋、张莹、冯瑞生	20211117
945	20211371	水中轻舞	木兰属	陕西省西安植物园	闫会玲、王亚玲、李仁娜、叶卫、樊璐、丁芳兵、谢斌、冯胜利、王康锋、张莹、冯瑞生	20211117
946	20211391	景安	木兰属	陕西省西安植物园	闫会玲、王亚玲、叶卫、樊璐、李仁娜、丁芳兵、谢斌、冯瑞生、冯胜利、张莹、王康锋	20211118
947	20210454	绒月	蔷薇属	上海佰麟园林绿化工程有限公司、蓝月（上海）花卉科技工作室	李东世、明凤、李晓瑞	20210608
948	20210912	青山繁星	绣球属	上海辰山植物园、杭州市园林绿化股份有限公司	胡永红、秦俊、张宪权、杨君、高凯	20210820
949	20210913	落雪	绣球属	上海辰山植物园、杭州市园林绿化股份有限公司	秦俊、胡永红、叶康、高凯、邱帅	20210820
950	20210752	红笑	夏蜡梅属	上海哪哒生态园艺中心、上海市园林科学规划研究院	陈香波、田旗、陆亮、刘钢、尹丽娟	20210730
951	20211340	白舞裙	百子莲属	上海上房园林植物研究所有限公司、上海市园林科学规划研究院	申瑞雪、陈香波、李秋静、黄建荣、陆牡丹、闵睫	20211115
952	20210227	粉蜜源	牡荆属	上海上房园艺有限公司	申瑞雪、叶康、闵睫、秦俊、陆牡丹、胡永红、李秋静	20210416
953	20210808	莲月	蔷薇属	上海师范大学	明凤、夏萌	20210805
954	20210809	霞月	蔷薇属	上海师范大学	明凤、杨碧楠、夏萌	20210805
955	20210810	玉月	蔷薇属	上海师范大学	明凤、夏萌	20210805
956	20210978	沪花之韵	木兰属	上海市园林科学规划研究院	张冬梅、尹丽娟、张浪、申亚梅、有祥亮、罗玉兰、傅仁杰	20210831

（续）

序号	申请号	品种名称	属（种）	申请人	培育人	申请日
957	20210764	美夏	夏蜡梅属	上海市园林科学规划研究院、上海哪哒生态园艺中心	陈香波、陆亮、刘钢、田旗、尹丽娟、张冬梅、吕秀立	20210802
958	20210851	小蝶	夏蜡梅属	上海市园林科学规划研究院、上海哪哒生态园艺中心	陈香波、田旗、陆亮、刘钢、尹丽娟、傅仁杰	20210812
959	20210870	粉灿	夏蜡梅属	上海市园林科学规划研究院、上海哪哒生态园艺中心	陈香波、陆亮、田旗、刘钢、尹丽娟、吕秀立	20210813
960	20211341	蓝魅	百子莲属	上海市园林科学规划研究院、上海上房园林植物研究所有限公司	陈香波、申瑞雪、张显阳、陆牡丹、李秋静、闵睫、黄建荣	20211115
961	20210047	金少女	常春藤属	上海植物园	张婷、付艳茹、奉树成、莫健彬	20210120
962	20210049	蝉翼	常春藤属	上海植物园	张婷、付艳茹、奉树成、莫健彬	20210121
963	20210050	油画	常春藤属	上海植物园	张婷、付艳茹、奉树成、莫健彬	20210121
964	20210515	上植月光杯	山茶属	上海植物园	张亚利、奉树成、李湘鹏、宋垚、郭卫珍、严巍	20210623
965	20210566	天适飞翔	李属（除水果外）	韶关市旺地樱花种植有限公司、广州旺地园林工程有限公司、广州天适集团有限公司	朱军、胡晓敏、鲁好君、叶小玲、林杰好、冯钦钊、杨梓滨、阮文俊	20210706
966	20210598	天适朝云	李属（除水果外）	韶关市旺地樱花种植有限公司、广州旺地园林工程有限公司、英德市旺地樱花种植有限公司	叶小玲、朱军、梁荣、冯钦钊、胡晓敏、高珊、陈端妮、杨梓滨	20210709
967	20210722	天适倾心	李属（除水果外）	韶关市旺地樱花种植有限公司、英德市旺地樱花种植有限公司、广州天适集团有限公司	叶小玲、冯钦钊、赵平丽、高珊、熊海坚、朱军、胡晓敏、陈端妮	20210721
968	20210433	冰翡	李属（除水果外）	韶关市旺地樱花种植有限公司、英德市旺地樱花种植有限公司、广州旺地园林工程有限公司	朱军、叶小玲、丘洪锋、胡晓敏、高珊、杨梓滨、冯钦钊、陈端妮	20210607
969	20210491	星辰	李属（除水果外）	韶关市旺地樱花种植有限公司、英德市旺地樱花种植有限公司、广州旺地园林工程有限公司	张尚坤、胡晓敏、杨进良、朱军、叶小玲、高珊、陈端妮、杨梓滨	20210615
970	20210558	天适琬玉	李属（除水果外）	韶关市旺地樱花种植有限公司、英德市旺地樱花种植有限公司、广州旺地园林工程有限公司	周世均、赵平丽、熊育明、朱军、冯钦钊、叶小玲、胡晓敏、高珊	20210705
971	20210039	崖斛 3 号	石斛属	深圳市兰科植物保护研究中心、深圳市兰谷生态科技有限公司	李利强、王美娜、崔洪秋、陈建兵、王玉、王志才、孔德敏、陈利君、王鹏、温艺明	20210119
972	20210040	崖斛 4 号	石斛属	深圳市兰科植物保护研究中心、深圳市兰谷生态科技有限公司	王美娜、崔洪秋、陈建兵、李利强、王玉、李健、饶文辉、陈颖颖	20210119
973	20210444	鹏米	石斛属	深圳市兰科植物保护研究中心、深圳市兰谷生态科技有限公司	王美娜、崔洪秋、李健、王志才、王玉、饶文辉、徐海锋、李利强、陈建兵	20210608

（续）

序号	申请号	品种名称	属（种）	申请人	培育人	申请日
974	20211034	鹏斛2号	石斛属	深圳市兰科植物保护研究中心、深圳市兰谷生态科技有限公司	崔洪秋、王玉、李利强、王美娜、陈建兵、王志才、李健、饶文辉、王鹏、徐海锋	20210924
975	20211035	鹏斛1号	石斛属	深圳市兰科植物保护研究中心、深圳市兰谷生态科技有限公司	李利强、陈建兵、崔洪秋、王美娜、王玉、王志才、孔德敏、王鹏、徐海锋	20210924
976	20211119	崖斛5号	石斛属	深圳市兰科植物保护研究中心、深圳市兰谷生态科技有限公司	王美娜、陈建兵、李健、李利强、王玉、崔洪秋、李素珍、段晓娟、王鹏、徐海锋	20211015
977	20211129	紫韵	兜兰属	深圳市兰科植物保护研究中心、深圳市兰谷生态科技有限公司	陈建兵、王美娜、李健、崔洪秋、王玉、王志才、孔德敏、唐凤霞、王鹏、张佳莹	20211019
978	20211139	墨点	兜兰属	深圳市兰科植物保护研究中心、深圳市兰谷生态科技有限公司	崔洪秋、王美娜、陈建兵、王玉、王志才、饶文辉、张佳莹、王鹏、李健、徐海锋	20211020
979	20210090	红盛樱	李属（除水果外）	嵊州市红盛花木专业合作社、嵊州市城乡绿化园艺场	王柏盛、姚小红、王秀源、徐全华、黄少平、求鹏英、毕文玉、王少军、张朗锋、陈斐洋	20210205
980	20211030	蜜汁恋	楝属	石家庄市神州花卉研究所有限公司	李志斌、白霄霞、蒋淑磊、石硕、李萍、李坤、张骁骁、李昕	20210923
981	20210001	蜀红	报春花属	四川农业大学	贾茵、潘远智、李西、刘庆林	20210105
982	20210002	傲冬	报春花属	四川农业大学	贾茵、潘远智、李西、刘庆林	20210105
983	20210003	粉沉香	报春花属	四川农业大学	贾茵、潘远智、李西、刘庆林	20210105
984	20201116	蜀森11号	木通属	四川农业大学、成都农业科技职业学院、四川八月瓜生物科技有限公司	罗培高、陈巍、杨皓、阳淑、沈金亮、钟胜福、关雎、黎青	20201228
985	20201117	蜀森12号	木通属	四川农业大学、达州市农业科学研究院、四川八月瓜生物科技有限公司	罗培高、杨皓、陈巍、彭莞云、黎青、关雎、钟胜福、沈金亮	20201228
986	20210494	红诗雨	含笑属	四川农业大学、范继才、罗泽治	王刚、范继才、王勇、罗泽治、蒲擎宇、刘诚、詹秀文、余雨红	20210615
987	20210495	芳情	含笑属	四川农业大学、范继才、罗泽治	王刚、范继才、罗泽治、王刚、魏俊益、何小康、蒲尚饶、曾小珂	20210615
988	20201119	蜀森14号	木通属	四川农业大学、四川八月瓜生物科技有限公司	罗培高、阳淑、沈金亮、钟胜福、黎青、关雎、陈巍、杨皓	20201228
989	20201118	蜀森13号	木通属	四川农业大学、雅安八月瓜生物科技有限公司	罗培高、陈巍、杨皓、符鹏、何自行、尤华忠、关雎、张秋怡、董晴	20201228
990	20210993	川草7号	苜蓿属	四川省草原科学研究院	鄢家俊、白史且、张劲、李英主、王强、敖学成、闫利军、李达旭、张建波、游明鸿	20210902
991	20211235	川核66	核桃属	四川省林业科学研究院、安徽农业大学、蓬溪县自然资源和规划局	李丕军、刘华、邢文曦、漆峥嵘、吴泞孜、王泽亮、苟雄才、郑崇文、张诗吟、彭彦若	20211103

（续）

序号	申请号	品种名称	属（种）	申请人	培育人	申请日
992	20210265	川椒 1 号	花椒属	四川省林业科学研究院、丹棱县旺源农业发展有限公司	陈善波、王丽华、王莎、罗德智、金银春	20210506
993	20210266	川椒 2 号	花椒属	四川省林业科学研究院、丹棱县旺源农业发展有限公司	陈善波、王莎、王丽华、罗德智、金银春	20210506
994	20210317	森茂 040	越橘属	四川省农业科学院经济作物育种栽培研究所、大连大学	阳翠、董顺文、张小军、陈昌琳、钟程操、徐国辉、王贺新	20210517
995	20211197	佳玺 1 号	悬钩子属	四川省朴绿农业发展有限公司	陈玺	20211031
996	20211333	陈庄主	悬钩子属	四川省朴绿农业发展有限公司	陈玺	20211112
997	20211334	佳玺春晓	悬钩子属	四川省朴绿农业发展有限公司	陈玺	20211112
998	20211335	佳玺粉黛	悬钩子属	四川省朴绿农业发展有限公司	陈玺	20211112
999	20211345	佳玺丽人	悬钩子属	四川省朴绿农业发展有限公司	陈玺	20211115
1000	20210784	金玉椒	花椒属	四川兴芸生态农林科技开发有限责任公司、四川省林业科学研究院	吴宗兴、徐惠、宋小军、吴玉丹、熊量、梁颇、彭晓曦、王丽华、叶敏、王莎	20210803
1001	20210788	贵人椒	花椒属	四川兴芸生态农林科技开发有限责任公司、四川省林业科学研究院	徐惠、吴宗兴、吴玉丹、宋小军、熊量、梁颇、彭晓曦、王丽华、叶敏、王莎	20210803
1002	20211194	金心映粉	芍药属	苏州工业园区园林绿化工程有限公司	赵志华、孔芬、李荣、陈鑫、刘鹏	20211029
1003	20211195	霞落冰川	芍药属	苏州工业园区园林绿化工程有限公司	孔芬、陈鑫、葛文伟、徐丽娅、查风林、徐晓云	20211029
1004	20210176	秾粉佳人	蔷薇属	苏州农业职业技术学院	黄长兵、耿晓东、朱旭东、李庆魁、梁琪、程培蕾、王荷、杨杰、汪成忠、朱晓国	20210317
1005	20210177	苏子霞	蔷薇属	苏州农业职业技术学院	黄长兵、朱旭东、程培蕾、李庆魁、耿晓东、梁琪、杨杰、王荷、汪成忠、尹原森	20210317
1006	20211142	神元 8 号	石斛属	苏州神元生物科技股份有限公司、潍坊神元生物科技有限公司	滕士元、类成霞、史骥清、马环、何云芳、赵锋	20211021
1007	20201053	桃染	蔷薇属	苏州市华冠园创园艺科技有限公司	姜正之	20201211
1008	20210014	雀啾	蔷薇属	苏州市华冠园创园艺科技有限公司	姜正之	20210113
1009	20210046	幻紫	蔷薇属	苏州市华冠园创园艺科技有限公司	姜正之	20210120
1010	20210142	南国风烟	蔷薇属	苏州市华冠园创园艺科技有限公司	姜正之	20210306
1011	20210143	橘洲	蔷薇属	苏州市华冠园创园艺科技有限公司	姜正之	20210306
1012	20210144	照夜清	蔷薇属	苏州市华冠园创园艺科技有限公司	姜正之	20210306
1013	20210189	童年岁月	蔷薇属	苏州市华冠园创园艺科技有限公司	姜正之、杨绍宗	20210325
1014	20210960	苏薇一号	紫薇属	苏州市绿和苗木专业合作社	柳建国、陈建芳、钱红艳、梁文玉	20210826
1015	20210268	蛋挞（SweetTart）	矾根属	特拉诺瓦苗圃有限公司（Terra Nova Nurseries, Inc.）	珍妮特·N·艾格（Janet N. Egger）	20210430

（续）

序号	申请号	品种名称	属（种）	申请人	培育人	申请日
1016	20210267	里约（Rio）	矾根属	特拉诺瓦苗圃有限公司（Terra Nova Nurseries, Inc.）	珍妮特·N·艾格（Janet N. Egger）	20210430
1017	20210269	红辣椒（Paprika）	矾根属	特拉诺瓦苗圃有限公司（Terra Nova Nurseries, Inc.）	珍妮特·N·艾格（Janet N. Egger）	20210430
1018	20210270	金发女郎（Blondie）	矾根属	特拉诺瓦苗圃有限公司（Terra Nova Nurseries, Inc.）	珍妮特·N·艾格（Janet N. Egger）	20210430
1019	20210271	红色警戒（FireAlarm）	矾根属	特拉诺瓦苗圃有限公司（Terra Nova Nurseries, Inc.）	珍妮特·N·艾格（Janet N. Egger）	20210430
1020	20210273	永恒红（ForeverRed）	矾根属	特拉诺瓦苗圃有限公司（Terra Nova Nurseries, Inc.）	珍妮特·N·艾格（Janet N. Egger）	20210430
1021	20210274	红色闪电（RedLightning）	矾根属	特拉诺瓦苗圃有限公司（Terra Nova Nurseries, Inc.）	珍妮特·N·艾格（Janet N. Egger）	20210430
1022	20210371	永恒紫（ForeverPurple）	矾根属	特拉诺瓦苗圃有限公司（Terra Nova Nurseries, Inc.）	珍妮特·N·艾格（Janet N. Egger）	20210526
1023	20210793	卓悦黑（ExcellenceBlack）	矾根属	特拉诺瓦苗圃有限公司（Terra Nova Nurseries, Inc.）	珍妮特·N·艾格（Janet N. Egger）	20210804
1024	20210795	卓悦琥珀（ExcellenceAmber）	矾根属	特拉诺瓦苗圃有限公司（Terra Nova Nurseries, Inc.）	珍妮特·N·艾格（Janet N. Egger）	20210804
1025	20210798	卓悦西恩纳（ExcellenceSienna）	矾根属	特拉诺瓦苗圃有限公司（Terra Nova Nurseries, Inc.）	珍妮特·N·艾格（Janet N. Egger）	20210804
1026	20210799	卓悦银（ExcellenceSilver）	矾根属	特拉诺瓦苗圃有限公司（Terra Nova Nurseries, Inc.）	珍妮特·N·艾格（Janet N. Egger）	20210804
1027	20210847	卓悦柠檬黄（ExcellenceLime）	矾根属	特拉诺瓦苗圃有限公司（Terra Nova Nurseries, Inc.）	珍妮特·N·艾格（Janet N. Egger）	20210810
1028	20210272	柠檬至尊（LemonSupreme）	矾根属	特拉诺瓦苗圃有限公司（Terra Nova Nurseries, Inc.）	珍妮特·N·艾格（Janet N. Egger）	20210430
1029	20210794	卓悦红（ExcellenceRed）	矾根属	特拉诺瓦苗圃有限公司（Terra Nova Nurseries, Inc.）	珍妮特·N·艾格（Janet N. Egger）	20210804
1030	20210800	卓悦紫（ExcellencePurple）	矾根属	特拉诺瓦苗圃有限公司（Terra Nova Nurseries, Inc.）	珍妮特·N·艾格（Janet N. Egger）	20210804
1031	20210231	津金一号	卫矛属	天津海润泽农业科技发展有限公司	李蕊、李玉奎、刘艳军、黄俊轩、王涛、王景利、贾爱军、孔祥柠、马昕、张尧	20210420
1032	20210149	巴御前（Tomoegozen）	绣球属	田中伸介	田中伸介	20210309
1033	20210150	凤凰（Houou）	绣球属	田中伸介	田中伸介	20210309

（续）

序号	申请号	品种名称	属（种）	申请人	培育人	申请日
1034	20210151	雷音（Raion）	绣球属	田中伸介	田中伸介	20210309
1035	20210152	最后的晚餐（Saigonobansan）	绣球属	田中伸介	田中伸介	20210309
1036	20210153	美恋（Miren）	绣球属	田中伸介	田中伸介	20210309
1037	20210158	宝山（Houzan）	绣球属	田中伸介	田中伸介	20210315
1038	20210262	雪花	榉属	王倩文	王倩文、侯敏	20210430
1039	20210279	阜红	栾树属	王倩文	王倩文、侯敏	20210508
1040	20210257	阜栾	栾树属	王文彬	王文彬	20210430
1041	20210286	阜柳	柳属	王文彬	王文彬	20210512
1042	20211192	阜桑	桑属	王文彬	王文彬	20211029
1043	20210276	阜构	构属	王文彬、侯敏	王文彬	20210506
1044	20210086	金碧绿洲	女贞属	王新留	王新留	20210204
1045	20210093	粉蝶黄杨	黄杨属	王新留	王新留	20210205
1046	20210095	金塔	刺柏属	王新留	王新留	20210206
1047	20210096	红孩儿黄杨	黄杨属	王新留	王新留	20210206
1048	20210097	金娃娃黄杨	黄杨属	王新留	王新留	20210206
1049	20210098	红袍石楠	石楠属	王新留	王新留	20210206
1050	20210099	金蝶石楠	石楠属	王新留	王新留	20210206
1051	20210263	皇妃	紫穗槐属	王新留	王新留	20210503
1052	20210275	阜花构	构属	王新留	王新留	20210506
1053	20210339	淼泉	火棘属	王新留	王新留	20210518
1054	20210340	朝霞	李属（除水果外）	王新留	王新留	20210518
1055	20210471	阜蚕 1 号	柳属	王新留	王新留	20210610
1056	20210483	银红	石楠属	王新留	王新留	20210611
1057	20210487	阜蚕 2 号	柳属	王新留	王新留	20210611
1058	20210786	阜桐	悬铃木属	王新留	王新留	20210803
1059	20210791	金蔷	蔷薇属	王新留	王新留	20210803
1060	20210867	紫气东来	槭属	王新留	王新留	20210813
1061	20210868	橘红	槭属	王新留	王新留	20210813
1062	20210908	绿洲之花	栾树属	王新留	王新留	20210820
1063	20210922	三鑫	素馨属	王新留	王新留	20210822

（续）

序号	申请号	品种名称	属（种）	申请人	培育人	申请日
1064	20210923	金色海洋	卫矛属	王新留	王新留	20210822
1065	20210924	金春	柿	王新留	王新留	20210822
1066	20211221	阜金	杏	王新留	王新留	20211101
1067	20210351	江南妮燕	李属（除水果外）	王燕	王燕	20210522
1068	20210368	鸿鹄惊燕	桃花	王燕	王燕	20210525
1069	20211118	桃林碧玉	桃花	王燕	王燕	20211015
1070	20211120	贵妃醉酒	桃花	王燕	王燕	20211015
1071	20211121	桃林梅娘	桃花	王燕	王燕	20211015
1072	20211122	桃林红燕	桃花	王燕	王燕	20211015
1073	20211123	水乡彩燕	桃花	王燕	王燕	20211015
1074	20211126	梦玲珑	桃花	王燕	王燕	20211018
1075	20210398	沅澧春燕	桃花	王燕、付俊秋	王燕、付俊秋	20210601
1076	20210447	桃林醉燕	桃花	王燕、付俊秋	王燕、付俊秋	20210608
1077	20210448	瑶池盛宴	桃花	王燕、付俊秋	王燕、付俊秋	20210608
1078	20210732	旺核 2 号	核桃属	旺苍县华兴花木有限责任公司	颜明、李天君、焦怀明、何志翔、侯平、雷刚、索怀俊	20210723
1079	20211116	贵妃 1 号	丁香属	潍坊市农业科学院	赵庆柱、杨志莹、邱玉宾、张海良	20211014
1080	20211117	贵妃 2 号	丁香属	潍坊市农业科学院	赵庆柱、杨志莹、邱玉宾、张海良	20211014
1081	20211127	贵妃 3 号	丁香属	潍坊市农业科学院	杨志莹、赵庆柱、张海良、邱玉宾	20211018
1082	20211128	贵妃 4 号	丁香属	潍坊市农业科学院	张海良、赵庆柱、杨志莹、邱玉宾	20211018
1083	20210057	玉盘龙珠	木槿属	温州科技职业学院	陈家龙、朱建军、王巍伟	20210123
1084	20210730	滨蜡 2 号	白蜡树属	无棣俊棣树木种植专业合作社	刘国利、吴德军、燕丽萍、王因花、刘翠兰、张洪涛、赵强、刘富燊、林佃旭、陈国强、高文俊	20210723
1085	20210731	滨蜡 1 号	白蜡树属	无棣俊棣树木种植专业合作社	刘国利、吴德军、燕丽萍、王因花、刘翠兰、张洪涛、赵强、林佃旭、陈国强、刘富燊、高文俊	20210723
1086	20211155	神元 7 号	石斛属	吴江市苗圃集团有限公司、苏州神元生物科技股份有限公司	滕士元、史骥清、类成霞、何云芳、李娟、赵锋、孙建强、马俊	20211025
1087	20210395	楚天黎明	鸢尾属	武汉市园林科学研究院	梁玉婷、张晶晶	20210531
1088	20210500	紫色歌者	鸢尾属	武汉市园林科学研究院	林鸿、梁玉婷、任爱萍	20210618
1089	20210734	楚天之舞	李属	武汉市园林科学研究院	章晓琴、聂超仁、涂继红、徐慧、夏文胜、孙宏兵、王建强、丁昭全	20210726

（续）

序号	申请号	品种名称	属（种）	申请人	培育人	申请日
1090	20210499	再相见	鸢尾属	武汉市园林科学研究院、武汉市园林科学研究院	梁玉婷、杨星宇、王朴	20210618
1091	20210505	金丝秀发	卫矛属	西安岭秦野生林木科学研究所	袁平立	20210621
1092	20210506	秋艳	卫矛属	西安岭秦野生林木科学研究所	袁平立	20210621
1093	20210507	柱彩	卫矛属	西安岭秦野生林木科学研究所	袁平立	20210621
1094	20211395	临优 8 号	石榴属	西安市农业技术推广中心、西安市临潼区果友石榴专业合作社	郭晓成、房浩、李方向、张淑霞、郝蕊平、宋喜芳	20211119
1095	20211272	丽山红	石榴属	西安市农业技术推广中心、西安市临潼区秦陵石榴专业合作社	郭晓成、刘永忠、睢长鑫、杨莉、李方向、张淑霞、郝蕊平	20211108
1096	20210156	圃柿 4 号	柿	西北农林科技大学	关长飞、杨勇、阮小凤、王仁梓、王建平	20210309
1097	20210185	圃砧 2 号	柿	西北农林科技大学	关长飞、杨勇、阮小凤、王仁梓、王建平	20210322
1098	20210186	圃砧 1 号	柿	西北农林科技大学	杨勇、关长飞、阮小凤、王仁梓、王建平	20210322
1099	20210154	圃柿 3 号	柿	西北农林科技大学	杨勇、关长飞、阮小凤、王仁梓、王建平	20210309
1100	20210155	圃柿 2 号	柿	西北农林科技大学	杨勇、关长飞、阮小凤、王仁梓、王建平	20210309
1101	20210783	繁花	芍药属	西南林业大学、香格里拉高山植物园	王娟、潘悦、刘琳、方晔、李红	20210803
1102	20211253	新雄	核桃属	新疆林业科学院	王宝庆、徐业勇、虎海防、李明昆、李宏	20211104
1103	20210196	苏洪贡枣	枣属	许干	许干	20210401
1104	20210671	嫣红早春	桃花	鄢陵县东华种植农民专业合作社	岳长平、沈植国、丁鑫、李留振、孙萌、岳顺明、汤正辉、刘俊美、胡喜芳、李全敏、马红平、岳国民、赵秋菊	20210716
1105	20210672	嫣碧花香	桃花	鄢陵县东华种植农民专业合作社	岳长平、孙萌、沈植国、郑红建、丁鑫、晋志慧、沈希辉、陈晓燕、袁新征、岳顺明、岳慧芳、周国友、王春玲	20210716
1106	20210673	嫣粉早花	桃花	鄢陵县东华种植农民专业合作社	岳长平、汪世忠、岳顺明、王安亭、陈晓燕、程建明、郑付军、汤正辉、晋志慧、郭翠红、岳慧芳、岳国民、侯德安	20210716
1107	20210967	延农贡八	菊属	延边大学	高日、岳圆圆、赵丽、张佳凝、杨雯婷、何子涵、全英杰、任镘蓉	20210826
1108	20210161	永春榆	榆属	盐山县绿农苗圃场、河北农业大学	刘炳响、刘兴菊、李娟、梁海永、宗桂香、胡海珍、李建峰、孟红果、闫玉英、高志杰	20210316
1109	20211141	扬珑胭山	芍药属	扬州大学	赵大球、生智鹏、孟家松、孙静	20211021
1110	20211144	扬珑胭舞	芍药属	扬州大学	陶俊、生智鹏、张克亮、李苗	20211022
1111	20211145	扬珑赛玉	芍药属	扬州大学	陶俊、李苗、孟家松、汤寓涵	20211022

（续）

序号	申请号	品种名称	属（种）	申请人	培育人	申请日
1112	20211146	扬珑胭锦	芍药属	扬州大学	汤寓涵、陶俊、孟家松、祖梦婷	20211022
1113	20211147	扬胭旭辉	芍药属	扬州大学	陶俊、祖梦婷、赵大球、孟家松	20211022
1114	20211152	扬珑墨彩	芍药属	扬州大学	陶俊、潘昊磊、孟家松、李苗	20211022
1115	20211153	扬珑艳绣	芍药属	扬州大学	孟家松、陶俊、孙静、祖梦婷	20211022
1116	20211161	扬珑艳涌	芍药属	扬州大学	赵大球、陶俊、栾雨婷、生智鹏	20211025
1117	20211162	扬珑胭裳	芍药属	扬州大学	陶俊、祖梦婷、赵大球、孟家松	20211025
1118	20211163	扬珑胭染	芍药属	扬州大学	孟家松、陶俊、赵大球、祖梦婷	20211025
1119	20211164	扬珑胭梦	芍药属	扬州大学	陶俊、李苗、孙静、孟家松	20211025
1120	20211165	扬珑胭露	芍药属	扬州大学	孙静、陶俊、汤寓涵、生智鹏	20211025
1121	20211174	扬艳绽星	芍药属	扬州大学	陶俊、潘昊磊、汤寓涵、祖梦婷	20211027
1122	20211175	扬珑艳妆	芍药属	扬州大学	赵大球、陶俊、栾雨婷、潘昊磊	20211027
1123	20211176	扬珑艳霞	芍药属	扬州大学	赵大球、陶俊、孙静、李苗	20211027
1124	20211177	扬珑艳绸	芍药属	扬州大学	孟家松、陶俊、汤寓涵、潘昊磊	20211027
1125	20211178	扬珑胭玉	芍药属	扬州大学	赵大球、陶俊、孟家松、生智鹏	20211027
1126	20211222	扬胭胜雪	芍药属	扬州大学	张克亮、陶俊、汤寓涵、潘昊磊	20211102
1127	20211104	紫云烟	苹果属	扬州小苹果园艺有限公司、南京林业大学	张往祥、陈永霞、刘星辰、何娜、曾杰	20211013
1128	20211105	西江月	苹果属	扬州小苹果园艺有限公司、南京林业大学	张往祥、徐立安、冯岚、张苏其、魏子秋	20211013
1129	20211106	韶华	苹果属	扬州小苹果园艺有限公司、南京林业大学	张往祥、彭冶、徐天炜、范月嵘、王静茹	20211013
1130	20211107	珊瑚花	苹果属	扬州小苹果园艺有限公司、南京林业大学	张往祥、谢寅峰、魏子秋、徐天炜、刘星辰	20211013
1131	20211108	帘卷西风	苹果属	扬州小苹果园艺有限公司、南京林业大学	张往祥、徐立安、彭琴、陆晓吉、曾杰、冯岚	20211013
1132	20211109	浣溪沙	苹果属	扬州小苹果园艺有限公司、南京林业大学	张往祥、陈永霞、刘星辰、张之晨、何娜	20211013
1133	20211110	飞天	苹果属	扬州小苹果园艺有限公司、南京林业大学	张往祥、彭冶、陆晓吉、徐天炜、彭琴	20211013
1134	20211111	初心	苹果属	扬州小苹果园艺有限公司、南京林业大学	张往祥、刘星辰、谢寅峰、曾杰、范月嵘	20211013
1135	20201110	杨选杏二号	杏	杨添慧、李鸿亮、杨明	杨添慧、李鸿亮、杨明	20201224
1136	20210213	傲雪秀姿	卫矛属	杨新社、王军红	杨新社、王军红	20210412
1137	20210212	傲雪天姿	卫矛属	杨新社、王长新、王军红	杨新社、王长新、王军红	20210412
1138	20210208	秦绯	卫矛属	杨新社、杨瑞	杨新社、杨瑞	20210412
1139	20210209	秦雅	卫矛属	杨新社、杨瑞	杨新社、杨瑞	20210412
1140	20210210	秦瑞星	卫矛属	杨新社、杨瑞	杨新社、杨瑞	20210412
1141	20210211	秦吉星	卫矛属	杨新社、杨瑞	杨新社、杨瑞	20210412
1142	20210162	月光美人	蔷薇属	宜良多彩盆栽有限公司	刘天平、胡明飞、罗开春、叶晓念	20210316

（续）

序号	申请号	品种名称	属（种）	申请人	培育人	申请日
1143	20210163	阳光美人	蔷薇属	宜良多彩盆栽有限公司	刘天平、胡明飞、卢燕、张丽娟	20210316
1144	20210164	香香美人	蔷薇属	宜良多彩盆栽有限公司	刘天平、胡明飞、黄海泉、卢燕	20210316
1145	20210165	香妃美人	蔷薇属	宜良多彩盆栽有限公司	刘天平、胡明飞、张丽娟、罗开春	20210316
1146	20210166	温馨美人	蔷薇属	宜良多彩盆栽有限公司	刘天平、胡明飞、叶晓念、张丽娟	20210316
1147	20210167	红衣美人	蔷薇属	宜良多彩盆栽有限公司	刘天平、胡明飞、卢燕、罗开春	20210316
1148	20210168	贵妃美人	蔷薇属	宜良多彩盆栽有限公司	刘天平、胡明飞、罗开春、卢燕	20210316
1149	20210179	柠檬美人	蔷薇属	宜良多彩盆栽有限公司	刘天平、胡明飞、罗开春、叶晓念	20210318
1150	20210678	浅秋	蔷薇属	宜良多彩盆栽有限公司	刘天平、胡明飞、卢燕、张丽娟	20210717
1151	20211013	绿芙	蔷薇属	宜良多彩盆栽有限公司	刘天平、胡明飞、黄海泉	20210910
1152	20211014	绚丽	蔷薇属	宜良多彩盆栽有限公司	胡明飞、刘天平、黄海泉	20210910
1153	20210132	亿美人	丁香属	亿利首建生态科技有限公司	赵晋灵、安文元、申秀枝、庞瑞、于晓丹	20210303
1154	20210140	亿利翠柏	圆柏属	亿利首建生态科技有限公司	赵晋灵、安文元、申秀枝、庞瑞、于晓丹	20210305
1155	20210592	天适明媚	李属（除水果外）	英德市旺地樱花种植有限公司、广州天适集团有限公司、韶关市旺地樱花种植有限公司	朱军、杨梓滨、叶小玲、胡晓敏、冯钦钊、陈端妮、高珊、何宗儒	20210708
1156	20210426	若玉	李属（除水果外）	英德市旺地樱花种植有限公司、韶关市旺地樱花种植有限公司、广东宝地南华产城发展有限公司	梁荣、李振权、谢畅、胡晓敏、李园凤、叶小玲、朱军	20210604
1157	20210578	天适风华	李属（除水果外）	英德市旺地樱花种植有限公司、韶关市旺地樱花种植有限公司、广州天适集团有限公司	叶小玲、胡晓敏、陈端妮、朱军、冯钦钊、杨梓滨、高珊、何宗儒	20210707
1158	20210435	映雪	李属（除水果外）	英德市旺地樱花种植有限公司、韶关市旺地樱花种植有限公司、广州天适集团有限公司	胡晓敏、叶小玲、朱军、熊育明、陈端妮、高珊、杨梓滨、何宗儒	20210607
1159	20210122	奥斯派克（AUSPIKE）	蔷薇属	英国大卫奥斯汀月季公司（David Austin Roses Limited）	大卫·奥斯汀（David J. C. Austin）	20210301
1160	20210352	奥斯埃格顿（AUSEGDON）	蔷薇属	英国大卫奥斯汀月季公司（David Austin Roses Limited）	大卫·奥斯汀（David J. C. Austin）	20210524
1161	20210353	奥斯恩肖（AUSEARNSHAW）	蔷薇属	英国大卫奥斯汀月季公司（David Austin Roses Limited）	大卫·奥斯汀（David J. C. Austin）	20210524
1162	20210354	奥斯克朗德（AUSCROWD）	蔷薇属	英国大卫奥斯汀月季公司（David Austin Roses Limited）	大卫·奥斯汀（David J. C. Austin）	20210524
1163	20210355	奥斯塔利佛（AUSTULLIVER）	蔷薇属	英国大卫奥斯汀月季公司（David Austin Roses Limited）	大卫·奥斯汀（David J. C. Austin）	20210524

（续）

序号	申请号	品种名称	属（种）	申请人	培育人	申请日
1164	20210356	奥斯夸克（AUSQUAKER）	蔷薇属	英国大卫奥斯汀月季公司（David Austin Roses Limited）	大卫· 奥斯汀（David J. C. Austin）	20210524
1165	20210417	奥斯卡通（AUSCARTOON）	蔷薇属	英国大卫奥斯汀月季公司（David Austin Roses Limited）	大卫· 奥斯汀（David J. C. Austin）	20210603
1166	20210419	奥斯克乐吉（AUSCLERGY）	蔷薇属	英国大卫奥斯汀月季公司（David Austin Roses Limited）	大卫· 奥斯汀（David J. C. Austin）	20210603
1167	20210420	奥斯拉夫洛（AUSRAVELOE）	蔷薇属	英国大卫奥斯汀月季公司（David Austin Roses Limited）	大卫· 奥斯汀（David J. C. Austin）	20210603
1168	20210121	奥斯伊赛（AUSEASEL）	蔷薇属	英国大卫奥斯汀月季公司（David Austin Roses Limited）	大卫·奥斯汀（David J. C. Austin）	20210301
1169	20210288	丹墨玫枝（DanmoRoseBranch）	蔷薇属	有限会社木村企画（CO. LTD. KIMURA PLANNING）、沈阳晶卉园艺有限公司	木村卓功（Takunori Kimura）	20210513
1170	20210370	田园风（Champetre）	蔷薇属	有限会社木村企画（CO. LTD. KIMURA PLANNING）、沈阳晶卉园艺有限公司	木村卓功（Takunori Kimura）	20210526
1171	20210289	精灵女王（QueenoftheElves）	蔷薇属	有限会社木村企画（CO. LTD. KIMURA PLANNING）、沈阳晶卉园艺有限公司	木村卓功（Takunori Kimura）	20210513
1172	20210290	卡莉普索（Calypso）	蔷薇属	有限会社木村企画（CO. LTD. KIMURA PLANNING）、沈阳晶卉园艺有限公司	木村卓功（Takunori Kimura）	20210513
1173	20210291	浪漫舞裙（RomanticTutu）	蔷薇属	有限会社木村企画（CO. LTD. KIMURA PLANNING）、沈阳晶卉园艺有限公司	木村卓功（Takunori Kimura）	20210513
1174	20210293	托妮莎德（Doniazade）	蔷薇属	有限会社木村企画（CO. LTD. KIMURA PLANNING）、沈阳晶卉园艺有限公司	木村卓功（Takunori Kimura）	20210513
1175	20210294	夏莉玛（Shalimar）	蔷薇属	有限会社木村企画（CO. LTD. KIMURA PLANNING）、沈阳晶卉园艺有限公司	木村卓功（Takunori Kimura）	20210513
1176	20210295	伊利亚特（llias）	蔷薇属	有限会社木村企画（CO. LTD. KIMURA PLANNING）、沈阳晶卉园艺有限公司	木村卓功（Takunori Kimura）	20210513
1177	20210369	瑟西（Kirke）	蔷薇属	有限会社木村企画（CO. LTD. KIMURA PLANNING）、沈阳晶卉园艺有限公司	木村卓功（Takunori Kimura）	20210526
1178	20210292	潘妮洛佩亚（penelopeia）	蔷薇属	有限会社木村企画（CO. LTD. KIMURA PLANNING）、沈阳晶卉园艺有限公司	木村卓功（Takunori Kimura）	20210513
1179	20210296	月夜光影（ShadowOfTheMoon）	蔷薇属	有限会社木村企画（CO. LTD. KIMURA PLANNING）、沈阳晶卉园艺有限公司	木村卓功（Takunori Kimura）	20210513
1180	20210335	砂时计（LeSablier）	蔷薇属	有限会社木村企画（CO. LTD. KIMURA PLANNING）、沈阳晶卉园艺有限公司	木村卓功（Takunori Kimura）	20210517

（续）

序号	申请号	品种名称	属（种）	申请人	培育人	申请日
1181	20210287	阿琪娜（Alcina）	蔷薇属	有限会社木村企画（CO. LTD. KIMURA PLANNING）、沈阳晶卉园艺有限公司	木村卓功（Takunori Kimura）	20210513
1182	20211131	国粉	李属	余姚市四明山国锋苗木场	唐国锋	20211019
1183	20210682	阿朵	蔷薇属	俞红强	俞红强	20210719
1184	20210683	红帆	蔷薇属	俞红强	俞红强	20210719
1185	20210684	金玉满堂红	蔷薇属	俞红强	俞红强	20210719
1186	20210685	随想曲	蔷薇属	俞红强	俞红强	20210719
1187	20210687	香遇	蔷薇属	俞红强	俞红强	20210719
1188	20210688	祥云	蔷薇属	俞红强	俞红强	20210719
1189	20210689	小铃铛	蔷薇属	俞红强	俞红强	20210719
1190	20210686	香识	蔷薇属	俞红强	俞红强	20210719
1191	20211205	橙汁阳台	蔷薇属	玉溪迪瑞特花卉有限公司	杜秀娟	20211101
1192	20210645	怡美人	兜兰属	玉溪师范学院、中国科学院昆明植物研究所	黄家林、邓克云、张石宝、胡虹、李树云、徐正海、王华	20210714
1193	20210647	春彩虹	兜兰属	玉溪师范学院、中国科学院昆明植物研究所	黄家林、邓克云、张石宝、胡虹、李树云、刘森银、徐正海	20210714
1194	20210091	柯萨 4200（COSEH4200）	铁筷子属	约瑟夫海伊格（Josef Heuger）	约瑟夫海伊格（Josef Heuger）	20210205
1195	20210092	柯萨 4500（COSEH4500）	铁筷子属	约瑟夫海伊格（Josef Heuger）	约瑟夫海伊格（Josef Heuger）	20210205
1196	20210129	柯萨 4800（COSEH4800）	铁筷子属	约瑟夫海伊格（Josef Heuger）	约瑟夫海伊格（Josef Heuger）	20210302
1197	20210130	柯萨 4900（COSEH4900）	铁筷子属	约瑟夫海伊格（Josef Heuger）	约瑟夫海伊格（Josef Heuger）	20210302
1198	20210601	柯萨 4700（COSEH4700）	铁筷子属	约瑟夫海伊格（Josef Heuger）	约瑟夫海伊格（Josef Heuger）	20210712
1199	20210603	柯萨 5600（COSEH5600）	铁筷子属	约瑟夫海伊格（Josef Heuger）	约瑟夫海伊格（Josef Heuger）	20210712
1200	20210604	柯萨 6600（COSEH6600）	铁筷子属	约瑟夫海伊格（Josef Heuger）	约瑟夫海伊格（Josef Heuger）	20210712
1201	20210605	柯萨 6500（COSEH6500）	铁筷子属	约瑟夫海伊格（Josef Heuger）	约瑟夫海伊格（Josef Heuger）	20210712
1202	20210606	柯萨 6400（COSEH6400）	铁筷子属	约瑟夫海伊格（Josef Heuger）	约瑟夫海伊格（Josef Heuger）	20210712
1203	20210607	柯萨 6300（COSEH6300）	铁筷子属	约瑟夫海伊格（Josef Heuger）	约瑟夫海伊格（Josef Heuger）	20210712
1204	20210608	柯萨 6200（COSEH6200）	铁筷子属	约瑟夫海伊格（Josef Heuger）	约瑟夫海伊格（Josef Heuger）	20210712
1205	20210609	柯萨 8100（COSEH8100）	铁筷子属	约瑟夫海伊格（Josef Heuger）	约瑟夫海伊格（Josef Heuger）	20210712
1206	20210630	柯萨 4600（COSEH4600）	铁筷子属	约瑟夫海伊格（Josef Heuger）	约瑟夫海伊格（Josef Heuger）	20210713
1207	20210631	柯萨 5800（COSEH5800）	铁筷子属	约瑟夫海伊格（Josef Heuger）	约瑟夫海伊格（Josef Heuger）	20210713
1208	20210632	柯萨 5200（COSEH5200）	铁筷子属	约瑟夫海伊格（Josef Heuger）	约瑟夫海伊格（Josef Heuger）	20210713
1209	20210633	柯萨 7500（COSEH7500）	铁筷子属	约瑟夫海伊格（Josef Heuger）	约瑟夫海伊格（Josef Heuger）	20210713

（续）

序号	申请号	品种名称	属（种）	申请人	培育人	申请日
1210	20210634	柯萨 8000（COSEH8000）	铁筷子属	约瑟夫海伊格（Josef Heuger）	约瑟夫海伊格（Josef Heuger）	20210713
1211	20210635	柯萨 5100（COSEH5100）	铁筷子属	约瑟夫海伊格（Josef Heuger）	约瑟夫海伊格（Josef Heuger）	20210713
1212	20210649	柯萨 5300（COSEH5300）	铁筷子属	约瑟夫海伊格（Josef Heuger）	约瑟夫海伊格（Josef Heuger）	20210714
1213	20210650	柯萨 4000（COSEH4000）	铁筷子属	约瑟夫海伊格（Josef Heuger）	约瑟夫海伊格（Josef Heuger）	20210714
1214	20210651	柯萨 5000（COSEH5000）	铁筷子属	约瑟夫海伊格（Josef Heuger）	约瑟夫海伊格（Josef Heuger）	20210714
1215	20210652	柯萨 5400（COSEH5400）	铁筷子属	约瑟夫海伊格（Josef Heuger）	约瑟夫海伊格（Josef Heuger）	20210714
1216	20210653	柯萨 7700（COSEH7700）	铁筷子属	约瑟夫海伊格（Josef Heuger）	约瑟夫海伊格（Josef Heuger）	20210714
1217	20210654	柯萨 5900（COSEH5900）	铁筷子属	约瑟夫海伊格（Josef Heuger）	约瑟夫海伊格（Josef Heuger）	20210714
1218	20210655	柯萨 7900（COSEH7900）	铁筷子属	约瑟夫海伊格（Josef Heuger）	约瑟夫海伊格（Josef Heuger）	20210714
1219	20210656	柯萨 5700（COSEH5700）	铁筷子属	约瑟夫海伊格（Josef Heuger）	约瑟夫海伊格（Josef Heuger）	20210714
1220	20210657	柯萨 7300（COSEH7300）	铁筷子属	约瑟夫海伊格（Josef Heuger）	约瑟夫海伊格（Josef Heuger）	20210714
1221	20210658	柯萨 7100（COSEH7100）	铁筷子属	约瑟夫海伊格（Josef Heuger）	约瑟夫海伊格（Josef Heuger）	20210714
1222	20210659	柯萨 7400（COSEH7400）	铁筷子属	约瑟夫海伊格（Josef Heuger）	约瑟夫海伊格（Josef Heuger）	20210714
1223	20210664	柯萨 6000（COSEH6000）	铁筷子属	约瑟夫海伊格（Josef Heuger）	约瑟夫海伊格（Josef Heuger）	20210714
1224	20210761	柯萨 7600（COSEH7600）	铁筷子属	约瑟夫海伊格（Josef Heuger）	约瑟夫海伊格（Josef Heuger）	20210802
1225	20210331	云上瑶琴	山茶属	云南黄文仲茶花种植有限公司、云南省农业科学院花卉研究所	资尧琴、蔡艳飞、黄文仲	20210517
1226	20211224	帝王	蔷薇属	云南锦科花卉工程研究中心有限公司	乔丽婷、何琼、曹荣根、倪功、王江兵、田连通	20211102
1227	20211237	花仙子	蔷薇属	云南锦科花卉工程研究中心有限公司	乔丽婷、何琼、曹荣根、倪功、田连通、王江兵	20211103
1228	20211241	爱情果	蔷薇属	云南锦科花卉工程研究中心有限公司	何琼、乔丽婷、曹荣根、倪功、田连通、王江兵	20211103
1229	20211248	甜心宝贝	蔷薇属	云南锦科花卉工程研究中心有限公司	乔丽婷、何琼、曹荣根、倪功、田连通、王江兵	20211103
1230	20211250	紫色恋曲	蔷薇属	云南锦科花卉工程研究中心有限公司	王江兵、乔丽婷、曹荣根、倪功、何琼、田连通	20211103
1231	20211254	永恒之心	蔷薇属	云南锦科花卉工程研究中心有限公司	何琼、乔丽婷、曹荣根、倪功、王江兵、田连通	20211105
1232	20211263	情妹妹	蔷薇属	云南锦科花卉工程研究中心有限公司	乔丽婷、何琼、曹荣根、倪功、王江兵、田连通	20211106
1233	20211264	花季少女	蔷薇属	云南锦科花卉工程研究中心有限公司	何琼、乔丽婷、曹荣根、倪功、田连通、王江兵	20211106
1234	20211265	紫美人	蔷薇属	云南锦科花卉工程研究中心有限公司	何琼、乔丽婷、曹荣根、倪功、田连通、王江兵	20211106
1235	20211267	魅力少女	蔷薇属	云南锦科花卉工程研究中心有限公司	王江兵、何琼、乔丽婷、曹荣根、倪功、田连通	20211106
1236	20210824	贻闳	百子莲属	云南揽蓉园林工程有限公司	訾云伟	20210806
1237	20210825	舒闳	百子莲属	云南揽蓉园林工程有限公司	訾云伟	20210806
1238	20211173	厚谷	百子莲属	云南榄蓉园林工程有限公司	訾云伟	20211026
1239	20210785	六月红	石榴属	云南六月红农业科技有限公司	张聪宽、余创业、侯乐峰、罗华	20210803

（续）

序号	申请号	品种名称	属（种）	申请人	培育人	申请日
1240	20210790	桔美人	石榴属	云南六月红农业科技有限公司	张聪宽、余创业、侯乐峰、罗华	20210803
1241	20210026	黄鹂	兰属	云南省农业科学院高山经济植物研究所	和寿星、薛润光、汤王外、李兆光、和加卫、李燕、郭承刚、徐春莲、郭应杰、曹杨	20210118
1242	20210333	云上曦	山茶属	云南省农业科学院花卉研究所	蔡艳飞、李树发、王继华、李世峰、解玮佳、宋杰	20210517
1243	20210466	灼灼其华	蔷薇属	云南省农业科学院花卉研究所	邱显钦、晏慧君、王其刚、周宁宁、蹇洪英、陈敏	20210610
1244	20210467	珍宝	蔷薇属	云南省农业科学院花卉研究所	邱显钦、晏慧君、王其刚、蹇洪英、陈敏、周宁宁	20210610
1245	20210579	云之绯羽	杜鹃花属	云南省农业科学院花卉研究所	解玮佳、李世峰、宋杰、彭绿春、王继华、张颢、杨秀梅、许凤	20210707
1246	20210580	翠湖晓妆	杜鹃花属	云南省农业科学院花卉研究所	李世峰、解玮佳、彭绿春、王继华、张露、张颢、张丽芳、唐路瑶	20210707
1247	20210669	团聚	大丽花属	云南省农业科学院花卉研究所	王祥宁、段青、郭燕、杜文文、贾文杰、马璐琳	20210715
1248	20210679	丰收	大丽花属	云南省农业科学院花卉研究所	贾文杰、杜文文、段青、王祥宁、郭燕、马璐琳	20210718
1249	20210691	火花	大丽花属	云南省农业科学院花卉研究所	王继华、贾文杰、杜文文、马璐琳、段青、孙建丽	20210719
1250	20210692	赤玉	大丽花属	云南省农业科学院花卉研究所	张颢、段青、杜文文、郭燕、贾文杰、杨维	20210719
1251	20210726	粉黛	大丽花属	云南省农业科学院花卉研究所	段青、杜文文、王祥宁、贾文杰、崔光芬、瞿素萍、李慧敏	20210722
1252	20210583	翠湖怜香	杜鹃花属	云南省农业科学院花卉研究所	解玮佳、李世峰、彭绿春、宋杰、张露、许凤、李绅崇、李慧敏	20210707
1253	20210581	云之染彩	杜鹃花属	云南省农业科学院花卉研究所	彭绿春、宋杰、张露、李世峰、解玮佳、王继华、蔡艳飞、杨秀梅	20210707
1254	20210582	云之蜜语	杜鹃花属	云南省农业科学院花卉研究所	王继华、彭绿春、解玮佳、李世峰、宋杰、李树发、蔡艳飞、张艺萍	20210707
1255	20210693	红颜	大丽花属	云南省农业科学院花卉研究所、玉溪云星生物科技有限公司	杜文文、贾文杰、段青、吴丽芳、马璐琳、王祥宁	20210719
1256	20210699	小清新	大丽花属	云南省农业科学院花卉研究所、玉溪云星生物科技有限公司	段青、杜文文、马璐琳、李慧敏、王祥宁	20210719
1257	20210702	萤火	大丽花属	云南省农业科学院花卉研究所、玉溪云星生物科技有限公司	马璐琳、段青、杜文文、贾文杰、王祥宁、郭燕	20210720
1258	20210332	云上桃夭	山茶属	云南省农业科学院花卉研究所、云南黄文仲茶花种植有限公司	蔡艳飞、资尧琴、黄文仲、李树发、彭绿春、宋杰、张露	20210517
1259	20210228	蓝颜	蔷薇属	云南云秀花卉有限公司	段云晟、王其刚、杨培娟、王丽花、周增清、许艺瀛、何紫怡、段金辉	20210418
1260	20210409	金彩	蔷薇属	云南云秀花卉有限公司	段金辉、王其刚、王丽花、刘发伦、赵晓丹、周增清、许艺瀛、段云晟、薛祖旺、杨培娟	20210603

（续）

序号	申请号	品种名称	属（种）	申请人	培育人	申请日
1261	20210094	好雨	黄杨属	翟锦如	翟锦如	20210206
1262	20201067	张双 6 号	杏	张家口市农业科学院	王秀荣、吕丽霞、许建铭、王玉祥、王维、赵海洋、王伟军、郝建宇、刘晓婕、杨振华、贾莉、楚紫辉、李克文、闫文静	20201216
1263	20211317	张仁 9 号	杏	张家口市农业科学院	王秀荣、吕丽霞、王维、乌云塔娜、李彦慧、刘晓婕、王毅敏、杨振华、赵罕、朱高浦、李克文	20211111
1264	20211385	张仁 5 号	杏	张家口市农业科学院	王秀荣、吕丽霞、王玉祥、王维、刘晓婕、王毅敏、王伟军、郝建宇、李克文、金颖璐、刘晶晶、陈宝刚	20211118
1265	20210058	小蜜莓	悬钩子属	张群英、贵州省植物园、贵州贵山红农业发展有限公司	张群英、陈哲、杨鼎元、官纪元	20210125
1266	20210745	十月红	悬钩子属	张群英、贵州省植物园、贵州贵山红农业发展有限公司	张群英	20210729
1267	20210746	棱蜜莓	悬钩子属	张群英、贵州省植物园、贵州贵山红农业发展有限公司	张群英	20210729
1268	20210283	新楠一号	楠属	长江大学	费永俊、胡蝶、孙兵、肖波、于鹏宇、潘晓	20210510
1269	20210190	彩云	木槿属	长泰金诺农业科技有限公司	张其生、董金龙	20210325
1270	20210667	墨美 1 号	秋海棠属	浙江虹安园艺有限公司	龚仲幸、江胜德、陈溪、张鑫、方旭初、杨怡钰	20210715
1271	20210760	墨美 3 号	秋海棠属	浙江虹安园艺有限公司	江胜德、陈溪、方旭初、林玉、杜习武、龚仲幸	20210802
1272	20210850	墨美 2 号	秋海棠属	浙江虹安园艺有限公司	龚仲幸、江胜德、杨怡钰、方卓尔、张鑫	20210812
1273	20201085	青山大闪蝶	绣球属	浙江理工大学、杭州市园林绿化股份有限公司	卢山、吴凡、崔祺、李东泽、张楠、任飞	20201214
1274	20210763	胭脂伞	绣球属	浙江理工大学、杭州市园林绿化股份有限公司	卢山、李东泽、吴凡、崔祺、张楠	20210802
1275	20210137	蜂儿榧	榧树属	浙江农林大学、磐安县农家缘香榧专业合作社、磐安县自然资源和规划局	张敏、陈红星、张迟、郑国良、张苏炯、傅志华、曹兆平、张笑	20210304
1276	20210138	磐东榧	榧树属	浙江农林大学、磐安县农家缘香榧专业合作社、磐安县自然资源和规划局	张敏、陈红星、张迟、张苏炯、郑国良、陈海清、傅志华	20210304
1277	20211316	春江梦月	山茶属	浙江钱塘湾农业发展有限公司、中国林业科学研究院亚热带林业研究所、杭州富阳万山红园林科技有限公司	李纪元、方建平、游鸣飞、夏奇、俞文仙	20211111
1278	20211318	春江粉妆	山茶属	浙江钱塘湾农业发展有限公司、中国林业科学研究院亚热带林业研究所、杭州富阳万山红园林科技有限公司	李纪元、葛万川、范正琪、刘伟鑫、游鸣飞、方建平、夏奇、俞文仙	20211111

（续）

序号	申请号	品种名称	属（种）	申请人	培育人	申请日
1279	20211320	春江粉玉	山茶属	浙江钱塘湾农业发展有限公司、中国林业科学研究院亚热带林业研究所、杭州富阳万山红园林科技有限公司	李纪元、刘伟鑫、范正琪、葛万川、方建平、俞文仙、游鸣飞、夏奇	20211111
1280	20211355	春江瑞紫	山茶属	浙江钱塘湾农业发展有限公司、中国林业科学研究院亚热带林业研究所、杭州富阳万山红园林科技有限公司	李纪元、范正琪、刘伟鑫、葛万川、游鸣飞、沈剑、夏奇、方建平	20211116
1281	20211356	春江瑞香	山茶属	浙江钱塘湾农业发展有限公司、中国林业科学研究院亚热带林业研究所、杭州富阳万山红园林科技有限公司	李纪元、范正琪、刘伟鑫、葛万川、游鸣飞、方建平、俞文仙、夏奇	20211116
1282	20211357	春江秋香	山茶属	浙江钱塘湾农业发展有限公司、中国林业科学研究院亚热带林业研究所、杭州富阳万山红园林科技有限公司	李纪元、范正琪、刘伟鑫、游鸣飞、葛万川、夏奇、沈剑、俞文仙	20211116
1283	20210027	金烨	冬青属	浙江森城种业有限公司	沈劲余、沈鸿明、朱王微、张晓杰、薛桂芳、王国联	20210118
1284	20210008	富贵	杜鹃花属	浙江省林业科学研究院	杨华、宋绪忠、王秀云、陈卓梅、王金凤、沈剑	20210113
1285	20210009	扭舞	杜鹃花属	浙江省林业科学研究院	宋绪忠、杨华、王秀云	20210113
1286	20210028	朝霞	乌桕属	浙江省林业科学研究院	李因刚、柳新红、周琦、蒋冬月、沈鑫、石从广	20210118
1287	20210032	争艳	乌桕属	浙江省林业科学研究院	李因刚、石从广、柳新红、周琦、沈鑫、蒋冬月	20210119
1288	20210033	漫山红遍	乌桕属	浙江省林业科学研究院	李因刚、柳新红、周琦、张丽芳、沈鑫、蒋冬月	20210119
1289	20210034	灿烂	乌桕属	浙江省林业科学研究院	李因刚、周琦、柳新红、沈鑫、蒋冬月、石从广	20210119
1290	20210035	辉煌	乌桕属	浙江省林业科学研究院	李因刚、周琦、柳新红、石从广、沈鑫、蒋冬月	20210119
1291	20211025	蓝梦	铁线莲属	浙江省亚热带作物研究所	郑坚、钱仁卷、胡青荻、张旭乐、马晓华、陈义增、林轫安	20210915
1292	20210503	华魅墨玉	铁筷子属	浙江省园林植物与花卉研究所	史小华、马广莹	20210619
1293	20210504	华魅姹紫	铁筷子属	浙江省园林植物与花卉研究所	史小华、马广莹	20210619
1294	20210562	粉喇叭	萱草属	浙江省园林植物与花卉研究所	马广莹、史小华	20210706
1295	20210563	紫铃铛	萱草属	浙江省园林植物与花卉研究所	马广莹、史小华	20210706
1296	20210564	早夏	萱草属	浙江省园林植物与花卉研究所	马广莹、史小华	20210706
1297	20210565	飞鸽	萱草属	浙江省园林植物与花卉研究所	马广莹、史小华	20210706
1298	20211099	秋意	萱草属	浙江省园林植物与花卉研究所	周琴、马广莹、史小华	20211012
1299	20210996	彩椿	臭椿属	郑金贺、任杰、安徽省彩林苗木种植有限责任公司	任杰、郑金贺、陈竹、骆绪美、兰伟	20210907
1300	20210942	四季无忧	无忧花属	中国科学院华南植物园	宁祖林、翁楚雄、李冬梅、陈玲、曾小平、杨镇明、谢就媚	20210823

（续）

序号	申请号	品种名称	属（种）	申请人	培育人	申请日
1301	20210943	紫红荷 1 号	紫金牛属	中国科学院华南植物园	宁祖林、李冬梅、陈玲、杨镇明、刘华、曾小平、卢琼妹	20210823
1302	20210944	紫红荷 2 号	紫金牛属	中国科学院华南植物园	宁祖林、吴兴、李冬梅、卢琼妹、陈玲、曾小平、刘华、谢就媚	20210823
1303	20210636	颜如玉	兜兰属	中国科学院昆明植物研究所	黄家林、邓克云、张石宝、胡虹、李树云、刘森银、徐正海	20210713
1304	20210637	夏锦	兜兰属	中国科学院昆明植物研究所	黄家林、邓克云、张石宝、胡虹、李树云、刘森银、王华、常玮	20210713
1305	20210638	云美人	兜兰属	中国科学院昆明植物研究所	黄家林、邓克云、张石宝、胡虹、李树云、刘森银、王华	20210713
1306	20210640	鹤舞	兜兰属	中国科学院昆明植物研究所	黄家林、邓克云、张石宝、胡虹、李树云、刘森银、徐正海	20210713
1307	20210643	紫玉盏	兜兰属	中国科学院昆明植物研究所	黄家林、邓克云、张石宝、胡虹、李树云、刘森银、徐正海	20210713
1308	20210405	白蝶	羊蹄甲属	中国科学院西双版纳热带植物园	吴福川	20210601
1309	20210560	西园 1 号	羊蹄甲属	中国科学院西双版纳热带植物园	吴福川	20210705
1310	20210561	恩达	玉叶金花属	中国科学院西双版纳热带植物园	吴福川	20210705
1311	20210748	喜洋洋	羊蹄甲属	中国科学院西双版纳热带植物园	吴福川	20210729
1312	20210975	山雪	玉叶金花属	中国科学院西双版纳热带植物园	吴福川、李剑武、席会鹏	20210828
1313	20210998	火苗	玉叶金花属	中国科学院西双版纳热带植物园	吴福川	20210908
1314	20211010	红丝绸	玉叶金花属	中国科学院西双版纳热带植物园	吴福川	20210909
1315	20210492	粉色佳人	羊蹄甲属	中国科学院西双版纳州热带植物园	吴福川	20210615
1316	20201114	嫦娥	丁香属	中国科学院植物研究所	崔洪霞、石雷、臧淑英	20201228
1317	20201115	娉婷	丁香属	中国科学院植物研究所	崔洪霞、石雷、臧淑英	20201228
1318	20210066	科植 8 号	忍冬属	中国科学院植物研究所	唐宇丹、李霞、李慧、法丹丹、姚涓、安玉来、邢全、李锐丽	20210126
1319	20210407	华彩染黛	芍药属	中国科学院植物研究所	杨勇、王亮生、李珊珊、吴铭鑫、张琳	20210603
1320	20210416	华妃醉颜	芍药属	中国科学院植物研究所	李珊珊、王亮生、杨勇、王倩玉、任红旭	20210603
1321	20210418	华彩星辰	芍药属	中国科学院植物研究所	李珊珊、王亮生、杨勇、朱瑾、徐文忠	20210603
1322	20210421	华妃荷韵	芍药属	中国科学院植物研究所	杨勇、王亮生、李珊珊、武耀星、刘成	20210603
1323	20210423	华玉丹心	芍药属	中国科学院植物研究所	王亮生、李珊珊、杨勇、汪阿菁、孙珊珊	20210604
1324	20210429	华妃焕彩	芍药属	中国科学院植物研究所	杨勇、王亮生、李珊珊、吕梦雯、薛博阳	20210607
1325	20210430	华妃闭月	芍药属	中国科学院植物研究所	王亮生、李珊珊、杨勇、王晓晗、肖红强	20210607

（续）

序号	申请号	品种名称	属（种）	申请人	培育人	申请日
1326	20210431	华彩霓虹	芍药属	中国科学院植物研究所	王亮生、李珊珊、杨勇、张玲、王倩玉	20210607
1327	20210436	华妃十八	芍药属	中国科学院植物研究所	王亮生、李珊珊、杨勇、侯异璇、肖红强	20210607
1328	20210437	华彩叠锦	芍药属	中国科学院植物研究所	王亮生、杨勇、李珊珊、苏洽帆、任红旭	20210607
1329	20210439	华妃浓妆	芍药属	中国科学院植物研究所	李珊珊、王亮生、杨勇、薛畅、刘成	20210607
1330	20210440	华彩流光	芍药属	中国科学院植物研究所	李珊珊、王亮生、杨勇、孙苗、张艺馨	20210607
1331	20210445	华玉光芒	芍药属	中国科学院植物研究所	王亮生、杨勇、李珊珊、李冰、张玲	20210608
1332	20210588	暮春	牛至属	中国科学院植物研究所	石雷、白红彤、夏菲、李慧、王頔	20210708
1333	20210589	织女	牛至属	中国科学院植物研究所	李慧、石雷、白红彤、夏菲、王頔、李靖锐	20210708
1334	20210717	娥皇	牛至属	中国科学院植物研究所	李慧、石雷、白红彤、夏菲、王頔	20210721
1335	20210721	女英	牛至属	中国科学院植物研究所	石雷、夏菲、白红彤、李慧、王頔	20210721
1336	20211249	科园蓝臻	柏木属	中国科学院植物研究所	唐宇丹、邢全、李慧、姚涓、李锐丽	20211103
1337	20211251	科园碧粼	柏木属	中国科学院植物研究所	唐宇丹、李慧、李锐丽、邢全、姚涓、白红彤	20211104
1338	20210610	林科俏佳人	卡特兰属	中国林业科学研究院林业研究所	郑宝强、王雁	20210713
1339	20210611	林科粉妆佳人	卡特兰属	中国林业科学研究院林业研究所	王雁、郑宝强	20210713
1340	20210612	林科伊人淡妆	卡特兰属	中国林业科学研究院林业研究所	郑宝强、王雁	20210713
1341	20210613	林科熊猫	卡特兰属	中国林业科学研究院林业研究所	王雁、郑宝强	20210713
1342	20210624	林科炫影	石斛属	中国林业科学研究院林业研究所	郑宝强、王雁	20210713
1343	20210625	林科金币	石斛属	中国林业科学研究院林业研究所	王雁、郑宝强	20210713
1344	20210626	林科幻彩	石斛属	中国林业科学研究院林业研究所	王雁、郑宝强	20210713
1345	20210627	林科白美人	卡特兰属	中国林业科学研究院林业研究所	郑宝强、王雁	20210713
1346	20210628	林科粉美人	卡特兰属	中国林业科学研究院林业研究所	王雁、郑宝强	20210713
1347	20211004	秋美	枫香属	中国林业科学研究院林业研究所、安徽省林业科技推广总站、黄山学院	郑勇奇、房震、潘健、翟大才、郭香吟、赖玖鑫、黄平、林富荣、顾桃红、何芝兰、柏晓辉、吴锦菲、崔珺、陈艳荣	20210908
1348	20210235	礼宾脉风	木通属	中国林业科学研究院林业研究所、古丈县明宏农业发展有限公司	李斌、郑勇奇、向明宏	20210420
1349	20210680	九皋天丁	皂荚属	中国林业科学研究院林业研究所、河南豫博药业科技有限公司	林富荣、赵晓斌、何山林、李斌、郑勇奇、郭绍波、付志方、朱水旺	20210719
1350	20210264	豫新 2 号	梓树属	中国林业科学研究院林业研究所、南阳市林业科学研究院	麻文俊、王军辉、翟文继、安静、周志军、王楠、丁凤刚、王付玉、胡盼、王二燕	20210504
1351	20210277	豫新 3 号	梓树属	中国林业科学研究院林业研究所、南阳市林业科学研究院	麻文俊、翟文继、王军辉、安静、卢楠、李洁、张珅、易飞、杨桂娟、胡盼	20210507

（续）

序号	申请号	品种名称	属（种）	申请人	培育人	申请日
1352	20210972	窈窕淑女	木兰属	中国林业科学研究院林业研究所、南召县林业局	黄平、郑勇奇、程蓓蓓、林富荣、李斌、周虎、田彦、王鹏飞、张黎黎、王保杰	20210827
1353	20210973	白鸽展翅	木兰属	中国林业科学研究院林业研究所、南召县林业局	郑勇奇、黄平、周虎、徐功元、田彦、张新朋、程蓓蓓、林富荣、李斌、李小敏	20210827
1354	20210660	河东八号	皂荚属	中国林业科学研究院林业研究所、山西绿源春生态林业有限公司	林富荣、雷永元、李斌、郑勇奇、闫义定、闫桂兰	20210714
1355	20210661	河东九号	皂荚属	中国林业科学研究院林业研究所、山西绿源春生态林业有限公司	林富荣、雷永元、李斌、郑勇奇、闫义定、闫桂兰	20210714
1356	20210662	河东十号	皂荚属	中国林业科学研究院林业研究所、山西绿源春生态林业有限公司	林富荣、黄平、李斌、雷永元、闫义定、闫桂兰	20210714
1357	20210665	河东雄风	皂荚属	中国林业科学研究院林业研究所、山西绿源春生态林业有限公司	林富荣、李斌、黄平、郑勇奇、雷永元、闫义定	20210714
1358	20210681	海绵宝宝	皂荚属	中国林业科学研究院林业研究所、嵩县林业局	林富荣、赵晓斌、何山林、李斌、郑勇奇、张超建、刘继红、王旭光	20210719
1359	20210236	礼宾奇凤	木通属	中国林业科学研究院林业研究所、浙江省林业科学研究院、开化原态家庭农场	李斌、郑勇奇、程诗明、成亮、吴德程	20210420
1360	20211183	沙新杨 1 号	杨属	中国林业科学研究院沙漠林业实验中心	王志刚、胡建军、刘明虎、苏智、赵英铭、张格、段瑞兵	20211028
1361	20211358	春江艳霞	山茶属	中国林业科学研究院亚热带林业研究所	李纪元、李辛雷、范正琪、殷恒福、刘伟鑫、葛万川、沈剑、俞文仙	20211116
1362	20211365	春江彤燕	山茶属	中国林业科学研究院亚热带林业研究所	李纪元、杨志玲、范正琪、殷恒福、李辛雷、刘伟鑫、葛万川	20211116
1363	20211366	春江风光	山茶属	中国林业科学研究院亚热带林业研究所	李纪元、田敏、范正琪、李辛雷、殷恒福、刘伟鑫、葛万川、沈剑	20211116
1364	20211407	春江虹蕊	山茶属	中国林业科学研究院亚热带林业研究所	李纪元、范正琪、殷恒福、李辛雷、刘伟鑫、葛万川、沈剑	20211120
1365	20211408	春江田园	山茶属	中国林业科学研究院亚热带林业研究所	李纪元、殷恒福、刘伟鑫、范正琪、李辛雷、葛万川、沈剑	20211120
1366	20210113	福广	栎属	中国林业科学研究院亚热带林业研究所、东台市通源种苗场	柴胜元、王树凤、孙海菁、路晓宏、施翔、叶厚群、唐育林、路燕	20210224
1367	20210114	福吉	栎属	中国林业科学研究院亚热带林业研究所、东台市通源种苗场	柴胜元、王树凤、陈益泰、孙海菁、路晓宏、叶厚群、唐育林、路燕	20210224
1368	20210848	美人指	榧树属	中国林业科学研究院亚热带林业研究所、杭州富阳森冠香榧专业合作社	姚小华、曹永庆、朱生国、王开良、任华东、常君	20210811

（续）

序号	申请号	品种名称	属（种）	申请人	培育人	申请日
1369	20211413	春江含香	山茶属	中国林业科学研究院亚热带林业研究所、金华市莫闲园艺工程有限公司	李纪元、游鸣飞、沈剑、范正琪、刘伟鑫、葛万川	20211121
1370	20211417	春江丹珠	山茶属	中国林业科学研究院亚热带林业研究所、金华市莫闲园艺工程有限公司	李纪元、刘伟鑫、游鸣飞、范正琪、李辛雷、殷恒福、葛万川、沈剑	20211123
1371	20210844	早珍珠	榧树属	中国林业科学研究院亚热带林业研究所、嵊州市大牛尖香榧专业合作社、杭州富阳森冠香榧专业合作社	曹永庆、姚小华、朱生国、任华东、王开良、常君、张永尧	20210810
1372	20210857	铜皮	余甘子	中国林业科学院热带林业研究所、保山市林业和草原技术推广站	郭俊杰、黄佳聪、蒋华、杨晏平、曾杰、吴建花、李归林	20210812
1373	20210858	秋红	余甘子	中国林业科学院热带林业研究所、保山市林业和草原技术推广站	郭俊杰、黄佳聪、罗存贞、杨晏平、曾杰、李碧琳、吴建花	20210812
1374	20210037	菲韵	蔷薇属	中国农业大学	高俊平、张常青、马男、李永红、周晓锋、孙小明	20210119
1375	20210038	炽焰	蔷薇属	中国农业大学	高俊平、马男、李永红、马超、周晓锋、孙小明	20210119
1376	20210041	粉黛玉	蔷薇属	中国农业大学	高俊平、李永红、马男、周晓锋、孙小明、景维坤	20210120
1377	20210042	云裳	蔷薇属	中国农业大学	高俊平、马男、景维坤、李永红、孙小明、马超	20210120
1378	20210043	娉婷	蔷薇属	中国农业大学	高俊平、周晓锋、马男、马超、张常青、孙小明	20210120
1379	20210044	落日熔金	蔷薇属	中国农业大学	高俊平、李永红、马男、马超、张常青、景维坤	20210120
1380	20210045	素霓	蔷薇属	中国农业大学	高俊平、周晓锋、马男、景维坤、李永红、张常青	20210120
1381	20211319	中碧玉绣	桃花	中国农业科学院郑州果树研究所	王新卫、王力荣、李勇、朱更瑞、方伟超、曹珂、陈昌文、吴金龙、凌国钧、岳林国	20211111
1382	20211321	中碧粉绣	桃花	中国农业科学院郑州果树研究所	方伟超、陈昌文、王力荣、曹珂、朱更瑞、王新卫、李勇、吴金龙、李芳菲	20211112
1383	20211323	中碧瑰绣	桃花	中国农业科学院郑州果树研究所	王力荣、陈昌文、朱更瑞、方伟超、曹珂、王新卫、李勇、吴金龙、牛棚、张涛	20211112
1384	20211330	中碧早香春	桃花	中国农业科学院郑州果树研究所	朱更瑞、王力荣、曹珂、方伟超、陈昌文、王新卫、李勇、吴金龙、谢景梅	20211112
1385	20211332	中碧早香菊	桃花	中国农业科学院郑州果树研究所	王玲玲、王力荣、朱更瑞、方伟超、陈昌文、曹珂、王新卫、李勇、吴金龙	20211112
1386	20211431	中杏 3 号	杏	中国农业科学院郑州果树研究所	夏乐晗、陈玉玲、黄振宇、陈龙、崔泽轩、刘斌	20211124
1387	20211435	中杏 4 号	杏	中国农业科学院郑州果树研究所	陈玉玲、夏乐晗、黄振宇、陈龙、崔泽轩、宋文清、乔书瑞、于志强	20211125
1388	20211454	中碧知春寿星	桃花	中国农业科学院郑州果树研究所	李勇、陈昌文、王力荣、朱更瑞、方伟超、曹珂、王新卫、吴金龙、谢景梅	20211202

（续）

序号	申请号	品种名称	属（种）	申请人	培育人	申请日
1389	20211458	中碧早丹红	桃花	中国农业科学院郑州果树研究所	王力荣、朱更瑞、方伟超、陈昌文、王新卫、李勇、曹珂、吴金龙	20211202
1390	20211463	中碧粉铃重	桃花	中国农业科学院郑州果树研究所	方伟超、朱更瑞、王力荣、陈昌文、曹珂、王新卫、李勇、吴金龙、张素霞、牛棚	20211206
1391	20211466	中碧早粉葵	桃花	中国农业科学院郑州果树研究所	曹珂、王力荣、朱更瑞、陈昌文、方伟超、王新卫、李勇、吴金龙、谢景梅、张涛	20211207
1392	20211467	中碧二乔粉葵	桃花	中国农业科学院郑州果树研究所	朱更瑞、方伟超、王力荣、王新卫、陈昌文、曹珂、李勇、吴金龙、谢景梅、李全红	20211207
1393	20210006	珐琅	木槿属	中国热带农业科学院热带作物品种资源研究所	牛俊海、冷青云、徐世松、黄少华	20210111
1394	20210007	出水芙蓉	木槿属	中国热带农业科学院热带作物品种资源研究所	牛俊海、冷青云、徐世松、黄少华	20210113
1395	20210010	武状元	叶子花属	中国热带农业科学院热带作物品种资源研究所	牛俊海、徐世松、冷青云、黄少华	20210113
1396	20210011	春归	叶子花属	中国热带农业科学院热带作物品种资源研究所	牛俊海、徐世松、冷青云、黄少华	20210113
1397	20210013	桃靥	木槿属	中国热带农业科学院热带作物品种资源研究所	牛俊海、冷青云、徐世松、黄少华	20210113
1398	20210019	金盾	木槿属	中国热带农业科学院热带作物品种资源研究所	牛俊海、冷青云、徐世松、黄少华	20210114
1399	20210022	红海星	木槿属	中国热带农业科学院热带作物品种资源研究所	牛俊海、冷青云、徐世松、黄少华	20210118
1400	20210023	龙爪红	木槿属	中国热带农业科学院热带作物品种资源研究所	牛俊海、冷青云、徐世松、黄少华	20210118
1401	20210170	云龙粉	木槿属	中国热带农业科学院热带作物品种资源研究所	牛俊海、冷青云、徐世松、黄少华	20210316
1402	20210171	秋白	木槿属	中国热带农业科学院热带作物品种资源研究所	牛俊海、徐世松、冷青云、黄少华	20210316
1403	20210172	逍遥巾	木槿属	中国热带农业科学院热带作物品种资源研究所	牛俊海、徐世松、冷青云、黄少华	20210316
1404	20210173	春娇	叶子花属	中国热带农业科学院热带作物品种资源研究所	牛俊海、徐世松、冷青云、黄少华	20210317
1405	20210174	赤兔马	叶子花属	中国热带农业科学院热带作物品种资源研究所	牛俊海、徐世松、冷青云、黄少华	20210317

（续）

序号	申请号	品种名称	属（种）	申请人	培育人	申请日
1406	20210175	竹蝶	木槿属	中国热带农业科学院热带作物品种资源研究所	牛俊海、冷青云、徐世松、黄少华	20210317
1407	20210178	袈裟	叶子花属	中国热带农业科学院热带作物品种资源研究所	牛俊海、徐世松、冷青云、黄少华	20210318
1408	20210180	醉金秋	叶子花属	中国热带农业科学院热带作物品种资源研究所	牛俊海、冷青云、徐世松、黄少华	20210318
1409	20210181	紫绮冠	叶子花属	中国热带农业科学院热带作物品种资源研究所	牛俊海、徐世松、冷青云、黄少华	20210318
1410	20210183	红罗裙	叶子花属	中国热带农业科学院热带作物品种资源研究所	牛俊海、徐世松、冷青云、黄少华	20210319
1411	20210184	斑斓	叶子花属	中国热带农业科学院热带作物品种资源研究所	牛俊海、徐世松、冷青云、黄少华	20210321
1412	20210187	白玉盏	叶子花属	中国热带农业科学院热带作物品种资源研究所	牛俊海、徐世松、冷青云、黄少华	20210322
1413	20210188	寿星	木槿属	中国热带农业科学院热带作物品种资源研究所	牛俊海、冷青云、徐世松、黄少华	20210323
1414	20210192	五彩祥云	叶子花属	中国热带农业科学院热带作物品种资源研究所	牛俊海、徐世松、冷青云、黄少华	20210331
1415	20210193	仙翁	叶子花属	中国热带农业科学院热带作物品种资源研究所	牛俊海、冷青云、徐世松、黄少华	20210331
1416	20211255	仙人余粮 1 号	黄精属	中国医学科学院药用植物研究所	丁自勉、祁建军	20211105
1417	20211256	仙人余粮 2 号	黄精属	中国医学科学院药用植物研究所	祁建军、丁自勉、李先恩	20211105
1418	20211257	仙人余粮 3 号	黄精属	中国医学科学院药用植物研究所	丁自勉、祁建军	20211105
1419	20211258	仙人余粮 5 号	黄精属	中国医学科学院药用植物研究所	祁建军、丁自勉、李先恩	20211105
1420	20211270	仙人余粮 4 号	黄精属	中国医学科学院药用植物研究所	丁自勉、祁建军	20211108
1421	20210526	国芩 1 号	黄芩属	中国中药有限公司、国药种业有限公司	王继永、曾燕、刘美娟、郑司浩、王浩、尚兴朴、李进瞳	20210624
1422	20211148	国芩 2 号	黄芩属	中国中药有限公司、国药种业有限公司	王继永、刘美娟、曾燕、王浩、郑司浩、尚兴朴、李进瞳	20211022
1423	20210432	华焰红阳	芍药属	中科院植物研究所	王亮生、杨勇、李珊珊、胡杨、徐文忠	20210607
1424	20211396	皇锦 1 号	红豆杉属	中南林业科技大学	曹基武、何日成、刘木胜	20211119
1425	20210428	森郁	柳杉属	中南林业科技大学、福建省霞浦国有林场、福建农林大学	文亚峰、翁怀锋、魏招云、郑国华、李鑫玉、林祖建、叶永荣、陈瑞杰、郑亮亮	20210604

（续）

序号	申请号	品种名称	属（种）	申请人	培育人	申请日
1426	20210341	缤纷 4 号	白鹤芋属	中山缤纷园艺有限公司	李培凤	20210520
1427	20210342	缤纷 3 号	白鹤芋属	中山缤纷园艺有限公司	李培凤	20210520
1428	20210343	缤纷 2 号	白鹤芋属	中山缤纷园艺有限公司	李培凤	20210520
1429	20210344	缤纷 1 号	白鹤芋属	中山缤纷园艺有限公司	李培凤	20210520
1430	20201126	农高 2 号	越橘属	中以生态农业有限公司、山东省果树研究所	陈明学、陈德、洪坡、朱东姿、王甲威、刘庆忠、谭钺、赵健、苏鹏、刘婧	20201230
1431	20210119	南山春紫	杜鹃花属	重庆市南山植物园管理处	权俊萍、张绍林、陈静、李丽、刘家艳、陈欣媛	20210226
1432	20210120	祥云	杜鹃花属	重庆市南山植物园管理处	权俊萍、张绍林、陈静、王莉、何炜	20210227
1433	20210233	凤凰桐 2021	泡桐属	周德洲	周德洲	20210420
1434	20210076	匀冠蕴霞	文冠果	淄博市川林彩叶卫矛新品种研究所、秦皇岛常继民文冠果种植专业合作社、北京林业大学	翟慎学、程伟、常金玲、王馨蕊、许久恒、孙阔、徐丽、余婷、毛建丰、关文彬	20210129
1435	20210077	匀冠紫霞	文冠果	淄博市川林彩叶卫矛新品种研究所、秦皇岛常继民文冠果种植专业合作社、北京林业大学	翟慎学、程伟、常金玲、余婷、王馨蕊、许久恒、孙阔、徐丽、毛建丰、关文彬	20210129
1436	20210089	匀冠郁霞	文冠果	淄博市川林彩叶卫矛新品种研究所、秦皇岛常继民文冠果种植专业合作社、北京林业大学	翟慎学、孙海玲、常金玲、徐丽、余婷、王馨蕊、许久恒、孙阔、关文彬	20210205
1437	20210747	馨彤	木兰属	棕榈生态城镇发展股份有限公司、陕西省西安植物园	王晶、王亚玲、岳琳、武艳芳、胡传伟、邓健、赵珊珊、陈娜娟	20210729
1438	20210829	溢彩	含笑属	棕榈生态城镇发展股份有限公司、陕西省西安植物园	赵珊珊、王晶、王亚玲、武艳芳、岳琳、邓健、胡传伟、陈娜娟	20210809
1439	20210830	怡馨	含笑属	棕榈生态城镇发展股份有限公司、陕西省西安植物园	武艳芳、胡传伟、王晶、王亚玲、赵珊珊、陈娜娟、邓健、岳琳	20210809
1440	20210832	半梦	含笑属	棕榈生态城镇发展股份有限公司、陕西省西安植物园	王晶、王亚玲、赵珊珊、岳琳、武艳芳、胡传伟、陈娜娟	20210809
1441	20210792	金绯	含笑属	棕榈生态城镇发展股份有限公司、陕西省西安植物园	王晶、王亚玲、武艳芳、胡传伟、岳琳、赵珊珊、陈娜娟	20210804
1442	20210831	惜霜	含笑属	棕榈生态城镇发展股份有限公司、陕西省西安植物园	岳琳、赵珊珊、胡传伟、王晶、武艳芳、王亚玲、陈娜娟	20210809

数据来源：国家林业和草原局植物新品种保护办公室。

附表3　2021年林产品地理标志

序号	注册号（公告编号）	地理标志名称	省（自治区、直辖市）	申请单位	公告日期	备注
1	25565963	宁夏枸杞	宁夏	宁夏枸杞产业发展中心	20211006	国家知识产权局商标局
2	25565964	宁夏枸杞	宁夏	宁夏枸杞产业发展中心	20211006	国家知识产权局商标局
3	25565965	宁夏枸杞	宁夏	宁夏枸杞产业发展中心	20211006	国家知识产权局商标局
4	28106353	南涧无量山核桃	云南	南涧县无量山高原特色农产品品牌协会	20210106	国家知识产权局商标局
5	30415237	江津大茶树	重庆	重庆市江津区茶叶协会	20210306	国家知识产权局商标局
6	31996817	康定羊肚菌	四川	康定市农业技术推广和土壤肥料站	20210806	国家知识产权局商标局
7	34317145	长宁枇杷	四川	长宁县农业技术推广站	20210313	国家知识产权局商标局
8	34563383	长宁竹林鸡	四川	长宁县畜牧畜禽改良站	20210320	国家知识产权局商标局
9	34745910	曲水玫瑰	西藏	曲水县农业技术推广站	20211106	国家知识产权局商标局
10	34924311	伊犁蜂蜜	新疆	伊犁哈萨克自治州农村能源环境工作站	20210306	国家知识产权局商标局
11	35344600	海林猴头菇	黑龙江	海林市供销合作社联合社	20210806	国家知识产权局商标局
12	35845504	巨鹿大紫枣	河北	巨鹿县大紫枣种植协会	20210327	国家知识产权局商标局
13	36260152	太平大枣	陕西	西咸新区空港新城太平镇杏枣协会	20211213	国家知识产权局商标局
14	37338829	霍邱芡实	安徽	霍邱县水产养殖专业技术协会	20210113	国家知识产权局商标局
15	37433028	定州缂丝	河北	定州市电子商务协会	20210406	国家知识产权局商标局
16	37945905	荥经天麻	四川	荥经县农业科技指导服务中心（四川省农业广播电视学校荥经分校）	20210306	国家知识产权局商标局
17	37972807	潜山瓜蒌	安徽	潜山市瓜蒌综合开发研究所	20210306	国家知识产权局商标局
18	38407257	南四湖蒲草	山东	微山县蒲草加工协会	20210306	国家知识产权局商标局
19	38407258	南四湖蒲草	山东	微山县蒲草加工协会	20211220	国家知识产权局商标局
20	38542763	保康天麻	湖北	保康县天麻种植协会	20211206	国家知识产权局商标局
21	38613605	贡山草果	云南	贡山独龙族怒族自治县供销合作联社	20210306	国家知识产权局商标局
22	38746075	疏附开心果	新疆	喀什农村合作经济组织协会	20210113	国家知识产权局商标局
23	38990561	美姑大红袍花椒	四川	美姑县农业农村发展促进会	20210413	国家知识产权局商标局
24	39173046	麦盖提灰枣	新疆	喀什农村合作经济组织协会	20211106	国家知识产权局商标局
25	39351879	奉节橄榄油	重庆	奉节县油橄榄研究院	20210327	国家知识产权局商标局
26	39415072	唐县大枣	河北	唐县生态农业产业协会	20210113	国家知识产权局商标局
27	39643427	德兴铁皮石斛	江西	德兴市铁皮石斛产业协会	20210806	国家知识产权局商标局
28	39801021	茂名荔枝	广东	茂名市农业农村事务中心	20211220	国家知识产权局商标局

（续）

序号	注册号（公告编号）	地理标志名称	省（自治区、直辖市）	申请单位	公告日期	备注
29	39801022	茂名荔枝	广东	茂名市农业农村事务中心	20211220	国家知识产权局商标局
30	39801140	沙县蜂蜜	福建	沙县蜂产品协会	20210620	国家知识产权局商标局
31	40151904	唐县核桃	河北	唐县生态农业产业协会	20210113	国家知识产权局商标局
32	40392413	古蔺甜橙	四川	古蔺县特色农产品产业发展服务中心	20210620	国家知识产权局商标局
33	40869650	鹿泉核桃	河北	石家庄市鹿泉区核桃协会	20211213	国家知识产权局商标局
34	40901055	巫山川牛膝	重庆	巫山县特色经作生产管理中心	20211227	国家知识产权局商标局
35	41043161	波密蜂蜜 BOMI HONEY	西藏	西藏波密县农技推广服务站	20211206	国家知识产权局商标局
36	41377263	茶陵白芷	湖南	茶陵县大蒜生姜协会	20210413	国家知识产权局商标局
37	41741304	美姑核桃	四川	美姑县农业农村发展促进会	20211106	国家知识产权局商标局
38	41741679	美姑核桃	四川	美姑县农业农村发展促进会	20211106	国家知识产权局商标局
39	41837347	威远无花果	四川	威远县无花果核桃产业发展服务中心（威远县无花果核桃科学研究所）	20210420	国家知识产权局商标局
40	41837561	平顺大红袍花椒	陕西	平顺县地方特产发展协会	20210413	国家知识产权局商标局
41	42031956	慈利黄柏	湖南	慈利县科学技术信息研究所	20211220	国家知识产权局商标局
42	42031957	慈利厚朴	湖南	慈利县科学技术信息研究所	20211213	国家知识产权局商标局
43	42031958	慈利五倍子	湖南	慈利县科学技术信息研究所	20211213	国家知识产权局商标局
44	42031959	慈利陈皮	湖南	慈利县科学技术信息研究所	20211206	国家知识产权局商标局
45	42499860	曹县芍药	山东	曹县农业技术推广站	20210620	国家知识产权局商标局
46	42554789	炉霍藏香	西藏	炉霍藏香文化协会	20210813	国家知识产权局商标局
47	42742391	德格黑藏纸	西藏	德格县特色产业保护协会	20211006	国家知识产权局商标局
48	42941116	涉县黑枣	河北	涉县黑枣协会	20211106	国家知识产权局商标局
49	43074001	冕宁橄榄油	四川	冕宁县产业科教站	20211006	国家知识产权局商标局
50	43509412	义乌枣	浙江	义乌市枣业协会	20211120	国家知识产权局商标局
51	43509413	义乌蜜枣	浙江	义乌市枣业协会	20211120	国家知识产权局商标局
52	43809163	贵德蜂蜜	青海	贵德县农牧业综合服务中心	20211206	国家知识产权局商标局
53	43830438	安图林蛙油	吉林	安图县林蛙行业协会	20211220	国家知识产权局商标局
54	43830930	安图林蛙	吉林	安图县林蛙行业协会	20211206	国家知识产权局商标局
55	43904784	泸州桂圆	四川	泸州市园艺学会	20211213	国家知识产权局商标局
56	43908568	泸州桂圆	四川	泸州市园艺学会	20211213	国家知识产权局商标局
57	43931362	贵德花椒	青海	贵德县农牧业综合服务中心	20211220	国家知识产权局商标局

（续）

序号	注册号（公告编号）	地理标志名称	省（自治区、直辖市）	申请单位	公告日期	备注
58	43951707	石屏杨梅	云南	石屏县经济作物技术推广站	20211120	国家知识产权局商标局
59	43988807	谢岗荔枝	广东	东莞市谢岗镇农业技术服务中心	20211220	国家知识产权局商标局
60	44070652	籍田贡枣	四川	成都天府新区籍田街道农业服务协会	20210120	国家知识产权局商标局
61	44380945	黛青山软籽石榴	山东	淄博市河东富硒石榴研究院	20211220	国家知识产权局商标局
62	44997036	永平木莲花	云南	永平县营林经果站	20210413	国家知识产权局商标局
63	45198024	周宁高山百合	福建	周宁县林业种苗与科技推广中心	20210413	国家知识产权局商标局
64	45405254	良庆百香果	广西	南宁市良庆区农业服务中心	20210620	国家知识产权局商标局
65	45405292	大名草编	河北	大名县草编协会	20211206	国家知识产权局商标局
66	46020046	澜沧八角	云南	澜沧拉祜族自治县农业技术推广中心	20211220	国家知识产权局商标局
67	46729075	云县滇龙胆	云南	云县农业技术推广站	20211106	国家知识产权局商标局
68	47291907	兰溪枇杷	浙江	兰溪市经济特产技术推广站	20211206	国家知识产权局商标局
69	48428575	万州中蜂蜜	重庆	重庆市万州区龙驹镇农业服务中心	20211120	国家知识产权局商标局
70	48441312	红古核桃	甘肃	兰州市红古区经济作物技术推广站	20211213	国家知识产权局商标局
71	48663464	屏南锥栗	福建	屏南县锥栗协会	20211227	国家知识产权局商标局
72	48668200	平潭筋骨草 PINGTAN AJUGA DECUMBENS THUNB.	福建	平潭民间中医药学协会	20211213	国家知识产权局商标局
73	48817678	永善枇杷	云南	永善县农业技术推广中心	20211113	国家知识产权局商标局
74	48817749	下野地樱桃	新疆	新疆生产建设兵团第八师一三四团农业发展服务中心	20211120	国家知识产权局商标局
75	49004630	福鼎栀子花	福建	福鼎市福鼎黄栀子协会	20211213	国家知识产权局商标局
76	49267431	高平山茱萸	山西	高平市中药材信息服务中心	20211213	国家知识产权局商标局
77	49295699	甘南赤芍	甘肃	甘南县中草药赤芍协会	20211106	国家知识产权局商标局
78	49561387	岷县黄芪蜂蜜	甘肃	岷县土蜂蜜产销联合会	20211220	国家知识产权局商标局
79	49561389	景泰甘草	甘肃	景泰县土特产品行业协会	20211120	国家知识产权局商标局
80	49780439	苏庄樱桃	山东	单县高韦庄镇农业农村服务中心	20211206	国家知识产权局商标局
81	49782867	大田柿花	广东	广东省五华县农业技术推广中心	20211213	国家知识产权局商标局
82	50667429	怀集茶秆竹	广东	怀集县坳仔镇农业技术推广中心	20211213	国家知识产权局商标局
83	50856915	高要广藿香 广藿香	广东	肇庆市高要区质量技术协会	20211113	国家知识产权局商标局

（续）

序号	注册号（公告编号）	地理标志名称	省（自治区、直辖市）	申请单位	公告日期	备注
84	50881053	高要肉桂	广东	肇庆市高要区质量技术协会	20211206	国家知识产权局商标局
85	51033678	焦半夏	安徽	阜南县焦半夏种植业协会	20211213	国家知识产权局商标局
86	51127133	新化杨梅	湖南	新化县杨梅产业协会	20210620	国家知识产权局商标局
87	51873679	乐至蚕茧	四川	乐至县蚕桑局	20211206	国家知识产权局商标局
88	51879429	乐至生丝	四川	乐至县蚕桑局	20211206	国家知识产权局商标局
89	51956895	栾城无花果	河北	石家庄市栾城区果品科技产业协会	20211213	国家知识产权局商标局
90	52484725	达日大黄	青海	达日县草原工作站	20211220	国家知识产权局商标局
91	52706533	乐陵小枣	山东	乐陵市国有园艺场	20211206	国家知识产权局商标局
92	52723746	乐陵小枣	山东	乐陵市国有园艺场	20211206	国家知识产权局商标局
93	53166406	树山杨梅	江苏	苏州高新区通安镇农林服务中心	20211206	国家知识产权局商标局
94	国家知识产权局第 414 号	赫章红花山茶油	贵州	贵州省毕节市赫章县人民政府	20210412	国家知识产权局
95	国家知识产权局第 424 号	马关草果	云南	云南省文山壮族苗族自治州马关县人民政府。	20210524	国家知识产权局
96	国家知识产权局第 444 号	老厂竹根水	贵州	贵州省六盘水市盘州市人民政府	20210820	国家知识产权局
97	国家知识产权局第 452 号	阜平大枣	河北	河北省保定市阜平县人民政府	20210929	国家知识产权局
98	国家知识产权局第 452 号	且末红枣	新疆	新疆维吾尔自治区巴音郭楞蒙古自治州且末县人民政府	20210929	国家知识产权局
99	农产品地理标志登记公示〔2021〕第 1 号	阜平大枣	河北	阜平县农产品服务协会	20210406	农业农村部
100	农产品地理标志登记公示〔2021〕第 1 号	芮城菊花	山西	芮城县菊花产业协会	20210406	农业农村部
101	农产品地理标志登记公示〔2021〕第 1 号	冠山连翘茶	山西	平定特产协会	20210406	农业农村部
102	农产品地理标志登记公示〔2021〕第 1 号	峪里花椒	山西	五台县农业科学试验站	20210406	农业农村部
103	农产品地理标志登记公示〔2021〕第 1 号	代县黄芪	山西	代县中药材种植协会	20210406	农业农村部
104	农产品地理标志登记公示〔2021〕第 1 号	灵石酸枣仁	山西	灵石县中药材种植协会	20210406	农业农村部
105	农产品地理标志登记公示〔2021〕第 1 号	沁源连翘	山西	沁源县农业技术推广中心	20210406	农业农村部
106	农产品地理标志登记公示〔2021〕第 1 号	沁源绵黄芪	山西	沁源县农业技术推广中心	20210406	农业农村部
107	农产品地理标志登记公示〔2021〕第 1 号	灵石核桃	山西	灵石县干果产业协会	20210406	农业农村部
108	农产品地理标志登记公示〔2021〕第 1 号	武乡梅杏	山西	武乡县蚕果开发服务中心	20210406	农业农村部
109	农产品地理标志登记公示〔2021〕第 1 号	新宾蜂蜜	辽宁	新宾满族自治县现代农业和生态产业发展中心	20210406	农业农村部
110	农产品地理标志登记公示〔2021〕第 1 号	汤原五味子	黑龙江	汤原县农产品质量服务中心	20210406	农业农村部
111	农产品地理标志登记公示〔2021〕第 1 号	鸡西蒲公英	黑龙江	鸡西市北药协会	20210406	农业农村部
112	农产品地理标志登记公示〔2021〕第 1 号	鸡西刺五加	黑龙江	鸡西市北药协会	20210406	农业农村部
113	农产品地理标志登记公示〔2021〕第 1 号	林口黄芪	黑龙江	林口县种子管理站	20210406	农业农村部

（续）

序号	注册号（公告编号）	地理标志名称	省（自治区、直辖市）	申请单位	公告日期	备注
114	农产品地理标志登记公示〔2021〕第1号	黄尖菊花	江苏	盐城市亭湖区黄尖镇农业综合服务中心	20210406	农业农村部
115	农产品地理标志登记公示〔2021〕第1号	骑岸大方柿	江苏	南通市通州区十总镇农业服务中心	20210406	农业农村部
116	农产品地理标志登记公示〔2021〕第1号	常山山茶油	浙江	常山县油茶产业发展中心	20210406	农业农村部
117	农产品地理标志登记公示〔2021〕第1号	江山黄精	浙江	江山市中药材产业协会	20210406	农业农村部
118	农产品地理标志登记公示〔2021〕第1号	义乌南枣	浙江	义乌市枣业协会	20210406	农业农村部
119	农产品地理标志登记公示〔2021〕第1号	李兴桔梗	安徽	太和县李兴镇农业综合服务站	20210406	农业农村部
120	农产品地理标志登记公示〔2021〕第1号	明光艾草	安徽	明光市农业技术推广中心	20210406	农业农村部
121	农产品地理标志登记公示〔2021〕第1号	东至黑木耳	安徽	东至县食用菌产业协会	20210406	农业农村部
122	农产品地理标志登记公示〔2021〕第1号	西山焦枣	安徽	贵池区棠溪枣业协会	20210406	农业农村部
123	农产品地理标志登记公示〔2021〕第1号	福鼎栀子花	福建	福鼎市福鼎黄栀子协会	20210406	农业农村部
124	农产品地理标志登记公示〔2021〕第1号	屏南李	福建	屏南县经济作物技术推广站	20210406	农业农村部
125	农产品地理标志登记公示〔2021〕第1号	武平芙蓉李	福建	武平县东留镇农副产品营销协会	20210406	农业农村部
126	农产品地理标志登记公示〔2021〕第1号	临朐花椒	山东	临朐县花椒产业协会	20210406	农业农村部
127	农产品地理标志登记公示〔2021〕第1号	店子长红枣	山东	枣庄市长红枣产业协会	20210406	农业农村部
128	农产品地理标志登记公示〔2021〕第1号	利川大黄	湖北	利川市中药材协会	20210406	农业农村部
129	农产品地理标志登记公示〔2021〕第1号	蕲艾	湖北	蕲春县农业技术推广中心	20210406	农业农村部
130	农产品地理标志登记公示〔2021〕第1号	郧西神仙叶	湖北	郧西县农业生态环境保护站	20210406	农业农村部
131	农产品地理标志登记公示〔2021〕第1号	殷家坪蜂蜜	湖北	宜昌市夷陵区中蜂产业协会	20210406	农业农村部
132	农产品地理标志登记公示〔2021〕第1号	竹山蜂蜜	湖北	竹山县农业技术推广中心	20210406	农业农村部
133	农产品地理标志登记公示〔2021〕第1号	宁乡栀子	湖南	宁乡市农业技术推广中心	20210406	农业农村部
134	农产品地理标志登记公示〔2021〕第1号	澧县石菖蒲	湖南	澧县中药材产业协会	20210406	农业农村部
135	农产品地理标志登记公示〔2021〕第1号	黔江羊肚菌	重庆	重庆市黔江区农业技术服务中心	20210406	农业农村部
136	农产品地理标志登记公示〔2021〕第1号	黔江桑蚕茧	重庆	重庆市黔江区蚕业管理总站	20210406	农业农村部
137	农产品地理标志登记公示〔2021〕第1号	南川方竹笋	重庆	重庆市南川区农业特色产业发展中心	20210406	农业农村部
138	农产品地理标志登记公示〔2021〕第1号	邓柯枸杞	四川	石渠县农业技术推广和土壤肥料站	20210406	农业农村部
139	农产品地理标志登记公示〔2021〕第1号	左贡核桃	西藏	左贡县农业技术推广站	20210406	农业农村部
140	农产品地理标志登记公示〔2021〕第1号	芶江脆红李	贵州	遵义市播州区种植业发展服务中心	20210406	农业农村部
141	农产品地理标志登记公示〔2021〕第1号	吴堡桑蚕茧	陕西	吴堡县农产品质量安全检测中心	20210406	农业农村部
142	农产品地理标志登记公示〔2021〕第1号	卓尼柴胡	甘肃	卓尼县中药材产业协会	20210406	农业农村部
143	农产品地理标志登记公示〔2021〕第1号	卓尼当归	甘肃	卓尼县中药材产业协会	20210406	农业农村部

（续）

序号	注册号（公告编号）	地理标志名称	省（自治区、直辖市）	申请单位	公告日期	备注
144	农产品地理标志登记公示〔2021〕第 1 号	临潭大黄	甘肃	临潭县农业技术推广站	20210406	农业农村部
145	农产品地理标志登记公示〔2021〕第 1 号	临潭当归	甘肃	临潭县农业技术推广站	20210406	农业农村部
146	农产品地理标志登记公示〔2021〕第 1 号	同仁胡麻	青海	同仁市农牧业综合服务中心	20210406	农业农村部
147	农产品地理标志登记公示〔2021〕第 1 号	尖扎花椒	青海	尖扎县农牧业综合服务中心	20210406	农业农村部
148	农产品地理标志登记公示〔2021〕第 1 号	黄南秦艽	青海	黄南藏族自治州农产品质量安全检验检测中心	20210406	农业农村部
149	农产品地理标志登记公示〔2021〕第 1 号	黄南黄芪	青海	黄南藏族自治州农产品质量安全检验检测中心	20210406	农业农村部
150	农产品地理标志登记公示〔2021〕第 1 号	疏附木亚格杏	新疆	疏附县园艺发展中心	20210406	农业农村部
151	农产品地理标志登记公示〔2021〕第 2 号	清河山楂	河北	清河县山楂生产技术服务协会	20211217	农业农村部
152	农产品地理标志登记公示〔2021〕第 2 号	翼城翅果	山西	翼城县翅果油树繁育推广技术协会	20211217	农业农村部
153	农产品地理标志登记公示〔2021〕第 2 号	都江堰猕猴桃	四川	都江堰市猕猴桃协会	20211217	农业农村部
154	农产品地理标志登记公示〔2021〕第 2 号	武都油橄榄	甘肃	陇南市武都区绿色食品管理办公室	20211217	农业农村部
155	农产品地理标志登记公示〔2021〕第 2 号	麦盖提灰枣	新疆	喀什农村合作经济组织协会	20211217	农业农村部
156	农产品地理标志登记公示〔2021〕第 2 号	疏附开心果	新疆	喀什农村合作经济组织协会	20211217	农业农村部
157	农产品地理标志登记公示〔2021〕第 2 号	莎车巴旦姆	新疆	喀什农村合作经济组织协会	20211217	农业农村部

数据来源：国家知识产权局、农村农业部。

附表4 2021年主要林业和草原图书

序号	ISBN	题名	责任者	出版者	出版年月
1	978-7-5219-1013-1	“互联网＋生态站”理论创新与跨界实践	陈志泊，崔晓晖，李巨虎著	中国林业出版社	202111
2	978-7-5035-7063-6	“绿水青山就是金山银山”理念与实践教程	金佩华，杨建初，贾行甦著	中共中央党校出版社	202104
3	978-7-5219-1069-8	“树流感”爆发风险遥感诊断	曹春香等著	中国林业出版社	202105
4	978-7-5219-1008-7	2018—2019 年全国林草系统生态旅游发展报告	国家林业和草原局编	中国林业出版社	202101
5	978-7-5219-1087-2	2019 集体林权制度改革监测报告	国家林业和草原局“集体林权制度改革监测”项目组著	中国林业出版社	202105
6	978-7-5219-1127-5	2020 中国林业和草原知识产权年度报告	国家林业和草原局科技发展中心，国家林业和草原局知识产权研究中心编著	中国林业出版社	202104
7	978-7-5029-7508-1	21 世纪以来甘肃省干旱生态环境气象监测与评估	李照荣主编	气象出版社	202107
8	978-7-03-068686-2	阿拉善荒漠植物图鉴	达来等著	科学出版社	202105
9	978-7-5650-4951-4	安徽湿地保护修复实践与探索	安徽省林业局编著	合肥工业大学出版社	202109
10	978-7-5170-9452-4	桉树人工林对水资源的影响及对策研究	黄本胜等著	中国水利水电出版社	202102
11	978-7-5219-0977-7	桉树人工林培育技术与管理	吴志华著	中国林业出版社	202105
12	978-7-310-06166-2	八仙山国家级自然保护区森林生态系统研究（二）	石福臣等著	南开大学出版社	202111
13	978-7-5219-1319-4	宝天曼自然保护区珍稀植物图鉴	陈良甫，路登伟，刘宗才主编	中国林业出版社	202106
14	978-7-03-067754-9	北方草地主要害虫绿色防控技术：理论与应用	刘爱萍等著	科学出版社	202103
15	978-7-5706-1438-7	北京常见植物花粉图鉴	李金锋等著	湖北科学技术出版社	202107
16	978-7-03-065990-3	北京常绿阔叶植物	许联瑛主编	科学出版社	202101
17	978-7-5725-0402-0	北京九龙山常见昆虫图谱	张永安，章尧想主编	中国林业出版社	202106
18	978-7-03-068703-6	北京林业昆虫图谱（Ⅱ）	虞国跃，王合著	科学出版社	202105
19	978-7-5219-1384-2	北京鸟类图谱	赵欣如，朱雷主编	中国林业出版社	202111
20	978-7-5219-0807-7	北京平原森林建设对策研究与实践成效	王成等著	中国林业出版社	202101
21	978-7-109-28095-3	北京市集体林地生态林经营机制体制改革研究	黄映晖著	中国农业出版社	202105
22	978-7-5618-7024-2	北京西山园林研究	杨菁著	天津大学出版社	202110
23	978-7-5219-1393-4	北京休闲慢行道规划与设计研究	邱尔发等著	中国林业出版社有限公司	202111
24	978-7-5369-8121-8	北治沙 南治土	榆林市林业和草原局编	陕西科学技术出版社	202106
25	978-7-5517-2514-9	滨海湿地实验区生态化规划设计	孙贺著	东北大学出版社	202107
26	978-7-03-070154-1	滨海滩涂湿地生态系统生态学研究	董鸣，崔丽娟主编	科学出版社	202111
27	978-7-122-39863-5	濒危与珍贵木材鉴别	徐峰主编	化学工业出版社	202111
28	978-7-5219-1094-0	冰雪灾害对南岭森林的影响及其恢复重建研究	王旭等著	中国林业出版社	202106

（续）

序号	ISBN	题名	责任者	出版者	出版年月
29	978-7-5646-5061-2	渤海海岸贝壳堤湿地植被特征及保护措施	赵艳云著	中国矿业大学出版社	202107
30	978-7-109-27934-6	草地资源利用与生态旅游	范月君，杨予海主编	中国农业出版社	202104
31	978-7-5116-5250-8	草甸草原不同退化程度下植被与土壤特征及诊断指标体系	乌仁其其格，武晓东著	中国农业科学技术出版社	202104
32	978-7-5136-3044-3	草原生态保护补助奖励机制对牧户福利差异影响研究	康晓虹著	中国经济出版社	202104
33	978-7-225-06107-8	草原征占用指导手册	徐公芳，康海军主编	青海人民出版社	202102
34	978-7-5682-9721-9	草原植被物候变化监测及其气候驱动机理分析	范德芹等著	北京理工大学出版社有限责任公司	202104
35	978-7-5201-7083-3	草原制度与中国干旱区草原管理	赵颖著	社会科学文献出版社	202101
36	978-7-5219-1167-1	侧柏种质资源描述规范和数据标准	邢世岩，孙立民，郑勇奇主编	中国林业出版社	202109
37	978-7-122-39603-7	朝阳市外来入侵植物及濒危保护植物图鉴	花爱军主编	化学工业出版社	202110
38	978-7-5219-0979-1	承德古树名木	王江，牟广泽主编	中国林业出版社	202103
39	978-7-03-069534-5	城市扩张及气候变化对植被活动的影响研究	裴凤松，黎夏，刘小平著	科学出版社	202108
40	978-7-5219-1336-1	城市林业	李吉跃主编	中国林业出版社	202109
41	978-7-112-26446-9	城市绿地生态系统服务功能研究	韩依纹著	中国建筑工业出版社	202109
42	978-7-5219-1093-3	城市森林生态系统服务价值评估研究：以上海（2013年度）为例	郝瑞军，张桂莲主编	中国林业出版社	202102
43	978-7-5178-3649-0	城市湿地公园声环境评价与保护策略研究	郭敏著	浙江工商大学出版社	202101
44	978-7-03-069965-7	城市湿地生态学研究	董鸣主编	科学出版社	202110
45	978-7-5219-0984-5	城市园林绿化对细颗粒物消减作用研究	李新宇，赵松婷著	中国林业出版社	202101
46	978-7-03-069055-5	次生木质部发育（Ⅱ）阔叶树：木材生成机理重要部分	尹思慈，赵成功，龚士淦著	科学出版社	202106
47	978-7-5509-3061-2	刺槐资源收集与良种选育	朱延林，张江涛，赵蓬晖主编	黄河水利出版社	202107
48	978-7-5686-0559-5	丛枝菌根化沙枣苗木耐盐胁迫机制研究	常伟著	黑龙江大学出版社	202110
49	978-7-5219-1038-4	徂徕山植物志	郭廷松，臧德奎，张兴广主编	中国林业出版社	202103
50	978-7-5680-7555-8	大兴安岭次生林区常见野生动物图鉴	方海涛，田梠，李俊兰编著	华中科技大学出版社	202110
51	978-7-5219-0952-4	大洋洲木材图鉴	袁绯玭等编著	中国林业出版社	202101
52	978-7-5116-5324-6	典型草原天然牧草收获关键技术研究	王伟等著	中国农业科学技术出版社	202106
53	978-7-5219-1390-3	典型非洲木材材性与加工特性	胡进波著	中国林业出版社	202110
54	978-7-122-38008-1	东北常见植物图谱	王艳，代保清主编	化学工业出版社	202106
55	978-7-5219-1338-5	东北地区森林生态连清技术理论与实践	张慧东，牛香，宋害丰著	中国林业出版社	202111
56	978-7-112-26754-5	东北地区园林绿化养护手册	邹江宁主编	中国建筑工业出版社	202112
57	978-7-5625-5074-7	东北地区自然资源监测与黑土退化研究	丁宇雪等编著	中国地质大学出版社	202109

（续）

序号	ISBN	题名	责任者	出版者	出版年月
58	978-7-5591-2053-3	东北红豆杉：变异与品种选育	张彦文著	辽宁科学技术出版社	202106
59	978-7-5219-0553-3	东北内蒙古重点国有林区森林资源规划设计调查成果统计	国家林业和草原局森林资源管理司编	中国林业出版社	202101
60	978-7-03-070600-3	动物学名词	第二届动物学名词审定委员会审定	科学出版社	202111
61	978-7-5219-1068-1	杜鹃花：创新发展 40 年	中国花卉协会杜鹃花分会主编	中国林业出版社	202104
62	978-7-112-26191-8	多层胶合木结构连接设计	何敏娟，李征著	中国建筑工业出版社	202106
63	978-7-5219-0981-4	鄂尔多斯高原砒砂岩区植被时空格局与生态承载力	冯益明主编	中国林业出版社	202106
64	978-7-5029-7342-1	二氧化碳减排林水土耦合关系及生态安全研究	王让会等著	气象出版社	202104
65	978-7-5219-0974-6	风景园林设计表现技法：附数字资源	刘志成，高晖编著	中国林业出版社	202102
66	978-7-5219-1377-4	福建梅花山国家级自然保护区苔藓植物多样性	贾渝，吴锦平主编	中国林业出版社	202112
67	978-7-03-066084-8	福建生物多样性及自然保护区研究	刘剑秋，李延风主编	科学出版社	202106
68	978-7-308-16561-7	富阳竹类植物图鉴	汤华勤主编	浙江大学出版社	202104
69	978-7-5219-1327-9	甘肃连城国家级自然保护区大型真菌图鉴	朱学泰，蒋长生主编	中国林业出版社	202109
70	978-7-5219-1164-0	甘肃连城国家级自然保护区兰科植物多样性与保护	满自红主编	中国林业出版社	202106
71	978-7-03-069920-6	干旱区科学概论	陈亚宁主编	科学出版社	202110
72	978-7-5219-1367-5	高级森林生态学研究方法	王邵军，宋娅丽主编	中国林业出版社有限公司	202109
73	978-7-5219-0986-9	高节竹高效培育与利用	桂仁意等编著	中国林业出版社	202108
74	978-7-5219-1239-5	高黎贡山中山湿性常绿阔叶林群落及树种特征	柴勇，李贵祥，孟广涛主编	中国林业出版社	202110
75	978-7-5219-1143-5	高明植物	中国科学院华南植物园，佛山市自然资源局高明分局编写	中国林业出版社	202105
76	978-7-03-070416-0	高山杜鹃品种及栽培技术	解玮佳，王继华，李世峰主编	科学出版社	202111
77	978-7-5643-8256-8	高原林业生态工程学	王贞红主编	西南交通大学出版社	202111
78	978-7-03-062149-8	高原湿地植物高光谱遥感反演研究	张超等著	科学出版社	202101
79	978-7-122-38587-1	工业木质素改性材料	邱学青，刘伟峰著	化学工业出版社	202109
80	978-7-03-067722-8	共缩聚树脂木材胶黏剂	杜官本等著	科学出版社	202106
81	978-7-5219-1349-1	古典家具纵论	大本主编	中国林业出版社	202110
82	978-7-5219-0870-1	古兜山植物	何碧胜等主编	中国林业出版社	202102
83	978-7-03-068512-4	古树保护理论与技术	赵忠主编	科学出版社	202104
84	978-7-5725-0601-7	广东湿地植物	王瑞江主编	河南科学技术出版社	202109
85	978-7-5219-0782-7	广东五华七目嶂保护区植物	曹洪麟等主编	中国林业出版社	202105
86	978-7-5551-1315-7	广西鸟类图鉴	蒋爱伍主编	广西科学技术出版社	202106
87	978-7-5551-1511-3	广西山口国家级红树林生态自然保护区科考报告	范航清等著	广西科学技术出版社	202105

（续）

序号	ISBN	题名	责任者	出版者	出版年月
88	978-7-5551-1575-5	广西山口国家级红树林生态自然保护区生物多样性图鉴	刘文爱等著	广西科学技术出版社	202105
89	978-7-5219-1105-3	贵州草海国家级自然保护区综合科学考察报告	陈永祥，陈群利，冯图编著	中国林业出版社有限公司	202103
90	978-7-5219-1133-6	贵州非维管束植物名录	熊源新，杨林，曹威著	中国林业出版社	202106
91	978-7-5116-5443-4	贵州林下生态种养模式与技术	贵州省农业科学院编著	中国农业科学技术出版社	202108
92	978-7-5660-1953-0	贵州麻山苗族聚居区域石漠化问题的生态人类学研究	金潇骁著	中央民族大学出版社	202107
93	978-7-5116-5284-3	贵州省竹亚科植物资源	李应著	中国农业科学技术出版社	202105
94	978-7-03-067332-9	国际竹类栽培品种登录报告（2017—2018）	史军义主编	科学出版社	202101
95	978-7-5223-0583-7	国家储备林 PPP 供给机制与模式	李宜强著	中国财政经济出版社	202106
96	978-7-5219-0951-7	国家公园体制下自然保护地建设社区参与理论与实践	贾卫国等著	中国林业出版社	202101
97	978-7-5219-1061-2	国家公园在中国	唐芳林主编	中国林业出版社	202102
98	978-7-5219-1344-6	国家林业重点工程社会经济效益监测报告 . 2019	国家林业和草原局经济发展研究中心，国家林业和草原局规划财务司主编	中国林业出版社	202110
99	978-7-5219-0880-0	国家森林城市建设规划研究	国家林业和草原局林产工业规划设计院编著	中国林业出版社	202105
100	978-7-5115-6743-7	国有林场森林资源管理机制研究	陈建成等著	人民日报出版社	202104
101	978-7-5219-1078-0	海南红树林修复手册	钟才荣等著	中国林业出版社	202104
102	978-7-109-28180-6	旱作枣林土壤干化及其修复技术研究	汪星，高志永，汪有科主编	中国农业出版社	202105
103	978-7-03-069976-3	河北昆虫生态图鉴	邸济民主编	科学出版社	202111
104	978-7-5509-2976-0	河南常绿树木资源及栽培利用	王齐瑞主编	黄河水利出版社	202104
105	978-7-5509-2964-7	河南省山水林田湖草生态保护修复工程设计导则	河南省地质环境监测院，河南省地质矿产勘查开发局第五地质勘查院编	黄河水利出版社	202104
106	978-7-5509-2963-0	河南省山水林田湖草生态保护修复工程施工技术指南	河南省地质环境监测院，河南省地质矿产勘查开发局第五地质勘查院编	黄河水利出版社	202104
107	978-7-03-069957-2	黑龙江挠力河国家级自然保护区湿地资源及生态功能评估	姜明等著	科学出版社	202110
108	978-7-5116-5521-9	黑龙江省常见昆虫原色图鉴	刘健编著	中国农业科学技术出版社	202110
109	978-7-5603-9363-6	黑龙江省野生植物（上）. 乌裕尔河湿地卷	尚晨，孔晓蕾主编	哈尔滨工业大学出版社	202103
110	978-7-5603-9532-6	黑龙江省野生植物（下）. 乌裕尔河湿地卷	尚晨，孔晓蕾主编	哈尔滨工业大学出版社	202106
111	978-7-5219-1254-8	红椿种质资源保护与开发	汪洋，佘远国，蔡京勇著	中国林业出版社	202106
112	978-7-109-28293-3	呼伦贝尔草甸草原现状评价	乌仁其其格等著	中国农业出版社	202105
113	978-7-5116-5469-4	呼伦贝尔草原生态系统碳氮循环与优化管理	刘红梅等著	中国农业科学技术出版社	202110
114	978-7-109-27787-8	呼伦贝尔沙质草原退化与风蚀坑演变特征	张惜伟著	中国农业出版社	202103

（续）

序号	ISBN	题名	责任者	出版者	出版年月
115	978-7-03-067734-1	胡杨和灰杨的异形叶性及生长适应策略	李志军等著	科学出版社	202106
116	978-7-5219-1003-2	湖北大别山植物图鉴（第 I 卷）	董洪进等主编	中国林业出版社	202102
117	978-7-5116-5488-5	湖北恩施硒矿区植物资源	陈永波，刁英主编	中国农业科学技术出版社	202109
118	978-7-5706-1387-8	湖北蜜源植物志	黄大钱，刘胜祥主编	湖北科学技术出版社	202103
119	978-7-5680-6854-3	湖北省林业有害生物名录	罗治建主编	华中科技大学出版社	202105
120	978-7-5680-6852-9	湖北省主要林业有害昆虫生态图鉴	戴丽主编	华中科技大学出版社	202105
121	978-7-5680-6853-6	湖北省主要林业有害生物防治图册	周席华主编	华中科技大学出版社	202105
122	978-7-03-069828-5	湖泊生态修复原理与实践	王圣瑞等编著	科学出版社	202110
123	978-7-5219-0932-6	湖南主要珍贵用材树种高效培育技术	湖南省林业局编	中国林业出版社	202101
124	978-7-5623-6599-0	华南森林树冠图谱，广东分册	孙中宇，杨龙，吴林芳主编	华南理工大学出版社	202107
125	978-7-04-056413-6	环境规划学	郭怀成等主编	高等教育出版社	202109
126	978-7-5655-2551-3	环境经济学	葛成军主编	中国农业大学出版社	202106
127	978-7-03-066060-2	环境生态工程实验	柳丽芬主编	科学出版社	202109
128	978-7-5116-5481-6	环境胁迫与生物适应	王金香编著	中国农业科学技术出版社	202110
129	978-7-03-046655-6	荒漠草原放牧优化管理研究	运向军等著	科学出版社	202101
130	978-7-03-069091-3	荒漠化治理技术产业化机制与模式	秦富仓等著	科学出版社	202106
131	978-7-5088-5904-0	荒漠植物大气水汽吸收利用	李双等著	科学出版社 龙门书局	202106
132	978-7-03-070362-0	黄河三角洲柽柳生理生态与抚育技术	夏江宝等著	科学出版社	202111
133	978-7-03-067581-1	黄河下游生态廊道构建理论与实践	张金良等著	科学出版社	202110
134	978-7-5116-5460-1	黄河源区退化高寒草甸生态系统恢复研究	尹亚丽等著	中国农业科学技术出版社	202110
135	978-7-112-26215-1	黄土高原“植物－民居”生态共生机理与协同营造方法研究	訾文娜著	中国建筑工业出版社	202107
136	978-7-03-068456-1	黄土高原低效水土保持林改造	毕华兴等著	科学出版社	202103
137	978-7-227-07465-6	黄土高原封育草地深层土壤碳氮动态	李建平，张昊著	宁夏人民出版社	202106
138	978-7-5219-0912-8	黄土高原植被恢复生态水文过程研究	张志强等著	中国林业出版社	202103
139	978-7-03-067819-5	恢复生态学：跨学科的融合	管卫兵，王为东主编	科学出版社	202102
140	978-7-311-05999-6	浑善达克沙地沙漠化多源遥感监测	宁小莉等著	兰州大学出版社	202106
141	978-7-5219-1159-6	活立木生理干燥基础理论与技术	王哲，王喜明，周志新著	中国林业出版社	202106
142	978-7-03-068488-2	基于 Python 的森林资源调查数据分析实践	佃袁勇编著	科学出版社	202104
143	978-7-5115-6641-6	基于民生改善和生态文明理念的北京平原造林工程绩效评估研究	王立群，黄杰龙，幸绣程著	人民日报出版社	202101
144	978-7-5219-0887-9	基于森林环境与康养功能研究论文集	王茜等著	中国林业出版社	202101

（续）

序号	ISBN	题名	责任者	出版者	出版年月
145	978-7-5487-4401-6	基于组学技术的植物根际土壤微生态研究	董伟，李丝雨，谢东著	中南大学出版社	202105
146	978-7-03-070465-8	吉布提常见植物	任海，简曙光，张全发主编	科学出版社	202111
147	978-7-5646-5085-8	集体林权制度改革背景下林地流转对农户资源配置及收入的影响研究	汤旭著	中国矿业大学出版社	202111
148	978-7-5115-6836-6	集体林权制度改革对森林生态系统影响研究：以福建省三明市为例	侯一蕾著	人民日报出版社	202104
149	978-7-5219-1433-7	家具数字化加工技术	陈年编著	中国林业出版社	202112
150	978-7-5026-4907-4	家具中 VOCs 国家质量基础集成技术研究与应用	季飞等主编	中国标准出版社	202107
151	978-7-5159-1893-8	江淮分水岭林地资源高分卫星监测研究	陈冬花，李虎著	中国宇航出版社	202103
152	978-7-5713-1073-8	江苏果树志	常有宏，盛炳成主编	江苏凤凰科学技术出版社	202105
153	978-7-5219-1112-1	江西红壤区雷竹笋用林高效安全经营技术	王海霞等编著	中国林业出版社	202104
154	978-7-5219-1301-9	江西优良乡土树种识别与应用	刘仁林，谢宜飞编著	中国林业出版社	202108
155	978-7-5623-6721-5	进境木材中常见害虫彩色鉴定图谱	李天宝，黄萍主编	华南理工大学出版社	202105
156	978-7-03-067870-6	京津冀生态服务盈亏格局、空间流转与生态补偿机制研究	陈艳梅等著	科学出版社	202101
157	978-7-5130-7826-9	京津自然资源及生态环境遥感调查	詹骞，田淑芳著	知识产权出版社	202111
158	978-7-5478-5214-9	经济果林病虫害防治手册	王焱主编	上海科学技术出版社	202106
159	978-7-5517-2772-3	景观生态设计的哲学审视	王磊著	东北大学出版社	202109
160	978-7-5683-0954-7	菌根真菌提高杨树耐旱耐盐性	唐明著	西北农林科技大学出版社	202105
161	978-7-5219-1280-7	喀斯特石漠化治理效益评估研究	周金星等编著	中国林业出版社有限公司	202112
162	978-7-122-38771-4	壳聚糖生物改性木塑复合材料	徐开蒙，李凯夫，罗蓓著	化学工业出版社	202106
163	978-7-5578-5080-7	可持续发展的环境生态学理论与牧草栽培技术	朱新强，马祥，王晓力主编	吉林科学技术出版社	202101
164	978-7-109-28885-0	控排企业林业碳汇需求机理及其驱动机制研究	邹玉友，田国双，李金秋著	中国农业出版社	202110
165	978-7-03-070042-1	昆虫研究方法	赵惠燕，胡祖庆主编	科学出版社	202111
166	978-7-03-070676-8	雷达干涉测量湿地水位变化反演	谢酬等著	科学出版社	202112
167	978-7-5219-1309-5	梨密植栽培模式及配套技术	刘振廷等编著	中国林业出版社	202109
168	978-7-5591-1950-6	栎属植物资源及利用	秦利，李喜升主编	辽宁科学技术出版社	202101
169	978-7-5111-4688-5	辽河保护区河岸带自然生境恢复现状评价	陈苏著	中国环境科学出版社	202104
170	978-7-03-068408-0	辽宁树木害虫图鉴	孙守慧，宋丽文，杨丽元主编	科学出版社	202103
171	978-7-5591-2221-6	辽宁维管植物多样性编目：基于分子分类学系统	李宏博，张淑梅，王慧主编	辽宁科学技术出版社	202108
172	978-7-5103-3903-5	林草水湿海资源综合调查监测机制研究	自然资源部自然资源调查监测司编著	中国商务出版社	202110
173	978-7-5219-1223-4	林火管理	王秋华主编	中国林业出版社	202111

（续）

序号	ISBN	题名	责任者	出版者	出版年月
174	978-7-121-42484-7	林木采伐作业控制系统数字仿真	郑一力主编	电子工业出版社	202112
175	978-7-5219-1043-8	林木根系与土壤的拉拔摩擦特性研究	陈丽华等编著	中国林业出版社有限公司	202103
176	978-7-5219-1358-3	林木食叶虫害野外识别手册	陈淮安编著	中国林业出版社有限公司	202109
177	978-7-5716-1566-6	林木遗传学理论研究前沿及技术应用	刘国花，李哲馨，齐力旺著	沈阳出版社	202110
178	978-7-04-055815-9	林木育种学	陈晓阳，沈熙环主编	高等教育出版社	202102
179	978-7-5096-8087-2	林权抵押贷款信用风险识别与控制	张兰花著	经济管理出版社	202108
180	978-7-109-28493-7	林下高效种植养殖模式及实用技术	陈泽雄，吕玉奎主编	中国农业出版社	202111
181	978-7-5219-1080-3	林业地理信息系统	靳来素主编	中国林业出版社	202103
182	978-7-109-28713-6	林业发展大事记	王贞红主编	中国农业出版社	202108
183	978-7-5219-1121-3	林业和草原引智出国（境）培训报告汇编（2016—2019）	国家林业和草原局科技发展中心编	中国林业出版社	202106
184	978-7-5219-1107-7	林业和草原应对气候变化理论与实践	《林业和草原应对气候变化理论与实践》编写组编	中国林业出版社	202104
185	978-7-109-28384-8	林业生态扶贫政策、模式及绩效评价研究	赵荣，韩锋等著	中国农业出版社	202106
186	978-7-5026-4972-2	林业生物质材料标准化理论与应用指南	段新芳，张冉编	中国标准出版社	202108
187	978-7-5219-1291-3	林业物联网技术及应用	刘云飞主编	中国林业出版社	202105
188	978-7-5219-1165-7	林业有害生物监测预报 .2020	国家林业和草原局森林和草原病虫害防治总站编著	中国林业出版社	202106
189	978-7-5359-7716-8	林长制：五级林长管理实务	李小川主编	广东科技出版社	202108
190	978-7-03-053285-5	六盘山森林生物多样性与生态效应	程积民等编著	科学出版社	202106
191	978-7-5680-7188-8	庐山常见植物图鉴	董洪进，李世升主编	华中科技大学出版社	202107
192	978-7-122-39157-5	绿木霉和樟子松外生菌根互作研究	尹大川，刘志华，宋瑞清著	化学工业出版社	202108
193	978-7-5111-4729-5	绿色“一带一路”与 2030 年可持续发展议程：对接 2030 年可持续发展目标 促进生物多样性保护	周国梅等著	中国环境科学出版社	202108
194	978-7-5219-1409-2	绿色发展的探索与践行	李智勇著	中国林业出版社	202110
195	978-7-01-022615-6	绿水青山就是金山银山：国家山水林田湖草生态保护修复试点实证研究	刘谟炎著	人民出版社	202107
196	978-7-5219-1200-5	漫论竹炭	张文标，李文珠，钟金环编著	中国林业出版社	202106
197	978-7-5219-0931-9	美国植物新品种法律法规解读	国家林业和草原局知识产权研究中心译著	中国林业出版社	202106
198	978-7-03-070551-8	蒙古高原干旱生态系统土地退化与防治研究	海春兴等编著	科学出版社	202111
199	978-7-5723-0838-3	木本植物响应环境胁迫的重要特征和复杂性机制	王斐著	山东科学技术出版社	202110
200	978-7-5219-1233-3	木材工业企业物流装备	曾钦志主编	中国林业出版社	202109

（续）

序号	ISBN	题名	责任者	出版者	出版年月
201	978-7-5116-5484-7	木材加工利用新技术	中国农村技术开发中心编著	中国农业科学技术出版社	202110
202	978-7-5219-1232-6	木材解剖专论	罗蓓，杨燕，徐开蒙主编	中国林业出版社	202108
203	978-7-03-069767-7	木材染色工艺学	管雪梅著	科学出版社	202110
204	978-7-03-066779-3	木豆资源活性成分及功能评价	付玉杰等著	科学出版社	202103
205	978-7-5219-1082-7	木工机械	李黎，刘红光，罗斌主编	中国林业出版社	202105
206	978-7-112-26428-5	木结构设计标准理解与应用	朱亚鼎编著	中国建筑工业出版社	202110
207	978-7-03-070165-7	木质材料缓冲性能与应用	钟卫洲等著	科学出版社	202111
208	978-7-03-069884-1	木质素基天然网络材料的结构与功能研究	马艳丽著	科学出版社	202110
209	978-7-5641-9755-1	木竹结构安全性、耐久性和舒适性检测评价指南	邱洪兴主编	东南大学出版社	202111
210	978-7-5219-1007-0	耐旱植物 300 种	刘东明，李新杰，王向平主编	中国林业出版社	202102
211	978-7-5615-8233-6	南方滨海耐盐植物资源（二）	王文卿，张雅棉，黄建明编著	厦门大学出版社	202110
212	978-7-109-28035-9	南方集体林区林业规模化经营行为研究	廖文梅，孔凡斌，王智鹏著	中国农业出版社	202104
213	978-7-5116-5176-1	南方松材线虫病防治技术及管理手册	贺应科，肖炜主编	中国农业科学技术出版社	202103
214	978-7-03-062810-7	南亚污染物跨境传输及其对青藏高原环境影响评估报告	康世昌等著	科学出版社	202108
215	978-7-5116-5371-0	内蒙古草原火行为及其模拟研究	玉山等著	中国农业科学技术出版社	202106
216	978-7-03-067496-8	宁波植物研究	李根有，陈征海，李修鹏编著	科学出版社	202103
217	978-7-03-070127-5	宁夏植物图鉴（第一卷）	李小伟，林秦文，黄维主编	科学出版社	202111
218	978-7-03-069170-5	宁夏植物图鉴（第三卷）	金水虎等编著	科学出版社	202106
219	978-7-03-069004-3	宁夏植物图鉴（第四卷）	李小伟，黄文广，窦建德主编	科学出版社	202106
220	978-7-03-067968-0	农林剩余物人造板低碳制造理论与技术	吴义强等著	科学出版社	202103
221	978-7-5111-4710-3	欧盟环境政策研究	李丽平等著	中国环境出版集团	202107
222	978-7-03-070504-4	澎溪河湿地自然保护区生物多样性研究	袁兴中等著	科学出版社	202111
223	978-7-5509-2483-3	平顶山市林木种质资源名录	刘银萍，齐光，佟伟霜主编	黄河水利出版社	202107
224	978-7-5509-2748-3	平顶山市主要林木种质资源图鉴	齐光，刘银萍，佟伟霜主编	黄河水利出版社	202105
225	978-7-5136-6592-6	鄱阳湖湿地生态水文过程研究	周云凯著	中国经济出版社	202109
226	978-7-04-055767-1	普通植物病理学	许志刚，胡白石主编	高等教育出版社	202111
227	978-7-03-069877-3	秦岭地区苔类和角苔类植物志	贾渝等著	科学出版社	202111
228	978-7-03-067498-2	青海共和盆地典型固沙植物根系特征及功能研究	贾志清等著	科学出版社	202106
229	978-7-225-06134-4	青海森林资源 40 年动态变化研究	张更权等编著	青海人民出版社	202105
230	978-7-5690-5062-2	青杨雌雄植株及其交互嫁接对干旱和铅胁迫的生理生态响应及机制	韩颖编著	四川大学出版社	202110

（续）

序号	ISBN	题名	责任者	出版者	出版年月
231	978-7-5203-8810-8	清代民国时期黔东南“林农兼作”研究	张强著	中国社会科学出版社	202108
232	978-7-5723-0306-7	楸树丰产栽培技术	张鹏远，董玉峰，马玲主编	山东科学技术出版社	202104
233	978-7-5170-9881-2	全国沙棘开发 35 周年纪事	赵东晓，卢顺光，胡建忠编著	中国水利水电出版社	202108
234	978-7-5219-1264-7	全球国家公园保护和发展：最佳做法和经验教训	亚太森林恢复与可持续管理组织组织编写	中国林业出版社	202107
235	978-7-109-27890-5	热区特色果树实用栽培技术	吴兴恩，洪明伟，邵建辉主编	中国农业出版社	202104
236	978-7-5478-5036-7	人工草地建植技术	徐丽君，王笛，孙雨坤著	上海科学技术出版社	202101
237	978-7-03-069742-4	三江平原孤立湿地的结构和功能研究	刘吉平，李闯著	科学出版社	202110
238	978-7-03-063978-3	三江源国家公园生态系统现状、变化及管理	赵新全等著	科学出版社	202108
239	978-7-01-023529-5	三江源国家公园体制试点与自然保护地体系改革研究	马洪波著	人民出版社	202108
240	978-7-5681-6664-5	三江源国家公园综合地理国情研究	王苑等著	东北师范大学出版社	202104
241	978-7-03-070141-1	三沙岛礁植物图鉴	戴好富等编著	科学出版社	202111
242	978-7-03-068894-1	三峡库区消落带适生树种水淹生理生态研究	李昌晓，魏虹，王朝英著	科学出版社	202108
243	978-7-5219-1283-8	三叶青植物资源研究与利用	范适，梁忠厚主编	中国林业出版社	202108
244	978-7-5219-1067-4	森林病理学	伍建榕主编	中国林业出版社有限公司	202103
245	978-7-5219-1040-7	森林城市发展规划研究：以贵州省为例	吴照柏等编著	中国林业出版社	202105
246	978-7-5219-1186-2	森林计测	王雪峰，陈珠琳，王甜编著	中国林业出版社	202106
247	978-7-5219-1150-3	森林康养规划设计	陈雄伟等主编	中国林业出版社	202109
248	978-7-5219-1328-6	森林可持续经营理论与实践	柯水发等著	中国林业出版社	202109
249	978-7-5219-1281-4	森林空间经营规划：碳汇 + 木材生产	董灵波著	中国林业出版社	202107
250	978-7-5219-1360-6	森林培育学专题：理论 · 技术 · 案例	王晓丽等著	中国林业出版社	202110
251	978-7-5484-5732-9	森林培育与智能农业种植系统建设	何庆景，张丽丽，付建秀主编	哈尔滨出版社	202103
252	978-7-5639-6690-5	森林生态旅游研究	朱飞著	北京工业大学出版社	202110
253	978-7-03-069775-2	森林沼泽浅覆盖区 1 ： 50000 填图方法指南	田世攀，王东明，苏艳民著	科学出版社	202111
254	978-7-03-069864-3	森林资源功能成分加工原理与技术	付玉杰等著	科学出版社	202110
255	978-7-227-07495-3	森林资源管理概述	董瑞香，包建德，后连存主编	宁夏人民出版社	202109
256	978-7-5219-1155-8	森林资源智能化监测及平台研究与应用	方陆明等著	中国林业出版社	202104
257	978-7-5219-1247-0	山东杨树育种与栽培	姜岳忠，王彦主编	中国林业出版社	202111
258	978-7-5111-4723-3	山东自然保护地现状与思考	张学峰等主编	中国环境出版集团	202106
259	978-7-03-070468-9	山核桃林地土壤生态过程与调控	吴家森，黄坚钦，张勇主编	科学出版社	202111
260	978-7-5111-4924-4	山水林田湖草生态保护修复规划技术方法与实践：湖北长江三峡案例	张箫编著	中国环境科学出版社	202110

（续）

序号	ISBN	题名	责任者	出版者	出版年月
261	978-7-5111-4532-1	山西省重点保护野生植物的保护及空间优化研究	张殷波著	中国环境出版集团	202110
262	978-7-5219-1450-4	山西阳城蟒河猕猴国家级自然保护区总体规划（2019—2028）及可行性研究报告	张建军，郝育庭，张增元编著	中国林业出版社	202112
263	978-7-03-069784-4	杉木人工林碳经营、计量与监测方法学	杨玉盛等著	科学出版社	202111
264	978-7-5219-0842-8	陕西青木川国家级自然保护区的动物多样性与保护	李春旺，缪涛主编	中国林业出版社	202101
265	978-7-5219-1006-3	韶关珍稀濒危植物	王发国，周宏，龚粤宁主编	中国林业出版社	202104
266	978-7-5201-8543-1	生态底线指标体系研究：以贵州为案例	李萌著	社会科学文献出版社	202108
267	978-7-109-28085-4	生态公益林补偿政策实施绩效与政策优化路径研究	刘滨等著	中国农业出版社	202103
268	978-7-5219-1001-8	生态公益林信息管理系统研究与实践	彭词清，杨城，刘碧云主编	中国林业出版社	202105
269	978-7-03-070092-6	生态环境监测与恢复：以宁夏东部风沙区沙化草地为例	许冬梅等著	科学出版社	202111
270	978-7-5698-0274-0	生态恢复理论与林学关系研究	王海帆著	辽宁大学出版社	202105
271	978-7-04-056648-2	生态系统生态学：回顾与展望	方精云，刘玲莉主编	高等教育出版社	202110
272	978-7-03-068685-5	生物多样性保护与绿色发展之中国实践	张惠远等著	科学出版社	202109
273	978-7-222-20274-0	生物多样性云南史料辑校	云南省社会科学院，中国（昆明）南亚东南亚研究院编著	云南人民出版社	202106
274	978-7-03-068101-0	生物信息学	樊龙江主编	科学出版社	202105
275	978-7-5603-7102-3	生物信息学数据分析与实践	李杰，王亚东编著	哈尔滨工业大学出版社	202101
276	978-7-03-067456-2	生物遗传资源获取与惠益分享协议研究	赵富伟著	科学出版社	202104
277	978-7-5170-9548-4	生物质燃料特性分析测试实验教程	陆强主编	中国水利水电出版社	202104
278	978-7-112-26573-2	湿地生态修复工程原理与应用	吴季松著	中国建筑工业出版社	202109
279	978-7-5509-3018-6	石漠化生态治理技术及其配置模式	王爱娟，柯奇画，张科利编著	黄河水利出版社	202110
280	978-7-5219-1136-7	实现传统林业向现代林业转变：信阳林业经济发展概述与展望	肖国平主编	中国林业出版社	202105
281	978-7-03-069159-0	世界鸟类分类与分布名录	郑光美主编	科学出版社	202110
282	978-7-5219-1153-4	树木学：北方本	张志翔主编	中国林业出版社	202105
283	978-7-03-068391-5	水环境中植物繁殖体传播动力学过程与迁移模型	曾玉红，刘小光著	科学出版社	202105
284	978-7-03-067499-9	四倍体刺槐关键抗性机制研究	孟凡娟主编	科学出版社	202106
285	978-7-5727-0108-5	四川草原鼠虫害综合防控技术与应用	周俗，苟文龙主编	四川科学技术出版社	202104
286	978-7-5727-0229-7	四川黑竹沟国家级自然保护区动物多样性	四川黑竹沟国家级自然保护区管理局，四川大学生命科学学院编著	四川科学技术出版社	202109
287	978-7-5348-9684-2	嵩县林业志	《嵩县林业志》编纂委员会编	中州古籍出版社	202106

（续）

序号	ISBN	题名	责任者	出版者	出版年月
288	978-7-5641-8027-0	苏北五市园林树木衰弱情况调查与研究	王良桂等著	东南大学出版社	202105
289	978-7-5546-1774-8	苏州市林业有害生物原色图谱	姚新华，蔡平主编	古吴轩出版社	202111
290	978-7-109-27427-3	泰沂山区森林生态系统服务功能及其驱动机制研究	高鹏主编	中国农业出版社	202101
291	978-7-5096-7840-4	碳交易背景下森林碳汇理论与案例分析研究	程传鹏著	经济管理出版社	202109
292	978-7-122-38953-4	特色林木资源化研究及其潜在价值分析	彭万喜，岳肖晨，李依阳等著	化学工业出版社	202109
293	978-7-222-20184-2	特种果树种质资源与栽培技术	张永福编著	云南人民出版社	202106
294	978-7-5618-6911-6	天津自然保护区	张征云等编著	天津大学出版社	202105
295	978-7-5096-7766-7	土地利用变化的生态补偿经济福利效应研究：以退耕还林为例	石涵予，李国平著	经济管理出版社	202108
296	978-7-109-28472-2	土壤固定态铵和微生物量氮的保氮、供氮机制	潘飞飞著	中国农业出版社	202108
297	978-7-03-068392-2	土壤学	胡宏祥，谷思玉主编	科学出版社	202103
298	978-7-03-069757-8	土壤学进展（第二卷）	徐建明等著	科学出版社	202112
299	978-7-5219-1173-2	退耕还林还草发展报告 .2020	退耕还林还草发展报告编委会编	中国林业出版社	202106
300	978-7-5219-1144-2	退耕还林还草实用模式	李世东主编	中国林业出版社	202103
301	978-7-5219-1139-8	退耕还林还草与乡村振兴	李世东主编	中国林业出版社	202103
302	978-7-5111-4548-2	渭河流域河流栖息地完整性与生态基流响应机制	杨涛著	中国环境出版集团	202103
303	978-7-5219-1111-4	文冠果栽培实用技术	敖妍等著	中国林业出版社	202105
304	978-7-122-39435-4	翁源青云山珍稀植物	王发国，杨新东，邢福武主编	化学工业出版社	202109
305	978-7-5639-6005-7	我国森林公园生态旅游开发与发展	陆向荣著	北京工业大学出版社	202110
306	978-7-5029-7595-1	五台山风景名胜区旅游生态足迹动态研究	罗淑政著	气象出版社	202111
307	978-7-5116-5127-3	五种冰草属牧草种质资源评价研究	闫伟红等著	中国农业科学技术出版社	202101
308	978-7-5219-0996-8	武陵山区蕨类植物	严岳鸿，周喜乐主编	中国林业出版社	202104
309	978-7-5219-1312-5	西北高寒山地青海云杉林植被结构和土壤特性研究	赵维俊等著	中国林业出版社	202107
310	978-7-5029-7388-9	西藏“两江四河”流域造林绿化遥感监测图集	李林主编	气象出版社	202101
311	978-7-5349-9831-7	西藏蝴蝶图鉴	潘朝晖，武春生，罗大庆编著	河南科学技术出版社	202102
312	978-7-03-062825-1	西藏色林错地区环境变化综合科学考察报告	朱立平，王君波著	科学出版社	202107
313	978-7-03-063975-2	西藏色林错 – 普若岗日国家公园建设可行性研究	樊杰，钟林生著	科学出版社	202107
314	978-7-223-06790-4	西藏生态灌木林	刘务林，丛义艳，郭克疾编著	西藏人民出版社	202109
315	978-7-5680-6052-3	西藏湿地植物	刘文治，卢蓓，刘贵华主编	华中科技大学出版社	202101
316	978-7-302-58949-5	现代环境生物技术	王建龙，文湘华编著	清华大学出版社	202109
317	978-7-5639-7153-4	现代林业发展战略研究	蒋志仁，刘菊梅，蒋志成著	北京工业大学出版社	202110
318	978-7-03-068085-3	现代林业信息技术与应用	吴保国等编著	科学出版社	202103

（续）

序号	ISBN	题名	责任者	出版者	出版年月
319	978-7-5641-9668-4	现代木结构设计指南	江苏省住房和城乡建设厅，江苏省住房和城乡建设厅科技发展中心编著	东南大学出版社	202110
320	978-7-03-070031-5	乡土草抗逆生物学	南志标等著	科学出版社	202110
321	978-7-04-043980-9	香料植物资源学	王有江，刘海涛主编	高等教育出版社	202106
322	978-7-5646-5087-2	协同阻燃木塑复合材料的设计及其燃烧特性研究	孙剑平，王宇佳，孙理超著	中国矿业大学出版社	202110
323	978-7-5219-0983-8	新疆博尔塔拉蒙古自治州南部山区森林资源科学考察	陈涛，崔大方，廖文波主编	中国林业出版社	202101
324	978-7-5219-1341-5	新疆卡拉麦里山有蹄类野生动物自然保护区综合科学考察	孙丽，许昌主编	中国林业出版社有限公司	202112
325	978-7-5116-5168-6	新疆托木尔峰国家级自然保护区植物图谱（上册）	席琳乔，郝海婷主编	中国农业科学技术出版社	202101
326	978-7-03-070516-7	新疆伊犁河谷土壤侵蚀与水土保持研究	陈亚宁，李卫红，朱成刚主编	科学出版社	202111
327	978-7-5219-1442-9	亚太地区森林恢复规划研究：政策、法律框架和项目	亚太森林恢复与可持续管理组织编	中国林业出版社有限公司	202112
328	978-7-5219-1030-8	延庆保护及入侵植物	李凤华等著	中国林业出版社	202103
329	978-7-5219-1177-0	杨树遗传改良研究：张志毅林学研究文集	张志毅著	中国林业出版社	202106
330	978-7-307-22623-4	遥感制图原理与应用	梅晓丹等主编	武汉大学出版社	202110
331	978-7-04-055857-9	遗传学	刘曙东，奚亚军，司怀军主编	高等教育出版社	202109
332	978-7-5458-2094-2	以林为生：中国乡村林业的现实与发展研究	顾燕峰著	上海书店出版社	202110
333	978-7-5639-7151-0	以生态保护为主体的林业建设研究	王军梅，刘亨华，石仲原著	北京工业大学出版社	202110
334	978-7-5509-3059-9	优良野生树种资源调查及应用	张文军等主编	黄河水利出版社	202107
335	978-7-5542-2483-0	优质彩叶苗木标准化生产技术	符真珠，王慧娟，张和臣主编	中原农民出版社	202111
336	978-7-109-28052-6	油茶高产品种栽培	韩宁林，赵学民编著	中国农业出版社	202104
337	978-7-112-26174-1	园林植物对雾霾的消减作用	李新宇等著	中国建筑工业出版社	202106
338	978-7-04-054994-2	园艺植物研究法	向长萍，欧阳波主编	高等教育出版社	202112
339	978-7-03-067497-5	圆竹家具学	费本华，陈红，刘焕荣主编	科学出版社	202103
340	978-7-5219-1365-1	云南省昆明市海口林场森林生态系统服务功能研究	彭明俊等著	中国林业出版社	202109
341	978-7-5219-1128-2	云南省林草资源生态连清体系监测布局与建设规划	孟广涛等著	中国林业出版社	202108
342	978-7-03-068375-5	云南省人工经济园林引种区土地利用生态安全及优化配置	赵筱青，顾泽贤著	科学出版社	202104
343	978-7-312-05083-1	长荡湖维管植物图志	赵凯，周彦锋，杨建新主编	中国科学技术大学出版社	202101
344	978-7-5170-9959-8	长江流域干旱特征演变与综合评估方法研究及应用	许继军等著	中国水利水电出版社	202109
345	978-7-5219-1278-4	这方热土：海南热带雨林	杨海蒂著	中国林业出版社	202106
346	978-7-5116-2986-9	浙江九龙山昆虫	吴建华，余水生，徐华潮主编	中国农业科学技术出版社	202101
347	978-7-5116-5501-1	浙江清凉峰昆虫图鉴 300 种	王义平主编	中国农业科学技术出版社	202111

（续）

序号	ISBN	题名	责任者	出版者	出版年月
348	978-7-308-20283-1	浙江乌岩岭国家级自然保护区植物资源调查研究	楼炉焕等主编	浙江大学出版社	202101
349	978-7-5341-9637-9	浙江植物志：新编·第二卷	《浙江植物志（新编）》编辑委员会编著	浙江科学技术出版社	202109
350	978-7-5341-9434-4	浙江植物志：新编·第三卷	《浙江植物志（新编）》编辑委员会编著	浙江科学技术出版社	202102
351	978-7-5341-9680-5	浙江植物志：新编·第四卷	《浙江植物志（新编）》编辑委员会编著	浙江科学技术出版社	202109
352	978-7-5341-9379-8	浙江植物志：新编·第五卷	《浙江植物志（新编）》编辑委员会编著	浙江科学技术出版社	202101
353	978-7-5341-9638-6	浙江植物志：新编·第六卷	《浙江植物志（新编）》编辑委员会编著	浙江科学技术出版社	202109
354	978-7-5341-9681-2	浙江植物志：新编·第八卷	《浙江植物志（新编）》编辑委员会编著	浙江科学技术出版社	202108
355	978-7-5116-5237-9	珍贵树种用地优化布局：以福建省为例	邢世和，周碧青，范协裕著	中国农业科学技术出版社	202104
356	978-7-5706-0659-7	植被高光谱遥感	刘良云著	湖北科学技术出版社	202103
357	978-7-122-37603-9	植被生境因子空间分布研究	焦有权著	化学工业出版社	202101
358	978-7-5219-1106-0	植树造林理论与实践	赵良平主编	中国林业出版社	202104
359	978-7-04-053574-7	植物地理学	江源等编著	高等教育出版社	202101
360	978-7-122-38889-6	植物多酚类化合物及其应用	李颖畅编著	化学工业出版社	202110
361	978-7-109-28682-5	植物根际促生菌研究与应用	姚拓编著	中国农业出版社	202108
362	978-7-109-28335-0	植物花青素及其提取工艺研究	李祥著	中国农业出版社	202106
363	978-7-5697-0987-2	植物化学调控	宗学凤，王三根主编	西南师范大学出版社	202107
364	978-7-5219-1316-3	植物生产类专业精密仪器操作技能实验指导书	张静，马锋旺主编	中国林业出版社	202106
365	978-7-03-069843-8	植物生理学实验	韩玉珍，张学琴主编	科学出版社	202110
366	978-7-04-056191-3	植物生理学实验指导	李玲，何国振主编	高等教育出版社	202106
367	978-7-5697-0950-6	植物生理研究技术	宗学凤，王三根主编	西南师范大学出版社	202107
368	978-7-03-068417-2	植物生物技术综合实验	林忠旭，杨细燕主编	科学出版社	202106
369	978-7-5189-8122-9	植物生物学理论与基因工程研究	李超琼著	科学技术文献出版社	202107
370	978-7-03-066650-5	植物纤维增强复合材料	李岩，于涛，沈轶鸥著	科学出版社	202101
371	978-7-5116-5123-5	植物响应锂离子的分子生物学研究	马天利，陈婧，杨蓉著	中国农业科学技术出版社	202101
372	978-7-5219-0901-2	植物组织培养	李胜，杨德龙主编	中国林业出版社	202106
373	978-7-5218-2774-3	中国草牧业可持续发展：政策演变与实现路径	仇焕广等著	经济科学出版社	202108
374	978-7-109-28806-5	中国草业统计.2019	全国畜牧总站编	中国农业出版社	202112
375	978-7-5219-0902-9	中国草原	国家林业和草原局宣传中心，国家林业和草原局草原管理司编	中国林业出版社	202103

（续）

序号	ISBN	题名	责任者	出版者	出版年月
376	978-7-5219-1074-2	中国传统家具研究	强明礼，袁哲主编	中国林业出版社	202110
377	978-7-01-023832-6	中国的生物多样性保护：2021 年 10 月	中华人民共和国国务院新闻办公室著	人民出版社	202110
378	978-7-5219-1326-2	中国 - 东盟森林治理合作机制构建	“中国—东盟加强森林治理与合法木材贸易合作机制与平台构建”项目组编	中国林业出版社	202110
379	978-7-111-67254-8	中国古典园林造园艺术研究：纪念颐和园建园 270 周年学术论文集	北京市颐和园管理处编	机械工业出版社	202101
380	978-7-5713-1605-1	中国古树名木：济南卷	王大为，赵兵，孔凡达著	江苏凤凰科学技术出版社	202101
381	978-7-5111-4792-9	中国红树林湿地保护与恢复战略研究	王文卿等著	中国环境科学出版社	202109
382	978-7-5598-4039-4	中国近代植物与昆虫文献史料汇编	《中国近代植物与昆虫文献史料汇编》编写组编	广西师范大学出版社	202109
383	978-7-5219-1182-4	中国科技之路：绿水青山，林草卷	张守攻本卷主编	中国林业出版社	202106
384	978-7-5219-1142-8	中国林草产业信用建设与创新发展报告	《中国林草产业信用建设与创新发展报告》编委会编	中国林业出版社	202104
385	978-7-5219-1114-5	中国林业产业监测报告（2019）	国家林业局编	中国林业出版社	202104
386	978-7-5219-1115-2	中国林业产业与林产品年鉴（2019）	国家林业和草原局编	中国林业出版社	202104
387	978-7-5639-7152-7	中国林业研究及循环经济发展探索	刘丽丽，冯金元，蒋志成著	北京工业大学出版社	202110
388	978-7-5219-1354-5	中国林业优秀学术报告（2020）	中国林学会编	中国林业出版社	202109
389	978-7-5219-0973-9	中国林业植物授权新品种（2018）	国家林业和草原局科技发展中心（国家林业和草原局植物新品种保护办公室）编	中国林业出版社	202103
390	978-7-5219-1045-2	中国林业植物授权新品种（2019）	国家林业和草原局科技发展中心（国家林业和草原局植物新品种保护办公室）编	中国林业出版社	202103
391	978-7-109-28173-8	中国鳞翅目幼虫彩色图鉴	石宝才等著	中国农业出版社	202105
392	978-7-03-068687-9	中国履行《全球植物保护战略（2011—2020）》进展报告：汉英对照	任海主编	科学出版社	202105
393	978-7-5096-8049-0	中国木材产业全球价值链地位攀升研究	侯方淼，陈勇，宿海颖著	经济管理出版社	202106
394	978-7-5218-2354-7	中国农林生物质能源资源潜力及其利用的环境经济效益研究	臧良震著	经济科学出版社	202104
395	978-7-5219-0928-9	中国迁地栽培植物志：百合科芦荟属	黄宏文主编	中国林业出版社	202103
396	978-7-5219-0817-6	中国迁地栽培植物志：荒漠植物	黄宏文主编；段士民，潘伯荣，王喜勇本卷主编	中国林业出版社	202103

（续）

序号	ISBN	题名	责任者	出版者	出版年月
397	978-7-5219-0655-4	中国迁地栽培植物志：姜科	黄宏文主编；叶育石，邹璞，黄建平本卷主编	中国林业出版社	202101
398	978-7-5219-0748-3	中国迁地栽培植物志：金缕梅科	黄宏文主编；刘兴剑，彭彩霞，李函润本卷主编	中国林业出版社	202103
399	978-7-5219-0818-3	中国迁地栽培植物志：爵床科	黄宏文主编；彭彩霞，唐文秀，何开红本卷主编	中国林业出版社	202103
400	978-7-5219-0925-8	中国迁地栽培植物志：忍冬科	黄宏文主编；林秦文，李晓东本卷主编	中国林业出版社	202103
401	978-7-5219-0924-1	中国迁地栽培植物志：山茶科	黄宏文主编；孙卫邦等本卷主编	中国林业出版社	202101
402	978-7-5219-1135-0	中国迁地栽培植物志：石蒜科	黄宏文主编	中国林业出版社	202103
403	978-7-5219-0926-5	中国迁地栽培植物志：鸢尾科	黄宏文主编；肖月娥，胡永红本卷主编	中国林业出版社	202103
404	978-7-5219-0819-0	中国迁地栽培植物志：仙人掌科	黄宏文主编；陈恒彬，王成聪本卷主编	中国林业出版社	202101
405	978-7-5680-7038-6	中国热带雨林地区植物图鉴：广西植物	罗开文等主编	华中科技大学出版社	202105
406	978-7-03-070155-8	中国森林生态系统碳收支研究	方精云等编著	科学出版社	202111
407	978-7-5219-0337-9	中国森林文化基础	屈中正，张艳红，范适著	中国林业出版社	202101
408	978-7-109-28395-4	中国生态系统定位观测与研究数据集：2004—2015.草地与荒漠生态系统卷	陈宜瑜总主编	中国农业出版社	202106
409	978-7-109-28575-0	中国生态系统定位观测与研究数据集：2005—2017.森林生态系统卷	陈宜瑜总主编	中国农业出版社	202107
410	978-7-109-28578-1	中国生态系统定位观测与研究数据集：2007—2017.森林生态系统卷	陈宜瑜总主编	中国农业出版社	202110
411	978-7-109-28426-5	中国生态系统定位观测与研究数据集：2008—2015.森林生态系统卷	陈宜瑜总主编	中国农业出版社	202106
412	978-7-109-28577-4	中国生态系统定位观测与研究数据集：2009—2015.草地与荒漠生态系统卷	陈宜瑜总主编	中国农业出版社	202107
413	978-7-5111-4911-4	中国生态系统服务应用案例	高艳妮等编著	中国环境科学出版社	202110
414	978-7-5690-5063-9	中国生物多样性保护公众参与机制研究	唐艳著	四川大学出版社	202110
415	978-7-5111-4535-2	中国省级林业绿色经济评价研究	毛显强等著	中国环境出版集团	202103
416	978-7-5088-5891-3	中国土系志：甘肃卷	张甘霖主编	龙门书局	202102
417	978-7-5088-5701-5	中国土系志：江西卷	张甘霖主编	龙门书局	202109
418	978-7-5088-5816-6	中国土系志：宁夏卷	张甘霖主编	龙门书局	202112
419	978-7-5088-5702-2	中国土系志：青海卷	张甘霖主编	龙门书局	202109

（续）

序号	ISBN	题名	责任者	出版者	出版年月
420	978-7-5088-5817-3	中国土系志：新疆卷	张甘霖主编	龙门书局	202111
421	978-7-03-070348-4	中国真菌志：第六十一卷．被毛孢属及其近缘束梗孢类虫生真菌	梁宗琦主编	科学出版社	202111
422	978-7-5219-0904-3	中国自然保护地（Ⅰ）	国家林业和草原局宣传中心，国家林业和草原局自然保护地管理司编	中国林业出版社	202103
423	978-7-5219-1374-3	中国自然保护地（Ⅱ）	国家林业和草原局宣传中心编	中国林业出版社有限公司	202112
424	978-7-112-26069-0	竹木结构	刘伟庆，陆伟东，肖岩主编	中国建筑工业出版社	202106
425	978-7-5136-6506-3	竹业长青：基于生态、经济与文化相协同的战略视角	张国良著	中国经济出版社	202107
426	978-7-5219-1126-8	主栽竹种食叶害虫无公害防治实用技术	洪宜聪等著	中国林业出版社	202105
427	978-7-5509-3100-8	驻马店林木种质资源	邵明丽，邵红琼主编	黄河水利出版社	202112
428	978-7-5219-1034-6	追梦半世纪：纪念周恩来总理引种油橄榄 50 周年	中国经济林协会油橄榄分会编	中国林业出版社	202101
429	978-7-03-063745-1	自然保护地生态补偿机制研究：以云南省自然保护区为例	郭辉军，施本植，华朝朗著	科学出版社	202105
430	978-7-03-067593-4	自然保护区旅游生态补偿：机理分析与路径探索	陈海鹰著	科学出版社	202112
431	978-7-5689-2584-6	自然保护区社区共管法律机制研究	田红星著	重庆大学出版社	202104
432	978-7-5219-1031-5	自然保护区总体规划编制：以山西太宽河国家级自然保护区总体规划为例	王希群，郭保香，杨于军编著	中国林业出版社	202103
433	978-7-301-32317-5	自然资源与生态环境国际智库手册（第一辑）	姚霖主编	北京大学出版社	202108

数据来源：中国林业科学研究院图书馆。

附表5　2021年林业和草原科研院所软件著作权

序号	登记号	软件名称	著作权人	登记日期
1	2021SR0872239	北京集约化农区地下水硝酸盐污染因子数据库管理及污染风险评估系统	北京市农林科学院	20210610
2	2021SR0996027	“党史周年庆”党史专题学习系统	北京市农林科学院	20210707
3	2021SR0996028	远程教育知识图谱关系抽取系统	北京市农林科学院	20210707
4	2021SR0996029	基于知识图谱的远程教育智能推荐系统	北京市农林科学院	20210707
5	2021SR0996030	远程教育智能问答日志分析系统	北京市农林科学院	20210707
6	2021SR0996031	基于知识图谱的远程教育话术流程系统	北京市农林科学院	20210707
7	2021SR0996056	乡村振兴专题管理系统	北京市农林科学院	20210707
8	2021SR0996057	垃圾分类进行时专题学习系统	北京市农林科学院	20210707
9	2021SR0996104	两学一做学习教育系统	北京市农林科学院	20210707
10	2021SR0996123	基于知识图谱的用户信息推送系统	北京市农林科学院	20210707
11	2021SR0996124	基于知识图谱的虚拟主播答题系统	北京市农林科学院	20210707
12	2021SR0996125	基于知识图谱党员教育学习竞赛管理系统	北京市农林科学院	20210707
13	2021SR0996126	党建知识图谱管理系统	北京市农林科学院	20210707
14	2021SR0996127	基于知识图谱党员教育用户画像管理系统	北京市农林科学院	20210707
15	2021SR0996158	基于知识图谱的远程教育智能出题系统	北京市农林科学院	20210707
16	2021SR0996159	全国两会专题学习系统	北京市农林科学院	20210707
17	2021SR0996160	百年航程专题学习系统	北京市农林科学院	20210707
18	2021SR0996161	基于微信小程序的智慧学习平台	北京市农林科学院	20210707
19	2021SR0996162	基于安卓系统的党员教育 APP	北京市农林科学院	20210707
20	2021SR0996282	在线培训平台用户画像管理系统	北京市农林科学院	20210707
21	2021SR0996283	长城小助手会话系统	北京市农林科学院	20210707
22	2021SR0996285	农业技能培训移动客户端直播系统	北京市农林科学院	20210707
23	2021SR0996286	移动客户端用户分级权限管理系统	北京市农林科学院	20210707
24	2021SR0996287	农业技能培训移动客户端课程管理系统	北京市农林科学院	20210707
25	2021SR0996288	智慧学习知识库平台	北京市农林科学院	20210707
26	2021SR0996325	智慧学习应用管理系统	北京市农林科学院	20210707
27	2021SR1004886	太阳能堆肥滚筒控制系统	北京市农林科学院	20210708
28	2021SR1014120	基于知识图谱的培训课程管理系统	北京市农林科学院	20210709
29	2021SR1014122	技能培训移动客户端教学资源管理系统	北京市农林科学院	20210709
30	2021SR1021946	堆肥茶制造设备控制系统软件	北京市农林科学院	20210712

（续）

序号	登记号	软件名称	著作权人	登记日期
31	2021SR1179209	专家视频咨询服务系统 web 版	北京市农林科学院	20210810
32	2021SR1179210	辣椒品种智能推荐系统	北京市农林科学院	20210810
33	2021SR1179217	辣椒品种智能推荐服务知识处理系统	北京市农林科学院	20210810
34	2021SR1213489	农业技能培训移动客户端的点播系统	北京市农林科学院	20210817
35	2021SR1317208	蔬菜供应链信息管理系统	北京市农林科学院	20210903
36	2021SR1449917	新品种推广应用系统	北京市农林科学院	20210929
37	2021SR1449918	设施农业台账数据统计分析系统	北京市农林科学院	20210929
38	2021SR1449919	张家口市农业农村数据平台	北京市农林科学院	20210929
39	2021SR1449950	信息进村入户工程市级数据平台	北京市农林科学院	20210929
40	2021SR1449951	设施巡查工作填报系统	北京市农林科学院	20210929
41	2021SR1494524	HTP 在线服务系统	北京市农林科学院	20211012
42	2021SR1494525	60K 芯片下机数据管理系统	北京市农林科学院	20211012
43	2021SR1503637	种质资源库管理平台	北京市农林科学院	20211014
44	2021SR1514924	Plant microRNA Encyclopedia 平台	北京市农林科学院	20211015
45	2021SR1564000	蜜蜂活动与采集习性分析软件	北京市农林科学院	20211026
46	2021SR1589123	农业技能培训网络问卷发布系统	北京市农林科学院	20211029
47	2021SR1589124	智慧学习多媒体学习平台	北京市农林科学院	20211029
48	2021SR1589125	智慧学习班组培训系统	北京市农林科学院	20211029
49	2021SR1589126	农业网站信息报送管理系统	北京市农林科学院	20211029
50	2021SR1589176	新时代新担当新作为专题学习系统	北京市农林科学院	20211029
51	2021SR1589177	脱贫攻坚专题学习系统	北京市农林科学院	20211029
52	2021SR1589178	社区防疫进行时专题学习系统	北京市农林科学院	20211029
53	2021SR1589179	二十四节气科普系统	北京市农林科学院	20211029
54	2021SR1589180	防疫学习移动端管理系统	北京市农林科学院	20211029
55	2021SR1589181	迎冬奥学习专题系统	北京市农林科学院	20211029
56	2021SR1589182	不朽的马克思专题管理系统	北京市农林科学院	20211029
57	2021SR1589183	网络平台专题更新管理系统	北京市农林科学院	20211029
58	2021SR1589184	面向农业主题的网络数据爬虫系统	北京市农林科学院	20211029
59	2021SR1589185	基于元数据的远程教育学习资源内容管理系统	北京市农林科学院	20211029
60	2021SR1589187	党史学习教育系统	北京市农林科学院	20211029
61	2021SR1589188	百年征程里闪耀的星专题学习系统	北京市农林科学院	20211029
62	2021SR1589189	农民远程教育在线问卷统计分析系统	北京市农林科学院	20211029
63	2021SR1592401	基于知识图谱的远程教育课程学习系统	北京市农林科学院	20211029

（续）

序号	登记号	软件名称	著作权人	登记日期
64	2021SR1592421	基于 FFmpeg 的远程教育直播系统	北京市农林科学院	20211029
65	2021SR1592422	基于知识图谱的作物病虫害智能问答系统	北京市农林科学院	20211029
66	2021SR1592423	基于知识图谱的用户个性化学习系统	北京市农林科学院	20211029
67	2021SR1592424	基于知识图谱的远程教育检索系统	北京市农林科学院	20211029
68	2021SR1592512	农业技能培训课件加密系统	北京市农林科学院	20211029
69	2021SR1592513	农业技能教育视频推荐系统	北京市农林科学院	20211029
70	2021SR1592514	北京市党员教育培训师资库管理系统	北京市农林科学院	20211029
71	2021SR1592515	智慧学习测试系统	北京市农林科学院	20211029
72	2021SR1610911	农民远程教育网络在线问卷发布管理系统	北京市农林科学院	20211102
73	2021SR1611000	北京市党员教育培训师资申报系统	北京市农林科学院	20211102
74	2021SR1611001	技能培训用户信息管理系统	北京市农林科学院	20211102
75	2021SR1611031	农民远程教育网络飘窗展示系统	北京市农林科学院	20211102
76	2021SR1656760	畜禽养殖污染减排评价分析系统	北京市农林科学院	20211108
77	2021SR1661944	农业技术图文问答系统	北京市农林科学院	20211108
78	2021SR1661951	北京科技特派员管理系统	北京市农林科学院	20211108
79	2021SR1661952	蔬菜生产精益管理系统	北京市农林科学院	20211108
80	2021SR1927182	机构科研项目管理与分析平台	北京市农林科学院	20211129
81	2021SR1936934	基金项目前沿主题识别系统	北京市农林科学院	20211130
82	2021SR0014503	森林康养监测数据采集基础管理系统	广东省林业科学研究院	20210105
83	2021SR0014524	森林康养空气质量监测采集基础管理系统	广东省林业科学研究院	20210105
84	2021SR0269791	生态数据北斗地面站管理系统	广东省林业科学研究院	20210222
85	2021SR0273983	北斗短报文数据采集终端通讯软件	广东省林业科学研究院	20210222
86	2021SR0831832	食用林产品质量安全检测管理前端系统	广东省林业科学研究院	20210603
87	2021SR0994274	食用林产品质量安全检测管理服务器端系统	广东省林业科学研究院	20210706
88	2021SR1092999	食用林产品检测小程序	广东省林业科学研究院	20210723
89	2021SR1165003	穿山甲个体数据分析平台	广东省林业科学研究院	20210806
90	2021SR1165004	穿山甲个体物种统计平台	广东省林业科学研究院	20210806
91	2021SR1165087	穿山甲鳞片识别平台	广东省林业科学研究院	20210806
92	2021SR1172296	穿山甲个体图片管理平台	广东省林业科学研究院	20210809
93	2021SR1174260	穿山甲个体识别平台	广东省林业科学研究院	20210810
94	2021SR1174572	穿山甲个体档案管理平台	广东省林业科学研究院	20210810
95	2021SR1216309	红外相机图片物种识别平台	广东省林业科学研究院	20210817
96	2021SR1392254	红外相机设备管理平台	广东省林业科学研究院	20210917

（续）

序号	登记号	软件名称	著作权人	登记日期
97	2021SR1392255	生物多样性物种管理平台	广东省林业科学研究院	20210917
98	2021SR1392256	穿山甲鳞片数据分析平台	广东省林业科学研究院	20210917
99	2021SR1585966	生物多样性物种分布展示平台	广东省林业科学研究院	20211028
100	2021SR1711549	林业应用低代码开发平台	广东省林业科学研究院	20211112
101	2021SR1721655	LKY 网络管理系统	广东省林业科学研究院	20211112
102	2021SR1721656	LKY 视频云平台	广东省林业科学研究院	20211112
103	2021SR1721657	物联网 3D 数字孪生系统	广东省林业科学研究院	20211112
104	2021SR1721658	NPSM 组网供电智能管理系统	广东省林业科学研究院	20211112
105	2021SR2142633	热成像图像处理评估软件	广东省林业科学研究院	20211226
106	2021SR0392334	木材材性数据库系统	广西壮族自治区林业科学研究院	20210315
107	2021SR0429106	农村沼气站智能安全监测管理系统	广西壮族自治区林业科学研究院	20210322
108	2021SR0430434	广西林业土壤特色微生物资源库系统	广西壮族自治区林业科学研究院	20210322
109	2021SR0430435	广西油茶人工林土壤资源肥力标准评价系统	广西壮族自治区林业科学研究院	20210322
110	2021SR0430446	农村有机垃圾沼气工程运行与维护系统	广西壮族自治区林业科学研究院	20210322
111	2021SR0450458	林下经济多元生态高效栽培评价系统	广西壮族自治区林业科学研究院	20210325
112	2021SR0450459	PGPR 微生物发酵过程管理系统	广西壮族自治区林业科学研究院	20210325
113	2021SR0450463	林下种植中草药溯源体系管理系统	广西壮族自治区林业科学研究院	20210325
114	2021SR0552127	以沼气为纽带农村人居环境整治技术管理系统	广西壮族自治区林业科学研究院	20210419
115	2021SR0552131	农村沼气“三位一体”生态农业技术服务管理系统	广西壮族自治区林业科学研究院	20210419
116	2021SR0559241	农村沼气“全托管”模式技术和管理系统	广西壮族自治区林业科学研究院	20210420
117	2021SR0560443	大果核果茶种植培育服务管理系统	广西壮族自治区林业科学研究院	20210420
118	2021SR0560444	大果核果茶种质资源收集服务管理系统	广西壮族自治区林业科学研究院	20210420
119	2021SR0560445	大果核果茶苗木繁育管理系统	广西壮族自治区林业科学研究院	20210420
120	2021SR1029293	袋控缓释肥生产设备检验系统	广西壮族自治区林业科学研究院	20210713
121	2021SR1422874	木材品质综合评价系统	广西壮族自治区林业科学研究院	20210924
122	2021SR1460534	岗松育苗条件数据管理系统	广西壮族自治区林业科学研究院	20210930
123	2021SR1460544	岗松精油化学成分信息查询系统	广西壮族自治区林业科学研究院	20210930
124	2021SR1460545	岗松栽培适应性评价软件	广西壮族自治区林业科学研究院	20210930
125	2021SR0943698	基于竹子横截面特征的竹种分类软件	国际竹藤中心	20210624
126	2021SR1166803	基于深度学习的竹材霉变检测软件	国际竹藤中心	20210806
127	2021SR0486202	松材线虫病遥感快速处理算法软件	国家林业和草原局生物灾害防控中心	20210401
128	2021SR0486203	松材线虫病扩散可视化表达算法软件	国家林业和草原局生物灾害防控中心	20210401
129	2021SR0544881	松材线虫病数据库可视化系统	国家林业和草原局生物灾害防控中心	20210415

（续）

序号	登记号	软件名称	著作权人	登记日期
130	2021SR0544882	林业生物灾害遥感影像全自动预处理系统	国家林业和草原局生物灾害防控中心	20210415
131	2021SR0193773	湿地景观破碎化评价系统	国家林业和草原局调查规划设计院	20210203
132	2021SR0627476	风云四号林业和草原监测应用服务系统	国家林业和草原局调查规划设计院	20210430
133	2021SR0095266	陕西省自然保护地整合优化平台	国家林业和草原局西北调查规划设计院	20210118
134	2021SR0108424	国家保护地数据整合优化平台	国家林业和草原局西北调查规划设计院	20210120
135	2021SR0430340	森林资源调查系统	国家林业和草原局西北调查规划设计院	20210322
136	2021SR0554631	天然林数据调查管理系统	国家林业和草原局西北调查规划设计院	20210419
137	2021SR0575019	天然林数据调查采集系统	国家林业和草原局西北调查规划设计院	20210422
138	2021SR0581957	质量管理系统（移动端）	国家林业和草原局西北调查规划设计院	20210423
139	2021SR0581958	质量管理系统（桌面端）	国家林业和草原局西北调查规划设计院	20210423
140	2021SR0481618	生态公益林建设成效调查监测管理系统	国家林业和草原局中南调查规划院	20210331
141	2021SR2125182	林草项目质量管理数据共享软件	国家林业和草原局中南调查规划院	20211224
142	2021SR2125200	林草项目质量管理日常报表软件	国家林业和草原局中南调查规划院	20211224
143	2021SR2125201	林草项目电子档案自动提交系统	国家林业和草原局中南调查规划院	20211224
144	2021SR1238136	皂荚种子催芽管理系统	河南省林业科学研究院	20210820
145	2021SR1238153	皂荚树型培养管理系统	河南省林业科学研究院	20210820
146	2021SR1238154	皂荚嫁接育苗管理系统	河南省林业科学研究院	20210820
147	2021SR1238155	皂荚苗期管理系统	河南省林业科学研究院	20210820
148	2021SR1240664	皂荚病虫害防治管理系统	河南省林业科学研究院	20210820
149	2021SR1240666	皂荚刺采收管理系统	河南省林业科学研究院	20210820
150	2021SR1240667	皂荚播种培育管理系统	河南省林业科学研究院	20210820
151	2021SR0072576	薄壳山核桃嫁接苗培育及专家咨询系统	湖北省林业科学研究院	20210114
152	2021SR0072577	薄壳山核桃优质容器苗培育及专家咨询系统	湖北省林业科学研究院	20210114
153	2021SR0109161	杉木短周期小径材培育模式不同径级立木株数动态预估系统	湖北省林业科学研究院	20210120
154	2021SR0109549	杉木短周期小径培育模式林木生长模型系统	湖北省林业科学研究院	20210120
155	2021SR0429115	核桃黑斑病发生规律及防治专家咨询系统	湖北省林业科学研究院	20210322
156	2021SR0429153	油橄榄炭疽病发生规律及防治专家咨询系统	湖北省林业科学研究院	20210322
157	2021SR0429154	核桃长足象发生规律及防治专家咨询系统	湖北省林业科学研究院	20210322
158	2021SR0429178	核桃炭疽病发生规律及防治专家咨询系统	湖北省林业科学研究院	20210322
159	2021SR0474598	华山松病虫害诊断识别及专家咨询系统	湖北省林业科学研究院	20210330
160	2021SR0964910	五倍子林药蜂立体培育模式专家咨询系统	湖北省林业科学研究院	20210629
161	2021SR1013724	松褐天牛发生规律及防治专家咨询系统	湖北省林业科学研究院	20210709
162	2021SR0430426	高光谱无人机地面站遥控系统	江西省林业科学院	20210322

（续）

序号	登记号	软件名称	著作权人	登记日期
163	2021SR0430444	无人机搭载高光谱相机影像采集系统	江西省林业科学院	20210322
164	2021SR0430445	北美栎树害虫实时监测系统	江西省林业科学院	20210322
165	2021SR0430479	油茶蓝翅天牛实时监测系统	江西省林业科学院	20210322
166	2021SR0877977	城段综合治理工程质量验收系统	江西省林业科学院	20210611
167	2021SR0877978	城段综合治理工程施工管理系统	江西省林业科学院	20210611
168	2021SR0878182	儿童乐园节点湿地生态影响报告数据管理系统	江西省林业科学院	20210611
169	2021SR0878186	儿童乐园节点湿地生态影响报告登记系统	江西省林业科学院	20210611
170	2021SR0878187	儿童乐园节点湿地生态影响报告自动生成系统	江西省林业科学院	20210611
171	2021SR0879003	林木数量性状遗传分析软件	江西省林业科学院	20210611
172	2021SR0887186	城段综合治理工程施工设计管理系统	江西省林业科学院	20210615
173	2021SR0887283	古樟树迁移保护方案设计系统	江西省林业科学院	20210615
174	2021SR0887936	古樟树迁移保护方案优化软件	江西省林业科学院	20210615
175	2021SR1146963	轻质强耐候纤维复合材料成型成套设备技术手册软件	江西省林业科学院	20210804
176	2021SR1146966	木、竹质纤维分离效果控制及纤维束质量检测系统	江西省林业科学院	20210804
177	2021SR1604915	楠属植物叶绿体基因组数据库信息化管理系统	江西省林业科学院	20211101
178	2021SR1820316	黄樟全长转录组测序与不同化学型 RNA-Seq 分析系统	江西省林业科学院	20211122
179	2021SR1820333	黄樟叶精油化学成分信息检测系统	江西省林业科学院	20211122
180	2021SR0140244	植物生长差异比较分析系统	青海省农林科学院	20210126
181	2021SR0140314	植物生长发育指标相关性分析系统	青海省农林科学院	20210126
182	2021SR0140323	土壤理化指标差异比较分析系统	青海省农林科学院	20210126
183	2021SR0398515	基于物联网的农田杂草监测系统	青海省农林科学院	20210316
184	2021SR0398516	病虫害监测管理软件	青海省农林科学院	20210316
185	2021SR1162038	基于人工智能的昆虫自动识别分析软件	青海省农林科学院	20210806
186	2021SR0180855	矿区废弃地植物材料选育支持系统	山东省林业科学研究院	20210202
187	2021SR0180856	煤矿区废弃地植被恢复支持系统	山东省林业科学研究院	20210202
188	2021SR0811861	国槐栽培技术咨询系统	山东省林业科学研究院	20210601
189	2021SR0811866	国槐古树资源目录管理系统	山东省林业科学研究院	20210601
190	2021SR0811884	古槐文化交流共享平台	山东省林业科学研究院	20210601
191	2021SR0811888	国槐种质资源评价系统	山东省林业科学研究院	20210601
192	2021SR0842802	国槐古树资源调查统计系统	山东省林业科学研究院	20210607
193	2021SR0842888	国槐病虫害防治系统	山东省林业科学研究院	20210607
194	2021SR1329945	接骨木病虫害鉴别防控系统	山东省林业科学研究院	20210907
195	2021SR1332488	接骨木苗木培育技术支持系统	山东省林业科学研究院	20210907

（续）

序号	登记号	软件名称	著作权人	登记日期
196	2021SR1332523	接骨木育种技术支持系统	山东省林业科学研究院	20210907
197	2021SR1332765	蓝莓设施种植标准化生产管理系统	山东省林业科学研究院	20210907
198	2021SR1332799	蓝莓果实质量综合评价系统	山东省林业科学研究院	20210907
199	2021SR1379014	利用红榉多年生枝扦插繁育的方法应用管理系统	山东省林业科学研究院	20210915
200	2021SR1379483	利用蓝莓莱格西叶片诱导产生微不定芽的繁育方法应用管理系统	山东省林业科学研究院	20210915
201	2021SR1409119	盐碱地植被恢复技术支持系统	山东省林业科学研究院	20210922
202	2021SR1571007	元宝枫嫩枝扦插高效繁育技术服务系统	山东省林业科学研究院	20211027
203	2021SR1632219	元宝枫大树改造嫁接新品种繁育技术服务系统	山东省林业科学研究院	20211104
204	2021SR0398495	森林康养资源综合调查统计平台	山西省林业和草原科学研究院	20210316
205	2021SR0398496	森林康养综合定位监测预警系统	山西省林业和草原科学研究院	20210316
206	2021SR0459929	林草生态资源管理系统	山西省林业和草原科学研究院	20210326
207	2021SR0459930	林草数字信息系统	山西省林业和草原科学研究院	20210326
208	2021SR1921625	基于 AI 技术的松材线虫病病死疫木普查识别统计系统	陕西省林业科学院	20211129
209	2021SR1921626	基于 AI 技术的林业变色立木识别定位系统	陕西省林业科学院	20211129
210	2021SR1921627	基于无人机航拍遥感大数据的林业有害生物服务管理系统	陕西省林业科学院	20211129
211	2021SR1921653	基于 GIS 系统的林业火灾预警系统	陕西省林业科学院	20211129
212	2021SR1921655	基于 GIS 系统的天空地林业有害生物防治预警系统	陕西省林业科学院	20211129
213	2021SR1999619	智能化表格集成处理插件系统	陕西省林业科学院	20211206
214	2021SR1520448	岷江柏苗期抗旱性的综合评价方法的信息记录系统	四川省林业科学研究院	20211018
215	2021SR0348256	基于 HS-GC-IMS 鉴别核桃不同品种叶片挥发性物质检测系统	新疆林业科学院	20210305
216	2021SR1075820	北美红杉组培苗工厂化生产服务管理系统	云南省林业和草原科学院	20210721
217	2021SR0036052	一种柚电动授粉方法及装置的应用控制系统	浙江省亚热带作物研究所（浙南林业科学研究院）	20210107
218	2021SR0390884	一种利用生物炭改良柚类果园土壤提升肥力的标准化管理系统	浙江省亚热带作物研究所（浙南林业科学研究院）	20210315
219	2021SR0954753	远距离传输的连续监测立木直径生长管理软件	浙江省亚热带作物研究所（浙南林业科学研究院）	20210628
220	2021SR1258776	一种猕猴桃套种食用菌的套种装置的远程控制系统	浙江省亚热带作物研究所（浙南林业科学研究院）	20210825
221	2021SR1258777	虫草速溶冲剂、片剂和虫草酒市场数据调研分析系统	浙江省亚热带作物研究所（浙南林业科学研究院）	20210825
222	2021SR1275020	HEA 对抗心肌缺血再灌注损伤的保护应用临床数据统计分析系统	浙江省亚热带作物研究所（浙南林业科学研究院）	20210827
223	2021SR1286572	N6-(2- 羟乙基) 腺苷在治疗高血压药物的有效性测评系统	浙江省亚热带作物研究所（浙南林业科学研究院）	20210830
224	2021SR0443844	通导遥一体化森林火灾监控平台	中国林业科学研究院	20210324
225	2021SR0620356	京津风沙源沙化土地整治空间决策支持系统	中国林业科学研究院	20210429

（续）

序号	登记号	软件名称	著作权人	登记日期
226	2021SR0735524	京津风沙源沙化土地治理策略查询系统	中国林业科学研究院	20210521
227	2021SR1121136	盐碱地普适型耐盐碱林草植物种质资源登记系统	中国林业科学研究院	20210729
228	2021SR1177549	基于不同盐浓度处理下植物整体和 / 或植物局部的温度红外线可视化测量系统	中国林业科学研究院、中国林业科学研究院天津林业科学研究所	20210810
229	2021SR1618711	Mean-DP 软件	中国林业科学研究院林产化学工业研究所	20211103
230	2021SR0915661	竹材制化学机械浆性能在线评价与工艺优化系统	中国林业科学研究院林产化学工业研究所、四川省林业科学研究院	20210618
231	2021SR1757966	西南地区制浆造纸用竹材种类识别与材性快速分析系统	中国林业科学研究院林产化学工业研究所、四川省林业科学研究院	20211117
232	2021SR0773497	世界林业与草原援外培训数据库软件	中国林业科学研究院林业科技信息研究所	20210526
233	2021SR1200997	林业数据库规范化加工处理系统	中国林业科学研究院林业科技信息研究所	20210813
234	2021SR1217204	林业知识服务微信小程序	中国林业科学研究院林业科技信息研究所	20210817
235	2021SR1761134	林业引智成果管理信息系统	中国林业科学研究院林业科技信息研究所	20211117
236	2021SR1761135	国家林草局出国（境）管理系统	中国林业科学研究院林业科技信息研究所	20211117
237	2021SR2167012	林业发现检索系统平台	中国林业科学研究院林业科技信息研究所	20211227
238	2021SR2167031	林业移动数字图书馆 APP	中国林业科学研究院林业科技信息研究所	20211227
239	2021SR0037762	森林火灾应急预警调度可视化管理系统	中国林业科学研究院林业新技术研究所	20210119
240	2021SR0037803	无人机森林火灾扑救水量控制系统	中国林业科学研究院林业新技术研究所	20210119
241	2021SR0037936	无人机森林火灾定位导航管理系统	中国林业科学研究院林业新技术研究所	20210119
242	2021SR0037937	森林火灾监测用无人机远程控制系统	中国林业科学研究院林业新技术研究所	20210119
243	2021SR0037939	无人机中低空监测系统	中国林业科学研究院林业新技术研究所	20210119
244	2021SR0533303	湿地植物病虫害高光谱数据管理系统	中国林业科学研究院林业新技术研究所	20210414
245	2021SR0552226	立式木工钻铣床数字控制软件系统	中国林业科学研究院林业新技术研究所	20210419
246	2021SR0552320	四头电主轴操作臂位姿控制系统	中国林业科学研究院林业新技术研究所	20210419
247	2021SR0739972	“京津冀”典型脆弱生态保护与管理系统	中国林业科学研究院林业新技术研究所	20210521
248	2021SR1350261	湖泊水质综合评估分析管理系统	中国林业科学研究院林业新技术研究所	20210909
249	2021SR1799930	湿地水环境动态监测系统	中国林业科学研究院林业新技术研究所	20211119
250	2021SR2056776	土壤高光谱数据库管理系统	中国林业科学研究院林业新技术研究所	20211215
251	2021SR0094886	REddyProcSimpleGui 软件	中国林业科学研究院林业研究所	20210118
252	2021SR0149237	沙棘基因上游启动子区批量统计软件	中国林业科学研究院林业研究所	20210127
253	2021SR0179005	北方寒地地区冬景植物枝干色彩快速识别提取系统	中国林业科学研究院林业研究所	20210202
254	2021SR0201085	北方重金属矿区黄花柳植物修复功能评估系统	中国林业科学研究院林业研究所	20210204
255	2021SR0210944	榛属植物品种鉴定 SSR 分子标记数据检索系统	中国林业科学研究院林业研究所	20210207

（续）

序号	登记号	软件名称	著作权人	登记日期
256	2021SR0347472	基于机器学习的栎类树种适宜生境模拟系统	中国林业科学研究院林业研究所	20210305
257	2021SR0347550	基于人工智能的壳斗科树种识别系统	中国林业科学研究院林业研究所	20210305
258	2021SR0347551	栎类林分生长动态模拟系统	中国林业科学研究院林业研究所	20210305
259	2021SR0347654	重金属污染土壤植物修复材料智能筛选系统	中国林业科学研究院林业研究所	20210305
260	2021SR0447627	基于贝叶斯理论的杉木生长与枯损模型系统	中国林业科学研究院林业研究所	20210325
261	2021SR0589832	榛子会员管理系统	中国林业科学研究院林业研究所	20210425
262	2021SR0593101	榛子种质资源收集管理系统	中国林业科学研究院林业研究所	20210425
263	2021SR1159665	基于深度学习的古树安全评价系统	中国林业科学研究院林业研究所	20210805
264	2021SR1410175	不同种类榛子自动识别的计算软件	中国林业科学研究院林业研究所	20210922
265	2021SR1410176	确定榛子生长过程中能量消耗的计算软件	中国林业科学研究院林业研究所	20210922
266	2021SR1436394	智慧远程监控系统	中国林业科学研究院林业研究所	20210927
267	2021SR1438974	网络视频会议系统	中国林业科学研究院林业研究所	20210927
268	2021SR1438975	智慧大棚管理系统	中国林业科学研究院林业研究所	20210927
269	2021SR1438976	农业物联网远程监控系统	中国林业科学研究院林业研究所	20210927
270	2021SR1438977	农业质量安全追溯监管系统	中国林业科学研究院林业研究所	20210927
271	2021SR1438981	智慧农业云管理平台	中国林业科学研究院林业研究所	20210927
272	2021SR1438982	智慧水肥一体化系统	中国林业科学研究院林业研究所	20210927
273	2021SR0071299	树屋设计分析管理系统	中国林业科学研究院木材工业研究所	20210114
274	2021SR0071300	树屋舒适度评价管理系统	中国林业科学研究院木材工业研究所	20210114
275	2021SR0071301	木材年轮分析管理系统	中国林业科学研究院木材工业研究所	20210114
276	2021SR0072379	木材年轮识别管理系统	中国林业科学研究院木材工业研究所	20210114
277	2021SR0142674	木材树种检索与识别系统	中国林业科学研究院木材工业研究所	20210126
278	2021SR0142675	木材标本数据管理系统	中国林业科学研究院木材工业研究所	20210126
279	2021SR0150777	iWood 木材识别系统	中国林业科学研究院木材工业研究所	20210127
280	2021SR0295466	基于微信公众号的科技期刊运营管理系统	中国林业科学研究院木材工业研究所	20210225
281	2021SR0295467	基于微信公众号的科技成果交易服务平台	中国林业科学研究院木材工业研究所	20210225
282	2021SR0415605	木材加工行业大数据分析系统	中国林业科学研究院木材工业研究所	20210318
283	2021SR0488197	木材复杂应力状态下本构关系模型计算软件	中国林业科学研究院木材工业研究所	20210402
284	2021SR0540609	地板表板智能分等缺陷规则知识库管理系统软件	中国林业科学研究院木材工业研究所	20210415
285	2021SR0542485	多尺度无瑕疵木材弹性力学性能分析模型软件	中国林业科学研究院木材工业研究所	20210415
286	2021SR0550950	板材承载率计算软件	中国林业科学研究院木材工业研究所	20210419
287	2021SR1065231	用于木门框架的指接木条优化锯切系统	中国林业科学研究院木材工业研究所	20210720
288	2021SR1159519	基于学术论文信息深度挖掘的木材学研究热点分析系统	中国林业科学研究院木材工业研究所	20210805

（续）

序号	登记号	软件名称	著作权人	登记日期
289	2021SR1574679	长余辉木材发光功能表面的配色检验系统	中国林业科学研究院木材工业研究所	20211027
290	2021SR1574718	磷氮掺杂碳量子点阻燃性能模拟实验系统	中国林业科学研究院木材工业研究所	20211027
291	2021SR1584651	木材图像智能鉴定深度学习模型软件	中国林业科学研究院木材工业研究所	20211028
292	2021SR1584657	数字木材标本馆平台	中国林业科学研究院木材工业研究所	20211028
293	2021SR1610873	用于板材在线检测的速度变送软件	中国林业科学研究院木材工业研究所	20211102
294	2021SR1610874	基于 VAE 的压缩特征提取软件	中国林业科学研究院木材工业研究所	20211102
295	2021SR1610875	间歇式传动偏心轮轮廓拟合软件	中国林业科学研究院木材工业研究所	20211102
296	2021SR1610876	刨花板表面缺陷自适应分割软件	中国林业科学研究院木材工业研究所	20211102
297	2021SR1622012	濒危珍贵木材图像数据库系统	中国林业科学研究院木材工业研究所	20211103
298	2021SR1411314	松杉人工林近自然经营管理系统	中国林业科学研究院热带林业实验中心	20210922
299	2021SR1411316	人工林生态系统植被碳储量及分配评估系统	中国林业科学研究院热带林业实验中心	20210922
300	2021SR1411318	人工林生态系统土壤碳储量评估系统	中国林业科学研究院热带林业实验中心	20210922
301	2021SR0945053	广州绿道网系统	中国林业科学研究院热带林业研究所	20210624
302	2021SR0945054	广州绿道植物数据平台	中国林业科学研究院热带林业研究所	20210624
303	2021SR0945057	基于街景图像的绿视率计量方法软件	中国林业科学研究院热带林业研究所	20210624
304	2021SR0038591	云杉梢斑螟监测预测防治决策专家系统	中国林业科学研究院森林生态环境与自然保护研究所	20210120
305	2021SR0108048	野生动物违法信息大数据收集与智能分析系统	中国林业科学研究院森林生态环境与自然保护研究所	20210120
306	2021SR0367190	生物多样性监测数据采集系统	中国林业科学研究院森林生态环境与自然保护研究所	20210310
307	2021SR0775487	生物多样性数据处理系统	中国林业科学研究院森林生态环境与自然保护研究所	20210527
308	2021SR0067532	基于无人机图像的单株形态结构解析软件	中国林业科学研究院沙漠林业实验中心	20210113
309	2021SR1770819	鹅掌楸属树种自交衰退的 SSR 分析系统	中国林业科学研究院亚热带林业实验中心	20211117
310	2021SR1770820	造林密度与鹅掌楸生长关联性影响分析软件	中国林业科学研究院亚热带林业实验中心	20211117
311	2021SR0132484	山茶油挥发性特征产物数据采集分析软件	中国林业科学研究院亚热带林业研究所	20210125
312	2021SR0168011	一种油茶籽中不同形态多酚的萃取方法数字化演示系统	中国林业科学研究院亚热带林业研究所	20210129
313	2021SR0168090	一种压榨油茶籽油的适度加工方法标准化操作系统	中国林业科学研究院亚热带林业研究所	20210129
314	2021SR0519350	薄壳山核桃果用林大量元素（N\P\K）缺素预警软件	中国林业科学研究院亚热带林业研究所	20210409
315	2021SR0607868	基于转录组测序的 SSR 标记在山茶中的应用研究系统	中国林业科学研究院亚热带林业研究所	20210427
316	2021SR0607917	金花茶组植物及其衍生品种信息管理系统	中国林业科学研究院亚热带林业研究所	20210427
317	2021SR0607934	山茶属连蕊茶组植物信息管理系统	中国林业科学研究院亚热带林业研究所	20210427

（续）

序号	登记号	软件名称	著作权人	登记日期
318	2021SR0615933	山茶遗传图谱构建模拟预测系统	中国林业科学研究院亚热带林业研究所	20210428
319	2021SR0615946	山茶品种‘春江红霞’的多态性标记引物及山茶品种鉴定软件	中国林业科学研究院亚热带林业研究所	20210428
320	2021SR0615979	山茶品种基因组 DNA 提取筛选软件	中国林业科学研究院亚热带林业研究所	20210428
321	2021SR0615983	山茶 EST 序列的分析软件	中国林业科学研究院亚热带林业研究所	20210428
322	2021SR0636478	白栎幼苗抗旱性指标分析测评系统	中国林业科学研究院亚热带林业研究所	20210506
323	2021SR0636479	白栎果实特征参数与地理气候因子间相关性分析统计软件	中国林业科学研究院亚热带林业研究所	20210506
324	2021SR0636618	弗吉尼亚栎扦插繁殖栽培技术系统	中国林业科学研究院亚热带林业研究所	20210506
325	2021SR0636619	弗吉尼亚栎不定芽增殖及试管苗再生影响因子分析系统	中国林业科学研究院亚热带林业研究所	20210506
326	2021SR0636620	低盐培养基对弗吉尼亚栎不定芽增殖的影响因子的分析测评系统	中国林业科学研究院亚热带林业研究所	20210506
327	2021SR0636621	纳塔栎母本反生变异过程数据记录分析系统	中国林业科学研究院亚热带林业研究所	20210506
328	2021SR0636622	铅锌尾矿库区域不同树木重金属吸收率综合测评系统	中国林业科学研究院亚热带林业研究所	20210506
329	2021SR0636623	铅锌尾矿区对不同植物作用力影响评价系统	中国林业科学研究院亚热带林业研究所	20210506
330	2021SR0636624	一种弗吉尼亚栎扦插繁殖方法应用管理系统	中国林业科学研究院亚热带林业研究所	20210506
331	2021SR0636626	一种弗吉尼亚栎组织培养繁殖系数监测系统	中国林业科学研究院亚热带林业研究所	20210506
332	2021SR0637197	红山茶品种信息管理系统	中国林业科学研究院亚热带林业研究所	20210506
333	2021SR0647703	一种纳塔栎母本反生变异的风险监测分析系统	中国林业科学研究院亚热带林业研究所	20210508
334	2021SR0647704	一种纳塔栎组织培养方法应用管理平台	中国林业科学研究院亚热带林业研究所	20210508
335	2021SR0664556	崇左金花茶类黄酮信息管理系统	中国林业科学研究院亚热带林业研究所	20210511
336	2021SR0664739	基于生物量参数的栎属植物组织重金属积累成本预测系统	中国林业科学研究院亚热带林业研究所	20210511
337	2021SR0664749	基于叶绿素荧光参数的杞柳叶片镉积累能力预测系统	中国林业科学研究院亚热带林业研究所	20210511
338	2021SR0678407	金花茶遗传多样性 SSR 分析系统	中国林业科学研究院亚热带林业研究所	20210513
339	2021SR0739480	石漠化红裸土植被快速恢复方法实施效果评价系统	中国林业科学研究院亚热带林业研究所	20210521
340	2021SR0739484	湿地生态系统自然生态要素数据采集分析系统	中国林业科学研究院亚热带林业研究所	20210521
341	2021SR0798078	一种山茶花期调控方法应用管理系统	中国林业科学研究院亚热带林业研究所	20210531
342	2021SR0798217	不同基质栽培与山茶容器苗生长关联性的分析评价系统	中国林业科学研究院亚热带林业研究所	20210531
343	2021SR0840967	湿地生态系统生态服务价值评估系统	中国林业科学研究院亚热带林业研究所	20210604
344	2021SR0846345	森林色彩空间转换软件	中国林业科学研究院亚热带林业研究所	20210607
345	2021SR0896385	滇山茶性状分析系统	中国林业科学研究院亚热带林业研究所	20210616
346	2021SR0898667	崇左金花茶 SSR 分子标记系统	中国林业科学研究院亚热带林业研究所	20210616
347	2021SR0907653	松阴溪湿地生态监测展示平台	中国林业科学研究院亚热带林业研究所	20210617
348	2021SR0987685	松阴溪湿地公园系统	中国林业科学研究院亚热带林业研究所	20210705

（续）

序号	登记号	软件名称	著作权人	登记日期
349	2021SR1276689	无患子优树子代生长预测平台	中国林业科学研究院亚热带林业研究所	20210827
350	2021SR1276691	无患子种质资源适生区预测系统	中国林业科学研究院亚热带林业研究所	20210827
351	2021SR1313608	钱江源国家公园土壤环境质量电子数据库查询系统	中国林业科学研究院亚热带林业研究所	20210902
352	2021SR1508842	浦阳江国家湿地公园系统	中国林业科学研究院亚热带林业研究所	20211014
353	2021SR1535649	森林康养环境分级指数网络发布系统	中国林业科学研究院亚热带林业研究所	20211020
354	2021SR1535652	植物挥发性有机物（BVOCs）信息查询系统	中国林业科学研究院亚热带林业研究所	20211020
355	2021SR1560642	通视性分析软件	中国林业科学研究院亚热带林业研究所	20211026
356	2021SR1820029	山苍子果实经济指标与环境因子的关联分析系统	中国林业科学研究院亚热带林业研究所	20211122
357	2021SR1910942	灾害干扰受损森林生物量碳积累过程实时监测系统	中国林业科学研究院亚热带林业研究所	20211126
358	2021SR2001012	基于枝径的受损木荷萌枝生物量碳测算分析管理软件	中国林业科学研究院亚热带林业研究所	20211206
359	2021SR2016643	茶油中多环芳烃类污染物风险筛查系统	中国林业科学研究院亚热带林业研究所	20211207
360	2021SR2026154	一种根据叶片表型初步鉴别栗优良子代的分析系统	中国林业科学研究院亚热带林业研究所	20211208
361	2021SR2034255	甜柿容器育苗培育管理系统	中国林业科学研究院亚热带林业研究所	20211209
362	2021SR2034256	柿园主要虫害识别及防治对策信息系统	中国林业科学研究院亚热带林业研究所	20211209
363	2021SR2034260	甜柿营养诊断与测土配方施肥系统	中国林业科学研究院亚热带林业研究所	20211209
364	2021SR2034261	甜柿避雨栽培智能管理系统	中国林业科学研究院亚热带林业研究所	20211209
365	2021SR2042038	柿园主要病害识别及防治对策信息系统	中国林业科学研究院亚热带林业研究所	20211210
366	2021SR2049094	灾害干扰受损木荷萌生更新过程监测系统	中国林业科学研究院亚热带林业研究所	20211213
367	2021SR2115196	油茶种苗智能管理系统	中国林业科学研究院亚热带林业研究所	20211223
368	2021SR0088809	高分四号卫星森林燃烧信息检测软件	中国林业科学研究院资源信息研究所	20210118
369	2021SR0257748	通用型人工林传感器网络监测信息云管理系统	中国林业科学研究院资源信息研究所	20210219
370	2021SR0257749	桉树和落叶松人工林传感器监测信息终端 App 软件	中国林业科学研究院资源信息研究所	20210219
371	2021SR0339520	机载激光雷达人工林垂直结构参数提取软件	中国林业科学研究院资源信息研究所	20210304
372	2021SR0429608	人工林培育经营知识库、模型库、方法库服务与管理系统	中国林业科学研究院资源信息研究所	20210322
373	2021SR0511685	合成孔径雷达植被生物量制图应用软件 VegBioMapper	中国林业科学研究院资源信息研究所	20210408
374	2021SR0790327	东北次生林抚育经营优化决策系统	中国林业科学研究院资源信息研究所	20210528
375	2021SR0831592	三北重大生态工程生态效益监测评估服务共享展示系统	中国林业科学研究院资源信息研究所	20210603
376	2021SR0864055	落叶松人工林碳增汇效应评估软件	中国林业科学研究院资源信息研究所	20210609
377	2021SR0877526	林火监测森林资源模拟仿真系统	中国林业科学研究院资源信息研究所	20210610
378	2021SR1011304	目标树经营抚育间伐决策系统	中国林业科学研究院资源信息研究所	20210709
379	2021SR1160108	贵州省森林生态产业资源普查数据可视化集成平台——移动端	中国林业科学研究院资源信息研究所	20210806
380	2021SR1160109	贵州省森林生态产业资源普查数据可视化集成平台——桌面端	中国林业科学研究院资源信息研究所	20210806
381	2021SR1160130	基于 Cave2 人机交互的视频播放系统	中国林业科学研究院资源信息研究所	20210806

（续）

序号	登记号	软件名称	著作权人	登记日期
382	2021SR1160131	贵州省森林生态产业资源环境虚拟仿真系统	中国林业科学研究院资源信息研究所	20210806
383	2021SR1160132	基于分部位模型加载的树木生成系统	中国林业科学研究院资源信息研究所	20210806
384	2021SR1325026	人工林三维可视化模拟系统	中国林业科学研究院资源信息研究所	20210906
385	2021SR1402389	人工林资源监测综合集成系统	中国林业科学研究院资源信息研究所	20210918
386	2021SR1616361	湿地资源管护系统	中国林业科学研究院资源信息研究所	20211102
387	2021SR1776491	基于虚拟环境的人工林经营模拟系统	中国林业科学研究院资源信息研究所	20211118
388	2021SR2138778	高分五号高光谱数据湿地生物量估算系统	中国林业科学研究院资源信息研究所	20211224
389	2021SR2176400	海南长臂猿监测信息服务系统	中国林业科学研究院资源信息研究所	20211227
390	2021SR1011307	华北落叶松多功能经营数据管理系统	中国林业科学研究院资源信息研究所、国家林业和草原局中南调查规划院	20210709
391	2021SR0809699	牧草种子清选机工作参数控制系统	中国农业科学院草原研究所	20210601
392	2021SR0809700	牧草种子清选风速调控系统	中国农业科学院草原研究所	20210601
393	2021SR0809778	牧草种子清选均匀喂入控制系统	中国农业科学院草原研究所	20210601
394	2021SR1146864	牧场饲草料养分评估系统	中国农业科学院草原研究所	20210804
395	2021SR1146865	牧草田间性状分析系统	中国农业科学院草原研究所	20210804
396	2021SR1146866	牧草精量排种监测系统	中国农业科学院草原研究所	20210804
397	2021SR1146867	优质草块生产在线监控可视化插件软件	中国农业科学院草原研究所	20210804
398	2021SR1154013	草原土壤 CO_2 排放快速评价系统	中国农业科学院草原研究所	20210805
399	2021SR1305198	智能 AI 羊耳标号识别软件	中国农业科学院草原研究所	20210901
400	2021SR1953376	燕麦害虫田间识别与防治专家系统	中国农业科学院草原研究所	20211130
401	2021SR1021702	智慧林场综合系统	重庆市林业科学研究院	20210712
402	2021SR1021703	智慧保护区管理系统	重庆市林业科学研究院	20210712

数据来源：中国版权保护中心《计算机软件著作权登记公告》。

附表6 2021年林业和草原科研院所授权发明专利

序号	专利号	专利名称	专利权人	发明人	申请日	授权公告日
1	ZL201810175148.7	一种采用植物栽种方式修复铅锌矿区土壤重金属污染的方法	保定学院、上海市园林科学规划研究院	崔彬彬、张冬梅、关超男、周丽娜、滕忠才、管延英、高飞、张妍、王琳、郝征、王磊、蔡淼	20170118	20210202
2	ZL201810288749.9	一种采用植物栽种方式修复铜矿废弃地土壤重金属污染的方法	保定学院、上海市园林科学规划研究院	崔彬彬、张冬梅、曹柳青、张妍、靳茜、周丽娜、管延英、关超男、滕忠才、周丁丁、孔丽晓、李姗	20170216	20210202
3	ZL201910953764.5	一种无忧花的无菌苗诱导方法	北部湾大学、钦州市林业科学研究所	王华宇、杨利平、何贵整、王鹏良、陈乃明、陈丽文、陈俊锦、杨琼、陈乃健	20191009	20210827
4	ZL201811456435.1	一种微量油茶种仁油脂含量和脂肪酸同时测定的方法	北京林业大学、湖南省林业科学院	彭邵锋、吴红、邬荣领、陈永忠、张震、陆佳、梁丹、马力、陈隆升、李美群、王瑞、王湘南、李志钢、彭映赫、许彦明、唐炜	20181130	20211001
5	ZL201810246201.8	一种草莓穴盘苗的南繁北育方法	北京市林业果树科学研究院	钟传飞、张运涛、王桂霞、董静、常琳琳、孙健、张宏利、隗永青、张志文、石琨、孙瑞	20180323	20210427
6	ZL201910810472.6	一种核桃抗氧化活性肽及其制备方法和应用	北京市林业果树科学研究院	陈永浩、郝艳宾、齐建勋、李俊、逯晓丹、董宁光、王蓓蓓、张赟齐	20190829	20210622
7	ZL201910147620.0	一种北方埋土栽培区葡萄水平长主蔓快速培养方法	北京市林业果树科学研究院	张国军、任建成、王晓玥、徐海英、孙磊、闫爱玲、王慧玲、戚元勇	20190227	20210625
8	ZL201910147013.4	一种保障北方埋土栽培区葡萄超长主蔓萌芽整齐度的方法	北京市林业果树科学研究院	张国军、任建成、王晓玥、徐海英、孙磊、闫爱玲、王慧玲、戚元勇	20190227	20210817
9	ZL201911197947.5	一种苹果矮化自根砧带分枝壮苗的培育方法	北京市林业果树科学研究院	李民吉、魏钦平、杨雨璋、张强、周贝贝、李兴亮、张军科、周佳	20191129	20211116
10	ZL201811458642.0	一种抑制银杏雌株花芽分化的方法	北京市园林科学研究院	王建红、车少臣、李广、任桂芳、夏菲、张国锋、邵金丽、仲丽、任斌斌、周江鸿、刘倩、仇兰芬	20181130	20210402
11	ZL201810463490.7	一种泛菌菌株及其在生物防治中的应用	北京市园林科学研究院	周江鸿、夏菲、车少臣	20180515	20210507
12	ZL201811553290.7	一种促进杨柳树干部伤口愈合的涂抹剂及制备方法和应用	北京市园林科学研究院	王建红、李广、车少臣、邵金丽、张国锋、仇兰芬、仲丽	20181218	20210507
13	ZL201810462555.6	一种毡状地丝霉菌菌株及其在生物防治中的应用	北京市园林科学研究院	周江鸿、夏菲、车少臣	20180515	20210507
14	ZL201811460192.9	一种抑制树种产生飞絮或飞毛的方法	北京市园林科学研究院	车少臣、王建红、李广、任桂芳、仲丽、邵金丽、张国锋、夏菲、仇兰芬、刘倩、任斌斌、周江鸿	20181130	20210507

（续）

序号	专利号	专利名称	专利权人	发明人	申请日	授权公告日
15	ZL201811464369.2	一种抑制园林常绿树种花芽分化的药剂及其使用方法	北京市园林科学研究院	车少臣、王建红、李广、任桂芳、夏菲、张国锋、仇兰芬、仲丽、周江鸿、刘倩、邵金丽、任斌斌	20181130	20210720
16	ZL201811464368.8	一种疏除植物飞絮飞毛的药剂及其应用	北京市园林科学研究院	任桂芳、李广、王建红、车少臣、张国锋、仲丽、邵金丽、仇兰芬、夏菲、任斌斌、刘倩、周江鸿	20181130	20210730
17	ZL202011464997.8	一种抗寒月季低成本优良品种的培育方法	东北林业大学、黑龙江省森林保护研究所	张睿、高宇、刘子垚、李佳阳、金鹏、尚禹含、孙圣容	20201214	20210831
18	ZL201710091023.1	一种 EM 树木营养液	恩施土家族苗族自治州林科所	顿春垚、李双龙、吴代坤、向金花、敖天杰、徐惠	20170220	20210205
19	ZL201911246906.0	一株对橙带蓝尺蛾幼虫具有高致病力的金龟子绿僵菌菌株及其应用	福建省林业科学研究院	何学友、蔡守平、郑宏、曾丽琼、宋海天	20191209	20210608
20	ZL201811221060.0	一种基于纳米银胶表面拉曼增强检测酮康唑的方法	福建省林业科学研究院	柯金炼、苏良佺、常颖萃、刘晓辉、陈志强	20181019	20210824
21	ZL202011090002.6	一种桉树尺蠖蛹期生物防治方法	福建省林业科学研究院	蔡守平、曾丽琼、宋海天、何学友、林和再	20201013	20211224
22	ZL201811295969.0	一种农林用移动式土壤湿度检测仪	甘肃省治沙研究所	王理德、韩福贵、马骢毓、吴昊、王方琳、赵赫然、宋达成、李雪娇	20181101	20210827
23	ZL201710317550.X	缩短杉木种子园建园时间的建园方法	广东省林业科学研究院	胡德活、王润辉、郑会全、韦如萍、晏姝	20170508	20210302
24	ZL201610564509.8	一种户外用竹材制品长效防霉剂及其制备方法	广东省林业科学研究院	马红霞、陈利芳、何雪香、曹永建、谢桂军、王剑菁、李兴伟	20160708	20210326
25	ZL202010941053.9	23- 降乌苏烷三萜化合物及其制备方法和在制备糖苷酶抑制剂药物中的应用	广东省林业科学研究院	徐巧林、谭建文、曾雷、王颂	20200909	20210420
26	ZL201610564492.6	一种具有防霉功能的重组木及其制备方法	广东省林业科学研究院	马红霞、李兴伟、陈利芳、何雪香、谢桂军、曹永建、王剑菁	20160708	20210430
27	ZL201610564480.3	一种具有防霉功能的重组竹及其制备方法	广东省林业科学研究院	马红霞、李兴伟、曹永建、谢桂军、陈利芳、何雪香、王剑菁	20160708	20210514
28	ZL201910476630.9	一种快速培育杉木产种母株的方法	广东省林业科学研究院	郑会全、胡德活、梁瑞友、王润辉、韦如萍、晏姝、刘伟新、吕宇宙、杨柏群、曾宏	20190603	20210514
29	ZL201811463295.0	杜鹃红山茶的种子萌发和育苗方法	广东省林业科学研究院	朱报著、潘文、杨会肖、廖焕琴、徐斌、王裕霞、张卫华、杨晓慧、徐放	20181203	20210604
30	ZL202011101327.X	一种红锥幼化采穗圃的营建方法及其应用	广东省林业科学研究院	张卫华、王裕霞、潘文、徐放、杨会肖、廖焕琴	20201015	20210611

（续）

序号	专利号	专利名称	专利权人	发明人	申请日	授权公告日
31	ZL202010088161.6	松脂分泌诱导组合物、松树疏伐药物以及松树疏伐方法	广东省林业科学研究院	郭文冰、赵奋成、王哲、廖仿炎、吴惠姗、李义良	20200212	20210831
32	ZL202010796010.6	一种红锥无性系种子园快速建立的方法及其应用	广东省林业科学研究院	张卫华、潘文、陈新宇、徐斌、廖焕琴、杨晓慧、徐放、朱报著、杨会肖、王裕霞	20200810	20210903
33	ZL201811609881.1	用于杜鹃红山茶的肥料和种植杜鹃红山茶的方法	广东省林业科学研究院	朱报著、杨会肖、潘文、廖焕琴、杨晓慧、徐放、徐斌、张卫华、王裕霞	20181227	20211012
34	ZL202011486148.2	基于无人机遥感的植物识别方法、装置、设备及存储介质	广东省林业科学研究院、广东省科学院动物研究所、广州双木林业有限公司	魏龙、高常军、王晓玲、蔡坚、周毅、吴琰、肖石红、易小青、吴裕建、王德凯	20201216	20211109
35	ZL201911377046.4	二萜化合物在制备酪氨酸酶抑制剂中的应用	广东省林业科学研究院、华南农业大学	徐巧林、谭建文、曾雷、陈颖乐、王颂	20191227	20210112
36	ZL201810758569.2	一种提高传统麻竹林竹笋产量的留竹营林方法	广西壮族自治区林业科学研究院	徐振国、黄大勇、李立杰	20180711	20210112
37	ZL201710793278.2	一种八角莽草酸浸提及茴油蒸馏两用装置及应用	广西壮族自治区林业科学研究院	陆顺忠、李秋庭、关继华、黎贵卿、吴建文	20170906	20210112
38	ZL201810857105.7	一种促进江南油杉种子萌发的方法	广西壮族自治区林业科学研究院	刘雄盛、蒋燚、肖玉菲、王勇、刘菲、姜英、黄荣林、韦铄星、陈风帆	20180731	20210129
39	ZL201811541263.8	一种在叶用辣木林下种植香茅草的复合经营方法	广西壮族自治区林业科学研究院	韦铄星、沙国新、张烨、曾祥艳、蒋燚、黄宁、陈金艳、王家妍、魏国余	20181217	20210219
40	ZL201711008360.6	促进兜兰种子原生地萌发的播种方法	广西壮族自治区林业科学研究院	陈宝玲、王华新、龚建英、周千淞、唐逍冥、唐庆、龙定建、陈尔、苏莉花、杨舒婷、林茂	20171025	20210226
41	ZL201710935880.5	森林可燃物平均值调查的样本数确定方法	广西壮族自治区林业科学研究院	黄小荣、彭玉华、侯远瑞	20171010	20210226
42	ZL201711487459.9	一种 3- 甲基 -2- 丁烯 -1- 醇甲酸酯的合成方法	广西壮族自治区林业科学研究院	秦荣秀、李桂珍、梁忠云、陈海燕、周丽珠、谷瑶	20171230	20210302
43	ZL201810036836.5	一种松油醇的合成方法及其应用	广西壮族自治区林业科学研究院	孟中磊、蒋剑春、周丽珠、胡国姣、杨漓、秦荣秀、陈海燕、温如斯	20180115	20210316
44	ZL201910014853.3	一种松树扦插生根剂及其配制方法和使用方法	广西壮族自治区林业科学研究院	王胤、姚瑞玲	20190108	20210406
45	ZL201811633262.6	一种培育紫藤苗木的方法	广西壮族自治区林业科学研究院	廖美兰、唐庆、林茂、李进华、孙开道	20181229	20210413
46	ZL201811176675.6	一种水培辣木蔬菜的方法	广西壮族自治区林业科学研究院	曾祥艳、陈金艳、廖健明、黄开顺、蓝金宣、黄晓露、梁文汇	20181010	20210416
47	ZL201810545301.0	一种提高马尾松体胚诱导率的方法	广西壮族自治区林业科学研究院	姚瑞玲、王胤	20180531	20210420

（续）

序号	专利号	专利名称	专利权人	发明人	申请日	授权公告日
48	ZL201811579436.5	一种促进珊瑚藤种子萌发的方法	广西壮族自治区林业科学研究院	陈尔、唐庆、杨舒婷、林茂、李进华、孙利娜、孙开道、廖美兰、杜铃、黄欣、李冰	20181224	20210427
49	ZL201910569144.1	一种濒危植物狭叶坡垒水培扦插繁殖的方法	广西壮族自治区林业科学研究院	刘雄盛、肖玉菲、蒋燚、曹顺平、黄荣林、王勇、姜英、韦铄星、刘菲、王仁杰	20190627	20210514
50	ZL201711119468.2	一种肉桂扶阳茶的制备方法	广西壮族自治区林业科学研究院	马锦林、梁晓静、李开祥、梁文汇、黄开顺、韦晓娟	20171114	20210514
51	ZL201911059199.4	一种防霉佛香及其加工工艺	广西壮族自治区林业科学研究院	李开祥、梁文汇、李军集、曾祥艳、梁晓静、黄晓露、蓝金宣、黎进友	20191101	20210604
52	ZL201610557147.X	一种促进马尾松无性化苗木生长的育苗方法	广西壮族自治区林业科学研究院	王胤、姚瑞玲	20160715	20210608
53	ZL201810141178.6	一种松节油合成乙酸松油酯的方法	广西壮族自治区林业科学研究院	孟中磊、蒋剑春、梁忠云、李桂珍、杨漓、周丽珠、秦荣秀、谷瑶、陈海燕、温如丝	20180211	20210618
54	ZL201910490267.6	一种林间释放黄纹大胡蜂防治害虫的装置及使用方法	广西壮族自治区林业科学研究院	蒋学建、常明山、罗辑、吴耀军、黄华艳、邓艳、廖旺娇、邹东霞、赵程劼、钟雅婷、黄乃秀	20190606	20210622
55	ZL201911143218.1	一种林木高空智能修枝装置及其使用方法	广西壮族自治区林业科学研究院	任世奇、唐庆兰、陈健波、郭东强、邓紫宇、卢翠香、刘媛、伍琪、李慧娟、梁燕芳、李昌荣、周维、熊振华	20191120	20210629
56	ZL201810891292.0	一种马尾松组培继代芽增殖与复壮的培养方法	广西壮族自治区林业科学研究院	姚瑞玲、王胤	20180807	20210702
57	ZL201810741973.9	马大相思自然杂交种苗的筛选方法	广西壮族自治区林业科学研究院	曹艳云、郝海坤、彭玉华、申文辉、欧芷阳、黄志玲、谭长强、何琴飞、蒙芳、周玉端	20180709	20210713
58	ZL201911059189.0	一种肉桂枝活性炭的制备方法	广西壮族自治区林业科学研究院	李军集、李开祥、曾祥艳、王坤、黄开顺、李宝财、杨卓颖、曾怡嘉	20191101	20210716
59	ZL201910617243.2	南方松扦插苗林下规模繁育的方法	广西壮族自治区林业科学研究院	王胤、姚瑞玲	20190710	20210813
60	ZL201810644294.X	一种靖西大果山楂醋的制备方法	广西壮族自治区林业科学研究院	李军集、李开祥、蓝金宣、王坤、黄晓露、廖健明	20180621	20210813
61	ZL201810644244.1	一种靖西大果山楂保健醋饮料及其制备方法	广西壮族自治区林业科学研究院	李军集、王坤、廖健明、蓝金宣、黄晓露、李开祥	20180621	20210813
62	ZL201810846210.0	一种莰烯合成乙酸异龙脑酯的方法	广西壮族自治区林业科学研究院	孟中磊、蒋剑春	20180727	20210824
63	ZL201811389904.2	一种从香花油茶中提取茶多酚的方法	广西壮族自治区林业科学研究院	陈海燕、杨漓、梁忠云、李桂珍、叶海芹、温如斯	20181121	20210831

（续）

序号	专利号	专利名称	专利权人	发明人	申请日	授权公告日
64	ZL201910392190.9	一种提高闽楠嫁接成活率的育苗方法	广西壮族自治区林业科学研究院	李娟、林建勇、谭文婧、梁瑞龙、蒋燚、余代渊、姜英、李跃勋、刘雄盛、刘菲、王勇、韦铄星、黄荣林、欧阳春华、戴菱、吴建坤	20190513	20210907
65	ZL201711119348.2	一种桂丁扶阳茶的制备方法	广西壮族自治区林业科学研究院	梁晓静、马锦林、李开祥、梁文汇、韦晓娟、黄开顺	20171114	20210910
66	ZL202010098937.2	一种利用大蜡螟繁殖日本追寄蝇的方法	广西壮族自治区林业科学研究院	蒋学建、黄华艳、罗辑、常明山、邹东霞	20200218	20210928
67	ZL202010808305.0	一种浅色高稳定性水溶性松香树脂及其制备方法	广西壮族自治区林业科学研究院	关继华、陆顺忠、黎贵卿、党中广、汤星月、吴建文、邱米、杨素华、苏骊华	20200812	20211022
68	ZL201811296665.6	一种观赏石斛植株的复壮方法	广西壮族自治区林业科学研究院	龚建英、吴玉华、李华、蒙芳、王华新、汪小玉、龙定建、陈宝玲、唐道冥、苏莉花	20181101	20211022
69	ZL201910972776.2	一种油茶树根的两步嫁接法培育山茶盆景的方法	广西壮族自治区林业科学研究院	韦晓娟、马锦林、梁文汇、伍思宇、梁晓静	20191014	20211029
70	ZL202010512673.0	利用油茶枝条制作紫灵芝木段菌棒在油茶林下种植的方法	广西壮族自治区林业科学研究院	曾广宇、马锦林、蓝金宣、赵志珩、梁文汇、李军集、闫鼎羽	20200608	20211109
71	ZL201910227945.X	野外林地轮伐壮根及控制地表温湿度生产正红菇的方法	广西壮族自治区林业科学研究院	曾广宇、李开祥、赵志珩、蓝金宣、邓小军	20190325	20211116
72	ZL202010468094.0	一种香豆素提取装置及其使用方法	广西壮族自治区林业科学研究院	陆顺忠、吴建文、陆葆荣、关继华、邱米、黎贵卿、杨素华、汤星月	20200528	20211119
73	ZL201910287331.0	一种柚木菌根化轻基质容器育苗方法	广西壮族自治区林业科学研究院	姜英、刘雄盛、李娟、刘菲、戴菱、韦铄星、蒋燚、黄荣林、林建勇	20190411	20211119
74	ZL201810345022.X	一种松节油合成松油醇 / 乙酸松油酯的方法	广西壮族自治区林业科学研究院	孟中磊、蒋剑春、李桂珍、梁忠云、周丽珠	20180417	20211130
75	ZL202010757302.9	一种油茶大杯苗培育方法	广西壮族自治区林业科学研究院	陈国臣、夏莹莹、郝丙青、王东雪、吴方圆、马锦林	20200731	20211130
76	ZL201811343167.2	一种光耀藤容器苗的培育方法	广西壮族自治区林业科学研究院	林茂、唐庆、李进华、孙开道、孙利娜、陈尔、廖美兰、杜铃、杨舒婷、黄欣、李冰、秦波	20181113	20211214
77	ZL202010327068.6	一种板栗的种植方法	广西壮族自治区林业科学研究院	梁文汇、赵志珩、黄晓露、廖健明、李宝财、蓝金宣、杨卓颖	20200423	20211217
78	ZL202010067097.3	一种野生灵芝的栽培方法	广西壮族自治区林业科学研究院	赵志珩、高中海、廖健明、曾广宇、梁文汇、黄晓露、杨卓颖、李宝财	20200120	20211217
79	ZL202010808282.3	一种高水溶性超浅色松香树脂的生产工艺	广西壮族自治区林业科学研究院	关继华、陆顺忠、黎贵卿、汤星月、党中广、吴建文、邱米、杨素华、苏骊华	20200812	20211231

（续）

序号	专利号	专利名称	专利权人	发明人	申请日	授权公告日
80	ZL201910798674.3	一种环保型林木肥料的包装材料、制备方法及其包装方法	广西壮族自治区林业科学研究院、广西华沃特生态肥业股份有限公司	曹继钊、林海能、潘波、唐健、覃其云、陈文军、周子娣、吴婵、谢树乾、陆星任、陈冬	20190827	20211231
81	ZL201910616938.9	一种提高大花序桉嫁接成活率的方法	广西壮族自治区林业科学研究院、玉林市林业科学研究所	李昌荣、王桂成、陈剑成、陈健波、赵王清、李建凡、唐庆兰、郭东强、周维	20190709	20210601
82	ZL201811348525.9	爪哇棒束孢防治蚧壳虫的应用	广州市林业和园林科学研究院	邓嘉茹、黄华枝、毕可可、孙龙华、张劲蔼、唐立鸿、吴超、候亚会、霍立志、阮琳	20181113	20210326
83	ZL201710711026.0	一种椰子织蛾的室内饲养方法	广州市林业和园林科学研究院	张劲蔼、毕可可、阮琳、黄华枝、孙龙华、吴超、唐立鸿、胡彦辉	20170817	20210423
84	ZL201811348365.8	一株高效防治蚧壳虫的爪哇棒束孢	广州市林业和园林科学研究院	邓嘉茹、黄华枝、毕可可、孙龙华、张劲蔼、唐立鸿、吴超、候亚会、霍立志、阮琳	20181113	20210824
85	ZL202010792646.3	一种绿地土壤物理性质改良剂及其使用方法	广州市林业和园林科学研究院	张俊涛、李铤、崔诚、冼卓慧、郑富海、许昌超	20200809	20211026
86	ZL202010553836.X	一种青贮饲料制备用青贮袋	贵州省草地技术试验推广站	张明均、王应芬、王松、杨丰、张明婧	20200617	20210706
87	ZL202011089118.8	一种牧草揉丝机	贵州省草地技术试验推广站	杨丰、张明均、杨廷韬、王松、肖文娅、龚正国	20201013	20210810
88	ZL202010555119.0	一种多花黑麦草种子剖切夹取装置	贵州省草地技术试验推广站	张明均、王应芬、张明婧、杨丰、王松	20200617	20210824
89	ZL202011089273.X	一种牧草收割粉碎打捆包膜联合机	贵州省草地技术试验推广站	杨丰、张明均、王应芬、王松、杨廷韬、龚正国、肖文娅、李龙兴、杨学东	20201013	20210921
90	ZL201811635517.2	一种土壤保水剂及其制备方法	贵州省草业研究所	王普昶、张宇君、杨福利、张文、丁磊磊	20181229	20210219
91	ZL201910025100.2	一种破除白刺花种子硬实提高发芽率的方法	贵州省草业研究所	王普昶、尚以顺、张宇君、邹超、丁磊磊、李世歌、柳嘉佳	20190111	20210302
92	ZL202010046232.6	一种基于无人机提取分类样本点的多源遥感数据分类方法	贵州省草业研究所	王志伟、宜树华、张文、阮玺睿、宋雪莲、王茜、钟理、岳广阳、陈建军、秦彧	20200116	20210720
93	ZL202010536820.8	一种饲草铡切揉搓方法及机具	贵州省草业研究所	龙忠富、赵明坤、杨义成	20200612	20210831
94	ZL201610155718.7	一种能促进白三叶地上组织生长的高效解磷菌及其应用	贵州省草业研究所	王小利、王茜、李小冬、陈莹	20160320	20210831
95	ZL202010286528.5	一种用于畜牧业的高效饲料加工装置	贵州省草业研究所	付薇、韩永芬、陈伟、孟军江、马培杰	20200413	20211008
96	ZL202010045112.4	一种贵州黑山羊肉用新品系 / 种的培育方法	贵州省草业研究所	骆金红、尚以顺、陈祥、熊先勤、李世歌、李小冬、陈光吉、裴成江	20200116	20211026
97	ZL202110399455.5	一种高羊茅组培快繁方法	贵州省草业研究所	王茜、王志伟、王小利、陈莹、吴家海、柳嘉佳	20210414	20211210
98	ZL202010209319.0	一种牧草加工装置	贵州省草业研究所	龙忠富	20200323	20211228

（续）

序号	专利号	专利名称	专利权人	发明人	申请日	授权公告日
99	ZL201910672067.2	一种促进鸭茅生长的方法	贵州省草业研究所、重庆市畜牧科学院、西南大学	吴佳海、张健、范彦、牟琼、曾兵、江莉娟、王应芬、吴静、李娟、冉启凡、兰英、王宝全	20190724	20210622
100	ZL201910338156.3	毛竹转录因子 PheDof 2 基因及应用	国际竹藤中心	李雪平、刘俊	20190425	20210302
101	ZL201810189930.4	一种冷却塔竹格淋水填料编织方法	国际竹藤中心	费本华、马欣欣、陈礼生	20180308	20210525
102	ZL201910340538.X	一种源于无患子果实的除草活性成分及其制备方法	国际竹藤中心	王进、马晓江、汤锋、戴子洋	20190425	20210604
103	ZL201911155392.8	基于多源多时相遥感影像优化和扩充监督分类样本的方法	国际竹藤中心	官凤英、严欣荣、张美曼、郑亚雄、黄兰鹰	20191122	20210730
104	ZL201811542229.2	一种适应大规模生产的竹规格材的制备方法	国际竹藤中心	孙正军、刘焕荣、江泽慧、杨晓梦、孙玉慧、柴源	20181217	20210803
105	ZL201711329978.2	根据纵向端面压痕系数对圆竹进行分级的方法及装置	国际竹藤中心	孙正军、刘焕荣、江泽慧、杨晓梦、杨利梅	20171213	20211001
106	ZL201710214471.6	一种用于竹子组织培养的种胚消毒方法	国际竹藤中心	马艳军、高健、程占超	20170401	20211022
107	ZL202010248551.5	一种多壁层耐候性植物纤维增强风管的制备方法	国际竹藤中心	程海涛、张文福、顾少华、郑海军、王戈	20200401	20211116
108	ZL202010248409.0	一种缠绕成型复合保温风管的制备方法	国际竹藤中心	程海涛、张文福、顾少华、郑海军、王戈	20200401	20211116
109	ZL201910542841.8	一种竹束整张化单板质量在线检测设备	国际竹藤中心	陈复明、戚新星、孙军、王戈、徐晓淳、周海英	20190621	20211207
110	ZL201910976021.X	一种竹原纤维的制备方法	国际竹藤中心	程海涛、李明鹏、张文福、顾少华、王戈	20191015	20211214
111	ZL201811636914.1	一种基于人工智能深度学习的竹子种类识别方法	国际竹藤中心、北京莱特尔曼电子科技有限公司	王汉坤、易武坤、黎静、田根林、岳祥华、余雁、石俊利	20181229	20210101
112	ZL201811474473.X	维管束的检测方法及装置	国际竹藤中心、北京莱特尔曼电子科技有限公司	王汉坤、余雁、易武坤、黎静、石俊利	20181204	20210115
113	ZL201910331357.0	黄花风铃木栽培方法	国家林业和草原局桉树研究开发中心	尚秀华、张沛健、吴志华、彭彦、刘果、高丽琼、方良	20190424	20210115
114	ZL201910329927.2	黄花风铃木播种育苗方法	国家林业和草原局桉树研究开发中心	尚秀华、张沛健、吴志华、彭彦、刘果、高丽琼、方良	20190423	20210824
115	ZL201811184530.0	一种油茶鲜果分级式脱壳清选方法	国家林业和草原局哈尔滨林业机械研究所	汤晶宇、徐克生、曲振兴、寇欣、王东、王德柱	20181011	20210824

（续）

序号	专利号	专利名称	专利权人	发明人	申请日	授权公告日
116	ZL202110189111.1	一种具有除杂功能的针叶树种实收集防护装置	国家林业和草原局哈尔滨林业机械研究所	韦睿、张吉利、丛日征、于宏影、王晓红	20210219	20211109
117	ZL201911111251.6	苎麻剥麻机偏心夹麻装置以及苎麻剥麻机	国家林业和草原局哈尔滨林业机械研究所、中国林业科学研究院亚热带林业实验中心	郭克君、谭新建、满大为、张殿松、朱炯光、吴立国、厉月乔、苏宁	20191114	20210618
118	ZL202011281886.3	一种用于贫瘠荒山的喷播式造林装置	国家林业和草原局华东调查规划设计院	陈建义、郑云峰、徐鹏、罗细芳、林辉、叶楠、尹准生、蔡茂、唐扬龙、卢卫峰	20201117	20210824
119	ZL202010355764.8	一种用于林木采伐后剩余物的粉碎装置	国家林业和草原局华东调查规划设计院	陈建义、夏旭蔚、罗细芳、徐鹏、卢卫峰、郑宇、叶楠、周原驰、王景才、林荫	20200429	20210831
120	ZL201911009255.3	苦楝组织培养染色体加倍快速繁殖方法	国家林业和草原局泡桐研究开发中心	杨超伟、吴创业、高福玲、寿园园、顺玉恒、彭万喜、杨彩琴、范建力、岳华峰、杨绍彬、李相宽	20191023	20210528
121	ZL201910887575.2	一种柿属植物嫩枝扦插育苗方法	国家林业和草原局泡桐研究开发中心	刁松锋、傅建敏、李华威、韩卫娟、孙鹏、索玉静、李芳东、王艺儒、樊雄飞	20190919	20210622
122	ZL201711179382.9	自带粘性的附着生长基质	国家林业和草原局竹子研究开发中心	毕毓芳、杜旭华、王玉魁、王安可、吴志庄、蔡函江	20171123	20210202
123	ZL201911110941.X	一种竹材微波快速连续干燥方法	国家林业和草原局竹子研究开发中心	何盛、陈玉和、傅峰、吴再兴、李善明、林兰英	20191114	20210903
124	ZL201911058188.4	基于生物质炭的防腐防霉环保型人造板	国家林业和草原局竹子研究开发中心	李能、陈玉和、何莉莉、鲍敏振、包永洁、黄成建、何盛、吴再兴、陈章敏、李景鹏	20191101	20210921
125	ZL202010016397.9	一株硝化细菌及其应用	国家林业和草原局竹子研究开发中心	张小平、黄志远、卞方圆、李巧玲、钟浩、修诚明、钟哲科	20200108	20211102
126	ZL201811260153.4	一种结合长短周期经营的桉树复合栽培方法	国家林业局桉树研究开发中心	吴志华、谢耀坚、陈少雄、尚秀华、陈鸿鹏、刘果	20181026	20210727
127	ZL201811150201.4	苎麻剥麻机收麻反转脱麻机构	国家林业局哈尔滨林业机械研究所、中国林业科学研究院亚热带林业实验中心	郭克君、谭新建、杜鹏东、张殿松、满大为、苏宁、厉月乔、朱炯光	20180929	20210618
128	ZL201811150271.X	苎麻剥麻方法及实施该方法的剥麻机反拉去骨执行装置	国家林业局哈尔滨林业机械研究所、中国林业科学研究院亚热带林业实验中心	郭克君、谭新建、杜鹏东、张殿松、满大为、苏宁、厉月乔、朱炯光	20180929	20210622
129	ZL201811208913.7	一种从竹笋中分离荧光组合物的方法及所得荧光组合物的用途	国家林业局竹子研究开发中心	杨金来、吴良如、潘雁红、钟浩、于海涵、修诚明	20181017	20210608
130	ZL201810853058.9	一种不同覆盖栽培年限竹林土壤的改良方法	国家林业局竹子研究开发中心	高贵宾、吴志庄、温星、张小平、钟浩、潘雁红	20180730	20210720

（续）

序号	专利号	专利名称	专利权人	发明人	申请日	授权公告日
131	ZL201910022558.2	一种金线莲林下栽培方法	海南省林业科学研究所	王睿、陈侯鑫、农寿千、蔡亲雪、王东江、韦建杏、郑伟、卓飞、王如、许晶、孙衍汤	20190110	20210326
132	ZL201910756078.9	一种基于物联网的森林环境监测装置	海南省林业科学研究所	陈宗铸、陈小花、雷金睿、吴庭天、李苑菱	20190816	20210420
133	ZL201911157247.3	一种空地一体化红树林监测系统及控制方法	海南省林业科学研究所	陈宗铸、陈小花、吴庭天、雷金睿、李苑菱	20191122	20211126
134	ZL202011118388.7	一种具有森林重金属光谱反演和样品采集功能的无人机	海南省林业科学研究院（海南省红树林研究院）	陈小花、陈宗铸、陈毅青、雷金睿、李苑菱、吴庭天	20201019	20210723
135	ZL201811555687.X	一种基于判别分析法预测山核桃树干腐病发生的方法	杭州市林业科学研究院	董建华、赵伟明、袁紫倩、胡俊靖、李皓、叶立前、陈岗	20181219	20210727
136	ZL201811621192.2	栎类种子直播保护装置	河北省林业和草原科学研究院	赵广智、邢存旺、马增旺、高运茹、高云昌、张树梓、王琦、于海洋、姜雁、温慧、马晶晶、张菁怡、王敏丽、周皓、刘莉莉	20181228	20210413
137	ZL201811124987.2	组培瓶支架	河北省林业和草原科学研究院	张全锋、尹新彦、庞曼、储博彦、王志彦、杨小兵、牛三义、赵玉芬	20180926	20210413
138	ZL201811509551.5	一种萌芽抑制剂及其制备方法和使用方法	河北省林业和草原科学研究院	尤海舟、王超、毕君、尚国亮、屈志松、孟宪聪、高云昌、李建忠、吴树芹、王立方	20181211	20210420
139	ZL201810892640.6	树木维护设备	河北省林业和草原科学研究院	赵广智、邢存旺、马增旺、高云昌、高运茹、张树梓、闫彩芸、孟海进、谷媛媛、王琦、朱艳飞、于海洋、温慧、张菁怡、司庆、姜雁	20180807	20210615
140	ZL201811620174.2	栎类种子育种装置及种植方法	河北省林业和草原科学研究院	马增旺、赵广智、高云昌、邢存旺、高运茹、张树梓、谷媛媛、王琦、于海洋、温慧、姜雁、张菁怡、马晶晶、司庆、刘莉莉	20181228	20210720
141	ZL202011002488.3	一种利用白榆组织制备植物杂交育种粘合剂的方法及应用	河北省林业和草原科学研究院	黄印冉、刘易超、冯树香、闫淑芳、董谦、李雪塞、邢智远、于殿成	20200922	20211116
142	ZL202010784866.1	一种含氯化胆碱的农用助剂及其应用	河北省林业和草原科学研究院	张建国、刘泽勇、王凤云、韩树文、卢永丰、李秀梅、刘云江、陈立东、王海玲、李慧娟、石建忠	20200806	20211210
143	ZL201811621248.4	栎类种子萌发保护装置	河北省林业和草原科学研究院	马增旺、赵广智、高云昌、邢存旺、高运茹、张树梓、谷媛媛、王琦、于海洋、姜雁、温慧、马晶晶、张菁怡、王敏丽、周皓	20181228	20211228
144	ZL202010023271.4	一种促进坡地阔叶林形成均匀枯落物和腐殖质层的方法	河北省林业和草原科学研究院、河北省水利科学研究院	任启文、李洁、李联地、马香玲、张树梓、王鑫、左万星、黄磊、忻富宁	20200109	20210511

（续）

序号	专利号	专利名称	专利权人	发明人	申请日	授权公告日
145	ZL201910124372.8	一种白榆主干整形修剪的方法	河北省林业科学研究院	黄印冉、刘易超、冯树香、闫淑芳、徐振华、王玉忠、杨敏生	20190219	20210209
146	ZL201711461782.9	一种种子园创建技术	河北省林业科学研究院	黄印冉、闫淑芳、冯树香、董谦、刘易超、刑智远、于殿成、黄晓旭、陆学海、王慧芝、霍对对	20171228	20210413
147	ZL201910661501.7	一种适于枣树高接后防风折、整形及结果期承重的方法	河北省林业科学研究院	黄素芳、张东风、李开森、王振亮、李如纲	20190722	20210629
148	ZL201910702188.7	一种自流式注干剂及其制备方法和应用	河北省林业科学研究院、曹坎普	侯军铭、张东风、黄素芳、李开森、王振亮、曹坎普	20190731	20211116
149	ZL201611235190.0	基于近缘种基因组开发的柿树炭疽病菌 SSR 引物对及其应用	河南省林业科学研究院	丁向阳、崔林开、徐建强、邓全恩、周耀伟、胡清坡、贺凡、刘乃辉、许延松、李鑫鹏、高地玲	20161228	20210205
150	ZL201811340533.9	一种构树剥皮方法	河南省林业科学研究院	王念、翟晓巧、翟翠娟、张秋娟、何威、任媛媛、王文君	20181112	20210330
151	ZL201910748158.X	一种皂荚种皮剥离机	河南省林业科学研究院	范定臣、刘艳萍、柴松和、杨伟敏、田彦、祝亚军、王继东	20190814	20210427
152	ZL201811485541.2	一种幼苗移栽系统	河南省林业科学研究院	任媛媛、翟晓巧、王念、王文君、何威、曹喜兵	20181205	20210604
153	ZL201711287802.5	一种采用混合吸附树脂分离纯化植物叶片花色素苷的方法	河南省林业科学研究院	杨淑红、张江涛、朱镝、高福玲、董玉山、赵蓬晖、马永涛、晏增、徐惠鸽、田丽	20171207	20210716
154	ZL201810058359.2	一种龙牙楤木组培苗的高效诱导及移栽方法	黑龙江省林副特产研究所	陈爱华、胡伟、佟立君、刘克武、张晓华、张学义、高敬武、毕连东、陈宇、颜冰、张顺捷、刘刚、谢晨阳	20180122	20210406
155	ZL202010097663.5	一种树径测量方法及工具	黑龙江省林业科学研究所	朱万才、贾炜玮、吴瑶、刘兆刚、李亚洲、肖锐、陈东升、孙楠、张怡春、王岩、肖宇飞、刘思远	20200218	20210723
156	ZL201811234329.9	一种野生鸢尾的繁育基质	黑龙江省林业科学研究所	张妍妍、邢亚娟、卢慧颖、蒙宽宏、张文达、曹焱、白卉、吕跃东、朱万才、肖锐、李亚洲	20181023	20210817
157	ZL202010084968.2	BpVND1 基因的应用	黑龙江省林业科学研究所、黑龙江省农业科学院植物保护研究所	李红艳、王丙锋、马盈、王艳敏、温爱亭、谷维、苏雅迪、罗旭、罗玉亮、赵越、兰士波、张玲、张海峰	20200210	20211001
158	ZL201910265641.2	一种深层土壤快速采集装置	黑龙江省林业科学院	徐文煦、刘长乐、赵眉芳、于沿泽、张东来、郑海峰、蔡恒明、庄立文、贾丽楠、叶梦园、陈圣东、孙长影、刘霞	20190403	20210615

（续）

序号	专利号	专利名称	专利权人	发明人	申请日	授权公告日
159	ZL201810708383.6	一种稻壳破壳装置及其使用方法	黑龙江省木材科学研究所、宁波朴锐环保科技有限公司	张长武、张佳彬、黄海兵、潘立其、苏芸、崔晓磊	20180702	20210309
160	ZL201711106415.7	具有高效解磷能力的根瘤菌及其应用	黑龙江省农业科学院草业研究所	朱瑞芬、刘杰淋、王建丽、申忠宝、韩微波、陈积山、刘凤歧	20171110	20210219
161	ZL201811427275.8	一种在盐碱地上种植紫花苜蓿的方法	黑龙江省农业科学院草业研究所、黑龙江万家宝好牛牧场有限公司	刘杰淋、朱瑞芬、韩微波、王牧野、韩俊、王建丽、申忠宝、刘凤歧	20181127	20211130
162	ZL201911250150.7	一种可添加凝胶灭火添加剂的直升机吊桶装置	黑龙江省森林保护研究所	许志峰、刘凯、蔡志勇、田树新、许怡琳、张念慈、高步云、刘恒旭、张京、崔文峰	20191209	20210427
163	ZL201610789455.5	高分子阻火灭火凝胶及其制备方法	黑龙江省森林保护研究所	许志峰、蔡建文、张念慈、蔡志勇、靳松、邸明伟	20160831	20210713
164	ZL201810983740.X	提高盐碱地大树栽植成活率的方法	黑龙江省森林植物园（黑龙江省森林植物研究所）	郁永英、李长海、潘杰、翟晓鸥、王颖	20180827	20210723
165	ZL201910446510.4	一种竹面生态板材及其制备方法	湖北省林业科学研究院、湖北鸿连实业有限公司	李晖、辜忠春、杨志斌、罗爱军、王宵、李军章、杜业云、李红明、蔡芳、李光荣、杨柳、李艺鹏	20190527	20211119
166	ZL201810257749.2	一种促进毛竹伐蔸腐解的方法	湖南省林业科学院	李美群、孟勇、艾文胜、杨明、胡伟、颜玉其、刘欲晓、谢朝阳、涂佳、彭超	20180327	20210129
167	ZL201710863590.4	湖洲滩地杨树机械化钻孔插干造林方法	湖南省林业科学院	唐洁、杨艳、汤玉喜、李永进、吴敏	20170922	20210205
168	ZL201710484070.2	一种大豆蛋白胶黏剂及其制备方法	湖南省林业科学院	邓腊云、王勇、陈泽君、范友华	20170623	20210504
169	ZL201810719543.7	高效耐受多种重金属的山乌桕内生伯克霍尔德氏菌 WJ-19	湖南省林业科学院	黄忠良、朱咏华、张轩、刘选明、李辉、曾嘉锐、吴子剑、刘颖、黄兢、宁帅然、覃晓莉、刘则一、柳倩	20180703	20210511
170	ZL201811009998.6	一种翅荚木成年树幼化复壮及无性繁殖育苗的方法	湖南省林业科学院	童方平、李贵、刘振华、陈瑞、吴敏、王栋、言倜信	20180831	20210518
171	ZL201710894221.1	一种以 1,3- 丁二醇为溶剂从油茶茶籽皮中提取抗氧化成分的方法	湖南省林业科学院	马力、刘佳佳、陈永忠、李美群、彭邵锋、王湘南、李志钢、陈隆升、王瑞、唐炜、许彦明、彭映赫、张震	20170928	20210608
172	ZL201810807586.0	一种生物治理农业面源污染的方法	湖南省林业科学院	马丰丰、田育新、宋庆安、徐佳娈、牛艳东、邓楠、曾掌权、杨蕊	20180721	20210615
173	ZL201811384869.5	一种毛竹笋用林配方施肥方法	湖南省林业科学院	涂佳、艾文胜、杨明、孟勇、彭超	20181120	20210629
174	ZL201910367830.0	一种有机无机杂化大豆基胶黏剂及其制备方法与应用	湖南省林业科学院	王勇、李昌珠、肖志红、吴红、邓腊云、范友华、李志高、陈泽君	20190505	20210706

（续）

序号	专利号	专利名称	专利权人	发明人	申请日	授权公告日
175	ZL201810169293.4	促进油茶苗木生根的生根剂及其生根方法	湖南省林业科学院	王瑞、陈永忠、陈隆升、王湘南、张震、唐炜、许彦明、彭邵锋、马力、彭映赫、李志钢、李美群	20180228	20210706
176	ZL201811384874.6	一种幼年油茶林配方施肥方法	湖南省林业科学院	涂佳、陈家法	20181120	20210709
177	ZL201911275882.1	一种茶籽象的引诱剂	湖南省林业科学院	李密、何振、邓婉、钟武洪、夏永刚、喻锦秀、廖晓武	20191212	20210720
178	ZL201810640923.1	一株高效利用粗甘油生产 1,3- 丙二醇的克雷伯氏菌	湖南省林业科学院	马江山、李昌珠、肖志红、刘汝宽、张良波、李培旺、陈景震、张轩	20180621	20210723
179	ZL201811384904.3	一种成年油茶林配方施肥方法	湖南省林业科学院	陈家法、涂佳、陈隆生	20181120	20210723
180	ZL201811592185.4	一种南方型杨树的施肥方法	湖南省林业科学院	唐洁、汤玉喜、杨艳、李永进、吴敏	20181225	20210730
181	ZL201810501407.0	耐受重金属的变形杆菌及其应用	湖南省林业科学院	张轩、黄忠良、蒋丽娟、冯冲凌、李辉、闫紫微、吴子剑、黄兢、覃晓莉、马江山、郁培义	20180523	20210730
182	ZL201910307003.2	一种油茶饼粕胶粘剂及其制备方法与应用	湖南省林业科学院	王勇、李昌珠、肖志红、吴红、邓腊云、范友华、李志高	20190417	20210817
183	ZL202011115286.X	一株红汁乳菇 (Lactarius hatsudake) JH5 及其应用	湖南省林业科学院	申爱荣、谭著明、谭云、沈宝明、杨硕知	20201019	20210827
184	ZL201910680806.2	一种种子处理方法	湖南省林业科学院	杨艳、汤玉喜、唐洁、李永进、黎蕾、吴敏	20190726	20210903
185	ZL201710615921.2	一种以顶芽为外植体的多花黄精快速繁殖方法	湖南省林业科学院	沈宝明、谭著明、杨硕知、申爱荣、谭云	20170726	20210907
186	ZL201910365765.8	一种生物质热解水溶液产物处理方法	湖南省林业科学院	张爱华、肖志红、李昌珠、李力、李培旺、赖鹏英	20190424	20210921
187	ZL201911030868.5	植物蛋白基胶粘剂及制备方法	湖南省林业科学院	王勇、邓腊云、范友华、李志高、康地	20191028	20211112
188	ZL202010067305.X	一种改性水性醇酸树脂的制备方法、大豆基胶黏剂及在竹、木刨花板中的应用	湖南省林业科学院	王勇、范友华、邓腊云、李志高、康地、马芳、陈泽君	20200120	20211214
189	ZL201810720433.2	高效耐受多种重金属的杨树内生伯克霍尔德氏菌 YG-3	湖南省林业科学院、湖南大学	张轩、朱咏华、黄忠良、刘选明、李辉、王湘、吴子剑、牛舒淇、黄兢、卜志刚、覃晓莉、姚晴晴、董义	20180703	20210511
190	ZL201710495414.X	一株短杆菌菌株及应用	湖南省林业科学院、中南林业科技大学	李培旺、李昌珠、黎继烈、赵梦瑞、张梦君、吴红、皮兵、陈景震、张良波	20170626	20210402
191	ZL201811209863.4	一株地衣芽孢杆菌菌株及其在抑制细菌性病原菌中的应用	湖南省林业科学院、中南林业科技大学	吴红、李昌珠、肖志红、张爱华、李培旺、曾超珍、黎继烈、任泽文	20181017	20210924

（续）

序号	专利号	专利名称	专利权人	发明人	申请日	授权公告日
192	ZL201811210911.1	一株青霉菌菌株及其在降解油茶饼粕中纤维素中的应用	湖南省林业科学院、中南林业科技大学	肖志红、李昌珠、吴红、张爱华、李培旺、曾超珍、黎继烈、任泽文	20181017	20211207
193	ZL201911183884.8	一种生防链霉菌	吉林省林业科学研究院	李立梅、丁芮涵、左彤彤、陈越渠、刘庆珍、孙伟、于海媛、李刚、王向东	20191127	20210427
194	ZL202010479962.5	一种生防制剂	吉林省林业科学研究院	李立梅、宋丽文、左彤彤、陈越渠、李兴鹏、陈思羽、毛赫、勾天兵、刘庆珍、杨帆、邹建军	20181224	20210525
195	ZL202010220722.3	一种紫椴组培苗的移栽方法	吉林省林业科学研究院	林士杰、于建国、王梓默、朱红波、宋子龙、勾天兵、包广道、罗也、付世萃、于海洋、张延明、王丽丽、杨晶、蔡群、张忠辉	20200324	20210928
196	ZL202110486950.X	一种链霉菌在生物防治中的应用	吉林省林业科学研究院	李立梅、刘庆珍、陈思羽、朱春玉、郑方亮、丁芮涵、刘晓林	20200328	20211029
197	ZL202010479967.8	一种生防制剂的制备方法	吉林省林业科学研究院	李立梅、宋丽文、左彤彤、陈越渠、杨帆、勾天兵、毛赫、邹建军、李兴鹏、陈思羽、刘庆珍	20181224	20211109
198	ZL201910243869.1	一种东部白松育苗方法	吉林市林业科学研究院（吉林市林业技术推广站）、吉林农业科技学院	刘颖、陈少鹏、庄倩倩、刘玉波、吕伟伟、刘刚	20190328	20210202
199	ZL201910084341.4	一种银鹊树的扦插繁殖方法	江苏省林业科学研究院	李冬林、赵莲花、王富河、许春玲	20190129	20210427
200	ZL201911234245.X	一种促进构树组织苗营养物质积累的方法	江苏省林业科学研究院	黄婧、陈庆生、张敏、周鹏、蒋泽平	20191205	20210824
201	ZL201710442211.4	一种利用复合微生物促进盐碱贫瘠土壤有机化的方法	江苏省林业科学研究院、江苏恒丰科技有限公司	施士争、丁夕方、苏进和、王红玲、黄瑞芳	20170613	20210302
202	ZL201810667542.2	一种提升管氏肿腿蜂繁殖成功率和繁殖数量的技术	江苏省林业科学研究院、南京康林宝生物科技有限公司	徐丽丽、郑华英、解春霞、刘云鹏、高悦	20180626	20210402
203	ZL201810794507.7	一种防止木材霉变的方法	江西省久木木业有限公司、江西省林业科学院	贺磊、林道昌、李建康、王玉、刘小平、王小东、刘斌、谢阳志、唐山	20180719	20210219
204	ZL202010205605.X	一种诱导火炬松胚性愈伤组织的方法及其专用培养基	江西省林业科学院	杨春霞、丁伟、谷振军、程强强、杜强、黄宝祥	20200320	20210119
205	ZL201810924637.8	一种用松散竹单板制造碳纤维增强竹质重组结构材的方法	江西省林业科学院	胡玉安、何梅、王玉	20180814	20210302
206	ZL201811393386.1	杉木 EST-SSR 分子标记组合	江西省林业科学院	陈兴彬、肖复明、何龙燕、娄永峰、徐海宁、程强强、熊彩云、宋晓琛	20181121	20210827
207	ZL201810565015.0	一种促进樟树幼苗生长的微生物复合菌剂和使用方法	江西省林业科学院	周诚、王小东、伍艳芳、任琼、章挺、刘斌、邱凤英、程强强	20180604	20210907

（续）

序号	专利号	专利名称	专利权人	发明人	申请日	授权公告日
208	ZL202011077489.4	一种利用乙酸铵调整红心杉组培增殖苗偏冠的方法	江西省林业科学院	肖复明、程强强、熊彩云、陈兴彬、娄永峰、宋晓琛、徐海宁、徐小强、汪维、黄建军、唐山	20201010	20211102
209	ZL202011144500.4	一种用于治疗柑橘类黄龙病的方法及其药剂	江西省林业科学院	黄文印、汤文亮、黄建华、肖委明、高伟、温强、黄建建、龚春、黄长印、舒红英、汤浩	20201023	20211123
210	ZL201910478430.7	利用人工培育蚁巢菌圃栽培鸡枞菌的方法	昆明市林业和草原科学研究所	甘云浩、段丽华、钟华、赵苗、孙天华、赵正云、彭卫红、宋升治、代永彬、靳博文、岳金龙	20190603	20210810
211	ZL201710452120.9	一种油橄榄扦插基质的配制方法	丽江市林业科学研究所	李庆华、丁德品、赵丽芳、王洪艳、洪献梅、子桂才、杨根林、高云贵、杨志刚、余子哈	20170619	20210727
212	ZL201710265501.6	具有降血脂作用的多花黄精复方冲剂及其制备方法	丽水市林业科学研究院	刘跃钧、蒋燕锋、戴德雄、谢建秋、朱婷、朱虹	20170421	20210720
213	ZL201910439036.2	幼林香榧基地套种多花黄精和一年生经济作物的栽培方法	丽水市林业科学研究院	刘跃钧、蒋燕锋、严邦祥、陈祖海、阙利芳、叶邦宣、葛永金、李永和、吴养根、张慧玲	20190524	20210917
214	ZL201910521395.2	一种香菇黑木耳塑模菌种的制作方法	丽水市林业科学研究院	应国华、吕明亮、李伶俐、薛振文	20190617	20211105
215	ZL201810586860.6	一种高温季节香菇控时出菇的设施和方法	丽水市农林科学研究院	吕明亮、应国华、李伶俐、薛振文	20180608	20210504
216	ZL201910697758.8	一种可自动填充基质的容器育苗机械	丽水市农林科学研究院、丽水市白云山生态林场	刘伟、周成敏、王敏彪、蓝云龙	20190730	20210914
217	ZL202010842397.4	一种软枣猕猴桃苗木品种鉴定的方法	辽宁省经济林研究所	刘振盼、尤文忠、孙阳、张悦、张雪梅、李仁浩、李冬生、卢立媛、郝家臣、王克瀚、戴永利、张永华	20200820	20210423
218	ZL201811497032.1	一种蒙古栎扦插用生根剂及其应用	辽宁省林业科学研究院	颜廷武、冯健、毛沂新、王骞春、王睿照、由福军、魏文俊、张慧东、于世河、郭锦山、尤文忠	20181207	20210601
219	ZL202010311419.4	一种耐寒高油酸花生品种的选育方法	辽宁省沙地治理与利用研究所（辽宁省花生研究所、辽宁省风沙地改良利用研究所、辽宁省固沙造林研究所）	于树涛、于国庆、孙泓希、尤淑丽、任亮、王力夫、王虹、高志勇、徐千惠、周文雨	20200420	20211126
220	ZL201910014380.7	一种花榈木育苗方法	龙泉市林业科学研究院	肖纪军、陈焕伟、沈斌、徐肇友、金霖芳、金圣道、王帮顺、黄海咏	20190108	20210618

（续）

序号	专利号	专利名称	专利权人	发明人	申请日	授权公告日
221	ZL202010347413.2	一种苗木栽培用环保节水型育苗盘	龙泉市林业科学研究院	陈焕伟、徐肇友、陈杏林、金霖芳、金圣道、何必庭、肖纪军、周红敏、沈斌、叶晓霞、冯歌林	20200428	20210921
222	ZL201911348289.5	一种花椒无刺化培育方法	陇南市经济林研究院花椒研究所	郭立新、杨建雷、林云、曹永红、吕瑞娥、王勃、朱德琴、武衡、任苗、张正武、马小珍、张晓军	20191224	20210713
223	ZL201811208300.3	一种适用于朱鹮雏鸟的饲料	罗山县董寨国家级自然保护区管理局、河南省林业科学研究院	朱家贵、周三强、黄治学、卢绍辉、王科、袁国军、蔡德靖、赵辉、祝文平	20181017	20211217
224	ZL201910022787.4	一种木材阻燃浸渍处理工艺	南昌汇凯家具有限公司、江西省林业科学院	贺磊、夏小金、王玉、刘小平、谢阳志、刘斌、王小东、黄慧	20190110	20210608
225	ZL201911422055.0	一种基于树木种植区域风玫瑰图的异型树穴的构造方法	南京林业大学、上海市园林科学规划研究院	张琪、张浪、张冬梅、李晓娇、刘晖	20191231	20211207
226	ZL202010382487.X	一种香椿采穗圃营建的方法	南宁市林业科学研究所	潘涛、舒应东、吴远媚、黄雪芬、潘永光、唐国强、唐武	20200508	20210831
227	ZL201810541450.X	固体发酵基质、制备方法及培养菌根生物制剂的方法	内蒙古和盛生态科技研究院有限公司、中国林业科学研究院林业研究所	赵泉胜、郑来友	20180530	20210330
228	ZL201910279576.9	一种水溶性环保固沙剂的制备及应用方法	内蒙古自治区林业科学研究院	闫德仁、曲娜、张文军、袁立敏、黄海广、薛博、张胜男、杨制国、胡小龙	20190328	20210406
229	ZL201910609053.6	一种小胡杨良种的扦插快繁方法	内蒙古自治区林业科学研究院、内蒙古低覆盖治沙科技开发有限公司	梁海荣、冯伟、李佳陶、张海龙、尹连兴、赵丽、刘雪锋、张璞钟	20190708	20210604
230	ZL201910139872.9	一种枣树瘪芽、弱芽嫁接方法	濮阳市林业科学院	郭利民、常聚普、桑圣奇、陈志宽、王献普、王磊、赵海凤、张旭亚、苗永红、黄运明、杨旭琦、张杜娟、张志杰、王伟东、于利强、张勇、杨旭照、魏鸿利、李波、孙娜、吴亚冉、赵冀虎、王朝现、王晶晶、成濮生	20190226	20210803
231	ZL201711351416.8	果桑浸提浆制膏工艺优化研究	齐鲁工业大学、山东省林业科学研究院	孙锐、孙蕾、梁静、仇怡寰、邓晓彤、徐翠翠、徐瑞敏	20171215	20210205
232	ZL201810794471.2	一种海南假韶子扦插繁育方法	三亚市林业科学研究院	刘俊、罗金环、洪文君、何书奋、曾德华、麦志通、陈文昭	20180719	20210330
233	ZL202010711954.9	一种矮干小冠板栗树的修剪方法	山东省经济林管理站	公庆党、孟晓烨、黄景云、谭淑玲、解小锋、丁彬、赵春磊、白瑞亮、路洪贵、赵之峰	20200722	20211008
234	ZL201810111713.3	一种冬枣专用富硒生物有机肥及其制备与施用方法	山东省林业科学研究院	杜振宇、马海林、刘方春、马丙尧、刘幸红、王清华、葛忠强、梁燕、王静	20180205	20210101

（续）

序号	专利号	专利名称	专利权人	发明人	申请日	授权公告日
235	ZL201910244541.1	一种用于国槐古树嫁接的方法	山东省林业科学研究院	付茵茵、夏阳、李双云、庞彩红、张士勇、刘盛芳、臧真荣、亓玉昆	20190328	20210101
236	ZL201910143201.X	一种利用毛梾优树嫩枝扦插繁育的方法	山东省林业科学研究院	王开芳、刘翠兰、燕丽萍、王因花、任飞、李庆华、臧真荣、吴德军	20190226	20210122
237	ZL201811536044.0	一种白蜡行道树景观树形培育方法	山东省林业科学研究院	许行、囤兴建、胡丁猛、王清华、韩丛聪、许景伟	20181214	20210316
238	ZL201811504625.6	一种促进芍药芽萌发的方法	山东省林业科学研究院	姜楠南、徐金光、房义福、孙音、王媛、舒秀阁、周保国	20181210	20210507
239	ZL201810923544.3	用于盐碱地园林原土绿化的中国柽柳定向培育方法	山东省林业科学研究院	李永涛、杨庆山、王振猛、周健、王霞、魏海霞、王莉莉、李宗泰、杜振宇、刘德玺	20180814	20210601
240	ZL201610308195.5	一种早实核桃等外苗培育方法	山东省林业科学研究院	赵登超、侯立群、刘丙花、唐贵敏、韩传明、孙超、李萍萍、王钧毅	20160510	20210629
241	ZL201810214149.8	聊红槐 SSR 标记指纹图谱的构建方法与应用	山东省林业科学研究院	李双云、庞彩红、夏阳、张明静、刘盛芳、付茵茵、梁慧敏、杨勇、臧真荣、白玉梅、王守国	20180315	20210706
242	ZL201810210462.4	基于国槐转录组序列开发的 EST-SSR 标记引物与应用	山东省林业科学研究院	庞彩红、李双云、夏阳、张明静、付茵茵、臧真荣、刘盛芳、杨勇、亓玉昆、李自峰、王守国	20180314	20210706
243	ZL201910002310.X	一套提高芍药繁殖效率的方法	山东省林业科学研究院	姜楠南、房义福、徐金光、孙音、王媛、卢洁、徐兵、赵登超、周保国	20190102	20210709
244	ZL201811504612.9	一种芍药芽嫁接繁殖方法	山东省林业科学研究院	姜楠南、徐金光、房义福、孙音、王媛、李兆鹏、周保国	20181210	20210713
245	ZL201910198472.5	一种松针鞘瘿蚊越冬幼虫分离方法及其应用	山东省林业科学研究院	武海卫、段春华、亓玉昆、刘焕秀、刘懿、陈汝敏、陈素伟、潘涛、高尚坤、季英超、周成刚	20190315	20210803
246	ZL202010150916.0	一种林木速生新品种田间对比试验方法及其应用	山东省林业科学研究院	秦光华、于振旭、宋玉民、乔玉玲	20200306	20210806
247	ZL201811250572.X	一种银毛椴硬枝扦插育苗的方法	山东省林业科学研究院	王因花、燕丽萍、孔雨光、徐振远、鲁仪增、刘翠兰、李庆华、任飞、梁燕、梁静、吴德军	20181025	20211109
248	ZL202010303206.7	一种直接诱导四倍体泡桐叶柄再生出不定芽的高效启动培养基及应用	山东省林业科学研究院、济南怡然苗木种植有限公司、泰安市泰山林业科学研究院	毛秀红、闫少波、刘泉、毛欣、王迎、刘欣、仲伟国、亓玉昆、梁燕、仲凤维、张倩	20200417	20210507

（续）

序号	专利号	专利名称	专利权人	发明人	申请日	授权公告日
249	ZL202010303416.6	一种培养粗壮四倍体泡桐苗的增殖培养基配方及应用	山东省林业科学研究院、济南怡然苗木种植有限公司、泰安市泰山林业科学研究院	毛秀红、闫少波、王迎、毛欣、刘泉、华辉、亓玉昆、仲伟国、李猛、张新慰、张倩、王晓英	20200417	20210518
250	ZL202010303269.2	一种直接诱导四倍体泡桐大田茎段再生出不定芽的高效启动培养基及应用	山东省林业科学研究院、济南怡然苗木种植有限公司、泰安市泰山林业科学研究院	毛秀红、刘泉、刘欣、闫少波、毛欣、王迎、仲伟国、亓玉昆、朱文成、梁燕、赵青松、仲凤维	20200417	20210518
251	ZL202010303818.6	一种促进四倍体泡桐组培苗生根的培养基及应用	山东省林业科学研究院、济南怡然苗木种植有限公司、泰安市泰山林业科学研究院	毛秀红、刘欣、闫少波、毛欣、华辉、王迎、李猛、仲伟国、亓玉昆、于振旭、杜辉、赵青松	20200417	20210601
252	ZL202010303055.5	一种诱导四倍体泡桐继代增殖培养基及应用	山东省林业科学研究院、济南怡然苗木种植有限公司、泰安市泰山林业科学研究院	毛秀红、王迎、毛欣、李猛、闫少波、亓玉昆、华辉、刘泉、仲伟国、梁燕、王晓英、杜辉	20200417	20211119
253	ZL201811098197.1	基于 SSH 的土壤信息网络发布系统及方法	山东省农业科学院科技信息研究所、山东省林业科学研究院	仝雪芹、杨玉建、王清华、杜振宇、葛忠强	20180920	20210205
254	ZL201911268076.1	一种皂荚嫁接愈合助长剂及制备方法和应用	山西省林业和草原科学研究院	韩丽君、陈思、郝向春、徐璐、周帅、翟瑜	20191211	20210827
255	ZL202010255895.9	一种沙棘林沙棘果采摘修剪方法及装置	山西省林业技术推广和经济林管理总站	白景萍、高晋东、王永胜、郝少英、魏阿沙、石文凯、刘晓刚、张玉蓉、杨健、高文静	20200402	20210730
256	ZL201711394311.0	栎属的 SSR 分子标记引物和鉴定近缘栎属品种的方法及其应用	山西省林业科学研究院	郭斌、李轶涛、郑智礼、马佳琳、王建义、周帅	20171221	20210202
257	ZL201811154498.1	一种采煤迹地生态修复系统	陕西省治沙研究所	付广军、张继平、杨文辉、朱建军、张立强、马存平、高荣、许建成、孙婧宇、温燕、席艳芸、王琪、柴红烨、艾茹、惠振彪	20180930	20210716
258	ZL201810831753.5	利用生物及碳化材料的复合污染土壤原位生态修复方法	上海市园林科学规划研究院	张浪、郑思俊、梁晶、李跃忠、张冬梅、韩继刚、富婷婷、杨博	20180726	20210409
259	ZL201610500153.1	一种百子莲促芽分株的繁殖方法	上海市园林科学规划研究院	陈香波、陆亮、钱又宇	20160630	20210416
260	ZL201910190417.1	一种利用石油烃污染土壤制备配生土的方法	上海市园林科学规划研究院	陈平、梁晶、伍海兵、张浪、张青青、何小丽、徐冰、朱清	20190313	20210416
261	ZL201910144402.1	一种白玉兰苗木根系活力快速恢复的方法	上海市园林科学规划研究院	张浪、张冬梅、有祥亮、罗玉兰、尹丽娟、田彦、尹冬梅	20190227	20210615
262	ZL201910667138.X	巴氏罐诱法采集昆虫的辅助装置	上海市园林科学规划研究院	王章训、高磊、王凤、孙荣华、路广亮	20190723	20210903
263	ZL201911415045.4	一种移根容器及其使用方法	上海市园林科学规划研究院	张浪、张冬梅、李晓娇、黄绍敏、朱义	20200514	20211105
264	ZL201910188634.7	一种白玉兰配生土的制备方法	上海市园林科学规划研究院	何小丽、梁晶、张浪、伍海兵、陈平、张青青、徐冰、朱清	20190313	20211123

（续）

序号	专利号	专利名称	专利权人	发明人	申请日	授权公告日
265	ZL201810674421.0	阿坝垂穗披碱草种子包衣剂	四川省草原科学研究院	雷雄、游明鸿、马啸、白史且、闫利军、陈丽丽、吴婍、季晓菲、张艺馨	20180627	20210430
266	ZL201911102534.4	光能变价离子钛在提高草坪草抗寒性的方法及其用途	四川省草原科学研究院	白史且、张建波、孙林、陈莉敏、李达旭	20191112	20210720
267	ZL201710847511.0	一种鉴定家养绵羊是否含有盘羊血缘的方法	四川省草原科学研究院	周明亮、杨平贵、陈明华、庞倩	20170919	20211001
268	ZL201911169096.3	一种边坡防护液压喷播基质及其制备方法和应用	四川省草原科学研究院	白史且、张建波、鄢家俊、常丹、李达旭	20191126	20211019
269	ZL201911236099.4	一株用于高水分燕麦青贮的植物乳杆菌及其应用	四川省草原科学研究院；四川罗德帕恩生物技术有限公司	李平、张昌兵、白史且、陈良寅、王耀华、游明鸿、苟民明	20191205	20210129
270	ZL202110549437.0	国土空间规划空间数据突变检查方法、应用系统及云平台	四川省林业和草原调查规划院、四川省林业勘察设计研究院、国家林业局昆明勘察设计院、成都市农林科学院	高飞、李娜娜、张成程、王勇军、黄贝、李华、许先鹏	20210520	20210727
271	ZL202110881700.6	森林资源一张图一体化更新方法、系统及存储介质	四川省林业和草原调查规划院、四川省林业勘察设计研究院、国家林业局昆明勘察设计院、成都市农林科学院、四川样地时空科技有限公司	高飞、李娜娜、赖长鸿、郎平、张成程、方懿、李华、王勇军、陈敏	20210802	20211102
272	ZL202110879022.X	森林资源一张图质检逻辑规则更新方法、系统及云平台	四川省林业和草原调查规划院、四川省林业勘察设计研究院、国家林业局昆明勘察设计院、成都市农林科学院、四川样地时空科技有限公司	李娜娜、高飞、赖长鸿、郎平、黄贝、方懿、许先鹏、孙昌平、王勇军、陈敏	20210802	20211102
273	ZL202110978782.6	林草综合监测评价图斑监测成果报送加密防护方法和系统	四川省林业和草原调查规划院、四川省林业勘察设计研究院、国家林业局昆明勘察设计院、成都市农林科学院、四川样地时空科技有限公司	李娜娜、高飞、刘洋、方懿、陈家德、陈敏、王勇军、张成程、李华	20210825	20211102
274	ZL201811566381.4	一种引诱赤腹松鼠进食的引诱物及其制备方法	四川省林业科学研究院	靳伟、刘莹洵、刘少英	20181219	20210323
275	ZL201910520914.3	一种筇竹母竹丛育苗以及造林栽培的方法	四川省林业科学研究院	张小平、吴雨峰、干少雄、齐沛森、陈涤非、张好	20190617	20210608
276	ZL201910221006.4	一种化学诱变法与负压法相结合在流苏树多倍体育种中的应用	泰安市泰山林业科学研究院	张林、朱翠翠、王峰、孙忠奎、张安琪、程甜甜、于永畅、谢学阳、李承秀、任红剑	20190322	20210105

（续）

序号	专利号	专利名称	专利权人	发明人	申请日	授权公告日
277	ZL201910221150.8	一种基于负压技术与液体浸泡的黑松裸根树苗造林方法	泰安市泰山林业科学研究院	张林、程甜甜、孙忠奎、王峰、朱翠翠、李承秀、王波、于永畅、乔谦、杨波	20190322	20210713
278	ZL201710783809.X	一种抗枣疯病枣苗培育方法	泰安市泰山林业科学研究院	赵进红、赵勇、王玉山、张倩	20170824	20211008
279	ZL201610240890.2	一种蓝莓果酒的二次发酵工艺	天津市林业果树研究所	陈颖、郭意如、张世杰、刘明、杨丽维、张峻、郭丰利	20160419	20210115
280	ZL202110105456.4	一种五加属植物叶片提取物制备的果蝇诱杀剂	铜仁市林业科学院	刘丹、梁玖华、陈哲、贺彬、徐东、何怡、李鹤、王頔、严兰、黄朝海	20210126	20210723
281	ZL202010054138.5	一种黑果枸杞育苗及造林方法	武威市林业科学研究院	何彩、刘伟、曹虎、王多文、金娜、张兆铭、张军、牟德生、王鑫、郭艳兰、李强、赵连鑫、张鹏、董存元、李栋、杨作奎	20200117	20210730
282	ZL201811155656.5	一种高寒地区披碱草种植方法	西藏自治区农牧科学院草业科学研究所	秦爱琼、周娟娟、桑旦、旦增塔庆、刘云飞、魏巍、史睿智、夏菲	20180930	20210507
283	ZL201910671495.3	一种提高鸭茅越夏率的栽培方法	西南大学、贵州省草业研究所、江西农业大学	曾兵、吴佳海、梁欢、牟琼、吴贞、范彦、张健、王应芬、吴静、李娟、兰英、袁扬、罗登、王胤晨	20190724	20210806
284	ZL201910671486.4	一种促进多花黑麦草种子萌发和幼苗生长的方法	西南大学、贵州省草业研究所、重庆市畜牧科学院	曾兵、吴佳海、牟琼、曾恒、袁扬、罗登、范彦、张健、王应芬、吴静、李娟、王胤晨、冉启凡、兰英	20190724	20210806
285	ZL201910671494.9	一种促进紫云英生长的方法	西南大学、贵州省草业研究所、重庆市畜牧科学院	曾兵、吴佳海、牟琼、范彦、牟永欣、张健、王应芬、吴静、李娟、兰英、袁扬、罗登、王胤晨、冉启凡	20190724	20210903
286	ZL201410122137.4	新引1号东方山羊豆复合型种子膜衣剂配方及包衣方法	新疆畜牧科学院草业研究所	田聪、李学森、朱忠艳、王承军、穆尼热、马海燕、王玉、兰吉勇、陈强	20140329	20210525
287	ZL201910367659.3	一种提高植物抗逆性的转录因子	新疆畜牧科学院草业研究所	张一弓、张道远、张荟荟、李学森、刘梦、柯梅、张学洲、兰吉勇、史伟	20190505	20211126
288	ZL201910332484.2	一种用于防治枣树病毒病的方法	新疆林业科学院经济林研究所	白剑宇、洪霓、李宏、王雁翔、翟立峰、罗达、程平、张新浩、刘正兴、崔燕华、刘燕、刘艳祥、张燕南	20190424	20210330
289	ZL201910410066.0	间作模式柱状树形的整形修剪方法	新疆林业科学院经济林研究所	木合塔尔·扎热、阿卜杜许库尔·牙合甫、吉乃提汗·马木提、米热古丽·亚森、阿衣夏木·亚库甫、古丽加汗·克热木、古丽尼沙·卡斯木、马合木提·阿不来提、吴正保、古再丽努尔·沙吾提、故丽米热·卡克什	20190516	20210604

（续）

序号	专利号	专利名称	专利权人	发明人	申请日	授权公告日
290	ZL201910757569.5	嫁接西梅及其繁育方法	新疆林业科学院经济林研究所	木合塔尔·扎热、阿卜杜许库尔·牙合甫、吉乃提汗·马木提、热比古力·阿不都克热木、古丽加汗·克热木、米热古丽·亚森、古再丽努尔·沙吾提、阿衣夏木·亚库甫、故丽米热·卡克什、吴正保	20190816	20210817
291	ZL201910118261.6	一种城市森林环境中的空气质量监测方法	新疆林业科学院森林生态研究所	李吉玫、张毓涛	20190216	20210223
292	ZL201811233018.0	一种森林监测采雪器	新疆林业科学院森林生态研究所	李吉玫	20181023	20210608
293	ZL201710181763.4	一种干旱荒漠区胡杨寻根断根的更新方法	新疆林业科学院造林治沙研究所	刘康、陈启民、朱玉伟、罗青红、桑巴叶、王永红、褚奋飞、早尔古·吐逊江、巴哈提古丽·木沙巴依、张承德、陆扬奎	20170324	20210126
294	ZL201910782382.0	一种提高核桃产量的嫁接方法	新疆农业大学、新疆林业科学院	王宝庆、余晓娥、齐成、欧源、虎海防、张锐、马凯	20190823	20210601
295	ZL201811060004.3	一种黑松化学去雄方法	烟台市林业科学研究所	李保进、祁树安、路兆军、苗杰、陈丽英、王淑惠、吴德军、王开芳	20180912	20210507
296	ZL201811040137.4	一种野生笃斯越橘嫩枝微扦插育苗技术	伊春林业科学院	程向东、王清君、张新春、陈海波	20180824	20210615
297	ZL202110290306.5	一种防止红枣裂果、霉变的药剂及其制备方法、应用	榆林市林业产业开发中心	张高如、段义忠、张宇、秦媛媛、贾东波、张珍珍、张钰翔	20210318	20210924
298	ZL201811356308.4	一种抗疲劳的药酒	云浮市林业科学和技术推广中心（云浮市园林绿化研究所）（云浮市国有中心林场）	练启岳、彭寿强、肖辉、卢广超、张毅龙、梁美涛	20181115	20210518
299	ZL201810365399.1	一种格力兜兰种子非共生萌发的培养方法	云南省林业和草原科学院	华梅、蒋宏、向振勇、孔继君、赵黎明、张维平、马惠芬、缪福俊、陈剑、王毅、原晓龙、李灿雯	20180421	20210112
300	ZL201910938275.2	一种坚果仁加工系统	云南省林业和草原科学院	耿树香、贺娜、宁德鲁、马婷、徐田、陈海云	20190930	20210219
301	ZL202010139788.X	一种土样采集装置和方法	云南省林业和草原科学院	耿树香、李勇杰、宁德鲁、贺娜、徐田、马婷、肖良俊	20200303	20210525
302	ZL202010873910.6	一种用于油茶宽盾蝽的引诱剂	云南省林业和草原科学院	陈福、徐德兵、郭晓春、闫争亮、马惠芬、卯吉华、胡光辉、刘卓志、郑畹	20200826	20210702
303	ZL202011048489.1	一种去内皮机构	云南省林业和草原科学院	耿树香、宁德鲁、李勇杰、马婷、徐田、陈海云	20190930	20211001
304	ZL202011071391.8	用于引诱云南切梢小蠹的气味组合物	云南省林业和草原科学院	冯丹、陈鹏、王艺璇、袁瑞玲、杜春花	20201009	20211130
305	ZL201811508748.7	一种提高鸡枞菌产量的培育方法	云南省林业科学院	冯志伟、景跃波、李勇鹏、李荣波、卯吉华、李孙玲	20181211	20210402

（续）

序号	专利号	专利名称	专利权人	发明人	申请日	授权公告日
306	ZL201910347622.4	一种西南桦水培扦插快速生根育苗方法	云南省林业科学院	耿云芬、张劲峰、陈中华、邱琼、王磊、杨德军、杨嫱	20190428	20210420
307	ZL201711330108.7	一种从核桃粕中提取蛋白多肽的方法	云南省林业科学院	缪福俊、宁德鲁、王洋、肖良俊、马婷、李勇杰、耿树香、陈海云、吴涛、贺娜、张艳丽、徐田	20171213	20210608
308	ZL201910708519.8	一种珍稀濒危植物保山茜快速高效萌发成苗的方法	云南省林业科学院、云南高黎贡山国家级自然保护区保山管护局隆阳分局	耿云芬、李静、余丽芝、杨嫱、张劲峰、杨昌级、耿绍东	20190801	20210917
309	ZL201911329118.8	交趾黄檀的扦插育苗方法	漳州市林业科技推广站、中国林业科学研究院热带林业研究所、福建省龙海林下国有林场	吴培衍、王维辉、洪舟、张金文、李瑞聪、林永洲、卢敏勇、张荣标、林滨滨、张月娇	20191220	20210820
310	ZL201711166810.4	一种表面活化的秸秆基多孔活性炭的制备方法	浙江省林业科学研究院	蒋应梯、庄晓伟、潘炘、于海霞、王进、刘亚群	20171121	20210105
311	ZL201910687879.4	丁字樱叶绿体基因组及其应用	浙江省林业科学研究院	沈鑫、蒋冬月、柳新红	20190729	20210115
312	ZL201710686441.5	一种低污染及高敏感的低成本通用菌种分子鉴定方法	浙江省林业科学研究院	彭华正、金群英、朱汤军、叶华琳	20170811	20210115
313	ZL201911081169.3	一种竹木材增强增效处理方法	浙江省林业科学研究院	于海霞、庄晓伟、徐漫平、张文福、潘炘、王进	20191107	20210219
314	ZL202010385470.X	一种模塑成型复合材料用长竹纤维的制备方法	浙江省林业科学研究院	张文福、王戈、程海涛、郑海军、顾少华	20200509	20210223
315	ZL201810489848.3	一种毛竹笋壳阿拉伯半乳聚糖及其制备和用途	浙江省林业科学研究院	贺亮、程俊文、李琴、张建、刘焕燕、魏海龙、王衍彬	20180521	20210302
316	ZL201911081152.8	一种竹木材的快捷防水处理方法	浙江省林业科学研究院	于海霞、庄晓伟、张文福、徐漫平、潘炘、王进	20191107	20210305
317	ZL201910687040.0	霞樱叶绿体基因组及其应用	浙江省林业科学研究院	沈鑫、蒋冬月、柳新红	20190729	20210309
318	ZL201810379825.7	一种改性竹炭及其制备方法和应用	浙江省林业科学研究院	庄晓伟、陈顺伟、潘炘、蒋应梯、于海霞、刘亚群、王进、张文福	20180425	20210402
319	ZL201811634950.4	一种促进鼠茅草提早结实的方法	浙江省林业科学研究院	刘本同、黄旭波、秦玉川、王丽玲、方茹、王衍彬	20181229	20210511
320	ZL201810122172.4	一种去甲异波尔定高效提取的方法	浙江省林业科学研究院	王丽玲、柏明娥、秦玉川、刘本同、王衍彬	20180207	20210601
321	ZL201710782309.4	薄壳山核桃品种 Nacono 和 Sumner 的特征序列、引物及鉴定方法	浙江省林业科学研究院	朱汤军、彭华正、金群英、叶华琳	20170902	20210709
322	ZL201910047519.8	一种生物质炭材料吸附性能检测装置及方法	浙江省林业科学研究院	潘炘、庄晓伟、蒋应梯、于海霞、张文福、王进	20190118	20210806

（续）

序号	专利号	专利名称	专利权人	发明人	申请日	授权公告日
323	ZL202011516131.7	一株绿针假单胞菌及其应用	浙江省林业科学研究院	彭华正、金群英、朱汤军、叶华琳、张飞英	20201221	20210813
324	ZL202011291553.9	一种高通量筛选松材线虫抑制剂的方法	浙江省林业科学研究院	彭华正、金群英、朱汤军、张飞英、叶华琳、戚全英	20201118	20210813
325	ZL202110036335.9	一种炭角菌科真菌 sj18 及其在松材线虫防治上的应用	浙江省林业科学研究院	彭华正、朱汤军、金群英、张飞英、叶华琳	20210112	20210827
326	ZL202010248543.0	一种植物纤维增强复合轻质保温风管的制备方法	浙江省林业科学研究院	张文福、程海涛、顾少华、郑海军、王戈	20200401	20211022
327	ZL202010385453.6	一种竹纤维模塑复合材料的制备方法	浙江省林业科学研究院	张文福、程海涛、王戈、顾少华、郑海军	20200509	20211109
328	ZL202110032614.8	一种发酵毕赤酵母及其应用	浙江省林业科学研究院	彭华正、金群英、朱汤军、张飞英、叶华琳	20210112	20211123
329	ZL201910148105.4	薄壳山核桃品种 Osage 的特征序列、标记引物及鉴定方法	浙江省林业科学研究院	金群英、朱汤军、彭华正、叶华琳	20190228	20211217
330	ZL201910148117.7	薄壳山核桃品种 Sumner 的特征序列、标记引物及鉴定方法	浙江省林业科学研究院	朱汤军、彭华正、金群英、叶华琳	20190228	20211217
331	ZL201911152186.1	一种阿拉伯低聚半乳糖及其制备和应用	浙江省林业科学研究院	贺亮、施锴云、程俊文、王衍彬、王进、魏海龙、胡传久、李海波	20191122	20211221
332	ZL202011046597.5	一种木材的防霉方法、防霉木材及其应用	浙江省林业科学研究院	潘炘、庄晓伟、于海霞、冯永顺、张文福、王进、蒋应梯	20200929	20211228
333	ZL201910058166.1	鉴别长梗黄精和多花黄精的特征序列、引物及方法	浙江省林业科学研究院、衢州市林业技术推广站	宋其岩、李海波、叶碧欢、廖荣俊、翁永发、李楠	20190122	20210514
334	ZL201811378993.0	鉴别长梗黄精和多花黄精的特征序列、引物及方法	浙江省林业科学研究院、浙江九龙山国家级自然保护区管理中心	叶碧欢、李海波、胡传久、宋其岩、陈友吾、杜国坚、余水生	20181119	20210514
335	ZL201811378992.6	一种鉴别长梗黄精和多花黄精的特征序列、引物及方法	浙江省林业科学研究院、浙江九龙山国家级自然保护区管理中心	陈友吾、李海波、宋其岩、胡传久、叶碧欢、杜国坚、余水生	20181119	20210514
336	ZL201710797521.8	一种喀斯特石漠化区林草间作方法	中国林业科学研究院	姚斌、向仰州、舒英格、李永华、闫峰、辛智鸣、何季	20170906	20210126
337	ZL201910967371.X	一种银白杨遗传转化方法	中国林业科学研究院	曾庆银、刘妍婧、姜鹏飞、王晓霞、王一鸣	20191012	20210129
338	ZL201910548042.1	PagKNAT2/6b 基因在增加杨树木材产量中的应用和增加杨树木材产量的方法	中国林业科学研究院	卢孟柱、赵岩秋、宋学勤	20190621	20210330
339	ZL201711104676.5	毛白杨 PtoWRKY40 基因、其表达载体和构建方法以及应用	中国林业科学研究院华北林业实验中心	李少锋、卢孟柱、胡建军、赵树堂、辛学兵、夏永秀、李建波、孙丽芳、高旭、刘学、王然、褚洋、刘亮	20171110	20210223
340	ZL202011236757.2	一种桃红颈天牛引诱剂、缓释瓶及其制备方法	中国林业科学研究院华北林业实验中心	刘慧慧、李恩杰、张永安、余海	20201109	20211221

（续）

序号	专利号	专利名称	专利权人	发明人	申请日	授权公告日
341	ZL201910227653.6	一种沙枣果实高值利用方法	中国林业科学研究院林产化学工业研究所	杨静、徐浩、蒋剑春、张宁、赵剑、解静聪、卫民	20190325	20210105
342	ZL201810358716.7	环氧腰果酚 / 氨基硅氧烷协同改性酚醛树脂及其制备方法和应用	中国林业科学研究院林产化学工业研究所	周永红、薄采颖、胡立红、杨晓慧、张猛、胡云、贾普友、刘承果、冯国东、尚倩倩	20180420	20210119
343	ZL201910938419.4	一种脱氢枞胺（取代）苯甲醛 Schiff 碱衍生物的用途	中国林业科学研究院林产化学工业研究所	饶小平、翟兆兰、许吉、宋湛谦、商士斌	20190930	20210122
344	ZL201810920509.6	一种强化纤维原料漂白药液渗透的方法	中国林业科学研究院林产化学工业研究所	焦健、房桂干、谢存欣、梁芳敏、冉淼、魏录录、邓拥军、沈葵忠、施英乔、韩善明、李红斌、丁来保、盘爱享、林艳、梁龙、田庆文、李萍、庄国俊	20180814	20210126
345	ZL201810670994.6	一种含硅阻燃型桐油基多元醇及其制备方法和应用	中国林业科学研究院林产化学工业研究所	张猛、周威、贾普友、周永红	20180626	20210202
346	ZL201811144116.7	松香 - 纤维素基聚酯酰亚胺聚合物及其制备方法和应用	中国林业科学研究院林产化学工业研究所	王基夫、丘雨玲、卢传巍、程增会、储富祥	20180929	20210202
347	ZL201811091376.2	一种脱氢枞基 -3,4- 二氢嘧啶 -2(1H)- 酮衍生物、其制备方法及其应用	中国林业科学研究院林产化学工业研究所	沈明贵、罗云龙、商士斌、王丹、宋杰	20180919	20210205
348	ZL201810399154.0	松香丙炔酯内增塑 PVC 材料及其制备方法	中国林业科学研究院林产化学工业研究所	周永红、贾普友、张猛、胡立红、冯国东、薄采颖、宋飞	20180428	20210209
349	ZL201811186912.7	一种可自由基聚合的松香苯并环丁烯单体、其制备方法及其应用	中国林业科学研究院林产化学工业研究所	王丹、付飞、沈明贵、商士斌、宋湛谦、宋杰	20181012	20210219
350	ZL201910084212.5	植物油 / 无机纳米粒子复合超疏水涂层溶液及其制备方法和应用	中国林业科学研究院林产化学工业研究所	尚倩倩、周永红、刘承果、杨晓慧、胡云、胡立红、薄采颖	20190129	20210219
351	ZL201810522377.1	一种油水分离用废纸基可回收气凝胶的制备方法	中国林业科学研究院林产化学工业研究所	尚倩倩、周永红、刘承果、胡立红、杨晓慧	20180528	20210219
352	ZL201811486614.X	一种水性大豆油 - 松香基超支化聚酯及其制备方法与应用	中国林业科学研究院林产化学工业研究所	陈玉湘、徐亚洲、赵振东、卢言菊、徐士超、毕良武、王婧、古研	20181206	20210302
353	ZL201810039574.8	一种由 1,8- 对孟烷二乙酰胺制备 1,8- 对孟烷二胺的方法	中国林业科学研究院林产化学工业研究所	王婧、赵振东、徐士超、陈玉湘、卢言菊、古研、毕良武	20180116	20210302
354	ZL201811539621.1	一种 12 位苯并环丁烯脱氢枞酸（β- 甲基丙烯酰氧基乙基）酯、其制备方法及其应用	中国林业科学研究院林产化学工业研究所	沈明贵、付飞、王丹、商士斌、宋湛谦、宋杰	20181217	20210319

（续）

序号	专利号	专利名称	专利权人	发明人	申请日	授权公告日
355	ZL201810288430.6	一种制备高白度高强度桉木化学机械浆的方法	中国林业科学研究院林产化学工业研究所	焦健、房桂干、梁芳敏、谢存欣、梁龙、田庆文、魏录录、冉淼、韩善明、邓拥军、沈葵忠、施英乔、李红斌、丁来保、盘爱享、林艳、李萍、庄国俊	20180403	20210319
356	ZL201711106087.0	一种巯基-烯基点击反应制备木质素基重金属离子吸附材料的方法	中国林业科学研究院林产化学工业研究所	金灿、孔振武、刘贵锋、陈健、吴国民、霍淑平	20171110	20210323
357	ZL201810131557.7	自修复热固性聚氨酯沥青的制备方法	中国林业科学研究院林产化学工业研究所	黄坤、曹珊、李梅、夏建陵、李守海、许利娜、杨小华、张燕	20180209	20210323
358	ZL201611113303.X	一种果蔬保鲜剂用水性松香聚合物及其制备方法	中国林业科学研究院林产化学工业研究所	高宏、商士斌、宋湛谦、王丹	20161206	20210406
359	ZL201710290447.0	一种纤维素基形状记忆材料的制备方法	中国林业科学研究院林产化学工业研究所	王基夫、卢传巍、王春鹏、储富祥	20170421	20210409
360	ZL201710136602.3	一种负载漆酚的靶向纳米白果淀粉微球的制备方法	中国林业科学研究院林产化学工业研究所	王成章、周昊	20170302	20210420
361	ZL201811531525.2	一种生物基柔性环氧树脂的制备方法	中国林业科学研究院林产化学工业研究所	聂小安、肖来辉、王义刚、胡芳芳	20181214	20210604
362	ZL202011160760.0	一种松香基硅磷协同阻燃剂、其制备方法及由其制备的聚氨酯泡沫	中国林业科学研究院林产化学工业研究所	刘鹤、王诗博、王丹、商士斌、宋湛谦	20201027	20210709
363	ZL201910540079.X	一种桐油基柔韧型环氧树脂及其制备方法	中国林业科学研究院林产化学工业研究所	聂小安、肖来辉、王义刚、胡芳芳	20190621	20210713
364	ZL201910553119.4	光皮树油基可双重交联树脂单体及其制备方法和应用	中国林业科学研究院林产化学工业研究所	李守海、易靖、夏建陵、李梅、张燕、杨小华、陈瑶、丁呈祥	20190625	20210720
365	ZL201910565250.2	一种纤维类生物质高效预处理分离半纤维素及其综合利用方法	中国林业科学研究院林产化学工业研究所	王奎、蒋剑春、刘艳艳、徐俊明、卫民、魏琳珊、王瑞珍	20190626	20210730
366	ZL201810625020.6	一种杨树皮木质素超声波协同混菌生物转化为多酚的方法	中国林业科学研究院林产化学工业研究所	谢普军、黄立新、张彩虹	20180617	20210730
367	ZL201711141052.0	一种银杏糊化淀粉喷雾包埋羟基酪醇的方法	中国林业科学研究院林产化学工业研究所	张彩虹、黄立新、谢普军、邓叶俊、成江	20171117	20210730
368	ZL201810603499.3	一种低温预热解、原料超细化制备生物质成型活性炭的方法	中国林业科学研究院林产化学工业研究所	许伟、刘军利、孙康、侯兴隆、王傲、孙昊	20180612	20210817
369	ZL202010906073.2	一种甾体类化合物、其制备方法及其应用	中国林业科学研究院林产化学工业研究所	商士斌、姚姝凤、张海波、高宏、王丹、刘鹤	20200901	20210817
370	ZL201910699015.4	一种环氧大豆油松香-纤维素基聚合物共混膜及其制备方法和应用	中国林业科学研究院林产化学工业研究所	王基夫、丘雨玲、郭晓亮、卢传巍、程增会、储富祥	20190731	20210903

（续）

序号	专利号	专利名称	专利权人	发明人	申请日	授权公告日
371	ZL201811244030.1	一种3,6,6-三甲基-2,4-环庚二烯酮的制备方法	中国林业科学研究院林产化学工业研究所	王婧、赵振东、卢言菊、徐士超、古研、陈玉湘、毕良武	20181024	20210903
372	ZL201810795798.1	硅烷化纳米二氧化硅改性木质素基酚醛树脂及其制备方法和应用	中国林业科学研究院林产化学工业研究所	胡立红、张娜、郭亚军、薄采颖、周永红	20180719	20210907
373	ZL201910018076.X	蓖麻油基可双重交联活性树脂单体及其制备方法	中国林业科学研究院林产化学工业研究所	李守海、夏建陵、易靖、李梅、丁海阳、许利娜、杨小华、张燕	20190109	20210907
374	ZL201811243469.2	一种由3-蒈烯制备3-异丙基-5-甲酚和香芹酚的方法	中国林业科学研究院林产化学工业研究所	王婧、赵振东、卢言菊、徐士超、古研、陈玉湘、毕良武	20181024	20210917
375	ZL201910171751.2	一种开口箭提取物的制备方法及其应用	中国林业科学研究院林产化学工业研究所	商士斌、姚姝凤、王丹、刘鹤、张海波、高宏	20190307	20210924
376	ZL202011160774.2	一种马来海松酸改性硅磷协同阻燃剂、其制备方法及由其制备的阻燃聚氨酯泡沫	中国林业科学研究院林产化学工业研究所	刘鹤、王诗博、王丹、商士斌、宋湛谦	20201027	20210928
377	ZL201811363916.8	一种氧还原反应（ORR）催化剂GPNCS及其制备方法	中国林业科学研究院林产化学工业研究所	刘艳艳、蒋剑春、孙康	20181116	20211008
378	ZL201810900730.5	一种1,2,3,4,6-O-五没食子酰葡萄糖锗络合物及其制备方法和应用	中国林业科学研究院林产化学工业研究所	张亮亮、刘瑜琛、汪咏梅、徐曼、胡新宇	20180809	20211008
379	ZL202110213672.0	一种生物质基水型粘缸剂及其制备方法	中国林业科学研究院林产化学工业研究所	聂小安、李帅、王义刚、陈洁	20210225	20211102
380	ZL201910363260.8	一种水性碳杂化材料的制备方法	中国林业科学研究院林产化学工业研究所	黄金瑞、李楠、聂小安	20190430	20211109
381	ZL201911281245.5	高相容性有机硅改性环氧树脂多元醇水分散体及其制备方法	中国林业科学研究院林产化学工业研究所	吴国民、孔振武、陈健、刘贵锋	20191213	20211112
382	ZL201811079114.4	一种解决磷酸法活性炭转炉积炭弊端的方法	中国林业科学研究院林产化学工业研究所	刘石彩、建晓朋、卢辛成、陈超、王傲、许伟	20180917	20211112
383	ZL201910938433.4	一种环氧大豆油丙烯酸酯-聚乙二醇甲基丙烯酸酯共聚物、其制备方法及其应用	中国林业科学研究院林产化学工业研究所	翟兆兰、饶小平、宋湛谦、商士斌	20190930	20211119
384	ZL201810183970.8	一种木瓜籽蛋白及其制备方法	中国林业科学研究院林产化学工业研究所	黄立新、邓叶俊、张彩虹、谢普军、成江、王晓杰	20180307	20211123
385	ZL201811145738.1	一种氮硫双掺杂碳点及其制备方法和应用	中国林业科学研究院林产化学工业研究所	许利娜、杨小华、丁海阳、夏建陵、李梅、李守海、张燕	20180929	20211123
386	ZL201811226973.1	一种生物质气化剩余物成型活性炭及其制备方法	中国林业科学研究院林产化学工业研究所	许伟、刘军利、邓先伦、孙康、侯兴隆、王傲、孙昊	20181022	20211130

（续）

序号	专利号	专利名称	专利权人	发明人	申请日	授权公告日
387	ZL201811145892.9	管式炉中生物质低压一步热解制备高性能活性炭的方法	中国林业科学研究院林产化学工业研究所	孙昊、孙康、蒋剑春、王傲、卢辛成、许伟	20180929	20211130
388	ZL201910746924.9	一种纤维素高分子表面活性剂基pH和温度双响应型复合水凝胶的制备方法	中国林业科学研究院林产化学工业研究所	刘鹤、杨欣欣、王思恒、商士斌、宋湛谦	20190814	20211214
389	ZL202110208682.5	一种可回收再生的全生物基非异氰酸酯聚氨酯的制备方法	中国林业科学研究院林产化学工业研究所	刘鹤、杨欣欣、刘秀秀、商士斌、宋湛谦	20210225	20211214
390	ZL202110214043.X	一种两步法制备水性环氧树脂乳液的方法	中国林业科学研究院林产化学工业研究所	吴国民、孔振武、陈健	20210225	20211224
391	ZL201911231534.4	一步法制备生物基超支化聚酯增塑剂及其在PVC电缆料中的应用	中国林业科学研究院林产化学工业研究所、南京赛润得新材料科技有限公司	陈洁、聂小安、王义刚、李科、蒋剑春	20191205	20210813
392	ZL202010573718.5	一种环氧地坪封闭底漆用的曼尼斯碱固化剂及其制备方法	中国林业科学研究院林产化学工业研究所、中国林科院林产化工研究所南京科技开发有限公司	杨小华、李守海、李梅、张燕、诸进华、陈瑶、夏建陵	20200622	20210907
393	ZL201810154867.0	一种沉水植物快速抛投种植方法及采用的种植容器	中国林业科学研究院林业新技术研究所	崔丽娟、赵欣胜、李伟、张曼胤、康晓明、王大安、马骅、窦志国	20180223	20210108
394	ZL201910070020.9	高原沼泽湿地冲蚀沟的生态修复方法及系统	中国林业科学研究院林业新技术研究所	马牧源、朱耀军	20190124	20210205
395	ZL201910279433.8	一种采用等离子体改性PP装饰膜饰面的方法	中国林业科学研究院林业新技术研究所	彭晓瑞、张占宽	20190408	20210420
396	ZL201910279764.1	一种水性木材着色剂及着色方法	中国林业科学研究院林业新技术研究所	龙玲、刘如、邱竑韫、徐建峰	20190409	20210629
397	ZL202011558429.4	一种伊氏杀线虫真菌及其应用	中国林业科学研究院林业新技术研究所	理永霞、王璇、刘振凯、温晓健、冯宇倩、张伟、李东振、张星耀	20201225	20211231
398	ZL201910490796.6	cis-对蓋烷-1,8-二仲胺类化合物及其制备方法与除草应用	中国林业科学研究院林业新技术研究所、中国林业科学研究院林产化学工业研究所	徐士超、赵振东、曾小静、王婧、董欢欢、张红梅、陈玉湘、毕良武	20190606	20210907
399	ZL201811609562.0	一种可控碳纤维纸张远红外线辐射强度的方法	中国林业科学研究院林业新技术研究所、中国林业科学研究院林产化学工业研究所	李红斌、房桂干、邓拥军、沈葵忠、施英乔、丁来保、韩善明、焦健、梁芳敏、林艳、田庆文、梁龙	20181227	20211214
400	ZL201811488514.0	一种促进林木果实增产的方法	中国林业科学研究院林业研究所	王利兵、于海燕、毕泉鑫、刘肖娟、李迎超	20181206	20210105
401	ZL201711407614.1	一种促进硬叶兰、卡特兰种子萌发的胶膜菌属真菌的共生体系建立方法	中国林业科学研究院林业研究所	李潞滨、刘蕾、魏莉、王涛、杨前宇	20171222	20210108

（续）

序号	专利号	专利名称	专利权人	发明人	申请日	授权公告日
402	ZL201811032895.1	一种林木树干正向及反向液流密度测算装置及方法	中国林业科学研究院林业研究所	张劲松、孙圣、施生绵、何春霞、孙守家、黄辉、尹昌君	20180905	20210112
403	ZL201910741566.2	一种香椿丛生芽诱导及增殖方法	中国林业科学研究院林业研究所	杨桂娟、麻文俊、贾子瑞、卢楠、欧阳芳群、王军辉	20190812	20210119
404	ZL201710786720.9	一种确定人工林造林密度的方法	中国林业科学研究院林业研究所	惠刚盈、张岗岗、张弓乔、赵中华、胡艳波	20170904	20210226
405	ZL201710819206.0	基于红外热图像精准提取树木冠层温度的方法	中国林业科学研究院林业研究所	孙圣、张劲松、孙守家、何春霞、黄辉、尹昌君、施生绵	20170912	20210323
406	ZL201911082683.9	蜡壳属真菌促进树兰属植物和兜兰属植物种子萌发的方法	中国林业科学研究院林业研究所	刘蕾、李潞滨、杨前宇、许丽君、白肖、游胜利	20191107	20210413
407	ZL201810608697.9	一种基于 NMR 技术筛选粗枝云杉体胚萌发相关标记代谢物的方法	中国林业科学研究院林业研究所	王军辉、夏燕、景丹龙、欧阳芳群、卢楠、张守攻	20180613	20210413
408	ZL201910988936.2	一种兰花中促进花色苷形成的 R2R3 MYB 转录因子	中国林业科学研究院林业研究所	王雁、李柏君	20191017	20210427
409	ZL201910100948.7	一种测度物种均匀性的方法	中国林业科学研究院林业研究所	惠刚盈、张岗岗、张弓乔、胡艳波、赵中华	20190131	20210720
410	ZL202011166504.2	一种调控杨树纤维长度的生长素响应因子基因及其应用	中国林业科学研究院林业研究所	赵树堂、刘颖丽、胡梦璇	20201027	20210730
411	ZL201910601162.3	一种油橄榄集约化栽植方法	中国林业科学研究院林业研究所、冕宁元升农业科技有限公司	张建国、张子晗、王兆山、李金花、林春福	20190704	20211123
412	ZL201910492642.0	一种山地板栗种植方法	中国林业科学研究院林业研究所、迁西县兴城镇人民政府、迁西县林业局	史胜青、史正宽、张国庆、王颖、员晓娜、韩颖、江泽平	20190606	20210730
413	ZL201811649677.2	基于 SNP 位点的油橄榄品种鉴定的扩增引物、筛选方法及鉴定方法	中国林业科学研究院林业研究所、中国林业科学研究院亚热带林业研究所	邵文豪、王兆山、张建国	20181230	20211029
414	ZL201810476314.7	阻燃胶粘剂和阻燃木质重组装饰材料及其制备方法	中国林业科学研究院木材工业研究所	屈伟、吴玉章	20180517	20210223
415	ZL201910724116.2	一种木制品弯曲构件成型方法及其装置	中国林业科学研究院木材工业研究所	李伟光、张占宽	20190807	20210323
416	ZL201710205093.5	一种树脂胶黏剂及其制备方法	中国林业科学研究院木材工业研究所	范东斌、李改云、储富祥	20170331	20210326
417	ZL202010524023.8	一种用纳米纤维素对木材进行防腐和加固的方法	中国林业科学研究院木材工业研究所	卢芸、王慧庆、马星霞、刘波	20200610	20210402
418	ZL201910165199.6	一种弧形结构用竹梁及其制造方法	中国林业科学研究院木材工业研究所	钟永、任海青、武国芳、罗翔亚、黄成建	20190305	20210413

（续）

序号	专利号	专利名称	专利权人	发明人	申请日	授权公告日
419	ZL201910052758.2	一种重组复合结构竹材的长期抗拉强度的测定方法	中国林业科学研究院木材工业研究所	钟永、武国芳、任海青、罗翔亚、黄成建	20190121	20210413
420	ZL201910890017.1	一种络合锯材、络合胶合木及其制备方法	中国林业科学研究院木材工业研究所	余养伦、于文吉、吕斌、张耀明	20190920	20210423
421	ZL201910890020.3	一种络合木束、络合重组木及其制备方法	中国林业科学研究院木材工业研究所	余养伦、于文吉、祝荣先、吕斌	20190920	20210423
422	ZL201910889970.4	一种络合木材的制备方法	中国林业科学研究院木材工业研究所	余养伦、于文吉、张耀明、闫昊鹏	20190920	20210423
423	ZL201910890021.8	一种络合刨花、络合刨花板及其制造方法	中国林业科学研究院木材工业研究所	余养伦、于文吉、吕斌、张耀明	20190920	20210518
424	ZL201810820686.7	一种木竹材防腐防霉改性组合剂及处理木竹材的方法	中国林业科学研究院木材工业研究所	蒋明亮、李晓文、张景朋、马星霞、王卿平、张斌	20180724	20210604
425	ZL201910427920.4	一种利用小木块炭化制备柔性块体炭的方法	中国林业科学研究院木材工业研究所	卢芸、刘波、殷亚方	20190522	20210604
426	ZL201910427896.4	一种用纳米纤维素对木材进行加固封护的方法	中国林业科学研究院木材工业研究所	卢芸、张治国、刘波、殷亚方	20190522	20210618
427	ZL201910427999.0	一种木材细胞壁 2D 片层材料的制备方法	中国林业科学研究院木材工业研究所	卢芸、刘波、殷亚方	20190522	20210618
428	ZL201910414385.9	制造自由形低密度阻燃刨花板的方法	中国林业科学研究院木材工业研究所	姜鹏、陈志林、李善明	20190517	20210629
429	ZL201911127762.7	一种有机无机杂化改性剂的制备方法	中国林业科学研究院木材工业研究所	柴宇博、平立娟、孙柏玲、刘君良、吕文华、倪林、胡极航、王小青	20191118	20210629
430	ZL201910513721.5	木结构榫卯构件预制装配生产装置及预制装配方法	中国林业科学研究院木材工业研究所	周海宾、王双永、邓昊	20190614	20210903
431	ZL201910613627.7	一种具有抗菌防霉性能的重组竹及其制造方法	中国林业科学研究院木材工业研究所	张亚梅、余养伦、于文吉	20190709	20210910
432	ZL201810558860.5	基于高压密实化的木竹材增强树脂复合材料的制备方法	中国林业科学研究院木材工业研究所	唐启恒、邹淼、郭文静	20180601	20210914
433	ZL201810830854.0	一种木材三切面构造图像的采集装置及方法	中国林业科学研究院木材工业研究所	何拓、殷亚方、焦立超、张毛毛、韩刘杨、陆杨、张永刚、李仁	20180726	20210914
434	ZL202010069904.5	木材改性剂、木材改性液及其应用和木材改性处理方法	中国林业科学研究院木材工业研究所	李改云、郭登康、储富祥、杨昇、黄耀葛	20200121	20211015
435	ZL202010061992.4	一种树脂填充微波膨化木材的制备方法	中国林业科学研究院木材工业研究所	吕少一、傅峰、李善明、林兰英、周永东、梁善庆、彭立民	20200122	20211022

（续）

序号	专利号	专利名称	专利权人	发明人	申请日	授权公告日
436	ZL201911248557.6	一种木结构民居梁柱节点的加固装置和加固方法	中国林业科学研究院木材工业研究所	周海宾、王双永	20191209	20211119
437	ZL202010843141.5	木竹重组材料单元的连续化浸渍设备和连续化浸渍方法	中国林业科学研究院木材工业研究所	张亚慧、于文吉、齐越、黄宇翔、张亚梅、林秋琴、吴江源	20200820	20211203
438	ZL201910891447.5	一种水性有机蒙脱土改性剂乳液、其制备方法及应用	中国林业科学研究院木材工业研究所	刘如、龙玲、徐建峰、李晓艳	20190920	20211217
439	ZL201811506773.1	一种检测木材中微生物的方法	中国林业科学研究院木材工业研究所、中国林业科学研究院林业新技术研究所	马星霞、张斌、张景朋、蒋明亮、吴玉章、屈伟	20181210	20210831
440	ZL201910374957.5	一种超薄大片刨花制备轻质刨花板的连续平压工艺	中国林业科学研究院木材工业研究所、中国林业科学研究院林业新技术研究所、宁丰集团股份有限公司	郭文静、高黎、罗书品、王正、黄岭、张玉春	20190507	20210827
441	ZL201910689871.1	毛锥的嫁接育苗方法	中国林业科学研究院热带林业实验中心	刘光金、马跃	20190729	20210629
442	ZL201910404721.1	基于木材材色的红锥原木分类方法	中国林业科学研究院热带林业实验中心	刘光金、贾宏炎、李洪果、劳庆祥、赵樟、朱雪萍、牛长海、曾冀、安宁	20190516	20210817
443	ZL201710197266.3	一种自动检测的林地土壤蒸发仪	中国林业科学研究院热带林业研究所	管伟、贺涛、栾震宇、苗春玲、魏东洋、许乃中	20170329	20210101
444	ZL201810135838.X	一种提高檀香幼苗质量和抗性的化学调控方法	中国林业科学研究院热带林业研究所	刘小金、徐大平、张宁南、杨曾奖	20180209	20210115
445	ZL201810964547.1	一种快速促进降香黄檀通体“结香”的方法	中国林业科学研究院热带林业研究所	崔之益、徐大平、杨曾奖、李小飞	20180823	20210126
446	ZL201811015036.1	一种油楠倍半萜合成酶 SgSTPS2 及其编码基因和应用	中国林业科学研究院热带林业研究所	余纽、杨锦昌、李荣生、尹光天、邹文涛、何畅	20180831	20210427
447	ZL201911018163.1	一种黑木相思难生根无性系组培苗的驯化工艺	中国林业科学研究院热带林业研究所	裘珍飞、范春节、曾炳山、叶森辉、冯家勇	20191024	20210618
448	ZL201910608768.X	一种诱导土沉香结香的生物物理方法及其应用	中国林业科学研究院热带林业研究所	周再知、宋晓琛、宋杰、黄桂华、王西洋、梁坤南、杨光、张青青	20190708	20210831
449	ZL202110019376.7	一种交趾黄檀的组织培养方法	中国林业科学研究院热带林业研究所	李湘阳、曾炳山	20210107	20211026
450	ZL201910140130.8	一种降香黄檀的组培苗继代增殖培养基	中国林业科学研究院热带林业研究所	李湘阳、曾炳山、徐大平	20190226	20211109
451	ZL201910765216.X	一种林下分层垄畦棘托竹荪种植方法	中国林业科学研究院热带林业研究所	宋杰、梁俊峰、潘雪玉、陈彬、禹飞	20190819	20211203

（续）

序号	专利号	专利名称	专利权人	发明人	申请日	授权公告日
452	ZL202011598528.5	一种将滨海养殖塘改造为红树林育苗圃的方法	中国林业科学研究院热带林业研究所	熊燕梅、姜仲茂、生农、陈玉军	20201229	20211210
453	ZL201811343456.2	一种格木人工林蛀梢害虫营林控制方法	中国林业科学研究院热带林业研究所、中国林业科学研究院热带林业实验中心	赵志刚、曾冀、安宁、曾杰、贾宏炎、郝建、郭俊杰、王春胜、王欢	20181113	20211228
454	ZL202010513346.7	一种以异龄混交促进檀香快速生长的种植方法	中国林业科学研究院热带林业研究所试验站、海南润森科技研发有限公司	陈仁利、赵坤坤、曾杰、彭泽生、郭昊、刘小金、罗水兴、林明平	20200608	20210806
455	ZL201710159367.1	一种基于土壤水分植被承载力的水源涵养林密度配置方法	中国林业科学研究院森林生态环境与保护研究所	熊伟、王彦辉、王亚蕊、杜阿朋、曹恭祥、于澎涛、徐丽宏、左海军、王晓、刘芳、刘泽彬	20170317	20210122
456	ZL201910840029.3	一种双条杉天牛雌雄性成虫接触性交配识别信息素组合物及其应用	中国林业科学研究院森林生态环境与保护研究所	孔祥波、方加兴、张真、张苏芳、刘福	20190906	20210413
457	ZL202010036891.1	信息化学物质在驱避云杉八齿小蠹中的应用和驱避剂缓释袋及其应用	中国林业科学研究院森林生态环境与保护研究所	孔祥波、方加兴、张苏芳、刘福、张真	20200114	20210608
458	ZL201911227230.0	S-(-)-小蠹烯醇在引诱天山重齿小蠹中的应用、引诱剂、诱芯和应用	中国林业科学研究院森林生态环境与保护研究所	孔祥波、方加兴、刘福、张苏芳、张真	20191204	20210608
459	ZL201710268382.X	用于检测松材线虫的 LAMP 引物组、试剂盒及检测方法	中国林业科学研究院森林生态环境与保护研究所	汪来发、王曦茁、朴春根、李永、林彩丽、薛寒	20170422	20210709
460	ZL201710967274.1	一种基于 SNP 位点的川金丝猴亲子鉴定和个体识别方法	中国林业科学研究院森林生态环境与保护研究所	张于光、张宇、李迪强	20171017	20210713
461	ZL202010284773.2	一种天山星坑小蠹植物源引诱剂以及一种诱芯及其制备方法和应用	中国林业科学研究院森林生态环境与保护研究所	孔祥波、方加兴、张苏芳、刘福、张真	20200413	20211102
462	ZL201910527742.2	合成 (-)- 反式马鞭草烯醇及其对映体 (+)- 反式马鞭草烯醇的绿色、简易制备方法	中国林业科学研究院森林生态环境与保护研究所	刘福、张真、孔祥波、张苏芳、李如华	20190618	20211119
463	ZL201810416755.8	刺槐叶瘿蚊广腹细蜂的 SSR 引物及其在种群遗传多样性分析中的应用	中国林业科学研究院森林生态环境与保护研究所	姚艳霞、杨君、赵文霞、淮稳霞、林若竹	20180503	20211207
464	ZL201911262023.9	苹小吉丁卵的收集和孵化方法	中国林业科学研究院森林生态环境与保护研究所	姚艳霞、张正青、李孟楼、赵文霞、单聪聪	20191210	20211207
465	ZL201910435343.3	一种促进七叶一枝花种子萌发的方法	中国林业科学研究院亚热带林业实验中心	李峰卿、曾平生、曾满生、刘素贞、姚甲宝	20190523	20210323
466	ZL202010109498.0	一种促进南方红豆杉雌株开花结实的方法	中国林业科学研究院亚热带林业实验中心	袁小军、袁雅琪、王丽云、厉月桥、钟秋平、卢园生	20200222	20211228

（续）

序号	专利号	专利名称	专利权人	发明人	申请日	授权公告日
467	ZL201810321703.2	自定心劈麻组合刀具	中国林业科学研究院亚热带林业实验中心、国家林业和草原局哈尔滨林业机械研究所	郭克君、谭新建、杜鹏东、张殿松、徐鑫、满大为、袁小军、苗振坤、吴立国、厉月桥、司芳芳、苏宁、杨增帅	20180411	20210316
468	ZL201710595050.2	一种超高酸价毛油的精炼工艺	中国林业科学研究院亚热带林业研究所	方学智、郭少海、杜孟浩	20170720	20210105
469	ZL201810338454.8	一种磁性半纤维素基水凝胶	中国林业科学研究院亚热带林业研究所	胡立松、张金萍、杜孟浩	20180416	20210205
470	ZL201810827621.5	一种提高镉抗性及镉含量的基因及其用途	中国林业科学研究院亚热带林业研究所	刘明英、贺雪莲、卓仁英	20180725	20210402
471	ZL201910749934.8	一种松脂采集方法	中国林业科学研究院亚热带林业研究所	李彦杰、栾启福、姜景民	20190814	20210402
472	ZL201910988781.2	一种红花油茶幼胚的组培育苗方法	中国林业科学研究院亚热带林业研究所	叶思诚、卓仁英、姚小华、王开良	20191017	20210406
473	ZL201910988832.1	一种油茶茎段离体培养再生植株的方法	中国林业科学研究院亚热带林业研究所	叶思诚、曹永庆、姚小华、卓仁英、张燕	20191017	20210406
474	ZL201910988764.9	一种油茶再生体系的再生方法	中国林业科学研究院亚热带林业研究所	叶思诚、曹永庆、姚小华、卓仁英、王开良、张燕	20191017	20210406
475	ZL201910704774.5	能够促进苗木不定根和次生根发育的根际真菌及用途	中国林业科学研究院亚热带林业研究所	杨预展、袁志林、何兴华	20190731	20210406
476	ZL201911254764.2	马尾松长叶烯合成酶基因和产品及用途	中国林业科学研究院亚热带林业研究所	刘彬、刘青华、周志春	20191209	20210416
477	ZL201811473745.4	一种油茶籽精选加工工艺	中国林业科学研究院亚热带林业研究所	郭少海、罗凡、王亚萍、姚小华	20181204	20210416
478	ZL201810586648.X	一种单宁和皂素降解微生物菌剂	中国林业科学研究院亚热带林业研究所	张金萍、李雪彬	20180607	20210420
479	ZL201911108997.1	一种伯克氏农业生防菌株 Ba1 及其用途	中国林业科学研究院亚热带林业研究所	陈益存、汪阳东、梁晓洁、高暝、吴立文	20191113	20210427
480	ZL201911108766.0	作为生防菌的伯克氏菌的筛选方法及所用的分离培养基	中国林业科学研究院亚热带林业研究所	陈益存、汪阳东、梁晓洁、高暝、吴立文	20191113	20210427
481	ZL201910989543.3	一种浙江红山茶花药离体培养获得再生植株的方法	中国林业科学研究院亚热带林业研究所	叶思诚、姚小华、卓仁英、王开良、马康荣	20191017	20210514
482	ZL201910704502.5	具抑菌能力和木质纤维素降解活性的新孢无柄盘菌及用途	中国林业科学研究院亚热带林业研究所	杨预展、袁志林、王欣玉	20190731	20210611

（续）

序号	专利号	专利名称	专利权人	发明人	申请日	授权公告日
483	ZL201911253617.3	马尾松 α-蒎烯合成酶在制备萜烯类化合物及包含萜烯类化合物的产品中的应用	中国林业科学研究院亚热带林业研究所	刘彬、刘青华、周志春	20191209	20210625
484	ZL201910201340.3	一种丛生竹全光照喷雾扦插快速繁殖方法	中国林业科学研究院亚热带林业研究所	张玮、陈胜、谢锦忠、张晓庆、盛建立、丁中文、吴继林	20190318	20210629
485	ZL201810524045.7	一种散生型笋用竹的促成栽培方法	中国林业科学研究院亚热带林业研究所	岳晋军、顾小平、吴晓丽	20180528	20210730
486	ZL201410552148.6	一种清香油茶籽油脱胶工艺	中国林业科学研究院亚热带林业研究所	郭少海、罗凡、王亚萍、费学谦、姚小华	20141017	20210806
487	ZL201911309082.7	南方红豆杉的嫁接方法及其杂交种子园的营建方法	中国林业科学研究院亚热带林业研究所	楚秀丽、周志春	20191218	20210827
488	ZL201910998447.5	一种低产低效毛竹林珍贵化、彩化整体改造方法	中国林业科学研究院亚热带林业研究所	刘军、姜景民、李彦杰、谭梓峰	20191021	20210831
489	ZL202010088801.3	一种省力化竹林下种植竹荪的方法	中国林业科学研究院亚热带林业研究所	张玮、陈胜、谢锦忠、夏捷	20200212	20210907
490	ZL201811187206.4	一种利用山核桃壳为原料制备栽培基质的方法	中国林业科学研究院亚热带林业研究所	张金萍	20181012	20210917
491	ZL202110025934.0	一种毛竹幼胚离体再生及遗传转化的方法	中国林业科学研究院亚热带林业研究所	乔桂荣、卓仁英、黄碧芸、邱文敏、王雨珺	20210108	20211015
492	ZL202010966399.4	一种星天牛成虫的引诱剂	中国林业科学研究院亚热带林业研究所	舒金平、彭瀚、张威、张亚波、刘亚宁、方宁鑫、李志红、王浩杰	20200915	20211116
493	ZL201811534184.4	一种油橄榄体细胞胚胎发生及植株再生方法	中国林业科学研究院亚热带林业研究所	龙伟、姚小华、任华东	20181214	20211203
494	ZL201910168120.5	一种用于面源污染防治的水源区生态防护林营建方法	中国林业科学研究院亚热带林业研究所	张建锋、汪庆兵、王荣嘉、陈光才、孙士咏、张涵丹、潘春霞	20190306	20211207
495	ZL201811160034.1	一种用于铜矿废弃地植被恢复的方法	中国林业科学研究院亚热带林业研究所、山东省林业科学研究院	张建锋、秦光华、单奇华、乔玉玲、陈光才、孙慧、张涵丹、宋玉民、于振旭	20180930	20211231
496	ZL201710055276.3	一种高级烷醇微乳液及其制备方法	中国林业科学研究院资源昆虫研究所	马金菊、马李一、张弘、陈晓鸣、张重权、王有琼、李凯、王占娣	20170124	20210309
497	ZL201711427375.6	一种漂白紫胶的低温干燥方法	中国林业科学研究院资源昆虫研究所	张弘、涂行浩、陈晓鸣、李坤、郑华、冯颖、张敏	20171226	20210326
498	ZL201810271436.2	一种蛋白质二级结构预测方法	中国林业科学研究院资源昆虫研究所	王兵益、李维华、郭延哺、杨光映	20180329	20210525
499	ZL201811637235.6	一种辣木良种选育方法	中国林业科学研究院资源昆虫研究所	张燕平、吴疆翀、郑益兴、起国海	20181229	20210903

（续）

序号	专利号	专利名称	专利权人	发明人	申请日	授权公告日
500	ZL202011021852.0	一种余甘子种子处理方法	中国林业科学研究院资源昆虫研究所	孙永玉、冯德枫、张春华、唐国勇、刘方炎、高成杰、李昆	20200925	20211026
501	ZL202010611170.9	一种促进印度黄檀心材形成的种植方法	中国林业科学研究院资源昆虫研究所	王兵益、石雷、邓疆、杜婷、李梦雪、夏富娴	20200630	20211203
502	ZL201910311744.8	一种基于谱聚类算法的 LiDAR 点云数据单木提取方法	中国林业科学研究院资源信息研究所	庞勇、王伟伟	20190418	20210115
503	ZL201711429219.3	林区机载推扫式高光谱影像的 BRDF 归一化校正方法	中国林业科学研究院资源信息研究所	荚文、庞勇、鞠洪波、李增元	20171225	20210305
504	ZL201810289091.3	一种森林三维场景中叶面积指数实时计算方法	中国林业科学研究院资源信息研究所	张怀清、黄瑞荣、李永亮、杨廷栋	20180403	20210518
505	ZL202010934253.1	一种森林草原火灾中火场蔓延区域的检测方法	中国林业科学研究院资源信息研究所	覃先林、刘倩、胡心雨、李增元	20200908	20210702
506	ZL202011609124.1	一种基于多源数据融合的林火行为潜势预测方法	中国林业科学研究院资源信息研究所	覃先林、胡心雨、李晓彤、刘倩、李增元	20201230	20210806
507	ZL201810222310.6	一种飞机航迹直线转弯检测方法	中国林业科学研究院资源信息研究所	刘清旺、符利勇、李世明、陈尔学、李增元	20180319	20210813
508	ZL201910504761.3	一种森林经营类型与小班的匹配方法及系统	中国林业科学研究院资源信息研究所	刘宪钊、陆元昌、洪玲霞、高瑞东、雷相东、国红、谢阳生	20190612	20210820
509	ZL202010212202.8	一种侧柏人工林下栓皮栎成林的方法	中国林业科学研究院资源信息研究所	陆元昌、买凯乐、刘宪钊、国红、谢阳生、雷相东	20200324	20210820
510	ZL201810288384.X	一种基于颜色分级的树叶自适应贴图可视化模拟方法	中国林业科学研究院资源信息研究所	张怀清、刘洋、李永亮、杨廷栋	20180403	20211001
511	ZL201910124863.2	一种树木年轮微损测量装置、方法及系统	中国林业科学研究院资源信息研究所、北京林业大学	卢军、唐守正、郑一力、赵燕东、姚建峰、潘虹	20190220	20210810
512	ZL201910405981.0	一种基于并行计算算法的图像融合方法	中国林业科学研究院资源信息研究所、中天共创科技（北京）有限公司	王晓慧、孟献策、谭炳香、冯林艳、肖鹏	20190516	20210824
513	ZL201811311357.6	一种基于并行计算算法的两景图像重叠区域快速获取方法	中国林业科学研究院资源信息研究所、中天共创科技（北京）有限公司	赵峰、孟献策、鞠洪波、刘华、凌成星、张怀清、陈永富、王晓慧、肖鹏	20181106	20210928
514	ZL201910548972.7	一种生态水文监测装置	中国农业科学院草原研究所	李元恒、丁勇、王凯、李芳、李西良、王珍、杨婷婷、张勇、纪磊、孙世贤、高丽、张玉娟、万东莉	20190624	20210209
515	ZL201710264787.6	胚培养基和胚培养方法以及胚培养方法的应用	中国农业科学院草原研究所	黄帆、李俊、刘磊、李志勇、李鸿雁、师文贵、解永凤	20170420	20210409
516	ZL201811359758.9	颗粒物筛选机	中国农业科学院草原研究所	黄帆、李俊、刘磊、李志勇、李鸿雁、师文贵、焦巍	20181115	20210604

（续）

序号	专利号	专利名称	专利权人	发明人	申请日	授权公告日
517	ZL201811359225.0	物料筛选机	中国农业科学院草原研究所	黄帆、李俊、刘磊、李志勇、李鸿雁、师文贵、焦巍	20181115	20210727
518	ZL201810519657.7	扁蓿豆 SSR 标记的检测引物组、试剂盒及其应用和扁蓿豆自交亲和基因型的筛选方法	中国农业科学院草原研究所	李俊、黄帆、李鸿雁、李志勇、刘磊、师文贵	20180525	20210914
519	ZL202011189413.0	一种退化草原表土快速修复方法	中国农业科学院草原研究所	王海、那日苏、塔娜、张晓庆、孙世贤	20201030	20211022
520	ZL202010865150.4	一种生物改良盐碱地土壤的方法	中国农业科学院草原研究所、黑龙江飞鹤乳业有限公司	李峰、陶雅、李雪、徐丽君、那亚、花梅、焦巍、王荣、司丙文	20200825	20210903
521	ZL201910078408.3	一种杨絮 / 生物质纤维复合保温材料的制备方法	中南林业科技大学、国际竹藤中心	黄汉霄、喻云水、张晓凤、王汉坤、黎静	20190128	20210903
522	ZL201710494955.0	一株枯草芽孢杆菌菌株及其在降解油桐饼粕蛋白中的应用	中南林业科技大学、湖南省林业科学院	黎继烈、赵梦瑞、李培旺、李昌珠、方勤敏、张梦君、吴红	20170626	20210625
523	ZL201811210897.5	一株解淀粉芽孢杆菌菌株及其在防治油茶炭疽病害中的应用	中南林业科技大学、湖南省林业科学院	曾超珍、黎继烈、任泽文、彭映辉、李昌珠、吴红、肖志红、张爱华、李培旺、谈泰猛、祝久香	20181017	20210924
524	ZL201810678239.2	一种无缝对接无限接长定向重组竹建筑材料的制备方法	钟三明、江西省林业科学院	贺磊、钟三明	20180627	20210518
525	ZL201910977027.9	一种毛豹皮樟组织培养中茎段防褐化的方法及其培养基	重庆市林业科学研究院	朱恒星、黄飞逸、戴前莉、卢敏、黄馨	20191015	20210316
526	ZL201910977178.4	一种提高毛豹皮樟外植体组织培养启动率的灭菌方法	重庆市林业科学研究院	戴前莉、卢敏、朱恒星、黄飞逸、黄馨	20191015	20210413
527	ZL201710785765.4	一种核桃专用肥及其制备方法	重庆市林业科学研究院	冯大兰、黄小辉、漆波、陈道静、朱恒星、林海晏	20170904	20210608
528	ZL201910749409.6	一种松脂采集器	重庆市林业科学研究院、中国林业科学研究院亚热带林业研究所	童龙、李彬、陈丽洁、耿养会、张磊、汪庆兵、李彦杰	20190814	20211008
529	ZL201710830005.0	一种茶园吹风式物理除虫机	遵义市林业科学研究所	司徒春南、展茂魁、张勇、王健、路纪芳、蔡静芸、赵斌、皮发剑	20170915	20210119
530	ZL201910221589.0	一种金小蜂的人工繁育方法	遵义市林业科学研究所	展茂魁、陈华、赵斌、司徒春南、路纪芳、方维业、杨朝应、杜文先、孙亚茹、王淑君	20190322	20210903
531	ZL201911037126.5	一种用于美味牛肝菌野外接种的装置	遵义市林业科学研究所	蔡静芸、赵斌、易筑刚、展茂魁、路纪芳、孙亚茹	20191029	20211019
532	ZL201910289301.3	一种金小蜂的保育方法	遵义市林业科学研究所	展茂魁、赵斌、陈华、司徒春南、方维业、杜文先、杨朝应、孙亚茹、王淑君、路纪芳	20190411	20211116

数据来源：国家知识产权局中国专利数据库。